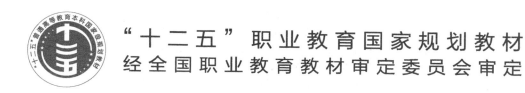

"十二五"职业教育国家规划教材
经全国职业教育教材审定委员会审定

宠物疾病诊治
第二版

孙维平　刘小宝　何海健　主编

U0376857

化学工业出版社

·北京·

内容提要

本书紧扣高等职业教育特点，立足于犬猫临床实践，一改学科体系教材以知识介绍与传授为重点的传统编写模式。本书在简要介绍了犬猫生活习性的基础上，重点介绍了犬猫临床实践中的诊断技术、治疗技术，涉及犬猫临床中常见传染病、寄生虫病及普通病；结合编者临床经验，每种疾病均从诊断与治疗的角度入手，注重知识的应用性。本书还介绍了观赏鱼、观赏鸟的习性与主要疾病，书末附有实训项目指导及丰富的临床病例辨析，以供学生锻炼疾病诊治技能。

本书中的诊断和治疗内容既注重临床基本技术，又紧跟我国和世界目前先进诊疗技术应用与发展前沿，内容紧贴临床实践，实用性强，适合作为高职高专及中高职贯通畜牧兽医专业师生的教材，能满足学生拓展宠物诊疗方面知识与技能的教学需求。对于宠物临床兽医师，尤其刚从事宠物诊疗工作的新兽医师和兽医师助理而言，也是一本很有用的参考书。

图书在版编目（CIP）数据

宠物疾病诊治/孙维平，刘小宝，何海健主编 . —2 版 . —北京：化学工业出版社，2015.12（2024.2 重印）

"十二五"职业教育国家规划教材

ISBN 978-7-122-25416-0

Ⅰ.①宠…　Ⅱ.①孙…②刘…③何…　Ⅲ.①宠物-动物疾病-诊疗-高等职业教育-教材　Ⅳ.①S858.93

中国版本图书馆 CIP 数据核字（2015）第 243149 号

责任编辑：梁静丽　李植峰　　　　　　　　　　装帧设计：史利平
责任校对：宋　玮

出版发行：化学工业出版社（北京市东城区青年湖南街 13 号　邮政编码 100011）
印　　装：北京印刷集团有限责任公司
787mm×1092mm　1/16　印张 18　字数 474 千字　　2024 年 2 月北京第 2 版第 10 次印刷

购书咨询：010-64518888　　　　　　　　　售后服务：010-64518899
网　　址：http://www.cip.com.cn
凡购买本书，如有缺损质量问题，本社销售中心负责调换。

定　　价：48.00 元

《宠物疾病诊治》（第二版）编写人员名单

主　　编　孙维平　刘小宝　何海健

副 主 编　来景辉　宋金祥

编　　者　（按照姓名汉语拼音排列）

郝春燕（杨凌职业技术学院）

何海健（金华职业技术学院）

胡小九（云南农业职业技术学院）

来景辉（宿州职业技术学院）

刘　涛（信阳农林学院）

刘小宝（保定职业技术学院）

宋金祥（河北工程大学农学院）

孙维平（上海农林职业技术学院）

涂宜强（温州科技职业学院）

王丽群（江苏农林职业技术学院）

王　瑞（信阳农林学院）

王　岩（河南牧业经济学院）

张红超（河南农业职业学院）

周启扉（黑龙江农业工程职业学院）

前言

　　本书自 2011 年 9 月第一版发行以来，受到了高职高专院校畜牧兽医类专业师生的良好评价和积极关注，同时也得到了来自师生与宠物诊疗界同行反馈的许多珍贵意见。借本次入选"十二五"职业教育国家规划教材的契机，结合《国家中长期教育改革和发展规划纲要（2010－2020 年)》、《教育部关于"十二五"职业教育教材建设的若干意见》等文件精神进行修订再版。修订时本书依然秉持紧贴临床实践、注重应用、注重实用的原则，使之成为一本对临床经验尚不丰富的初入行者具有实际指导意义的专业参考书。

　　宠物诊疗行业在我国尚属新兴行业，二十多年的发展历史中，我国的宠物兽医工作者一直在实践中不断摸索和探索，不断积累临床经验。宠物诊疗专业类参考书从最初的沿袭传统大家畜兽医和翻译国外参考书到现在，终于糅合进了越来越多的一线临床数据和成熟临床经验。鉴于上述原因，本教材一直会有继续完善的余地和需求。本次再版修订，主要指导思想就是将从第一版编写至今 3 年内宠物临床实践的新经验、新技术补充入内，对第一版中不足或经实践证明不成熟、不可靠的临床经验及描述加以修正。具体修订内容如下。

　　1. 将第一版编写时编者尚未认识的疾病，如猫下泌尿道疾病、猫免疫缺陷症（艾滋病）等新疾病补充编入本书。

　　2. 将第一版编入的临床经验类内容、而如今已被证实虽无原则错误但不够完善的，均核改加以完善修补。

　　3. 将第一版编写时先进诊疗技术应用方面新的体会和经验补充入内。

　　4. 增加旨在训练学生学以致用的宠物临床病例辨析题。原有病例辨析题都给出了参考答案，新增病例辨析题为不妨碍学生自主思考未给出参考答案，只在必要时给出提示。

　　5. 为方便信息化教学，教材配套的教学课件可在 www.cipedu.com.cn 下载，广大师生也可访问课程网站（http://kcpt.shafc.edu.cn/G2S/Template/View.aspx? courseType＝0＆courseId＝9359＆topMenuId＝1095＆menuType＝4＆action＝view＆type＝＆name＝）获取相关教学资源。

　　正是由于宠物诊疗行业是不断探索与发展的行业，新技术、新经验、新知识不断涌现，故书中内容的完善与修订将永无止境，限于编者水平，书中不足之处仍会存在，竭诚欢迎广大同行提出宝贵的修改意见与建议。

编者
2015 年 10 月

自 20 世纪 80 年代我国的宠物饲养热兴起，宠物诊疗业也应运而生。我国的兽医行业历来以家畜家禽品种为主，宠物诊疗业则是脱胎于传统畜牧兽医基础之上的。依赖于宠物诊疗市场的迅猛发展，经过广大兽医工作者近三十年的努力，以犬、猫疾病诊治为主的宠物诊疗业如今已一枝独秀地成为整个兽医行业的排头兵，无论在科研、技术应用与更新、先进仪器和设备的引进以及从业人数等方面都显示出其不可遏止的蓬勃势头。宠物诊疗技术、水平发展之迅速是不争的事实。

随着宠物诊疗业的发展，宠物诊疗与传统畜牧兽医的区别也越来越明显。

1. 宠物兽医工作者是真正意义上的全科兽医　兽医工作者历来是全科医生，传统畜牧兽医工作者自然也是不分科的。但是，受家畜家禽经济价值的限制，传统畜牧兽医工作者的重点一直是针对群发病，尤其是针对传染病而工作。需要先进技术与设施辅助才能诊治的散发病，或治疗成本较大的散发病都因经济意义不大而长期被忽视。宠物诊疗业为兽医全面发挥诊治作用提供了良好平台，以前不被重视或重视不够的心血管系统疾病、肝肾等脏器疾病、老年性疾病、骨科疾病、内分泌系统疾病等，如今随着宠物养户对宠物保健要求的日益提高而越来越得到重视。这也促使宠物兽医不断提高与完善诊治水平和技术。

2. 宠物诊疗实践应充分考虑宠物尊严和畜主情感　宠物是人类的伴侣动物，诊疗实践中应充分体现人性化操作，传统兽医对家畜的粗放式操作手段在宠物上应尽量避免，如去势、阉割等手术，传统兽医对家畜的操作不能沿用到宠物上。诊疗实践中对宠物不治之症实施的安乐死术也是这一理念的体现。

3. 宠物诊疗技术更倾向于向人医和国外宠物兽医借鉴　由于我国的传统兽医技术一直比较落后，况且宠物诊疗又对兽医的知识水平、技术等提出了新的要求，所以宠物兽医必然要向国外借鉴新技术、学习新知识。由于人医的技术水平较兽医更加先进，所以人医的成熟技术也正被宠物兽医借鉴到宠物诊疗。中国的宠物兽医还要经过多年努力才能有望赶上国外同行的先进水平。

4. 宠物诊疗业是市场驱动发展的　从宠物兽医要面对的疾病范围到各种先进仪器设备和技术的引入和应用，都是因宠物诊疗市场的强烈需求推动和促进的。市场上急需的诊疗服务领域往往是宠物诊疗业中发展最快的，如宠物传染病的快速检测、血相仪、生化仪及 X 光、B 超等仪器和技术的广泛应用，都是因为有市场需求的结果。由于宠物诊疗业明显的市场特征，兽医从事宠物诊疗时应具有职业操守，不能恣意扩大不必要的检查项目以谋取利益。

根据上述宠物诊疗业的特点及高职高专教学改革的需求，为达到技能型人才培养的目标，在本课程学习与教学过程中应注意以下几点。

(1) 关于教学　一个具有临床实践经验的教师是本课程教学成功的关键因素。教材、课件等都是教学的手段，是平面的，只有教师的成功教学才能使其立体化。本课程的性质决定了这是一门学以致用、用以解决实际问题的课程，是"学做一体"的课程。要成功而正确地把握本课程的教学内容和教学重点、使平面的操作叙述变为立体而丰满的操作过程、使教材上一个个孤立的疾病变得相互联系而不混淆，这就要求授课教师必须具有临床实践。

(2) 关于技能的学习　本课程包括宠物临床技能学习和宠物疾病诊治学习两部分。技能学习首先要具备充分的实训条件，包括场所、动物数量、消耗性器材、先进设施与仪器设备等。其中宠物临床上日常操作的基本技能的学习与训练是重点，也是考核的重点。训练时应注意反复，力争较熟练掌握。基本手术的训练应达到"会做"的要求。先进仪器设备的操作依当地条件而行，但鉴于这些仪器的有限数量和昂贵价格，一般不允许做到充分动手。熟练操作要在毕业实习和以后的工作过程中才能完成。鉴于以上要求和特点，利用业余时间在当地宠物医院边学习边实习是充分训练与学习技能的有效途径。

(3) 关于宠物疾病的学习　鉴于目前宠物诊疗业的蓬勃发展，宠物诊所的星罗棋布，宠物疾病诊治的学习已愈来愈被赋予"学以致用"的要求。学习时要注重理论联系实际，不能空洞地学习。学习宠物疾病，其落脚点是"诊断"与"治疗"，每一疾病的诊断与治疗都可化解成许多具体而实际的问题，理论知识的学习就是要解决这些问题，技能的学习就是要掌握解决这些问题的手段和途径。只有立足于解决宠物诊疗实际问题的理论知识，才是高职学生必须掌握和最需要的知识。

本书作为高职教材，在编写中尽力体现高职教育重应用、重技能的特点，立足宠物诊疗临床实践，注重理论联系实际，故本书也可作为宠物临床诊疗的参考书。

由于编者水平和临床经验有限，书中不足和不妥之处在所难免，望同仁们批评指正。

编者
2011 年 7 月

目录

第二篇　宠物疾病与诊治

第一篇

宠物基本诊治技术

第一章　宠物基本养育知识

【学习目标】

掌握宠物的生活习性，从而掌握宠物的繁育、饲养管理、营养饲料等基本知识，为诊治宠物疾病打基础。

第一节　宠物的基本生活习性

一、犬的生活习性

犬在长期的进化过程中，因自然和人为选择的作用，逐渐形成了一些鲜明的生活习性。了解和掌握这些生活习性，对于犬的健康和疾病诊断都具有十分重要的意义。

1. 喜食肉类和带有腥味的食物

犬是肉食动物，经长期驯养和饲养条件的改变，逐渐变为杂食动物，鉴于犬的这一特性，在犬的饲养管理中，应注意动物性蛋白食物的添加及食物气味的调制，这样既增加了食物的适口性，又能够满足其营养需要，以保证其健康生长。由于犬消化道具有肉食动物肠管短、蠕动较快、腺体发达等特征，对蛋白质和脂肪都能很好地消化吸收，但对粗纤维消化能力较差，因此，应将含粗纤维较多的食物切碎，煮熟后再喂。

2. 合群性

人们经常见到几只犬在一起戏耍和集群活动，当一只犬进攻陌生人时，其他犬闻声后齐而攻之，这就是犬的合群性。一般仔犬出生20天后就和同舍的仔犬游戏，30～50天后走出自己的窝结交新伙伴，此时正是更换主人和分群的最佳时机。另外，在分群时还要考虑犬的身体情况，避免以强欺弱，尽量使其身体情况处在同一水平上。这里特别注意的是对于刚购入的犬，尤其是不能将成年犬和青年犬直接混群，应使其有逐渐熟悉的过程，以减少它们之间的争斗，减少不良刺激。

3. 耐寒不耐热

犬的被毛覆盖其大部分体表，并且被毛有短毛层和长毛层，短毛层的毛纤维细、柔软、稠密、抵御风寒的能力很强。另外，犬的汗腺很不发达，只在趾球和趾间有汗腺，通过体表散发的热量很少。所以，在高温季节，一定要做好防暑降温工作，防止中暑和皮肤病的发生。而仔犬，因其皮下脂肪少、皮薄、毛稀，体温调节能力差以及肝糖原贮备少，故怕冷、怕潮。在寒冷季节，应对其进行必要的保温工作，否则，会出现冻死或压死的现象。

4. 感觉系统的特性

（1）听觉　犬的听觉非常发达，可在多于人类听力最大距离4倍的距离处听到大部分声音，并且能够正确地判断声音的方向和音源的空间距离。另外，犬对于地震、火山爆发等发出的超声波具有预感性，常以狂叫和乱跳预示。

（2）视觉　犬的视觉差、色盲，但其暗视力灵敏。犬的视觉最大的特征是色盲，无法分辨色彩的变化。犬的视力另一重要特征是暗视力十分发达，在微弱的光线下也能看清物体。此外，犬对于强光和火焰有强烈的恐惧感。

（3）味觉和嗅觉　犬的味觉和嗅觉一样，是受到物质刺激后引起的一种感觉。但犬的味觉迟钝，嗅觉灵敏，它主要根据嗅觉信息来识别主人、母子、同伴、性别、发情、路途、犬舍、方位、猎物与食物等。认识和辨别食物，首先表现为嗅觉行为。因此，在调制食物时，应特别注意在食物"香味"上下工夫，以增进犬的食欲。

（4）触觉　在脚、尾巴、耳朵、嘴等部位最容易感到触觉和压觉，在唇、颊部、眉间和脚趾等处的触毛长而粗，其根部神经末梢丰富，故其触觉最为灵敏。触其胸部、两耳根部，犬有一种亲切感。利用这一特性在训练犬时，可抚摸其胸部或梳刷，以表示对犬完成动作或任务的奖赏。而对于陌生人应避免触摸犬的这些敏感部位。

（5）适应性和生命力强　犬对环境的适应能力很强，能够在极其恶劣的环境中生存和繁衍后代。犬有极强耐受饥饿的能力，即使在一周之内没有食物，也不会发生十分衰弱的现象。此外，它的抗外伤性很强，在很严重的伤势下多数能活过来，并且自愈能力很强。

（6）智力发达　犬的智力很发达，它能够领会理解人的语言、表情和各种手势，并作出正确的反应。另外，犬的时间观念也很强，每到喂食或散步时间，犬会表现得异常兴奋，如果主人稍迟，它就会以低声呻吟或者扒门来提醒主人。

（7）有方向感和归向性　俗话说"老马识途"，犬的认路能力比马还要强几倍，它不但对走过的路能够很快地识别，进入记忆圈，而且对于没有走过的路也能凭借方位找到回家的路。

二、猫的生活习性

猫属哺乳纲、食肉目、猫科、猫属，与狮、虎、豹同科。目前分为长毛猫和短毛猫两种，由于某些基因的差别而分黑色系、斑条色系和伴性橙色系等毛色型品系。

1. 聪明、胆小、警戒心强

猫很聪明，有很强的学习、记忆能力，善解人意，能"举一反三"，将学到的方法用于其他问题。较易与主人建立深厚的感情。猫有较强的时间观念，能感知主人何时喂食、何时出远门而和主人倍加亲热，辨认主人家的本领极强。

猫生性孤僻胆小，喜孤独而自由的生活。除在发情、交配和哺乳期外很少群栖，且以食物来源而居。

猫警戒心强，在家养一段时间后，对自己的住所及其周围环境有一个属于自己"领地"范围的观念，常在自己的"领地边界"排尿作记号，以警告其他猫不得闯入。一旦有其他猫侵入，它就发起攻击。猫的嫉妒心很强，它不但嫉妒同类，甚至对主人与小孩过多的亲昵，也会愤愤不平。

2. 昼伏夜出，感情丰富

猫保持着肉食动物那种昼伏夜出的习性，捕鼠、求偶交配等很多活动常在夜间进行。捕猎小鸡、小鸟、老鼠，对于猫来说没什么区别，都是出于一种捕猎求生存的本能。猫喜欢偷食，即使食盘中美餐丰盛，它也会"捕捉"和偷食主人藏好的食物，特别是厨房中的鱼。猫的一生中，约有2/3的时间都在睡觉，每次睡眠1h左右。

猫不屈服于主人的权威，对主人的命令不会盲目服从，有自己的标准。

猫的情绪变化十分丰富。高兴时，尾尖抽动，两耳扬起，发出悦耳的"咪咪"声。发怒时，两耳竖立，胡须竖挺，瞳孔缩成一条缝，甚至颈、尾部的毛也直立。猫打架后，从容自若的为赢；竖毛、弓背或仰面朝天的为败。

3. 讲究卫生

猫喜欢在明亮、干净的地方休息。猫非常讲卫生、爱清洁，每天都会用爪子洗几次脸，在比较固定的地方大小便，便后会用土将粪便盖上，家庭养猫通常预备猫砂和猫厕所。猫喜欢在窗台、床、沙发、电视机等明亮、干净的地方休息，因此要注意关窗，防止其从高处坠下。

4. 嗅觉发达

猫鼻腔黏膜中的嗅觉区约有 2 亿多个嗅细胞，对气味非常敏感，在选择食物和捕猎时起很大作用。雌、雄猫都可留下相关气味，并以此作为相互联系的嗅觉媒体。

5. 听觉敏捷

耳廓可以 45° 角向四周转动，在头不动的情况下可做 180° 的摆动，能对声源进行准确定位。

猫能听到 30~45kHz 的声音，也有先天性耳聋的。但对有些声音耳聋猫也能"听"到。四肢爪子下的肉垫里有相当丰富的触觉感受器，能感知地面很微小的震动。

6. 视野很宽

猫瞳孔的开大与缩小能力特别强，在白天日光很强时，猫的瞳孔几乎完全闭合成一条细线，减少光线射入；而在黑暗的环境中，瞳孔开得很大，尽可能地增加光线的通透量。与其他动物相比，猫晶状体和瞳孔相对较大，能使尽可能多的光线射到视网膜上。通过视网膜感受器的光线，一部分可再通过脉络膜反光色素层的反射再次投射到视网膜，使微弱光线在猫眼中放大 40 倍左右。另一部分则反射出猫眼，使人们晚上看到猫的眼睛闪闪发光。猫反光层色素的颜色因品种而异，有褐色、黄色和绿色等不同颜色。

每只眼睛的单独视野在 150° 以上，两眼的共同视野在 200° 以上。猫只能看光线变化的东西，如果光线不变化猫就什么也看不见。当猫在看东西时，需要左右稍微转动眼睛，使它面前的景物移动起来，才能看清。

7. 胡须感觉灵敏

猫位于上唇两侧皮肤的胡须，是非常灵敏的感觉器官。胡须通过上下左右摆动感受运动物体引起的气流，不用触及就感知周围物体的存在。胡须还能补偿侧视的不足。胡须作为测量器，可判断身体能否通过狭窄的缝隙或孔洞。

三、观赏鱼的生活习性

水生观赏动物养殖也称观赏渔业，是水产养殖业的一个分支。它以水族箱和水族馆为主要饲养场所，以水质的全人工调控为手段，以饲养观赏水生生物供人欣赏、消闲和娱乐为目的。目前，观赏渔业的主要饲养对象是鱼类、爬行类和水生哺乳类及相关的生物（如无脊椎动物和水草等）。观赏鱼类中饲养最广的主要有金鱼、锦鲤和某些热带鱼类，爬行动物主要是龟和鳄，哺乳动物主要是大型水族馆饲养的海豹、海豚和海狮等。

1. 鱼的呼吸

鱼类区别于其他脊椎动物的特点之一是用鳃呼吸。所有的鱼在头部的两侧各有一个对称的鳃腔，外面附有鳃盖，腔内是鳃。鳃是由许多排列成行的鳃丝组成的，鱼通过鳃丝上的微血管，吸进溶于水中的氧气，排出二氧化碳，以维持其生命活动。水中溶解氧的含量与水温成反比，水温越高，溶氧越少。

2. 鱼的繁殖

绝大多数鱼类是产卵繁殖，体外受精，即雌雄亲鱼分别将卵和精液排出体外，卵在水中受精发育成第二代。另一些鱼类则以卵胎生、体内受精的方式繁殖。即雄鱼臀鳍的一部分发育成交接器或在臀鳍与腹鳍之间另生出一交接器，在发情时用以插入雌鱼的泄殖孔，将精液送到雌鱼体内与卵相遇受精，在体内孵化，直接产出幼鱼。还有一部分鱼类的繁殖方式介于卵生和卵胎生之间，即雄鱼交接器将精液输入到雌鱼体内，雌鱼产出的是已受精的卵，这些受精卵在水中或附着在其他物体上发育成幼鱼，这种繁殖方式多见于海水中的软骨鱼类。

3. 鱼的寿命

不同种类的鱼，寿命长短相差悬殊。淡水鱼类中鲜科鱼类的寿命很长，一般可活20～30年或更长，而寿命短的鱼如青鳉鱼只能活一年。一般常见的淡水经济鱼类，如青鱼、鲤鱼、草鱼等高龄鱼，都在10年左右。一般说来，鱼的寿命长短与个体大小成正比，而与性成熟早晚成反比，即体型大而性成熟晚的鱼寿命长，体型小而性成熟早的鱼寿命短。

4. 鱼的食饵

植物性饲料有水草、植物种子、麸皮、面包屑、米饭粒等；动物性饲料有浮游动物、昆虫幼体、鱼虾碎肉、动物内脏等。热带鱼的饵料有鱼虫、水蚯蚓、纤虫、黄粉虫、小活鱼、颗粒饲料等。对于体长在3～12cm的热带鱼，其饵料主要以鱼虫为主，以丰年虾（即丰年虫）、水蚯蚓、红虫、黄粉虫为辅。对于体长在12cm以上的热带鱼，鱼虫个体小，适口性差，应选择个体略大的饵料，主要有红虫、水蚯蚓、黄粉虫、小活鱼等。热带鱼多数以动物性饵料为主，小型品种也可驯化为以颗粒饲料为主，而以植物性饵料为主的鱼类很少。

5. 对水温的要求

温水性鱼类对水温的适应性较强，在0～39℃的水中都能生存。但如果水温突然升高或降低的幅度超过7～8℃时，鱼会不适而发病，严重的甚至立即死亡。幼鱼对水温的变化尤为敏感，所以温水性鱼饲养爱好者对此决不可以掉以轻心。20～28℃的水温为温水性鱼生长、发育的最佳水温，这时鱼儿游动活泼、食欲旺盛、体质健壮、色彩鲜艳。饲养水温10～28℃，繁殖水温18～22℃。热带鱼的饲养水温一般控制在24～28℃，在这个温度范围内，热带鱼的食欲旺盛，生长迅速，它不受外界气温变化影响，始终维持在一个相对稳定的状态中。

6. 对水的酸碱度的要求

金鱼对水的酸碱度（即pH值）的适应范围也比较广，在5.5～9.5的范围内都能生活。锦鲤适宜生活在pH值7.2～7.3的弱碱性低硬度水中。pH值偏低时，二氧化碳的含量会增多，鱼体活动会减慢，食欲降低，严重时停止生长。一般讲pH值在7.5～8.5时的水最适合于鱼体生长发育。

7. 对饲养密度、放养密度的要求

饲养密度、放养密度可视容器的大小、鱼体的大小、充氧设备和过滤装置等条件来决定。

四、观赏鸟的生活习性

观赏鸟的选择，常以鸣声和羽色为主。以鸣声为特色的鸟有画眉、百灵、云雀、红点颏、鹨鸲、乌鸦等。以习舞为特色的鸟有百灵、云雀、绣眼鸟。以表演杂技为主的鸟有黄雀、金翅、朱顶雀、蜡嘴等。以争斗为主的鸟有棕头雅雀、画眉、鹌鹑、鹨鸲等。以羽色夺魁的鸟有红嘴、蓝鹊、寿带鸟、蓝翡翠鸟。

1. 季节性换羽

受营养物质（如维生素A、碘、B族维生素）、年龄、性别、季节和环境，特别是日光光照季节影响。大多数鸟只每年换羽1次；但有些种类一年换2次，一次在春季，一次在秋季；也有的鸟如雷鸟，雌鸟一年换3次，雄鸟一年换4次。一般鸟只换羽需要5～8周，且多数鸟只在换羽期间丧失飞行能力，但各种鸟类其换羽顺序、脱换的羽种及每一种羽毛的掉换方式都有差异。秋季换羽一般是全部更换，其余各次为换部分羽毛，体羽常由前向后、由后背向后腹部进行更换。

2. 食性

（1）食谷鸟类　以各种植物的果实和种子为食，这类鸟的嘴多呈坚实的圆锥状，圆钝短粗，喙峰不明显。其消化道的特点是腺胃细小，肌胃大且肌肉发达（胃壁厚5～5.5mm），内膜硬而粗糙，胃内常有碎石或小砂粒等物，肠子为体长的2～3倍，盲肠退化或消失。在笼养鸟中，食谷鸟以雀科和文鸟科的鸟为最多。如黄雀、朱顶雀、交嘴雀、燕雀、灰文鸟、五彩文鸟和十姐妹等。

（2）食虫鸟类　以各种昆虫的成虫及其幼虫为食，这是世界上种类最多、数量最大的一类鸟，约占整个鸟类的一半以上。它们多为羽色华丽、姿态优美、鸣声悦耳，备受人们喜爱的笼养鸟，但由于其对食物及环境的苛刻要求，较难进行人工饲养和繁殖。这类鸟的嘴形多种多样，有的扁而阔、喙峰明显、嘴须发达，如卷尾等；有的尖细呈钳状，如山雀、莺类等；有的细长而弯曲，如旋木雀等；也有的呈凿状，如啄木鸟等。其消化道特点是无嗉囊，腺胃细长，肌胃圆而坚实，肠管较短，为体长的1.5～2倍，盲肠不同程度地存在。

（3）杂食鸟类　是食性比较复杂的一类鸟，有的以食植物种子为主，兼食少量昆虫，如百灵科的鸟；有的以食昆虫为主，兼食植物种子，如画眉、椋鸟等；也有的却是食植物种子兼食水果或浆果的另一类"杂食鸟"，如鹦鹉、太平鸟等。杂食鸟的嘴多长而稍弯曲，有峰脊，或上嘴钩曲，形似鹰嘴，但比较肥厚。消化道特点是腺胃与肌胃几乎等长，肠管约为体长的2倍，盲肠退化或消失。鹦鹉类有嗉囊，肠道也较长，约为体长的3倍以上。

（4）食肉鸟类　又可分为食肉鸟和食鱼鸟两种，它们一般体形矫健，形态凶猛，其嘴强大，锐利带钩，喙的先端具缺刻，如鹰等；有的长而尖直，如鹤等；也有的长而弯曲，如鹬等。其消化道特点是腺胃发达，肌胃壁薄，肠道较短，肠壁坚实而内腔狭窄。

第二节　宠物的养育

一、犬的养育

1. 犬的饲养管理原则

（1）犬饲养的一般原则

① 合理搭配、食物多样化　犬所需要的营养物质是多方面的，食物单一往往不平衡、不全面，所以需要多种食物原料相互配合，取长补短，以起到平衡的作用，才能有利于犬的生长发育。因此，切忌饲喂单一。

② 定时、定量、定温、定质　定时能使犬形成条件反射，促进消化腺定时活动，有利于提高食物的消化利用率。定量可避免犬饱一顿、饥一顿的现象。饲喂太多，引起消化不良；饲喂太少不能安静休息，一般喂达八九分饱即可。定温即根据不同季节气温的变化，调节食物及饮水的温度，做到冬暖、夏凉、春秋温。定质是指食物质量一定要保持清洁新鲜，防止吃霉烂变质的食物。

③ 调换食物　更换食物时，尤其是品质相差较大的食物时，新换的食物应逐渐增加，使犬的消化机能与新的食物条件相适应。若食物突然改变，容易因消化不良引起肠胃病，造成食欲减退或绝食。

④ 食物合理调制　应根据各种食物原料的不同特点进行合理调制，做到洗净、切碎、煮熟、调匀等，以提高犬的食欲，促进消化，达到防病的目的。如碳水化合物要充分煮熟，以免犬食了大量的生淀粉，引起胃肠气胀、消化不良而腹泻。

⑤ 饮水与注意事项　犬从食物和代谢水中仅能获得需要量的20%～40%，因此必须给

犬饮水，以保证水分的供应。供水量可根据犬的年龄、生理状态、季节及食物特点而定。高温季节需水量大，喂水不能间断。一般来说以先喂后饮为宜。剧烈运动或工作后，饥渴交迫，可先饮一遍，但要少饮慢饮，然后再喂。出勤之前要让犬喝够，其间还得加饮。冬季水冷，犬很难喝够，而且冷水入腹需要体热升温，并易引起胃肠道疾病。因此要注意饮水的水温。

饮水时要注意：水盆和饮水器要保持清洁；水质要好，保持清洁卫生；禁止喝污水、混浊不洁水及冰冷的水；运输中应充分给水。

⑥ 饲喂　一般习惯每天喂两次，幼犬可每天加喂 1～2 次。饲喂次数因品种和食物种类不同而不同。有的犬没有胃口，不爱吃东西时，可以饿它一天，使犬恢复食欲。孕犬和病犬可酌情掌握。喂饲注意事项如下。

a. 注意进食习惯。犬喜欢有规律的生活习惯，在正常的情况下，吃东西是犬一天中最兴奋的时刻，如果进食无定时，会给造成犬心理上的压力，因不知道什么时候有东西吃而产生恐慌。犬每次进食最好在 15～30min 内吃完，不论吃不吃也要把食槽（或食盆、食盒）拿走，过一段时间再喂，不能长时间放在犬舍里，以免不卫生和养成犬的坏习惯。

b. 注意观察犬的吃食情况，如剩食或不吃等，应查明原因，采取措施。

c. 喂食前后均不应进行剧烈活动。

d. 忌啃鸡骨、猪骨、鱼刺、鱼骨。

e. 忌食乌贼、章鱼、螃蟹、辣椒、胡椒、糖块、巧克力等。

f. 食物调制要得当，最好饲喂高品质犬粮，不要喂犬生肉，以免生肉中含有寄生虫和细菌，引起犬腹泻。

g. 食具要专一，每只犬专用一个食具，不得串换。用后清洗干净，放置时要保持清洁。定期煮沸消毒，防止传染疾病。

（2）犬管理的一般原则

① 注意卫生、保持干燥　每天须打扫犬舍，消除粪便，勤换垫草，定期消毒，经常保持犬舍清洁、干燥，使病原微生物无法孳生、繁殖。常用的消毒液有 3%～5%来苏儿溶液、10%～20%漂白粉乳剂、0.3%～0.5%过氧乙酸溶液等。

② 要安静，防止骚扰　犬的听觉灵敏，经常竖耳细听，一有动静就乱窜不安，尤其在妊娠、分娩、哺乳和配种时期。

③ 加强运动，增强体质　运动可加强机体新陈代谢，增强神经系统功能、调节内分泌，提高公犬的配种能力和母犬的繁殖力，防止难产，减少死胎、弱胎；促进小犬和后备犬骨骼及肌肉的发育。运动应在早晚进行。早晨空气新鲜、凉爽，晚上环境安静，没有干扰，而且犬有夜行性。运动量因品种、年龄及个体情况而异，一般每日两次，每次 30min 比较合适。夏天运动量要小些，冬天可适当增加。

④ 犬舍要通风透光，夏季防暑、冬季防寒。

⑤ 分群管理，利于健康　应按犬的品种、年龄、性别、强弱、性情和吃食快慢等分群分舍，既方便管理，又有利于犬的健康。

⑥ 犬舍内湿度要保持在50%～60%　在夏季湿度过高时，犬的散热机能受到限制，极易发生中暑；在冬季湿度大，犬易患感冒。

⑦ 食具要定期消毒　对喂食、饮水用的食具应每周消毒。可煮沸20min，也可用0.1%的新洁尔灭液浸泡20min，或用2%～3%的热碱水浸泡，最后用清水冲洗干净。

⑧ 要及时清除周围的垃圾及杂物。

⑨ 要训练犬在固定地点大小便　训练时，在一固定地点放一便盆，内放旧报纸，上面铺些沙土或喷洒诱便剂，在一定的时间内（如喂食后，早晨起床后，晚上睡觉前）带犬到放

有便盆的地方，如果犬能在便盆内大小便，训练者应爱抚犬或以食物奖励。

⑩ 注意犬体卫生　要经常刷拭被毛，把被毛中的泥土、草屑等刷掉。

2. 犬的繁殖

正常犬每年发情两次，一般在春季 3～5 月和秋季 9～11 月各发情一次。最佳配狗时间为发情后从阴门开始流血算起的第 9～14 天，间隔一天再配一次。一岁半以后再配。母犬发情时，身体和行为会出现特征性的变化。狗一般的妊娠时间为 60 天。母狗在下狗时，每只刚出生的小狗单独有一个胎盘。一般建议母狗可以吃一到两个，从而促进狗妈妈的母性，多吃胎盘的话容易腹泻或堵塞肠道。刚出生的小狗在生后 12～15 天自己把眼睛睁开，小狗吃初乳的时间最少为一个月，最好是吃一个半月，小狗吃初乳时间越长小狗的体质越好。

二、猫的养育

猫的饲养管理是养猫的中心环节。搞好猫的饲养管理，对增强猫的体质，提高种猫的繁殖能力和促进仔猫的生长发育具有重要意义。

1. 猫饲养的一般原则

（1）猫的食量　猫每天需要的食物量见表 1-1。

表 1-1　猫每天需要的食物量

年　龄	项　　　目		年　龄	项　　　目	
	体重/kg	每天需要食物量/g		体重/kg	每天需要食物量/g
初生	0.12	30.0	成年雄猫	4.5	250.0
5 周龄	0.5	85.0	妊娠猫	3.5	260.0
10 周龄	1.0	145.0	泌乳猫	2.5	425.0
20 周龄	2.0	185.0	去势雄猫	4.0	210.0
30 周龄	3.0	210.0	绝育雌猫	2.5	150.0

（2）猫粮　一般是将饲料调制成三种不同类型，即干燥型、半湿型和罐头型。

① 干燥型饲料水分含量常为 7%～12%，做成各种薄块或颗粒状。不需冷藏，可较长时间保存。

② 半湿型食物通常含水量为 30%～35%，做成饼状、颗粒或条状。含少量防腐剂和防氧化剂。多以封口袋包装，不必冷冻保存。

③ 罐头型食物含 72%～78% 的水分，各种营养成分齐全，适口性好。条件允许，用鼠类、鸟类或鸡等活小动物饲喂猫最好。

（3）喂饲注意事项

① 饲喂猫应定时定量，防止猫暴饮暴食。成年猫一般每天饲喂 1～2 次。

② 饲喂猫要固定场所和食具，确保环境安静。食具要清洁、无气味。

③ 猫喜食温热食物，食物温度以 25～40℃ 为宜。

④ 给予充足饮水，让猫自由饮用。

⑤ 仔细观察猫的采食情况。发现猫有剩食或不食现象，要及时查明原因并采取措施。及时取走剩食以免猫养成不良习惯。

⑥ 发现猫用爪钩取食物或把食物叼到外边吃时，要立即制止，培养猫良好的采食习惯。

2. 猫管理的一般原则

（1）不同季节的管理　春季猫会频频外出、四处游荡择偶。应加强对猫的看管，防止外逃，同时把握好猫的最佳繁殖时机，帮助其寻找配偶，满足其求偶欲望，进行有目的的选配。春季为换毛季节，应经常为猫梳理被毛，保持被毛、皮肤的清洁。防止皮肤病的发生。

夏季猫日常管理的重点是注意饮食卫生，给猫提供一个干燥、凉爽、通风、无烈日直射的生活环境。

秋季昼夜温差较大，猫易受凉感冒。同时，秋季也是猫的繁殖季节，应像春季那样加强对猫的护理，为其提供营养全面、数量充足的食物，以增强猫的体质。

冬季主要是逗引猫多运动，尽可能带猫到室外玩耍，多晒太阳，做好防寒工作。

（2）不同生长阶段的管理

① 断奶幼猫的管理　幼猫断奶后，饲养条件发生了明显变化，获得的母源抗体逐渐消失，而自身的免疫系统尚未完全建立起来，对外来病原侵袭的抵抗力很弱，易患各种疾病。此阶段，幼猫饲料中必须保证含有足够的、新鲜的、容易消化的蛋白质、维生素和矿物质等营养成分，动物性饲料不能低于日粮干物质总量的65%。

天气寒冷时，做好保暖防寒工作。气温较高时，注意防止饲料腐败变质，做好食具、水盆、猫舍、猫笼及周围环境的卫生工作，定期消毒。供给充足饮水，防止中暑。

注意断奶幼猫的调教和训练，使其在固定地点大、小便，不随意上桌子及上床与人共寝。

② 成年猫管理　成年猫饲料中要求含有较高的蛋白质，而对能量要求并不十分高，要控制进食量防止其发胖。要注意饲料的合理搭配。猫饲料中必须含有足够的牛磺酸和L-肉毒碱。

常为其梳理被毛和洗澡，防治体外寄生虫、皮肤病，保持环境清洁。做好成年猫日常的眼、耳清洁与护理、定期修剪指甲。猫舍、猫笼、饮食用具等应经常清洗、定期消毒。猫舍设计应考虑到防寒、防暑、通风、透光、干燥、卫生、攀登、晒太阳等特点。

家庭养猫如不需要繁殖，应施行绝育手术。

③ 猫的繁殖　母猫5～7月龄、公猫8～10月龄性成熟，就会发情，表现为身上有异味，四处排尿，发出连续不断、大而粗的叫声。

猫除了"三伏天"外，常年都可发情，属季节性多次发情动物。性周期为3～21天，平均11天；发情持续3～7天，平均4天；求偶期2～3天。

雌猫为刺激排卵，在交配刺激后约24h排卵。猫妊娠期60～68天；胎产仔3～6只，平均4只，最多19只。

新生仔猫不睁眼。生后第9天才有视力。

仔猫哺乳期为35～40天。离乳后4～6月，雌猫开始发情。此时交配则受孕率最高。

三、观赏鱼的养育

观赏鱼的饲养管理是一项多技术综合工程，它包括投饵、换水、日常观察等；在鱼类的幼鱼期、成年期、亲鱼期、老年期，要求都不一样；在一年四季中，也各有不同的管理要点。

1. 一般的饲养原则

（1）饲养设备

① 金鱼需要缸体、循环过滤及控温、照明、软水设备、二氧化碳发生器、增氧设备、杀菌设备等设备。

a. 传统饲养容器。金鱼的传统饲养容器有黄砂缸、泥缸、陶缸、瓷缸、木盆等。黄砂缸口大底尖，外表简单无花纹，它用黏土烧制，工艺较简单，多见于江南农村。黄砂缸可半埋在地下，接受地温，缸壁通透性好。泥缸多见于北京、天津地区，外形似平鼓，缸底与缸口等宽，外壁有花纹，缸壁光滑、通透性好，适合饲养绒球、朝天龙、蝶尾等品种。陶缸是用陶土烧制的，缸口较宽，缸壁厚实，外壁有花纹，内壁釉层不厚，通透性也可，也常用来养鱼。瓷缸做工考究，外壁釉彩光亮，内壁釉层厚实，光滑细腻，通透性略差，是较好的观赏容器。木盆又称木海，直径 0.7～1.5m，高 0.3～0.5m，不上漆，通透性较好，内壁易附生青苔，水质澄清。木盆是古代民间较常见的容器，目前北京地区还可见到。

b. 水泥池。水泥池用砖或混凝土制成，四壁、池底用黄砂水泥抹平，大小随意，目前常见的水池面积有 10m²、16m²、25m² 等，它是金鱼、锦鲤养殖场的主要容器。

c. 水族箱。水族箱是采用玻璃为材料，用工程硅胶粘接而成，是目前家庭饲养时常见的饲养容器。它晶莹剔透，鱼儿的一举一动，尽收眼底。水族箱中养鱼还需要配备的设备有：充氧泵、箱内循环过滤器、加热管、捞鱼网等。家庭饲养容器还有一种小型的椭圆形鱼缸，它是将玻璃经过特殊处理后吹制而成。它小巧玲珑，可摆放在茶几或书桌上，移动方便，观赏效果也佳。

② 锦鲤鱼池建造　池塘宜建在背风向阳、水源充足（最好是富含矿物质元素的泉水）、排灌方便的地方，土质为富含腐殖质的腐殖土。家养锦鲤可利用庭院空地或屋顶建池。亲鱼池面积 30～40m²，池深 1.5～2m，水深 1.2～1.5m。产卵池 15～20m²，池深 1.5m，水深 1～1.2m。孵化池 3～5m²，池深 0.8～1m，水深 0.6～0.8m。苗种池 10～15m²，池深 0.5～0.6m，水深 0.4m。成鱼池面积视饲养量而定，面积越大越好，池深 1.5～2m，水深 1.5m 左右。最好建水泥池，底层向排水口一端倾斜。新建水泥池用前先除碱，蓄满水后加入稻草或麦秸，浸泡 15 天左右排出池水，再用清水冲洗几次。然后加入新水供使用。

③ 热带鱼的饲养设备　除水族箱和水质过滤器外，还有水质循环过滤设备、加热设备、增氧设备、照明设备、抽水设备等。

对于单一水族箱而言，可采用小型循环过滤泵、100～200W 的加热管、单孔和双孔的气泵、日光灯、小型潜水泵等。对于多个水族箱而言，其设备更加复杂。

热带鱼的循环过滤设备有箱内过滤器和箱外过滤器两种，小型水族箱多采用箱内过滤器或小功率循环过滤泵，大型水族箱多采用箱外过滤器。热带鱼的加热设备有各种不同功率的加热棒，如 100W、200W、500W、1000W 的玻璃质或不锈钢质的可自动调温的电热管，大型鱼房通常通过锅炉房输送暖气、空调等加热。

热带鱼的增氧设备有单孔气泵、双孔气泵、四孔气泵和涡轮式充氧机等。对于单个水族箱，可选用单孔气泵。对于多个水族箱，可选用双孔或四孔气泵。单孔、双孔或四孔气泵都是用塑料材料制作，它们采用橡皮塞的运动来完成水中冲氧工作。橡皮塞长时间使用后，会出现破裂或老化，这时要及时更换。大面积的饲养热带鱼可选用涡轮式充氧机，它是金属材料制作的，故障率很低，使用寿命长。此外辅助的充氧设备有气石、输氧管道等。

热带鱼的照明设备以日光灯为主，此外还有卤素灯、水银灯等。单一水族箱的照明，有时也可采用水下彩光灯，它是一种玻璃质全封闭小型灯管，可直接放在水下吸附在玻璃缸壁上，其灯管可发出不同的色彩，如红色、蓝色、绿色、白色灯，造景效果较好。

热带鱼的抽水设备多采用小功率的全塑料材料的潜水泵，它小巧轻便，功率大小有 200W、500W、1000W 等，其扬程 5～10m，使用时，可将其吸附在缸壁上，可在数分钟内将水族箱中的水抽完，安全可靠。

（2）饲养用水

① 地下水　井水、泉水等均属地下水。这类水中含钙、镁等矿物质多，硬度较大，属于硬水。地下水源污染较少，水质比河水、湖水稳定，但水温常常偏低，故需经过充分的日晒、升温后才可使用。很多专家认为，使用地下水源饲养金鱼、锦鲤，可使其体色艳丽，提

高了观赏价值。

② 天然水　自然界中的河水、湖水等均属于天然水源。这类水的水温适中，浮游生物较多，养分较高，含氧量也较丰富。但这类水易被污染，含杂质多，水色常较浑浊，一经日晒水温极易升高，致使有机物大量分解；同时一些浮游生物的死亡腐败也会引起水体迅速变质，影响金鱼、锦鲤的正常生活，甚至造成鱼群死亡。在工厂密集的城镇或地区，常有大量的废水流入江河湖泊，致使很多有毒的倾泻物质（如硫、铅、磷、氯等）危害鱼体，甚至引起死亡。因此，利用天然水饲养金鱼、锦鲤时，需时常对水质进行检测，随时掌握水中的理化指标，及时采取相应的处理方法，以保证所饲养的鱼儿能正常生活和繁殖。

③ 自来水　是经过净化处理的饮用水。自来水在净化过程中，由于须杀菌、消毒及沉淀混浊物等，需要加入适量的漂白粉、明矾等制剂。这些物质对人体无害，但却对鱼儿生长不利。氯是一种有刺激气味的气体，易溶于水中。由漂白粉分解产生的氯气，可导致金鱼鳃部受到侵蚀，所以在使用自来水饲养金鱼、锦鲤时，必须首先将氯气去掉。处理掉氯气最简单的办法是将自来水置于清洁的广口容器中，晾晒 1～3 昼夜，一般夏天 1 昼夜，冬天需 2～3 昼夜，使氯气充分逸出，此过程也属于晾水，也称去氯。如应急使用自来水放养鱼儿，也可在新放出的自来水中加入微量的次亚硫酸钠（海波）进行去氯，其用量为每立方米水中加入小半粒大小的海波不超过 100 粒。

④ 雨水　雨水中含有亚硫酸等有害物质，尤其是城市上空常含有含硫化合物、以 NO 和 NO_2 为主的含氮化合物等有毒化合物。这些物质在高空中溶于雨水，对饲养鱼儿极为不利。若饲养金鱼、锦鲤的盆、池中混入大量雨水，则会导致鱼儿成批死亡，因此，大雨过后，饲养鱼儿的盆、池需及时排出表层水，因为雨水多浮于上层，这样才有利于鱼儿生活。

⑤ 常用水质指标　物理指标，是指色度、水温、盐度、比重等；化学指标，是指酸碱度、硬度、溶解氧、氨氮浓度、硝酸盐浓度。

（3）投饵

① 觅饵习性　观赏鱼是变温动物，它的一切活动与水温的变化息息相关。鱼儿活动的大部分内容是在水中寻饵觅食，它们和平相处，没有占领地盘的习惯。当饲养人员走近，它们会齐刷刷地向前游来，俗称讨食，这时投放鱼饵，它们立刻蜂拥而至，抢夺鱼饵。水温在 15℃ 以上时，常温鱼儿的觅食活动较积极，水温超过 30℃ 时，常温鱼儿会停止觅食，水温低于 5 度时，常温鱼儿的觅食活动明显减少。水温在 18～25℃ 时，金鱼的食欲最旺盛，鱼体生长发育也最迅速。

② 投饵要点　春秋季节，水温多在 15～25℃，它是鱼儿一年之中食欲最旺盛的季节。这时的投饵量较大，要尽量让鱼吃饱，如一次投饵后，鱼儿仍有寻饵活动，可做第二次补饵。盛夏季节，水温多在 25～30℃，有时水温也会超过 30℃，这时鱼儿的食欲减弱，投饵数量要减少，保持七八成饱即可，投饵时间要提前到早 7～8 点，争取在水温上升前，将饵料吃完。冬季，水温多在 7℃ 以下，觅食活动较少，投饵数量较少，投饵时间多选择在中午光照较强时，遇到水温 1～2℃ 时，也可停止投饵。

③ 投饵原则　家庭观赏鱼的饲养：每天可投喂一次，投饵量供七八成饱即可。刚换新水，在开始的一两天投饵量略少些，当水色转绿时，要定量投喂，让鱼儿吃饱吃足。繁殖季节的鱼儿，投饵量较正常饵量减少 1/3～1/2。体弱有病的鱼，投饵量较正常量减少 2/3。凡需长途运输的鱼类，要换入新水中，停饵 1～3 天。

（4）换水

① 换水方法　观赏鱼的换水只有两种方法，即部分换水和全部换水。部分换水即兑水。在露天鱼池，将老水放掉 1/3～1/2 的量，然后将新水直接加入，可以起到刺激鱼类食欲，部分改善水质的效果，这是观赏鱼水质保养的一种方法。家庭用水族箱，可将缸底的污物用

软质塑料管吸出，吸出的水量相当于原水量的 1/3～1/2，然后再用软质塑料管将同温度同数量的新水徐徐注入。全部换水时，可将老水放掉 2/3 后，再用网具将鱼捉出，换入同温度的新水中。家庭用水族箱，全部换水时，要先将水族箱中各种设备的电源切断，老水放完后，可用软布将玻璃缸擦净，或者用低浓度高锰酸钾药水浸洗。观赏鱼换水时，新旧水水温要保持平衡，温差应控制在 1～2℃。

② 换水原则　观赏鱼的水质稳定时间与水温密切相关。春秋季节，水温适宜，水色鲜绿，水中藻类生长适中，水质保鲜期较长，这时多采用兑水的方法，一般 2～3 天兑水一次，全部换水时间为 15 天左右。盛夏季节，水温较高，藻类生长旺盛，一般 3 天左右水色变绿，盛夏季节的绿水，容易引起鱼儿烫尾，所以饲水多采用全部换水的方法，换水时间为 3～5 天一次。冬季水温较低，水中藻类生长缓慢，水色变绿的时间较长，这时多采用兑水的方法。全部换水时间为 1～2 个月一次，全部换水时常将部分绿水兑进新水中，以保持水质的稳定。

（5）放养密度　观赏鱼放养密度：鱼儿的生长速度、体形的完美等除与水质、饵料有关外，还与单位面积内的饲养尾数有关。放养密度越低，发育越良好，体形的曲线也最完美。放养密度越高，个体越小，体形瘦小，营养不良。

2. 繁殖技术

（1）金鱼繁殖技术　金鱼是卵生鱼类，雌雄异体，体外受精，其繁殖活动受水温的影响，江南在 4～5 月，华南分立春、立秋两次；东北在 5～6 月。繁殖季节，雄性金鱼的鳃盖、胸鳍的第一根鳍条表皮增厚，有卵圆形的乳白色晶状体，俗称"追星"，同时自肛门至腹鳍间有一条明显的硬棱，雌鱼则无。

（2）锦鲤繁殖技术　选定优良亲鱼是搞好锦鲤繁殖的关键。采用自然繁殖，首先要选择合乎标准的亲鱼。在北方，留作种鱼的锦鲤，在室内度过冬季后，于 3 月中下旬移至室外鱼池中饲养。此时，应进一步精选亲鱼，以获得优良的后代。

采用水泥鱼池作产卵池，鱼池是 4m×4m 的方形池或 4m×5m 的长方形池较为适宜。鱼池不宜过大，过大不便管理，过小又影响亲鱼的产卵活动，水深 30～40cm，以含氧量充足、水质清洁、氢离子浓度在 39.81～63.09nmol/L（pH7.2～7.4）、硬度低的水质为好。

在北方地区，4 月下旬至 6 月中旬是锦鲤产卵的季节，当水温上升至 16～18℃时，就可将亲鱼移入产卵池，发现亲鱼有急促追逐现象时，即可旋转鱼巢于产卵池内，当水温上升到 20℃时，即可大量产卵，产卵的时间是在黎明 4 时左右开始直到上午 10 时或中午为止。如果天气发生突然变化，水温急剧下降时，则会中断产卵。一般 1 尾 30～40cm 长的锦鲤产卵量为 20 万～40 万粒，还有的在产卵约 1 个月以后，会再产出前次未产尽的余卵。其与金鱼一样，也是体外受精，属黏性卵。卵粒的大小，因母体大小和年龄的不同而异，母体大，卵径也大；反之，则卵粒也小，其卵径一般 2.1～2.6mm，受精卵吸水后，卵径要比未受精卵大些。将已布满附着卵的鱼巢，从产卵池内取出后，在 5%～7% 的食盐溶液中浸 5min，或在万分之一的孔雀石绿溶液中浸 10～15min，或在 3mg/kg 的甲基蓝溶液中浸 15min，进行消毒，而后再移入孵化池中孵化。用这些药物，对预防水霉病的发生，有一定效果。

（3）热带鱼繁殖技术（以孔雀鱼为例）　孔雀鱼属卵胎生鱼类。繁殖力强，性成熟早，幼鱼经 3～4 个月饲养便进入成熟期可以繁殖后代，性成熟迟早与水温高低、饲养条件密切相关。

孔雀鱼繁殖时要选择一个较大的水族缸，水温保持在 26℃，pH6.8～7.4，同时要多种一些水草，然后按 1 雄配 2 雌的比例放入种鱼。待鱼发情后，雌鱼腹部逐渐膨大，出现黑色胎斑；雄鱼此时不断追逐雌鱼，雄鱼的交接器插入雌鱼的泄殖孔时排出精子，进行体内受精。当雌鱼胎斑变得大而黑、肛门突出时，可捞入另一水族箱内待产。

　　孔雀鱼每月产仔一次，视雌鱼大小，每次可产 10～80 尾仔鱼，一年产仔量相当多，故有"百万鱼"之称。繁殖时应注意，同窝留种鱼不要超过三代，以免连续近亲繁殖导致品种退化，使后代鱼体越来越小，尾鳍变短。最好引进同品种鱼进行有目的远缘杂交，以防次品种退化，达到改良品种的目的。但孔雀鱼寿命很短，一般只有 2～3 年。

四、观赏鸟的养育

1. 鸟笼

　　鸟笼是小型观赏鸟栖息和生活的场所。鸟笼的种类很多，按其制作材料区分，有竹笼、木笼和金属丝笼，其中竹笼因其木质细密、坚实耐用，为我国养鸟爱好者广泛使用。按其形状区分，可分为圆形或腰鼓形笼，方形或长方形笼两种。从其作用上区分，又有观赏笼（包括百灵笼、画眉笼、黄雀笼、点颏笼、山雀笼、金丝雀笼、鹦鹉笼、八哥笼等）、串笼、水浴笼、繁殖笼、囤子笼、运输笼及打（滚）笼等。

　　（1）百灵笼　属观赏笼。多为圆形竹笼，据其大小可分 3 种规格：大型笼一般高 55cm，直径 60cm；中型笼高 55cm，直径 45cm；小型笼高 25cm，直径 30cm。笼顶有平顶和拱形顶两种，顶盖为一木板。笼底以木板封闭，外面围以底圈，内铺供鸟沙浴及食用的细沙土及沙粒。笼内不安栖杠，只在笼中央设一高 13～25cm、高于底圈的蘑菇形台。百灵笼适合饲养百灵科的鸟类，如百灵、凤头百灵、沙百灵、云雀等。

　　（2）画眉笼　属观赏笼。多为竹制，有板笼和亮笼之分。板笼呈方形，一部分用竹片封住，饲养"生"画眉或遛鸟时用，在北方多以 24cm×21cm×27cm 的长方形笼加布罩代替。亮笼多呈圆柱形或腰鼓形，平顶或拱形顶。笼一般高 35cm，直径 30cm，笼条间距 2cm。笼底为亮底。下有粪托。笼中央安一根直径为 2cm 的木棍作为栖杠，栖杠外包鲨鱼皮或黏附沙粒，以利于鸟嘴及趾爪的磨炼。在栖杠的两端安放深而大的食罐和水罐（各一个）。此外，画眉笼顶的"抓"极为讲究，常用青铜或黄铜制作。画眉笼用途甚广，除用于饲养画眉外，还用于饲养各种体形大小与画眉相近的杂食鸟和食虫鸟，如各种鸫、黄鹂、椋鸟和太平鸟等。

　　（3）点颏笼　属观赏笼。多为竹制圆笼，直径为 20cm 或 26cm，高 20cm，有笼条 48 根，笼条间距 1.5cm，笼条粗 0.2cm。笼内设一直径为 0.9cm 的栖杠，栖杠两端放置食罐、水罐各一个。笼底为亮底，上铺吸湿性强的布垫或下设粪托。点颏笼除用于饲养红点颏、蓝点颏外，还可用于饲养红嘴相思鸟、大苇莺以及体形与点颏相似的各种鸫和各种鹟类。

　　（4）黄雀笼　属观赏笼。多为竹制小圆笼，一般笼高 20～22cm，直径 28～30cm，笼条间距 1.2cm，笼条粗 0.2cm。笼底用木板或塑料板封闭（俗称死底），外围底圈，圈高 3cm，笼底一般不铺沙而铺布垫。在距笼底 5～6cm 处安放两根栖杠，供鸟栖息和跳跃。栖杠多用紫藤木、六道木或花枝梨制作，杠端安放四个精制的小食罐和小水罐（各 2 个）。黄雀笼除用于饲养黄雀外，还可用于饲养大山雀、金翅雀、朱顶雀（条间距 1.2cm）、沼泽山雀及棕头鸦雀等。

　　（5）八哥笼　属观赏笼。为大型竹制或铅丝制圆形笼。一般笼高 48cm，直径 36cm，笼条间距 2.2cm，笼条粗 0.4cm。笼内安放一根鲨鱼皮栖杠，杠端分别安放大而深的食罐、水罐各一个，另设一软食罐。笼底为亮底，下设粪托。八哥笼除适用于饲养八哥、鹩哥等椋鸟科的鸟外，还可用于饲养画眉（亚）科、鸫（亚）科的大型种以及食肉的伯劳科、鸦科的鸟。

　　（6）绣眼鸟笼　属观赏笼。多为竹制小方笼。因绣眼鸟活泼爱跳，因此笼宜高，一般笼高 24cm，上有拱高为 5cm 的拱形顶。笼底 17cm 见方，笼条间距 1cm，笼条粗 0.2cm。亮底，无底圈，笼底设一插粪板（即粪托）。笼的上、下各设一栖杠，笼内安放食罐、水罐各一个，另设一个软食缸。绣眼鸟笼除用于饲养绣眼鸟外，还可用于饲养鹟亚科、莺亚科的小型种和山雀科的鸟。

（7）金丝雀笼　又称玉鸟笼、芙蓉笼，属观赏笼。多为竹制品，也有金属制品。竹笼一般为圆形、方形或长方形，笼高约33cm，直径约20cm，笼条间距1cm。笼内安置一根或两根栖杠，食罐、水罐各一个。金丝雀笼除用于饲养金丝雀外，还可用于饲养灰文鸟、十姐妹、锦花鸟及各种鸦等。

（8）鹦鹉笼　属观赏笼。是饲养虎皮鹦鹉、绯胸鹦鹉、牡丹鹦鹉的笼。因鹦鹉嘴强有力，喜啃咬木质，故不能用竹笼饲养，而用铁丝笼。鹦鹉笼多为圆形，顶部呈拱形。笼底用铁板制成能活动的底盘，以便清扫和冲刷粪污。笼内设一栖杠，一般为紫铜棍，但因其与鹦鹉的习性不适，故仍以木质为宜。笼内安置金属制食罐、水罐各一个。

（9）水浴笼　为画眉、金丝雀、相思鸟等鸟水浴用的鸟笼，多为长方形。常用的水浴笼有两种。一种是很大的竹制长方形笼，多无笼底，水浴时把浴盆放在铺有干沙的平地上，扣上水浴笼，将鸟放入，任其自行水浴。另一种是较观赏笼稍小的铅丝制方形笼，将其放入浅水盆中让鸟水浴。

（10）繁殖笼　是专门用于繁殖的鸟笼。由于繁殖时亲鸟要有一安静、舒适的环境，因此繁殖笼的四周都需封闭，只留前门，呈箱状或小房子状，故又称为箱笼或庭笼。繁殖笼一般较大，为观赏笼的2～4倍。常见的有方形和长方形两种，方形笼为45cm见方，长方形笼规格为70cm×40cm×40cm。在笼的后上方安置巢箱，并于巢箱处开一活动小门，以便于观察孵育情况和清理箱内污物。为便于清扫，笼底应做成抽屉式的。因金丝雀不太怕人，其繁殖笼可用45cm×30cm×30cm的普通竹笼代替。

（11）打笼　又称滚笼，是专门用于捕捉野鸟的笼子，有竹制和铅丝制两种。因为铅丝制打笼既结实、不易损坏，又透亮，有利于招引野鸟，故比较常用。打笼多制成较高的长方形，有上下两层，下层放置媒鸟，上层分成两格或四格，各格均有活动的盖，设有"机关"，或者笼盖可以上下翻动（滚笼）。野生鸟看到媒鸟或听到其叫声，常为争斗或结伴而飞落笼上，此时即可滚落笼中，或者因触发"机关"而被扣住。

2. 食罐、水罐及其他用具

（1）食罐和水罐　是盛放鸟食及饮水的器皿，既是养鸟所必备的，又具有装饰鸟笼的作用。食罐和水罐种类繁多，形态各异，可根据养鸟者的习惯、爱好及所养鸟的种类对罐的质地、形状、大小、高矮加以选择。鹦鹉类鸟必须用金属罐。

（2）食抹　又称软食缸，是饲养杂食鸟、食虫鸟和食肉鸟时喂软食用的器皿。食抹多为短圆柱形，大小以鸟一顿的食量为限，不可过大，以防软料变质或被鸟践踏造成浪费。

（3）研钵和研棒　是加工制作软料和淡水鱼粉的用具，有金属制、陶瓷制及玻璃制多种。

（4）食撮　是向食罐内撮加粒料和粉料的专门用具。形状为一端宽一端窄的长簸箕形或细长锥形，窄端的宽度要小于条间距，并能插入1～1.5cm，以便伸到食罐口，避免散落。食撮可用铁皮、废胶片、破纸片等自制。

（5）水浴器　是鸟水浴的用具，多为浅的瓦盆，因为这样的瓦盆既不过于光滑，鸟能站稳，又重而稳，不易被鸟蹬翻。水浴器的大小、深浅视所养鸟的体形、跗跖的长短及水浴的方式而定。

（6）喷壶　是一具有细长壶嘴的特制水壶。平时用于给水罐加水，套上喷头可给鸟淋浴。

（7）铲子和刷子　是清扫、洗刷鸟笼的工具，宜小而轻便。

（8）草巢　是繁殖笼中供鸟栖息和繁殖的用具之一，多用草绳编制，再以铅丝为骨架固定巢形。制作草巢时，应根据所养鸟在野生情况下的营巢习性，或编成出入口小的壶形暗巢供营暗巢的文鸟或其他小鸟用，或编成杯形或碗形的敞口巢，供雀科等营开口巢的鸟用。

（9）假卵　是繁殖笼鸟的用具，代替种卵。用木料、石膏或泥制成大小不一的卵，涂上适当的颜色，用来换取巢中的卵。假卵要尽量做得逼真，以达到以假乱真的效果。

（10）取卵勺　是一把长柄小勺，用于把鸟卵从巢内取出。木制、竹制、塑料制均可，只是勺的宽度不能大于笼条间距，以便能直接插入笼内，从巢的深部将卵取出。

（11）脚环　是一种涂有颜色或编有号码的铅制或塑料制小环，套在鸟跗跖部作为标记，供研究鸟的性别、年龄、寿命、谱系等用。

3. 饲养管理

家养鸟首先要让生鸟"认食"。生鸟是指新从野外捕捉的野鸟。这些鸟在从野生状况向笼养状态转变过程中，常常因为不能适应环境和食物的巨大变化，拒食而造成死亡。使生鸟"认食"，就是设法让其适应人工饲养的环境和人工饲料。促使生鸟早日"认食"，是降低死亡率的重要措施，其方法如下。

（1）使鸟只保持安定　生鸟放入笼中，常由于惊恐而乱飞乱撞，并企图逃逸。为使鸟只安定，鸟笼应罩上笼套，置于房间的角落处，使笼内保持仅能让鸟看到食物和水的黑度。同时，为防止鸟只因乱飞乱撞而消耗体力，或造成翅羽、尾羽甚至头部受损，笼内的栖杠应予以拆除，并把鸟只两翅外侧的4～5枚初级飞羽在腰部交叉，用棉线捆住，或把整个尾羽也捆上，以减少其活动。为使生鸟适应环境，笼养的初期应尽量让其少受惊动，除喂食、添水外，不要随意掀开笼套观看，笼内卫生也暂不打扫。这样，7～10天后，鸟只便能适应新的环境。

（2）进行诱食　为防止鸟只饿死，在笼内放置食物和饮水，引诱生鸟采食的过程为诱食。诱食所用的食物要根据鸟的食性，结合个人经验及现有条件加以确定，尽量提供鸟最喜欢吃的食物。食谷鸟类可提供草籽或其他大小适中的粒料，待其"认食"后，再逐渐将几种粒料按一定比例混合供给。杂食鸟和食虫鸟"认食"比较困难，需结合其野生食性，提供昆虫幼虫，一旦发生鸟只啄食，就应及早改喂人工饲料。食肉类鸟"认食"较易，一般只要有瘦肉，就会自己啄食。有些生鸟，主要是食谷类鸟，在消除恐惧、安定下来后便开始吃食，"认食"较易。而另一些鸟，主要是杂食鸟和食虫鸟却较难"认食"，常拒不采食。为防止饿死及延长诱食时间，对这些鸟应按时填食。填食的方法是左手握鸟，拇指和食指卡住鸟嘴，右手拿住昆虫幼虫或肉条逗引，待鸟一张嘴就顺势填入，若鸟拒不开口，则需掰开嘴填喂。在鸟只"认食"后改换人工饲料时，应逐渐进行。先把活虫放在表面带有一层水的粥状软食上，撤掉水罐，这样鸟在吃食、饮水时都会带上软食。接着把虫与粥状软食搅拌喂给，最后把虫子切成碎段拌入，经过一段时间，鸟就会慢慢地习惯于吃人工饲料。食肉鸟的填食比较容易，因其性情凶猛，用肉一逗就会使劲地啄，可顺势填入。

4. 日常饲养管理

（1）遛鸟　遛鸟是画眉、黄鹂、黄雀等歌鸟日常饲养管理的一项工作，其方法是将鸟放在笼内，套上笼罩，养鸟者手提鸟笼，前后悠荡。遛鸟时人的步子要迈得均匀，悠荡所使的劲要平均，笼子的倾斜要适度。遛鸟应在清晨进行，地点多选择公园、树林等环境幽美、空气新鲜的地方，每次遛鸟的时间以 30min 至 1h 为宜。遛鸟之后，将笼挂在高处，揭去笼罩，让鸟自由鸣唱。遛鸟不但增加了鸟的运动量，而且清新、幽美的环境也使鸟兴奋，鸣叫得更欢。同时，遛鸟也可使自己所养的鸟学会别的笼鸟或野鸟的鸣叫，鸟越遛叫得越欢。但"不遛不叫"的说法并没有道理，关键在于习惯，遛鸟一经开始就应坚持下去。

（2）投食供水　为防止笼养鸟只因饥渴而死亡，应经常检查其食罐、水罐中是否有饲料、饮水。一般可把颗粒饲料作为硬食鸟（食谷鸟）的常备饲料，把干粉饲料作为软食鸟（食虫鸟、杂食鸟和食肉鸟）的常备饲料，每周清理添换2～3次。饲喂带壳的粒料时，每次投放不宜过多，并及时清除料壳以便添料。饲喂干粉料时，可直接喂给，也可加水调湿成为软食喂给。因干粉料富含蛋白质，适于细菌繁殖，故应每天添加，未吃完的要及时清除以防霉变，食罐也应每天清洗。青绿饲料可切成碎块或撕成条置于菜罐中或挂在笼壁上供鸟啄食，最好早上喂，剩下的晚上取出。昆虫和切碎的肉类饲料可置于食罐中或插在笼壁上喂给。大型昆虫如蟋蟀和蝗虫等，在投食前应将口器、脚爪甚至翅膀除去。在饲喂鸟只之前，最好给鸟以声音信号，以建立条件反射，并把鸟喜欢吃的食物用手拿着喂，这对鸟的驯熟非常有效。

供鸟饮用的水一般应每天更换一次，添水前宜清洗水具。对于一些喜欢脚踏饮水和抓拔水罐的鸟，应随时清洗水具和更换清水。

（3）洗浴　包括沙浴、水浴和日光浴，是鸟本身习性的要求。自然界中的野生鸟大部分时间都在阳光的沐浴下生活，有些鸟还喜欢水浴、沙浴，笼养情况下，它们失去了这些条件，故应人为地为它们提供这些洗浴条件。

日光浴可促进鸟体的血液循环，增强食欲，增加色素沉着，因此笼养鸟每天至少要在阳光中生活2h。一般正常条件下饲养的鸟只，无需专门进行日光浴。夏天日光太强，应把鸟笼挂在阴凉处，避免直接暴晒。日光浴也可在水浴后进行，以便羽毛尽快晾干。许多鸟都喜欢水浴，在给它们添加饮水时往往会立即扑上去"扑洒"。

水浴可在水浴笼中进行，也可以将观赏笼中放入水浴盘供鸟水浴。如果鸟总扑洒水罐中的饮水，则应先使鸟水浴，撤去水浴盘后再添加饮水。夏天可每天让鸟洗浴一次，换羽期和冬季则每2～3天洗浴一次。每次洗浴时间不宜太长，以羽毛不湿透为准。冬天应注意保温，以防止鸟只感冒。

百灵科的鸟喜欢沙浴，一旦新铺上干净的细沙土它们就会马上洗浴，而且一日数次。当沙土陈旧并混有粪便时，沙浴的次数就会明显减少，此时应立即更换。沙浴最好选用漂洗干净的细河沙，并经常更换。

（4）清洁卫生　保持鸟笼及笼内用具的清洁卫生，对于保证笼养鸟的健康是非常重要的。鸟笼在使用过程中要经常清理、洗刷，一般每周1～2次。接粪板或粪托、粪垫更要勤洗、勤换，笼底铺垫用的细沙也应经常清理更换。

（5）爪的整理和羽毛的修整　伴随着生活环境的改变，活动量的减少，笼鸟的爪常因生长过长而变形，影响正常的活动和摄食，对此应及时进行修整。修整时，将鸟只固定好，用利刃或剪刀从末端开始削剪。每次削剪不宜过多，以免出血。削剪后的喙、爪可用细砂纸或细锉轻轻地单向打磨，去掉棱角。水浴和沙浴都对羽毛有清理作用。但只能除去羽毛上的灰尘和外寄生虫，对于羽毛严重污染或折断者，则必须进行人工修整。污染的羽毛可用棉花或纱布蘸温水顺羽干方向轻轻地擦净，然后将鸟笼置于温暖的环境中。断羽可人工拔除，以强迫鸟只换羽。拔羽时，一手固定断羽的根基部，一手用力拔出。如断羽较多，则分几次拔除，每次1～3根，每隔2～4天拔羽一次。此时应注意鸟的精神状态和摄食情况，并应补充营养丰富的饲料和色素饲料，以促使新羽长成。

5. 发情

当鸟只进入繁殖季节后，如果发情雌鸟和雄鸟在栖杠上相互依偎亲昵、咬嘴；或雄鸟频繁鸣叫，在栖杠上上下下不停地蹦跳，或追逐雌鸟；雌鸟不停地进入鸟巢，或衔草垫窝，表明鸟只已经发情，不久就会交配、产卵了。有些鸟在发情之前，如将雌鸟和雄鸟放在同一笼内，两鸟之间会发生争斗，故应将其隔笼饲养。等到它们隔笼互相用嘴交吻时，再一起放入繁殖笼内，使其配对、产卵。

6. 产卵

鸟只在发情、交配后不久就会产卵。不同品种的鸟，每窝产卵的多少也有差异，少的仅一两枚，多的可达8～10枚，大多数鸟每窝产卵3～5枚。有的鸟自产第一枚卵开始，每天产卵1枚，直到产齐全部卵数；也有的鸟在产1枚卵后，间隔1～2天才产下其他的卵。

7. 孵化

大部分鸟在产下第二或第三枚卵后便开始孵化。孵化多由雌鸟负责，也有雌雄鸟共同负担或在雌鸟外出吃食时，暂时由雄鸟代孵者。对于大多数鸟来说，卵的孵化都可由其亲鸟完成，但也有少数鸟由于在笼养条件下其孵化本能退化，只产卵，不孵化。这时，就要把它们产的卵取出，代之以假卵，等全部卵产齐后，再由义亲代为孵化。义亲应选择那些所产的卵与其代孵的卵大小、形状和颜色都相似者。通常可以作为义亲的鸟有灰文鸟、十姐妹和金丝雀等。由于大多数的鸟在开始孵化后，还会产下最后几枚卵，造成雏鸟出壳有早有晚。为使同一窝的雏鸟出壳整齐，可在雌鸟每产下一枚卵后即用取卵勺轻轻地将其取出，放在5～10℃的地方，待产齐后，再一起放入巢中孵化。

不同品种的鸟，孵化期也有较大差异。一般来说，体型较大的鸟，孵化期较长；体型较小的鸟，孵化期也较短。

为了提高繁殖率和减少鸟的体力消耗，在孵化开始后的5～7天应进行验卵，以确定其是否受精。验卵时先将手洗净擦干或带上橡皮手套，将卵从巢中取出，在太阳光下或灯光下照看。若发现卵中有纹状血丝即为受精卵，若卵中颜色变黑则为"臭蛋"，卵中颜色毫无变化则为"白蛋"，即未受精卵。"臭蛋"和"白蛋"应从巢中取出，作淘汰处理。

8. 育雏

常见家庭笼养鸟都属晚成鸟，雏鸟出壳后，尚不会自己啄食，需由亲鸟哺喂，这一时期称为育雏期。不同种类的鸟育雏期长短也各不相同。通常孵化期长的鸟，其育雏期也较长，孵化期短的鸟，其育雏期也较短。在育雏期内，应加强亲鸟的营养，可在饲料中增加鸡蛋米，并保证牡蛎粉和青菜的供应。如果在育雏期亲鸟受到惊吓，有时会发生弃雏现象。一旦亲鸟弃雏，就必须对雏鸟进行人工填喂，方法是将一个鸡蛋黄用2%的葡萄糖水调成粥状，用牙签挑着喂。每天喂食的次数视雏鸟的大小而定，早期喂食次数较多，以后逐渐减少，每次喂饱为止。一般要在雏鸟能够自己啄食后，方可将其与亲鸟分开单独饲养。

【复习思考题】

1. 犬的生活习性有哪些？
2. 猫的生活习性有哪些？
3. 观赏鱼的生活习性有哪些？
4. 观赏鸟的生活习性有哪些？
5. 犬的日常管理要点有哪些？
6. 猫的日常管理要点有哪些？
7. 观赏鱼的日常管理要点有哪些？
8. 观赏鸟的日常管理要点有哪些？

第二章 宠物临床诊断技术

【学习目标】
1. 掌握犬、猫常用的保定方法。
2. 熟练掌握临床诊断的基本方法和程序；熟练掌握临床一般检查、系统检查、特殊检查的特点、方法和内容。
3. 掌握犬、猫临床诊断的基本理论知识。

第一节 基本检查技术

一、宠物的接近与保定

1. 犬、猫接近

在接近犬、猫时，最好有主人在场，并取得主人的配合。接近前要向主人先了解犬、猫的习性。在接近时先呼唤犬、猫的名字或发出温和的呼声，然后从前侧方接近。检查者接近犬、猫后要用手掌轻轻抚摸其头部或背部，密切观察其反应，待犬、猫安静后，才能进行保定和诊疗。

在接近犬、猫的过程中，应注意以下几点。①先向主人询问犬、猫是否咬人、抓人及有无特别敏感部位不能让人接触；②当犬、猫怒目圆睁，龇牙咧嘴，甚至发出"呜呜"的呼声时，是犬、猫惊恐、发怒的象征，应特别注意；③检查者在接近动物时，不要手拿棍棒或其他闪亮和发出声音的器械，以免引起犬、猫的恐慌；④保持环境安静，禁止人声喧闹、许多人一哄而上；⑤检查者一般穿白大褂或一次性手术衣，戴白色口罩和一次性乳胶手套，以减少对犬、猫的视觉刺激。

2. 犬、猫保定

犬、猫对主人有较强的依恋性，最好由主人进行协助和保定。由主人将犬、猫抱在胸前更有利于检查和治疗。临床常用的保定方法如下。

（1）徒手保定法 适用于性情温顺的犬或经过特殊训练的犬（如警犬）。保定人员一手抓住犬的下颌部，另一手于犬的耳下方固定头部，可防止头的左右摇动和回头伤人。

（2）绷带扎口保定法 用外科上常用的卷轴绷带，先在犬鼻梁上扎第一个结，然后绕到颌下扎第二个结，最后绕到耳后中间扎第三个结，短嘴犬可将前后绷带相连后，扎第四个结以防脱出（图 2-1）。

（3）口笼保定法 有皮革制口笼和铁丝口笼两种。口笼的规格，按犬的个体大小有大、中、小三种，选择合适的口笼给犬戴上并系牢。保定人员抓住脖圈，防止犬将口笼抓掉。

（4）颈钳保定法 主要适用于凶猛咬人的犬。颈钳柄长 1m 左右，钳端为两个半圆形钳嘴，使之恰能套入犬的颈部。保定时，保定人员抓住钳柄，张开钳嘴将犬颈部套入后再合拢钳嘴，以限制犬头的活动。

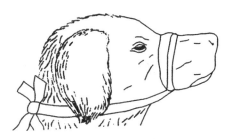

图 2-1　绷带扎口保定法

图 2-2　侧卧保定

（5）倒卧保定法　根据诊断、治疗的需要，可将犬放倒，进行侧卧、仰卧或伏卧保定。

① 侧卧保定。用细绳或绷带将两前肢和两后肢分别捆绑在一起，再用细绳将前后肢系紧在手术台上，以防犬骚动，助手按住犬头部，即可进行诊疗工作，一般静脉注射或局部治疗处理常用此法保定（图 2-2）。

② 仰卧保定。即将犬放倒于手术台上，用绳分别系于四肢球关节下方，拉紧绳，使犬呈仰卧姿势，犬头用犬头夹固定于手术台上，以防犬头活动。本保定法适用于外科手术。

③ 伏卧保定。即将犬放在手术台上，用绳分别系于四肢球关节下方，拉紧绳，使四肢伸展，使犬呈面向下的伏卧状态。犬头用绳保定于手术台上，防止头部活动。本保定法用于眼、耳等外科处理。

图 2-3　项圈保定法
（伊丽莎白颈圈）

（6）项圈保定法　伊丽莎白项圈能很好保定犬、猫头部，防止犬、猫回头咬人和舔舐伤口、留置针等（图 2-3）。

（7）化学保定法　常用速眠新（846 合剂）注射液，犬 0.04～0.1ml/kg，肌内注射；舒泰 50 冻干粉，犬 7～25mg/kg，肌内注射；猫 10～15mg/kg，肌内注射。

（8）猫保定法　由主人徒手保定或用毛巾捂住猫头部或缠住其颈部，一手抓住耳后颈部皮肤，另一手保定前肢。

也可选用猫袋保定法。猫袋可用人造革或粗帆布制作。布的一侧缝上拉链，把猫装进猫袋后拉上拉链。猫袋的前端装上能松紧的带子，把猫装进袋后，先拉上拉链，再扎紧颈部袋口，然后露出后肢或臀部。该保定法适用于测量体温、注射、灌肠等。

二、一般检查

1. 精神状态

（1）健康　活泼可爱，精神抖擞，行动灵活，双目有神，两耳常随声音而转动，即使是睡觉时，也始终保持警觉状态。

（2）病态　反应迟钝或无反应，神情淡漠，昏睡或昏迷；或兴奋不安，到处乱跑，惊恐，高声尖叫，做盲目运动或转圈运动，乱咬。

2. 营养状况

主要观察膘情和被毛。在临床上，一般把营养状况分为良好、中等、不良及肥胖。

（1）健康　肥瘦适度，肌肉丰满健壮，被毛光顺而富有光泽，使人看了有一种舒服感。

（2）病态　身体消瘦，肌肉松弛无力，被毛粗糙无光，尾毛逆立。

3. 姿态

（1）健康　姿势自然，动作灵活而协调，有人接近时立即起立，步态轻快、敏捷。

（2）病态

① 强迫姿势　指犬、猫被迫采取的异常姿势。如破伤风的僵硬姿势，腹痛时的蜷缩姿势；咽喉炎的头颈伸直姿势等。

② 站立不稳姿势　指犬、猫在站立时姿势不稳，如瘦弱老龄犬、猫及患四肢疾病时表现出站立或运步时软弱无力，频频交换四肢负重；尿潴留患病犬、猫常作排尿姿势，但无尿液排出。

③ 强迫运动　通常是脑病的特殊症状，常见有盲目运动、圆周运动等。

④ 共济失调　指病犬、猫在运动中四肢配合不协调，呈醉酒样，摇摇晃晃，步态不稳，可见于脑脊髓炎、脑寄生虫病。

⑤ 瘫痪（麻痹）　四肢瘫痪见于脊髓炎、脑炎、肝性脑病、弓形体病、特发性多发性肌炎、特发性神经炎、重症肌无力等；后肢瘫痪见于腰椎间盘突出、犬瘟热、变形性脊髓炎、血孢子虫病；不特定瘫痪见于脑水肿、脑肿瘤及其他脑损伤。

⑥ 痉挛（抽搐或惊厥）　强直性痉挛见于破伤风、中毒、脑膜炎、癫痫、低血糖、低血钙；症状性痉挛见于脑炎、犬瘟热及尿毒症；此外热射病、甲状腺功能减退也可引起抽搐。

⑦ 跛行　幼龄犬、猫多见于佝偻病、骨软病、营养性甲状腺功能亢进；成年犬、猫多见于变形性脊髓炎、类风湿关节炎、骨关节病。骨折、关节脱位、韧带断裂、咬伤、挫伤等均可引起跛行的发生。

4. 被毛和皮肤检查

（1）被毛检查

① 健康犬、猫　被毛柔顺、有光泽，不易脱落。

② 患病犬、猫　被毛粗乱无光。患慢性病或长期消化功能障碍，往往换毛迟缓。在疥癣、湿疹、皮肤真菌病或甲状腺功能减退时，患部易脱毛。

（2）皮肤检查　包括皮肤的温度、湿度、颜色、弹性、肿块、气味、发疹及有无损伤等。

① 皮肤温度　可用手背触诊或用温度计测定。一般检查部位为鼻端、耳根、腋下和股内侧等被毛较少的部位。健康犬、猫的鼻端一般是凉而湿润（睡眠和刚睡醒时鼻端干燥）。鼻端、耳根、腋下及股内侧发热多提示热性病。局部皮温增高，常见于局部炎症。皮温降低，可见于衰竭、大失血等。皮温分布不均匀，见于热性病的初期等。

② 皮肤湿度　因出汗多少而不同。犬的汗腺不发达，汗腺主要分布于蹄球、中趾球、鼻端的皮肤等处，其汗腺的分泌物中含有较多的脂肪。

a. 出汗增多。常见于追捕猎物后，或见于热性病、内脏破裂等。

b. 出汗减少。鼻端干燥，多见于脱水性疾病，如高热病、严重腹泻和剧烈呕吐等。

③ 皮肤颜色　白色皮肤的犬、猫，其颜色的变化容易辨认，而颜色较深的则不明显。皮肤的颜色呈灰色或黑色，是色素沉着所致，见于内分泌失调引起的皮肤病、蠕形螨病、慢性皮炎、黑棘皮症及雄犬雌性化等。皮肤发红发痒，见于过敏性皮炎、荨麻疹、疥螨病等。因阳光刺激发生的光敏症，在鼻端、鼻梁、眼睑等处引起皮炎，鼻端皮肤颜色脱色，牧羊犬发生最多，其他犬种也可看到。小型犬的黑色鼻端会逐渐变成咖啡色，其原因还不清楚。其他病例变化及意义类似于眼结膜检查。

④ 皮肤弹性　健康犬、猫皮肤柔软，可捏成皱褶，松手后则立即恢复原状。如果恢复很慢，则是皮肤弹性下降的标志，可见于营养不良、严重脱水性疾病或慢性皮肤病等。老龄犬的皮肤弹性降低，属于自然生理现象。

⑤ 皮肤肿块　常见的有水肿、气肿、血肿、脓肿、淋巴外渗及炎性肿胀等。

a. 水肿。是由于水代谢障碍而引起多量液体蓄积于组织中所致。皮下水肿，也称浮肿。触诊水肿部位，呈捏粉样或揉面团状，指压留痕。常见于慢性心脏衰弱、衰竭症及肾脏疾病等。

b. 气肿。是空气或其他气体积聚于皮下组织中。触诊呈捻发音，皮下有气体窜动的感觉。常见于肘后、胸侧、腹壁等处皮肤的损伤，空气机械性窜入皮下；也见于产气细菌感染后，局部组织腐败分解所产生的气体积聚于皮下组织中。

c. 血肿、脓肿、淋巴外渗。共同特点是局限性肿胀，触诊有明显的波动感，通过穿刺抽取内容物就能区别。

d. 炎性肿胀。具有红、肿、热、痛等炎症特征，可见于炭疽、创伤及化脓菌感染等。

e. 此外，临床上还可见到湿疹、荨麻症、水疱、脓疱、溃疡、痂皮、瘢痕、肿瘤和损伤等。

⑥ 皮肤气味　饲养管理良好的健康犬、猫一般无体臭味，发出体臭的原因是齿垢和因齿垢引起的齿槽脓漏及肛门脓肿、胃肠疾病、外耳炎、全身性皮炎等。特别是全身性的脓疱性毛囊炎、湿疹等，渗出脓汁，散发出恶臭的气味。

5. 可视黏膜检查

可视黏膜包括眼结膜、口腔黏膜、鼻黏膜、阴道黏膜。临床上主要检查眼结膜。必要时还应与其他可视黏膜进行对照。

（1）眼结膜的检查方法　先将犬、猫头部保定，然后检查者用两手拇指或用单手拇指与食指拨开上、下眼睑。

检查眼结膜时，应进行两眼的对照。在判断眼结膜颜色时，应在自然光线下进行，且避免直线光线照射。

（2）检查内容

① 眼睑及分泌物　眼睑肿胀，常见于眼睑受到机械性刺激、结膜炎、眼睑腺炎或花粉过敏等。淀粉样白色眼分泌物，多见于肠内寄生虫或其他慢性胃肠病等。黄色、黏稠性眼眵，是化脓性角膜炎和结膜炎的症状，除见于倒睫、机械性刺激外，还见于犬瘟热、传染性肝炎、疱疹及发热等。眼睛刺痛流泪，常见于角膜炎、传染性肝炎及因植物或花粉过敏而引起的结膜炎等。因大部分眼病都会引起疼痛和痒，所以犬常用前肢擦眼睛，在擦眼过程中，有时会伤及眼睑或结膜，严重时会伤到角膜。为了预防抓伤，前爪或脚尖要用绷带包扎或贴上胶布。

② 眼结膜颜色　健康犬、猫的眼结膜呈粉红色。眼结膜颜色的变化，分为潮红、出血、苍白、发绀或黄染。

a. 潮红。是眼结膜毛细血管扩张充血的象征。可分为弥漫性充血和树枝状充血。前者是结膜普遍呈红色，见于各种热性病；后者是结膜血管高度扩张，如同树枝状，常见于脑炎及伴有静脉血回流高度障碍的心脏病。

b. 出血。眼结膜有出血点或出血斑。是眼结膜损伤所致。常见于眼结膜机械性损伤、出血性紫癜、血友病、梨形虫病等。

c. 苍白。眼结膜呈灰白色，是贫血的象征。急性苍白见于大动脉、大静脉或肝脏、脾脏破裂引起的大失血；逐渐苍白，见于寄生虫病、慢性胃肠卡他、长期营养不良性贫血等。

d. 发绀（发紫）。眼结膜呈蓝紫色，是血液中还原血红蛋白增多的结果。主要见于心、肺疾病，如肺炎、心力衰弱等。

e. 黄染。眼结膜呈不同程度的黄色，是血液中胆红素增多的结果。常见于肝胆、十二指肠炎症或溶血性疾病。

③ 眼球、角膜及瞳孔的变化

a. 眼球增大而突出。见于青光眼或突眼性甲状腺肿。

b. 晶状体变小。晶体带蓝白色或灰色，具有珍珠色光泽，见于先天性、老龄性或糖尿病所引起的白内障。

c. 角膜混浊。见于角膜炎、各种眼病、传染性肝炎等。

d. 瞳孔缩小。见于颅内压中等程度升高时，如慢性脑积水、脑膜炎；也可见于有机磷农药中毒。

e. 瞳孔扩大。见于严重的脑膜炎、脑肿瘤时，由于动眼神经麻痹，瞳孔扩大而不能缩回，并且对光的反射消失，也可见于阿托品中毒。

6. 耳检查

（1）犬、猫抓耳　耳根部患皮炎，被跳蚤叮咬、耳螨或患有外耳炎时，因耳朵发痒，犬常用后肢去抓耳后。

（2）耳内有臭味　外耳炎特别是细菌性外耳炎常可闻到耳内有恶臭味（耳朵下垂的犬更臭），压迫耳根部有时会听到"叽叽咕咕"的声音，甚至有时会压出脓性分泌物。耳疥螨寄生在外耳道时，会排出特征性的干燥耳垢，严重发炎或二次细菌感染就会变得潮湿，色泽也会发生改变。

（3）耳膜剧痛　严重的外耳炎，耳道黏膜变得肥厚而引起溃疡或中耳炎时，用手轻压耳根部会因剧痛发出悲鸣。耳肿胀、外伤及血肿时，疼痛剧烈。

7. 体温、呼吸数、脉搏数测定

健康犬、猫体温、呼吸数、脉搏数的变化受很多因素的影响。如过度兴奋、紧张、运动、环境过热及妊娠等均可使体温、呼吸数、脉搏数暂时轻度升高。

（1）体温测定　犬、猫的体温通常用体温计测其股内侧皮肤温度或直肠温度。电子检温器只需10s左右时间即可正确地检温。犬的正常体温为37.5～39.0℃，猫的正常体温为38.5～39.5℃。直肠测温时，先将体温计水银柱甩到35℃以下，用酒精棉球擦拭消毒并涂上润滑油，缓缓插入肛门，经3～5min取出读数。影响体温变化的因素很多，通常情况下，晚上高，早上低，清晨最低，午后稍高，一昼夜的温差一般不超过1℃（0.2～0.5℃）。

① 体温升高与热型　体温高于正常范围，称之为发热。判断发热的简单方法：可以从动物的鼻、耳根及精神状态、食欲、饮欲来分析。鼻镜干燥、耳根皮肤温度高、精神沉郁、食欲下降、饮欲增加，说明犬、猫有发热。

将上、下午检查体温的结果绘制成体温曲线，根据体温曲线判断热型。犬、猫常见的热型有稽留热、弛张热、间歇热、回归热、双相热等。

a. 稽留热。日差在1℃以内，而持续性的高热称为稽留热。见于大叶性肺炎、肾炎等。

b. 弛张热。日差在1℃以上，不易恢复到常温，多见于化脓性疾病、败血症、小叶性肺炎等。

c. 间歇热。以短的发热期和无热期有规律的交替出现，见于犬梨形虫病。

d. 回归热。指反复发热，发热持续时间不定，见于慢性结核病、锥虫病等。

e. 双相热。为两次发热之间，间隔几天无热期，见于犬瘟热。

② 体温降低　体温低于正常，主要见于重度衰竭、濒死期。

（2）呼吸数测定　测定呼吸数的方法很多，一般是观看胸壁的起伏运动，也可将手背放在鼻孔前适当位置，感觉呼出的气流。检查时应在安静环境下进行。健康犬的呼吸数一般为10～15次/min；猫的呼吸数为14～20次/min，幼犬、猫比成年犬、猫次数多，妊娠或天气炎热时也可使呼吸次数升高。

病理情况下，呼吸次数升高多见于发热性疾病、肺部疾病、严重心脏病以及贫血等。呼吸次数减少多见于某些脑病（脑炎、脑肿瘤、脑水肿）、上呼吸道狭窄性疾病以及尿毒症等。

（3）脉搏数测定　检查脉搏，应在安静环境下进行。通常在股动脉处测定，检查者一手伸入股内侧，用手指轻压股动脉，另一手握住后肢。临床多以心跳次数代替。犬的正常脉搏次数为 70～160 次/min；猫的正常脉搏次数为 90～240 次/min。脉搏数增多见于热性病、贫血、心脏病及疼痛等；脉搏数减少见于某些脑病、药物中毒、心脏传导阻滞、窦性心动过缓等；脉搏数明显减少，多提示预后不良。

一般来说，体温、呼吸数、脉搏数的变化，在许多疾病大体是平行一致的，即体温升高时，脉搏数及呼吸数也应相应随之增加，而当体温下降时，脉搏数和呼吸数也相应减少。若三者平行上升，表示病情加重，三者逐渐平行下降，表示病情趋向好转。若高热骤退，而脉搏数及呼吸数反而上升，则反映心脏功能或中枢神经系统的调节功能衰竭，为预后不良之兆。

三、系统检查

1. 消化系统检查

消化系统疾病是犬、猫最常见的多发病。因此应特别注意消化系统的检查。消化系统的检查方法除问诊、视诊、触诊、听诊、嗅诊和叩诊外，还可以应用内镜、B超、X光检查等特殊方法。必要时可进行腹腔穿刺及胃肠内容物、粪便和肝功能的实验室检验。

（1）饮食欲检查

① 饮欲检查

a. 饮欲减退。见于伴有昏迷的脑病和某些胃肠病等。

b. 饮欲亢进。见于剧烈腹泻、呕吐、多尿及高热病。犬、猫子宫蓄脓时也常表现多饮多尿。

② 食欲检查

a. 食欲减退。见于热性病、代谢病及各种胃肠病的初期。

b. 食欲废绝。见于急性胃肠道疾病和其他重症疾病等。

c. 食欲亢进。见于肠道寄生虫病、糖尿病及重病的恢复期。

d. 异嗜癖。多提示营养代谢障碍，常为矿物质、维生素、微量元素缺乏性疾病的先兆。

（2）口腔、咽和食管检查　当发现犬、猫饮欲、食欲减退、吞咽障碍时，应对口腔、咽和食管进行详细检查。

① 口腔检查　用视诊、触诊、嗅诊等方法。主要检查流涎、口唇、气味、口腔黏膜的温度、湿度、颜色、舌、齿龈及牙齿等。

② 咽和食管检查　主要用视诊、触诊，也可使用胃导管、上消化道内镜、X光检查。观察吞咽动作是否正常，咽和食管外形变化及敏感性。

③ 呕吐检查　犬、猫是容易发生呕吐的动物。当胃肠遭受到某种原因刺激时就会发生呕吐，应根据呕吐发生的时间、次数，呕吐物的数量、性质、成分加以区别，这在犬、猫疾病临床诊断中具有重要意义。

a. 食后立即呕吐，常见于过食、急性中毒、肠闭塞、急性腹膜炎、蛔虫病及尿毒症等。

b. 一次性吐后而短时间内不吐或吐后又吃下，常见于采食多量的食物或蔬菜、水果或不易消化的食物或食后剧烈运动。

c. 喝水后不久发生呕吐，常见于急性胃炎、食物中毒、胃肠异物、脑炎、脑肿瘤、急性钩端螺旋体病等。

d. 顽固性呕吐，即使空腹也吐，多见于胃、十二指肠、胰腺的顽固性疾病（如肿瘤、异物）所引起，此时呕吐物常是黏液。如由食物不洁所引起，则呕吐物中含有刚吃下不久的腐败变质或含毒物质。

e. 血性呕吐物，见于出血性胃肠炎、某些出血性疾病（如犬瘟热等）。

f. 胆汁性呕吐物，见于十二指肠阻塞。

g. 粪性呕吐物，见于大肠阻塞。

h. 呕吐物中含有寄生虫，多因蛔虫寄生。

i. 呕吐物含有毛发，多由犬、猫舔食被毛所致，偶尔发生是正常现象，猫更多见。如经常出现呕吐物含毛发，提示该犬、猫有异食癖，一般由营养缺乏或代谢障碍引起。

此外，强行灌药也可引起呕吐。

④ 腹部检查

a. 腹部视诊。观察腹围大小及局限性肿胀。正常情况下，犬腹部蜷缩形成特有的"狗肚皮"。腹围膨大，见于肥胖、腹水、胃肠臌气、结肠便秘、腹腔肿瘤、卵巢囊肿、子宫蓄脓、膀胱高度充盈及妊娠等；腹围缩小，见于急性腹泻、长期发热、慢性消耗性疾病，破伤风或腹膜炎时腹肌紧张可引起腹围轻度蜷缩。腹围局限性膨大，多见于腹壁疝、犬的脐疝。

b. 腹部触诊。犬、猫的腹壁薄软，腹腔浅显，便于触诊。如将犬、猫前后躯轮流高举，几乎可触知全部腹腔脏器。开始触压时腹壁紧张，但触压几次后腹壁便弛缓。腹部触诊对犬、猫胃肠道疾病、腹腔疾病及泌尿生殖道疾病的诊断十分重要，是犬、猫疾病诊断中重要的技术。

正常的肝位于肋弓之内，不易摸到。在右侧最后肋骨的后方向前上方触压，若此区敏感，并可触知肝脏，多提示肝炎。胃空虚时，脾位于左侧第11、12肋骨的内侧，不易触摸到，当脾肿大或胃充满时，可触摸到脾。

c. 腹部听诊。就是根据胃肠音的强弱、频率、持续时间和音质，可以判定胃肠的运动机能和内容物的性质。

d. 直肠检查。检查肛门、肛门腺及会阴部时，检查人员应戴手套并涂以润滑剂。

e. 排粪动作。便秘、腹泻、排粪失禁、排粪带痛、里急后重。

f. 粪便检查。注意粪便的数量、形状、硬度、气味及异常混杂物（黏液、伪膜、血液、脓汁、寄生虫、异物残渣）。

2. 呼吸系统检查

必须让动物处于安静状态，观察动物的呼吸数、呼吸式、呼吸节律及鼻分泌物等。

（1）呼吸动作检查

① 呼吸式检查　犬正常为胸式呼吸。

② 呼吸困难检查　呼吸困难是呼吸系统疾病的共同症状之一，可分为以下几种情况。

a. 吸气性呼吸困难。表现为张嘴、头颈伸直、肋骨向前方移位和肘部外展，还有吸气时胸廓前口凹陷。

b. 呼气性呼吸困难。表现为吸气时间延长、费力、收腹和肛门外突，见于慢性肺泡气肿、细支气管炎或胸膜炎。

c. 混合型呼吸困难。见于严重的肺炎、气胸或胸腔积液，此外心源性呼吸困难（见于心力衰竭、心内膜炎）、血源性呼吸困难（见于重症贫血或血红蛋白变性的疾病）、中毒性呼吸困难（多见于尿毒症、巴比妥类药物中毒等）、中枢性呼吸困难（见于脑炎、脑出血、脑水肿）均可引起混合性呼吸困难。

③ 呼吸节律检查　呼吸节律的病理变化有吸气延长、呼气延长、间断性呼吸、潮式呼

吸、间歇呼吸、深长呼吸。

（2）咳嗽检查　动物低头张嘴发生短促呼吸即咳嗽。可采用人工诱咳来观察咳嗽的情况。常见的病理咳嗽分为以下几种。

① 干咳　见于喉和气管内有异物、慢性支气管炎、胸膜炎等。

② 湿咳　往往随咳嗽从鼻孔喷出多量渗出物，当咳嗽后有吞咽动作时亦为湿咳，见于咽喉炎、支气管肺炎、肺脓肿等。

③ 稀咳　见于感冒、肺结核等。

④ 阵咳　见于急性喉炎、传染性上呼吸道卡他、上呼吸道异物及异物性肺炎等。

⑤ 痛咳　见于急性喉炎、喉水肿等。

（3）鼻液检查　犬的鼻端有特殊的分泌结构，经常呈湿润状，但睡眠和刚睡醒时鼻端干燥。

① 鼻端干燥并有热感　发热性疾病。

② 水样鼻液　感冒、鼻炎、犬瘟热。

③ 脓性鼻液　化脓性鼻窦炎。

④ 血性鼻液　鼻外伤、鼻异物、鼻黏膜溃疡、鼻腔肿瘤。

（4）肺部听诊　正常的呼吸音分为肺泡呼吸音和支气管呼吸音两种。

① 肺泡呼吸音　是气体通过细支气管和肺泡时产生的声音，类似"夫"的声音，吸气时比呼气时清晰。犬、猫的肺泡呼吸音，整个肺区均可听到，比其他动物声响强而高朗。

② 支气管呼吸音　是气体通过大支气管和小支气管时产生的声音，呼气时支气管声比较清晰。正常时仅在第3～4肋间肩关节水平线上下（即支气管区）可听到类似"赫"的支气管呼吸音。异常的可听到干啰音、湿啰音、捻发音、胸膜摩擦音、胸腔拍水音。

3. 心血管系统检查

心血管系统的检查不仅可以为本系统疾病的诊断提供依据，而且可以了解全身功能状态，对其他系统疾病的诊断、治疗和愈后，都具有十分重要的意义。心血管系统的检查主要包括心脏检查和血管检查。

心脏检查检查心音的频率、强度、性质、节律、有无心杂音以及心搏动的强弱和叩诊区的大小等。

（1）心脏听诊　犬心音最强听取点包括：二尖瓣口第一心音，左侧第5肋间，胸廓下1/3的中央水平线上；三尖瓣口第一心音，右侧第4肋间，肋软骨固着部上方；主动脉口第二心音，左侧第四肋间，肩关节水平线直下方；肺动脉口第二心音，左侧第三肋间，靠胸骨的边缘处。

① 心音增强。两心音同时增强，第一心音增强、第二心音增强。

② 心音减弱。两心音同时减弱，第一心音减弱、第二心音减弱。

③ 心音混浊。心肌变性或心瓣膜疾病。

④ 心律不齐。见于先天性或后天性的心脏病、电解质代谢紊乱等。

⑤ 心脏杂音。心内性杂音、心外性杂音。

（2）心搏动检查　犬的心脏搏动位于第4～6肋间胸下部处，以第5肋间最明显，而右侧的心搏动在第4～5肋间最明显。心搏动的检查用触诊。检查者将手掌置于心区。

① 心搏动减弱多见于心区浮肿、脓肿、气肿。

② 心搏动增强多见于急性心肌炎、心内膜炎。

③ 心搏动移位多见于胸膜炎、心包炎、胸腔积水、胸内肿瘤。

（3）心脏叩诊　犬心脏叩诊部位与心搏动部位相同。通常用指指叩诊法。健康犬心脏浊音叩诊界位于左侧第 4~6 肋间，前至第 4 肋骨，后界因受肝区浊音影响而表现不明显，上界达肋骨和肋软骨结合处。

① 浊音界扩大多见于心脏肥大、心包积液等。

② 浊音界缩小可见于肺泡气肿、胸腔积气等。

4. 泌尿生殖系统检查

（1）排尿状态检查

① 正常

a. 雄性犬。抬举并外展某一后肢，向身体的侧方向排射，且有排尿于其他物体上的习惯。

b. 雌性犬。后肢稍向前踏，略微下蹲，弓背举尾。

② 异常

a. 尿失禁。见于脊髓或支配膀胱的神经损伤或麻痹。

b. 排尿疼痛。排尿时表现不安、呻吟及较长时间保持着排尿姿势，常见于膀胱炎、尿道炎或泌尿系统结石。

c. 多尿。见于大量饮水后、慢性肾炎及渗出性胸膜炎的吸收期。

d. 尿频。见于膀胱炎、尿道炎及尿道结石。

e. 少尿。见于急性肾炎、剧烈腹泻、休克和心力衰竭。

f. 尿潴留。尿道肌痉挛或尿道阻塞引起的少尿或无尿，称尿潴留。尿潴留时，膀胱极度膨胀，沿腹底壁延伸至脐。

g. 膀胱破裂。表现无尿、腹部膨大和腹腔积尿，直肠检查膀胱空虚。

（2）泌尿器官检查

① 肾脏检查 左肾的位置靠后又比较游离，在肋后腰窝深部可以触摸到。右肾不易摸到。当急性肾小球肾炎、肾盂肾炎、钩端螺旋体病时，肾区敏感。

② 膀胱检查 通过腹部触诊或膀胱直肠检查（令助手提举病犬的前躯，检查者将一只手的食指伸入直肠，另一只手触摸腹壁后部，内外结合地进行膀胱触诊），可感知膀胱的充盈度、敏感区、结石的有无。该方法亦适用于子宫、前列腺和泌尿、生殖道骨盆部的直肠触诊。

（3）生殖器官检查

① 子宫检查 经犬、猫的腹壁触摸子宫，可判断子宫的大小、质地、内容物等。并且是最实用的妊娠检查方法。犬妊娠 20~22 天时，子宫明显膨大，直径约 2cm。28 天之后，直径约 3cm，这时为最易触诊期。至 35 天以后，子宫角膨大融合，反而不易触摸辨认。接近产期，可经腹壁或直肠触摸胎儿。妊娠 35 天，可见乳头增大及乳头丰满。临产前一天，能挤出乳汁。妊娠 43 天后，X 线检查可见胎儿骨骼轮廓。

② 阴茎、泌尿、生殖道和阴茎部检查 检查有无肿瘤、粘连、龟头炎和包皮炎。犬、猫用的导尿管可用于雌、雄犬、猫的尿道探测和导尿，检查有无狭窄或结石。用导尿管可收集被检验尿液，或注入空气，还有助于膀胱破裂、膀胱容量和神经源性疾病的诊断。

5. 神经系统检查

通过视诊检查犬、猫的行为、容态、姿势及步样等，再通过触诊了解犬、猫感觉神经的敏感性和各种反射功能。

（1）精神状态检查 健康犬、猫反应敏锐，眼睛明亮，亲近主人；幼犬、猫活泼好动，非常可爱。精神状态异常可表现为抑制或兴奋。

（2）运动机能检查 健康犬、猫姿势自然，动作灵活而协调，有人接近时立即起立，步态轻快、敏捷、迅速。在中枢神经系统功能紊乱、某些代谢性疾病及腹痛时，常常出现一些特异的姿势，如强迫姿势、不稳姿势、强迫运动和共济失调等。

（3）感觉功能检查

① 表面感觉检查　用针头以不同力量针刺皮肤，观察犬、猫的反应。

a. 感觉减退。见于脊髓损伤、外周神经麻痹或意识障碍。

b. 感觉过敏。除局部炎症外，见于脊髓膜炎。

② 深部感觉检查　做强制运动或屈曲关节等，根据躯体调节功能的表现了解深部感觉障碍的程度。深部感觉障碍见于脊髓损伤、脑炎或慢性脑水肿等。

（4）反射活动检查　包括皮肤反射（耳反射、腹壁反射、提睾反射、肛门反射）、黏膜反射（咳嗽反射、角膜反射）、膝反射，跟腱反射，眼部反射（睫毛、眼睑、结膜、角膜及瞳孔反射等），排泄反射（排尿及排粪反射）。

① 反射增强　多由于神经系统兴奋性普遍增高所致。但腱反射增强或亢进，则见于上位神经元损伤，因脊髓反射弧失去高位中枢的制约所致。

② 反射减弱或消失　多数是反射弧的感觉部分、运动部分或反射中枢的损伤，也可能是中枢神经系统高度抑制的结果。

第二节　特殊检查技术

一、X 光检查技术

X 光检查是犬各科疾病的一种重要诊断方法。它包括透视、摄影、造影三种，尤其是后两种能较详细地观察机体内部器官的解剖形态、生理功能和病理变化。

在世界小动物兽医临床上，X 光机的使用已成为宠物诊所、宠物医院、临床研究的日常工作。在宠物诊所、宠物医院，X 光机是使用频率最高的诊断设备之一。X 线片被广泛应用于宠物的头部、颈部、胸腔、腹部（胃、肠、膀胱、尿道等）、脊椎、四肢（趾）、关节、妊娠等诊断。

X 光机频繁的使用于临床其辐射危害已引起临床兽医的关注。现在正在用高频 X 光机代替低频 X 光机。高频便携式全自动兽用 X 光机因体积小、功率大、影像效果清晰、容易读片、且对人体的有害射线少，已经越来越被兽医界所重视。数字式、智能化的高频便携式全自动兽用 X 光机（Mikasa HF200A），不仅操作方便，而且基本上解决了因辐射而危害身体的问题。Mikasa HF200A X 光机重量为 16.73kg。除可固定于室内使用外，还在兽医出诊、动物园、牧场、马场等场所使用，便于现场操作，真正达到了便携的目的。

1. 透视检查

（1）透视条件

① 管电流通常使用 2～3mA。

② 管电压依被检部位厚度而定，以 50～70kV 为宜。

③ 距离可根据具体情况而定，一般在 50～100cm。

④ 要断续地进行，透视时间愈短愈好。

（2）检查方法　透视前，先了解临床初步诊断和透视的目的，切实保定后，把荧光屏贴近犬体，对准被检部位，并与 X 线中心垂直。透视时，先适当开大光门，对被检部做全面观察，注意有无异常，然后再缩小光门，分区观察，一旦发现可疑病变时，则缩小光门做重点深入观察。最后把光门开大复核一次并与对称部位比较。根据透视结果，可确定摄影的部位和投照方法。

2. 摄影检查

（1）摄影条件　X线室应制定一张供日常摄影使用的技术条件表，即拍摄某个部位的照片时，可从表2-1内选择适用的千伏峰值（kVp）、毫安（mA）、时间（s）和距离（cm）等条件。但不同的机器其性能特点也不尽相同，而不同感光度的胶片对这些条件的要求亦有差异。故使用新的机器（或变更使用新牌号胶片）时，应注意适当调整摄影的条件。

表 2-1　犬的投照条件表（可适当调整）

摄影部位	管电压/kVp	X线量/(mA·s)	投照距离/cm	摄影部位	管电压/kVp	X线量/(mA·s)	投照距离/cm
头	65	7	70～120	肩	50	6	70～120
颈	60	6	70～120	前肢	45～55	4～5	70～120
胸	55～60	5	70～120	后肢	45～55	4～5	70～120
骨盆	60～70	7	70～120				

（2）检查方法　摄影前，应禁食12h。

投照部位的厚度以8～9cm计，投照距离为90cm、管电压为65kVp，X线量可选1.7mA·s、2.5mA·s、5mA·s或用相近的量摸索最佳效果。

（3）变化原则

① 管电压在80kVp以下时，投照部位的厚度每增减1cm，相应增减2kVp。

② 管电压在81kVp以上时，投照部位的厚度每增减1cm，相应增减3kVp。

③ 投照部位的厚度在10cm以上时，管电流或曝光时间应增加3倍。

④ X光机的性能达不到所要求的管电压时，降低管电压，同时要增加1倍的X线量（mA·s）。

⑤ 投照胸部或幼犬时，X线量应减少1/2。

⑥ 投照肥胖犬、有胸水、腹水、炎症、石膏绷带及体表有遮挡物时，X线量应增加1倍。

⑦ 投照胃肠道、颈、脊柱、骨盆部位时，管电压提高5～10kVp。

⑧ 投照颈部软组织时，管电压应减少5～10kVp。

⑨ 投照肾、脊髓及其他造影时，要提高管电流，降低管电压。

3. 主要造影检查

（1）消化道造影　检查食管、胃、小肠、大肠等的病变。

① 食管造影　一般情况下，可用70%硫酸钡做造影剂（小型犬每千克体重用8～10ml，大型犬每千克体重用3～5ml）。当疑似食管破裂时，应选用有机碘造影剂（按每千克体重用3～5ml，或用每千克体重5～15ml加入硫酸钡中使用）。

首先禁食、禁水12h以上，投服造影剂后及时观察。

② 胃肠造影　可选用以下方法。

a. 阳性造影。每千克体重用40%硫酸钡制剂25ml，灌服或胃管投服。

b. 阴性造影。空气按每千克体重6～12ml直接注入消化道内，或将酒石酸钾钠和碳酸氢铵按3∶1投入胃内使其在消化道产生气体。

c. 混合造影。将空气（按每千克体重6～12ml）和硫酸钡制剂（按每千克体重3ml）注入胃内，对比观察。

首先禁食、禁水12h以上，投服造影剂后及时观察。

③ 钡剂灌肠（结肠造影）　主要用于回盲部及大肠检查。造影前应清洗肠道，排除蓄粪。在透视情况下向直肠内灌注25%硫酸钡制剂（每千克体重5～10ml），然后进行观察。

（2）气腹造影　可显示膈、肝、脾、肾、子宫、卵巢及膀胱等腹腔脏器的外形轮廓、位置关系及有无病变等。部分按腹腔穿刺法进行腹腔穿刺，将盛有液体的玻璃瓶（用于空气过滤）与三通接头（一叉接穿刺针，一叉接空气过滤瓶，一叉接注射空气的注射器）连接，然后向腹腔内注入空气（每千克体重 50ml 或 200～1000ml）进行观察。检查完毕后，应进行腹腔穿刺，排出空气，残余气体数日后可吸收。

（3）泌尿道造影　可用于膀胱肿瘤、可透性结石、前列腺炎、肾盂积水、输尿管阻塞、肾囊肿、肾肿瘤及肾功能的检查。

① 肾盂造影　造影前禁食 24h，禁水 12h，使肠管空虚。仰卧保定，在腹下加用压迫带和气垫压迫输尿管，以免造影剂进入膀胱导致肾盂充盈不良。然后静脉注射经肾排泄的造影剂（50％泛影酸钠或 58％优罗维新 20～30ml，必要时可加倍），注射后 7～15min 拍摄背位腹部 X 片，并立即冲洗。如肾盂显像清晰，可解除压迫，使造影剂进入膀胱，再拍摄膀胱 X 片。

② 膀胱造影　按导尿方法插管将尿液排尽。向膀胱内注入造影剂［a. 阳性造影用 5％～10％有机碘剂（每千克体重 6～10ml）。b. 混合造影用空气（每千克体重 6～10ml）和 20％～30％有机碘剂（每千克体重 1～2ml）］。膀胱插管困难时，可静脉注射造影剂，然后进行 X 线摄影。

二、B 超检查技术

B 型超声波检查是目前兽医临床使用最广的超声诊断法。它通过灰阶成像，采用多声束连续扫描，能显示脏器的活动状态、脏器的外形及毗邻关系，以及软组织的内部回声、内部结构、血管及其他管道的分布情况等。

操作要领如下。

1. 连接电源

电源电压应与仪器的要求一致。

2. 连接探头

按扫描的脏器大小、深度要求选择不同频率的探头。

3. 多功能旋钮的检查

打开电源开关，指示灯发亮，待预热 2～3min 后，按仪器说明书要求检查各功能键的工作状态，各项功能正常时，方可进行下一步具体探测扫描工作。

4. 探测扫描

（1）探查部位　见表 2-2。

表 2-2　B 超探查部位

脏器	心脏	肝脏	脾脏	肾脏
部位	左、右侧第 3～5 肋间，胸骨左、右缘稍向背侧	左、右侧第 9～12 肋间，肋骨弓下方，胸骨后缘，向头侧扫描	左侧最后肋间及肷部	左、右第 12 肋间上部及最后肋骨后缘

（2）探查方法　犬采取站立、横卧、犬坐、仰卧等各种体位。探查部位剪毛或用新配制的 7％硫化钠脱毛。然后将耦合剂涂擦于局部皮肤或蘸在探头上（常用的耦合剂有专供耦合剂和各类油类如机油、植物油、凡士林等）。握紧探头柄，垂直轻压皮肤或进行多点滑行，也可做定向转动呈扇形扫描。

（3）B 超应用

① 肝脏及胆囊的探查。犬坐各种体位，可做正常肝脏及胆囊的超声断层像 USG 及肝硬变及腹水肝区扫描的 USG。探头频率为 5.0MHz，仰卧位左右腹侧沿肋骨引角扫描，可见

胸骨（St）、肝脏（Li）、门脉（PV）、胆囊（GB）及横膈膜（Di）；探头频率为 3.5MHz，肝区扫描的 USG，可见腹水（AS）及肝实质（Li）肿大并回声强度升高（图 2-4）。

② 脾脏探查。犬取立位、右侧横卧、仰卧及犬坐等体位，于左侧最后肋间及肷部可显示正常脾脏的 USG 及猫脾脏肿瘤扫描的 USG。探头频率为 5.0MHz，脾脏（SP）的实质呈均质低强度回声，同时可见其大小和位置变化。探头频率 5MHz，脾脏扫描的 USG，可见高强度回声的肿大脾脏（SP）并紧贴于腹壁（BW）。

③ 肾脏探查。犬由于肠内气体回声的干扰，腹壁扫描不易进行。探头频率 5.9MHz，可见低强度回声的皮质部（Cor），自由回声的髓质部（Med）及高强度回声的肾盂部（Pel）。探头频率 5.9MHz，可见呈椭圆形的轮廓，皮质部（Cor），髓质部（Med）及肾盂部（Pel）的内部回声状态。

④ 妊娠探查。条件同心脏探查。犬取立位、横卧位、仰卧位、犬坐位等，在中腹部进行扫描。探头频率为 5MHz，犬 30 日龄胎儿 USG，可见到胎水（AF）中的胎儿头（FH）、躯干（FT）、脐带（UC）及母子宫壁（UtW）（图 2-5）。

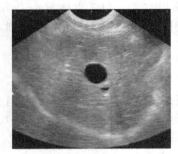

图 2-4　B 超检查——狗：肝脏与胆囊

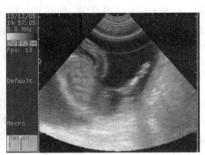

图 2-5　B 超检查——胎儿

三、内镜检查技术

1. 喉镜和支气管镜检查

（1）适应证

① 诊断。对上呼吸道阻塞性疾病（喉头侧腔外翻、软骨麻痹、声带增厚、软腭过长以及颈部外伤等）、气管支气管病变（气管麻痹、纵隔肿瘤、肺门淋巴结肿大及寄生虫性结节）等的诊断以及慢性呼吸器官疾病时采取病理材料等。对上呼吸道阻塞采用保守疗法无效时，用支气管镜可直接确定阻塞性质及程度。

② 治疗。取出气管内异物；对肺脓肿、支气管扩张进行吸脓引流或直接将药物注入气管内；对气管狭窄进行扩张手术，维持呼吸道畅通。

（2）器械与药品

① 麻醉药。阿托品、2％利多卡因、戊巴比妥钠。

② 注射器。

③ 12～14nm 口径的 8～11cm 长的钝端套管。

④ 插管用喉头镜、舌钳子、带照明的支气管镜。

⑤ 50cm 长的前端可动吸管。

⑥ 材料收集瓶及吸引用具。

支气管镜的规格与使用范围如下：3.00mm×25mm，适用于体重 2～3kg 的犬；5.0mm×35cm，适用于体重 7～9kg 的犬；7.0mm×35cm，适用于体重 9～14kg 的犬；8.0mm×45cm，适用于体重 14～23kg 的犬；10.0mm×63cm，适用于体重 23kg 以上的犬。

（3）操作方法

① 动物禁食 18～24h。

② 检查前 30min，给予阿托品和麻醉药。

③ 仰卧保定，固定头部并尽量使头后仰。

④ 装开口器。

⑤ 将喉头镜插入咽部，显露声门。

⑥ 将支气管镜送入气管或支气管。

（4）注意事项

① 若全麻危险时，可用 11cm 长的钝端套管把 2%利多卡因滴在咽、声带、支气管等部位，做局部表面麻醉或静注戊巴比妥钠做短时间的全麻。

② 当支气管镜检查时间长时，需通过支气管镜的侧管输入 1.0%～1.5%氟烷与氧气的混合气体 4～6L/min。

③ 把吸取或用生理盐水冲洗的气管内分泌物分为 2 份，1 份用于细菌培养，另 1 份加入离心管中，加入 50%乙醇，1500r/min 离心 30min，取沉渣滴在载玻片上，固定、染色，进行细胞学检查。

2. 食管镜检查

（1）适应证

① 食管疾病（不明原因的吞咽困难、异物阻塞、肿瘤、炎症、狭窄、扩张）的诊断。

② 钳取食管异物，扩张食管狭窄部。

（2）操作方法

① 动物全麻。

② 装上开口器。

③ 食管镜头朝前插入咽部，乘病犬、猫吞咽时将食管镜送入食管。

3. 直肠镜检查

（1）适应证

① 用于结肠下段、直肠、肛门等部位的检查。

② 诊断肉芽肿性结肠炎、异物、肿瘤、黏膜异常等后段肠管的病变。

（2）器械与药品

① 戊巴比妥钠。

② 水溶性润滑胶。

③ 带有照明装置的 S 状直肠镜。

（3）操作方法

① 首先禁食 24h。

② 检查前 2h 灌肠。

③ 患犬全麻。

④ 患犬麻醉后，侧卧于手术台，使手术台倾斜，后躯抬高，保定。

⑤ 先用手指触诊检查直肠或骨盆腔有无狭窄、息肉及阻塞等。

⑥ 直肠镜润滑后，缓慢插入并通过肛门括约肌，注意要边旋转边向前推进，当遇到阻力时，应停止，通过直肠镜检查阻力的原因。

（4）注意事项

① 灌肠剂必须是非油性无刺激性的溶液。若患犬一般状态较差（不能禁食 24h）时，可在检查前 12～18h 给予低盐食物，充分饮水，在直肠镜检查前 8h，经口投予盐类泻剂。

② 直肠镜插入时要旋转缓慢插入。

③ 把直肠镜插到检查部位后，向后退出一点观察肠壁，有时需用膨胀球充气，使肠黏膜皱展开。

④ 直肠后段和肛门的检查可用肛门镜进行。

4. 膀胱镜检查

（1）适应证　怀疑膀胱内有肿瘤、结石或膀胱颈阻塞时，可用膀胱镜检查。

（2）操作方法

① 横卧（雄性）或站立（雌性）保定。

② 麻醉：用戊巴比妥钠进行全麻或 2％利多卡因作黏膜表面麻醉。

③ 尿道探子探查尿道有无狭窄或梗阻。

④ 将有闭孔器的膀胱镜鞘插入膀胱内，抽出闭孔器测量残余尿并观察尿液的颜色。

⑤ 若尿液混浊或带血，应反复冲洗，直到清亮为止。

⑥ 插入膀胱镜观察。先将膀胱镜推向三角区末端，沿镜的轴心边旋转边观察，旋转 360°，将镜逐步拉出，每拉一定距离，再旋转 360°，一直检查到膀胱颈部。

四、心电图检查技术

1. 适应证

心电图描记适用于心脏疾病（如心室肥大的早期和心律失常）的诊断及非特异性疾病的诊断；确定电解质的失衡；检测对各种疗法的反应。

2. 操作方法

（1）被检犬的准备　犬体绝缘，站立或侧卧保定。置放电极部位剪毛，用酒精棉球脱脂消毒，然后将浸透溶液的纱布垫于电极板下，用棉布带捆紧，固定好电极板，可直接将针刺入皮下。常用的导电溶液如下。

① 饱和盐水酒精液。

② 氯化钠 146g、酒石酸钾 146g、甘油 50g、黄芪胶 33g、矽砂 10g、水 400ml。

③ 氯化钠 29g、甘油 5ml、淀粉 10g、硅砂 5g、对羟基苯甲酸 0.2ml、水 100ml。

（2）开机　连接电源、地线，打开电源开关，校正标准电压。标准电压 1mV 使描记笔上下摆动 10mm 为适合，此 1mm 相当于 0.1mV。

（3）连接肢导线　将肢导线的总插头连于心电图上。连接肢导线时，一般按如下规定连接：红色导线，连接右前肢电极；黄色导线，连接左前肢电极；绿色导线，连接左后肢电极；黑色导线，连接右后肢电极；白色导线，连接胸前电极。

（4）按下或转动导程选择器　基线稳定而无干扰时即可描记，每个导程描记 4～6 个心动周期。描记时每一导程应打一个标准电压，作为分析心电图时计算电压的依据。

（5）关机　描记完毕，关闭电源开关，旋回导程选择器，卸下肢导线及地线。

第三节　实验室检查技术

一、血常规检查

1. 血液样品的采集与处理

（1）血液采集　根据检验项目决定采血量，常使用静脉采血法。选用部位有前肢臂头静脉、后肢隐静脉和颈静脉。采血时，可将犬、猫抱于怀中保定，局部剪毛消毒，在采血部位近心端静脉上结扎止血带，待血管隆起后，选择 1ml（血液常规检验时）或 5ml（血液生化检验时）注射器，以 15°～45°角刺入血管内，抽取血液。必要时进行心脏采血：可在胸右侧第 4 或第 5 肋间的胸骨之上，肘突水平线上，进行心穿刺。采血时将长约 5cm 的乳胶管连接在注射器上，手持针头，垂直进针，边刺边回抽注射器活塞，将血采出。

（2）血液抗凝　常用的抗凝剂有下列几种。

① 乙二胺四乙酸（EDTA）　为常用抗凝剂之一，常用其钠盐（EDTA-Na$_2$·H$_2$O）或钾盐（EDTA-K$_2$·2H$_2$O），EDTA 能与血液中的钙离子结合成螯合物，而使钙离子失去凝血作用，从而阻止血液凝固。适用于多项血液学检查，对血细胞形态影响不大，可防止血小板聚集。在室温下数小时内，对血红蛋白、血小板记数、血片染色均无不良影响。其 10% 溶液 0.1ml 可使 5ml 血液不凝固。但不能用于输血。

② 草酸钾　优点为溶解度大，抗凝作用强。缺点为能使红细胞缩小，不适用于红细胞压积的测定。用量：取草酸钾结晶少许（约 10mg）置于试管或小瓶中，采血 5ml，轻轻混匀即可。或用 10% 草酸钾液 0.1ml，分装于小瓶中，置烘箱（温度控制在 45℃ 左右，不得超过 80℃）干燥后备用，可使 5ml 血液不凝固。

③ 草酸铵与草酸钾合剂　草酸铵能使红细胞膨胀，故常常将其与草酸钾配合成合剂使用。配方为：草酸铵 6g、草酸钾 4g、蒸馏水 1000ml，每 5ml 血液用 0.1ml 即可抗凝。也可取此液 0.1ml，分装于小瓶内，在 45℃ 烘箱中烘干备用，可使 5ml 血液不凝固。但草酸盐抗凝血不能用于输血。

④ 枸橼酸钠（又称柠檬酸钠）　常用于血沉测定和输血时的抗凝剂，不适用于血液化学检验。配成 3.8% 溶液，与要采血量 1：10 比例加入。

⑤ 肝素　肝素是生理性抗凝剂，广泛存在于肺、肝、脾等几乎所有组织和血管周围肥大细胞和嗜碱性粒细胞的颗粒中。优点是抗凝作用强，不影响红细胞的大小，对血液化学分析干扰少。但不宜做纤维蛋白原测定，其抗凝血涂片染色时，白细胞的着染性较差。常配成 0.5%～1% 溶液，0.1ml 可使 3～5ml 血液不凝固。

（3）血液处理　血液采集后，最好立即进行检验，或放入冰箱中保存，夏天在室温放置不得超过 24h。不能立即检验的，应将血片涂好并固定，需用血清的，采血时不加抗凝剂，采血后血液置于室温或 37℃ 恒温箱中，血液凝固后，将析出的血清移至容器内冷藏或冷冻保存。需用血浆者，采抗凝血，将其及时离心（2000～3000r/min）5～10min，吸取血浆于密封小瓶等容器中冷冻保存。注意：进行血液电解质检测的血样、血清或血浆不应混入血细胞或溶血。血样保存最长期限，白细胞计数为 2～3h，红细胞计数、血红蛋白测定为 24h，红细胞沉降率为 3h，红细胞压积测定为 24h，血小板计数为 1h。

2. 红细胞沉降率的测定

红细胞沉降率（erythrocyte sedimentation rate，ESR）简称血沉率，是指将血液加入抗凝剂后，一定时间内红细胞向下沉降的距离（mm）。测定血沉方法很多，以魏氏法常用，犬正常血沉值在 30min 为 0.9，60min 为 2.5；猫正常血沉值在 30min 为 0.7，60min 为 3.0。

【操作方法】魏氏血沉管全长 30cm，内径 2.5mm，管壁有 0～200 刻度，距离为 1mm，容量 1ml，附有特制的血沉架。用魏氏血沉管吸取抗凝全血至刻度 0 处，于室温垂直固定在血沉架上，经 15min、30min、45min、60min，各观察一次，分别记录细胞沉降数值。

【临床意义】血沉测定是一种非特异性检查，它只能说明体内存在有病理过程，血沉值没有独立的诊断意义，宠物临床目前仅犬的血沉值有参考价值。

（1）血沉增快　常见于以下疾病过程。

① 各种贫血　因红细胞减少，血浆回流产生的阻逆力也随之减小，红细胞下沉力大于血浆阻逆力，故其血沉加快。

② 急性全身性传染病　因致病微生物作用，机体产生抗体，血液中球蛋白增多，球蛋

白带有正电荷，使得血沉加快。

③ 各种急性局部炎症　因局部组织受到破坏，血中甲种球蛋白增多，纤维蛋白增多，由于两者都带有正电荷，故使血沉加快。

④ 创伤、手术、烧伤、骨折等　因细胞受到损伤，血液中纤维蛋白原增多，红细胞容易形成串钱状，故使血沉加快。

⑤ 某些毒物中毒　因毒物破坏了红细胞，红细胞总数下降，红细胞数与其周围血浆失去了相互平衡关系，故其血沉加快。

⑥ 肾炎、肾病　血浆白蛋白流失过多，使得血沉加快。

⑦ 妊娠　妊娠后期营养消耗增大，造成贫血，使得血沉加快。

（2）血沉减慢　常见于以下疾病过程。

① 脱水　如犬、猫腹泻、呕吐、大出汗、吞咽困难、微循环障碍等，红细胞数相对增多，造成血沉减慢。

② 严重的肝脏疾病　肝细胞和肝组织受到严重破坏后，纤维蛋白原减少，红细胞不易形成串钱状，因而血沉减慢。

③ 黄疸　因胆酸盐的影响，使得血沉减慢。

④ 心脏代偿性功能障碍　由于血液浓稠，红细胞相对增多，红细胞间相斥性增大，以至血沉减慢。

（3）血沉测定与疾病预后

① 了解疾病的进展程度　炎症处于发展期，血沉增快；炎症处于稳定期，血沉近于正常；炎症处于消退期，血沉恢复正常。

② 血沉增快而无明显症状，表明体内疾病依然存在，或者尚在发展中。

③ 用于疾病鉴别诊断　良性肿瘤，血沉基本正常；恶性肿瘤，血沉增快。

3. 红细胞压积的测定

红细胞压积（packed cell volume，PCV）或血细胞比容（hematocrit，Hct），即将抗凝血加入血比容管中，经离心压紧后红细胞所占的百分率。健康犬的 PCV 为 37%～55%，猫为 30%～45%。

【操作方法】用长针头抽取抗凝血，注入温氏管底部，由下至上挤入血液到刻度 10 处，切不可有气泡，以 3000r/min 的速度离心 30～40min，当沉淀的红细胞稳定时，读取红细胞柱层的刻度数，即为红细胞压积数，常以百分率表示。为提高准确性，一般应在离心 10min 后再读结果，如与第一次读数相同，即可报告。

【临床意义】根据红细胞压积、血红蛋白量及红细胞数的变化，可以对某些疾病进行鉴别诊断。

（1）PCV 病理性增高　见于各种因脱水引起的血液浓缩的疾病，造成血液黏稠、红细胞相对增加的结果。如急性胃肠炎、渗出性胸膜炎和腹膜炎、食管梗死、咽炎、呕吐、肠便秘等。因红细胞压积的增高数值与脱水程度成正比，所以，根据这一指标的变化可判断补液的实际效果。根据实际经验，一般当红细胞压积每超出正常值最高限一小格（1%），每日应补液 800～1000ml。如果病情继续恶化，可视实际情况给予增补。

（2）PCV 的降低　主要见于各种贫血。血浆颜色改变，有助于判断某些疾病。如颜色深黄，为血浆中直接胆红素或间接胆红素增加，见于肝脏疾病、胆道阻塞、溶血性疾病等；颜色呈淡红或暗红色，为溶血性疾病的特征。

4. 血红蛋白含量测定

血红蛋白含量（Hb）测定是用血红蛋白计测定每 100ml 血液内所含血红蛋白的质量（g）或百分数。测定血红蛋白的方法很多，有比色法、比重法、血氧法、测铁法等，常用的是萨利氏法。

【正常参考值】犬（17.59±3.40）g/100ml，猫（16.49±1.27）g/100ml。

【临床意义】血红蛋白含量增多见于机体脱水而血液浓缩的各种疾病，如腹泻、呕吐、大出汗、多尿等，也见于肠便秘及某些中毒病；真性红细胞增多以及心肺性疾病时，由于代偿作用所致的红细胞增多，血红蛋白也相应增高。血红蛋白减少，见于各种贫血、血孢子虫病、急性钩端螺旋体病、胃肠寄生虫病及毒物中毒。

5. 红细胞计数（RBC）

诊断贫血和对贫血进行形态学分类，常用显微镜计数法，目前小动物常用自动血细胞分析仪进行计数。

【正常参考值】犬（5.0～8.7）×10^{12}个/L，猫（6.6～9.7）×10^{12}个/L。

【临床意义】

（1）相对性红细胞增多　指血浆量减少，血液浓缩引起的。常见于下痢、呕吐、多尿、多汗、饮水不足等。

（2）绝对性红细胞增多　是红细胞增生所致，见于充血性心力衰竭、慢性肺泡气肿、肺肿瘤等。

（3）红细胞数和血红蛋白量减少　见于各种类型的贫血，如造血原料不足、造血功能障碍、红细胞破坏过多或慢性失血。

（4）红细胞形态异常　红细胞大小不均，中央区苍白，大的红细胞增多，见于营养不良性贫血。中央淡染区扩大，小的红细胞特别多，见于缺铁性贫血。红细胞呈梨形、星状，见于重症贫血。呈串线状，见于炎症和肿瘤性疾病。体积变小、着色暗，缺乏中央凹陷，见于自身免疫性和同族免疫性溶血性贫血。红细胞内含有蓝黑色大小不一的颗粒，是铅中毒的特征性表现。

6. 白细胞计数（WBC）

白细胞是各阶段粒细胞（中性粒细胞、嗜酸性粒细胞、嗜碱性粒细胞）、单核细胞和淋巴细胞的统称。炎症、感染、组织损伤和白血病时，常引起白细胞数量变化。因此，白细胞计数是临床上最常用的检验项目之一，计数方法有显微镜计数法和电子计数仪计数法。

【正常参考值】犬（6～18）×10^9个/L，猫（5.5～19.5）×10^9个/L。

【临床意义】

（1）白细胞数增加　某些细菌（如葡萄球菌、链球菌、肺炎链球菌、大肠杆菌、铜绿假单胞菌等）感染、真菌感染、立克次体感染、代谢性中毒；化学药品中毒；注射血清及疫苗之后；急性出血；白血病、急性溶血性疾病、败血性疾病等，均可造成白细胞数增加。

（2）白细胞数减少　见于某些病毒性疾病；慢性中毒；血孢子虫病及各种疾病的濒死期等。白细胞总数急剧下降，表示病情严重，多预后不良。

7. 白细胞分类计数（DC）

【操作方法】

（1）血液涂片制备　血涂片用显微镜检查是血液细胞学检查的基本方法，良好的血片和染色是血液形态学检查的前提。一张良好的血片，厚薄要适宜，头体尾要明显，细胞分布要均匀，血膜边缘要整齐，并留有一定的空隙。制备涂片时，血滴愈大，角度愈大，推片速度愈快则血膜愈厚，反之血涂片愈薄。血涂片太薄，50%的白细胞集中于边缘或尾部，血涂片过厚、细胞重叠缩小，均不利于白细胞分类计数。引起血液涂片分布不均的主要原因有：推片边缘不整齐，速度及用力不均匀，载玻片不清洁。选取一边缘光滑平整的载玻片作为推片，用左手的拇指与食指、中指夹持一洁净载玻片，取被检血液一滴，置于其右端，右手持推片置于血滴前方，并轻轻向后移动推片，使与血滴接触，待血液扩散开后，再以30°～40°角度向前匀速同力推进涂抹，即形成一血膜，迅速自然风干。所涂血片，血液分布均匀，厚度适当，对光观察呈霓虹色，血膜位于玻片中央，两端留有适当空隙，以便注明畜别、编号及日期，即可染色。

（2）细胞染色　将被检血液涂片用姬姆萨或瑞氏法染色 0.5～1min 后，加等量缓冲液，混匀，再染 5～10min，水洗，吸干。

（3）镜检　先用低倍镜做大体观察，如染色合格，再换用油镜计数，通常在血片的一端或中心进行计数。有顺序地移动血片，计数白细胞 100～200 个（白细胞总数在 1 万个/mm^3 以下计数 100 个；在 2 万个/mm^3 以下计数 200 个；在 2 万个/mm^3 以上计数 400 个），分别记录各种白细胞数，最后算出各种白细胞所占百分比。

【临床意义】

（1）中性粒细胞增多，见于某些传染病、急性化脓性疾病、急性炎症、大手术后、外伤、烫伤、酸中毒前期等。分析时要结合白细胞总数的增、减变化，特别要注意核指数的变化以反映疾病的病情和预后。核指数是指未完全成熟的中性粒细胞与完全成熟的中性粒细胞之比。核指数大于 0.1，称为核左移，表示未成熟的中性粒细胞比例增多；反之，小于 0.1 则称为核右移。核指数的严重左移或右移，反映病情的危重或机体的高度衰竭。

白细胞总数增多同时核左移，称为再生性左移，表示机体处于积极防御阶段，骨髓造血功能旺盛，释放大量粒细胞至外周；白细胞总数减少时核左移，称为退行性左移，标志着机体的抵抗力降低，骨髓释放粒细胞功能受抑制。核右移，主要见于重度贫血或严重的化脓性疾病，在疾病进展期出现核右移提示预后不良。

（2）中性粒细胞减少，主要见于病毒性疾病、再生障碍性贫血、缺铁性贫血及各种疾病的垂危期。

（3）嗜酸性粒细胞增多，主要见于变态反应性疾病（如过敏反应）、寄生虫病（如肝片吸虫、球虫、旋毛虫等）、湿疹、疥癣等皮肤病以及注射血清之后和某些恶性肿瘤等。

（4）嗜酸性粒细胞减少，见于毒血症、尿毒症、严重创伤、中毒、饥饿及过劳等，长期使用肾上腺皮质激素后也可出现嗜酸性粒细胞减少。

（5）淋巴细胞增多，主要见于某些感染性疾病的恢复期。淋巴细胞减少，见于内源性皮质类固醇释放增多时，如感染，肝、肾、胰和消化衰竭，消化道阻塞，休克，外科手术，肾上腺皮质功能亢进，淋巴外渗和放射线照射时。

（6）单核细胞增多见于糖皮质激素增加、某些原虫性疾病、慢性炎症、内脏出血、溶血性疾病、化脓性疾病、免疫介导性疾病、肉芽肿等。

（7）单核细胞减少主要见于急性传染病的初期和各种疾病的垂危期。

8. 血小板计数（BPC）

血小板有保护毛细血管完整性、促进血管收缩、促进血液凝固的作用，因此血小板计数对诊断出血性疾病是必做的检验项目。用尿素溶解红、白细胞而保存完整形态的血小板，直接在血细胞计数室内直接计数。

【正常参考值】犬 $(2～9) \times 10^{10}$ 个/L，猫 $(3～7) \times 10^{10}$ 个/L。

【临床意义】

（1）血小板增多　见于原发性血小板增多症、骨髓增生综合征等；继发性见于急、慢性出血、溶血性贫血、出血性贫血、急性感染、骨折、创伤、手术后等。

（2）血小板减少　生成减少见于再生障碍性贫血、某些真菌毒素中毒、急性白血病、放射病等；血小板破坏增多见于原发性血小板减少性紫癜、感染、脾功能亢进等；消耗过多见于伴有弥散性血管内凝血过程的各种疾病。

二、血清生化检查

1. 血糖测定

血糖测定的方法有邻甲苯胺法、氧化酶法和福林-吴氏法。

【原理】（福林-吴氏法）无蛋白血滤液中的葡萄糖的醛基具有还原性，与碱性铜溶液混合加热后，将碱性铜溶液的二价铜还原成氧化亚铜而呈红色沉淀，此沉淀物再被磷钼酸氧化成蓝色物质。与同样处理的标准葡萄糖管比色，而求得血糖含量。

【正常参考值】 犬 3.30～6.70mmol/L；猫 3.89～7.50mmol/L。

【临床意义】

（1）升高　血糖升高是由于肝糖分解的加速或组织对葡萄糖利用的降低所致。病理性血糖升高：多见于糖尿病、胰腺炎、甲状腺功能亢进、肾上腺皮质功能亢进、肾上腺嗜铬细胞瘤、癫痫等。生理性或暂时性血糖升高：见于饲喂后 2～4h、精神紧张、全身麻醉后、肺炎、肾炎、颅内压增高、颅脑外伤、缺氧窒息。

（2）降低　血糖降低是由于肝糖原分解减少或组织对葡萄糖的利用增加所致。病理性血糖降低：多见于胰岛细胞腺瘤或过多投给胰岛素、胰腺癌、严重贫血、肾上腺皮质功能减退、甲状腺功能减退、脑垂体功能减退。生理性血糖降低：多见于长时间剧烈运动之后、过分饥饿及哺乳期等。

2. 血清无机磷测定

血清中无机磷含量与钙有一定关系，通常钙、磷浓度（mg/100ml）乘积等于 40，二者的乘积小于 35，即可发生佝偻病或骨软病等营养性骨病。血清无机磷测定的方法有氧化亚锡法、对苯二酚法和抗坏血酸法，以氧化亚锡法最为常用。其基本原理是用三氯醋酸除去蛋白，在无蛋白滤液中加入铜酸试剂，使之无机磷结合，生成磷铜酸，再加还原剂氯化亚锡，使其还原成蓝色的铜蓝，与同样处理的磷标准液比色，求出血清无机磷的含量。

【正常参考值】 犬 0.81～1.87mmol/L；猫 1.23～2.07mmol/L。

【临床意义】

（1）血中无机磷含量升高　见于肾脏炎症，尤其是晚期尿毒症阶段，甲状旁腺功能过低症，维生素 D 过多中毒期，低蛋白血症，幼年动物，骨折愈合期，全血长期贮存造成酯化的磷酸盐被分解而磷被释放出来，高磷低钙的饲料。

（2）血中无机磷含量降低　见于营养缺乏及吸收不良、甲状旁腺功能亢进、维生素过多症、骨软化症、佝偻病、糖尿病酸中毒阶段等。

3. 血清氯化物测定

测定方法有硝酸汞滴定法、硝酸银滴定法和离子选择电极法等，以硝酸汞滴定法最为常用。

【正常参考值】 犬 104～116mmol/L；猫 110～123mmol/L。

【临床意义】

（1）血清氯化物升高　见于氯化物排出减少，如急性或慢性肾小球肾炎所致的肾功能不全，或尿道、输尿管阻塞及心力衰竭时，肾排泄功能降低，氯化钠摄入或注射过多及呼吸性碱中毒等。

（2）血清氯化物浓度降低　见于剧烈呕吐、严重腹泻、急性胃肠炎、急性胃扩张、小肠变位等，丢失大量含氯的胃液、胰汁及胆汁等，慢性肾上腺皮质功能减退、重症糖尿病，排尿过多，丢失大量氯化物，长期应用利尿剂或大量出汗及持续性拒食等。

4. 血清钠测定

常用的测定方法有醋酸铀镁比色法、火焰光度计法、原子吸收分光光度计法和离子选择电极法等。

【正常参考值】犬 138～156mmol/L；猫 147～156mmol/L。

【临床意义】

（1）血清钠升高　临床上少见，但也可见于肾上腺皮质功能亢进或原发性醛固酮增多症、失水性脱水和过多输入高渗盐水及食盐中毒。

（2）血清钠降低　临床常见于如下情况。

① 胃肠道失钠。幽门梗阻，呕吐，腹泻，胃肠道、胆道、胰腺手术后造瘘、引流等都可丢失大量消化液而发生缺钠。

② 钠排出增多。见于严重的肾盂肾炎、肾小管严重损害、肾上腺皮质功能不全、糖尿病、应用利尿剂治疗等。

③ 皮肤失钠。大量出汗时，如只补充水分而不补充钠。大面积烧伤、创伤、体液及钠从创口大量丢失，亦可引起低血钠。

④ 抗利尿激素（ADH）过多。肾病综合征的低蛋白血症、肝硬化腹水、右心衰时有效血容量减低。

5. 血清钾测定

常用的测定方法有亚硝酸钴钠法、火焰光度计法、原子吸收分光光度计法和离子选择电极法等。

【正常参考值】犬 3.80～5.80mmol/L；猫 3.80～4.60mmol/L。

【临床意义】

（1）血清钾增高　见于肾上腺皮质功能减退症，急性或慢性肾功能衰竭，休克，组织挤压伤，严重溶血，口服或注射含钾液过多等。

（2）血清钾降低　常见于钾盐摄入不足，严重腹泻，呕吐，肾上腺皮质功能亢进，服用利尿剂，胰岛素的作用，钡盐与棉子油中毒。

6. 血清钙测定

血清钙测定的方法有乙二胺四乙酸二钠滴定法、火焰分光光度计法、高锰酸钾滴定法和离子选择电极法等。

【正常参考值】犬 2.57～2.97mmol/L；猫 2.09～2.74mmol/L。

【临床意义】

（1）血清钙升高　见于甲状旁腺功能亢进，内服和注射维生素 D 过多，多发性骨髓瘤，胃肠炎和由于脱水而发生酸中毒时。

（2）血清钙降低　见于甲状旁腺功能减退、维生素 D 缺乏、骨软病、佝偻病、产后低钙血症、慢性肾炎与尿毒症等。

7. 血清镁测定

血清镁测定常用钛黄比色法和原子吸收分光光度计法等。

【正常参考值】犬 0.79～1.06mmol/L；猫 0.62～1.03mmol/L。

【临床意义】

（1）血清镁升高　见于肾功能衰竭、甲状腺功能减退、甲状旁腺功能减退及多发性骨髓瘤。

（2）血清镁降低　见于镁由消化道丢失，长期禁食，慢性腹泻吸收不良；镁由尿路丢失，慢性肾炎多尿期，长期使用利尿剂治疗；甲状腺功能亢进，甲状旁腺功能亢进；糖尿病酸中毒期，醛固醇增多症，长期使用皮质激素治疗时。

8. 血浆蛋白测定

测定血浆蛋白可采用双缩脲法、凯氏定氮法和电脉法。

【正常参考值】

总蛋白：犬 60～78g/L；猫 65～81g/L。

白蛋白：犬 29～40g/L；猫 31～42g/L。

【临床意义】

（1）血浆总蛋白含量升高　见于呕吐、腹泻等原因引起的脱水症及免疫球蛋白增加的疾病。

血浆总蛋白含量降低：见于血液中水分增加，肝功能下降，营养不良和消耗增加，慢性消耗性疾病，重度烧伤、大出血、肾病综合征等，蛋白质丢失过多。

（2）白蛋白增多　常见于脱水症。

白蛋白降低：见于营养不良，特别是恶性营养不良；血液稀释；肝系统疾病造成的合成白蛋白的能力下降；肾病综合征；蛋白丢失性肠道疾病等。

（3）球蛋白增多　见于细菌和寄生虫感染所引起的机体免疫反应增强，以及自体免疫性疾病时机体的免疫功能亢进。

球蛋白降低：见于低 γ-球蛋白血症。

9. 血浆二氧化碳结合力测定

血浆二氧化碳结合力测定方法有量积法和酚红法。

【正常参考值】犬 20～30mmol/L；猫 15～30mmol/L。

【临床意义】

（1）血浆二氧化碳结合力增高　见于肺通气和换气障碍导致的呼吸性酸中毒；呕吐、胃扩张、小肠变位等原因引起的代谢性碱中毒。

（2）血浆二氧化碳结合力降低　常见于代谢性酸中毒，如糖尿病酮症酸中毒、腹泻、肾功能不全等；呼吸性碱中毒，如脑炎、哮喘等原因使呼吸加深加快，肺换气过度。

10. 血清酶学检验

犬、猫临床检验常测定的血清酶有：转氨酶、肌酸磷酸激酶、乳酸脱氢酶同工酶等。

（1）肌酸磷酸激酶（CPK）测定　常用肌酸显色法。

【正常参考值】犬 60～359IU/L；猫 95～1294IU/L。

【临床意义】对心肌、骨骼肌损伤及肌营养不良的诊断有特异性。当各种类型进行性肌萎缩、脑损伤时，CPK 增高；不适当地注射抗生素可引起 CPK 增高。降低时一般无临床意义，老年犬低于幼年犬。

（2）天冬氨酸氨基转移酶（AST）测定　AST 又称为谷草转氨酶（GOT）；测定方法常用金氏比色法和赖氏比色法。

【正常参考值】犬 23～56IU/L；猫 26～43IU/L。

【临床意义】

① 血清 AST 活性升高　见于急性肝炎、肝硬变、心肌炎及骨骼肌损伤。

② 血清 AST 活性降低　见于吡哆醇缺乏和大面积肝坏死。

（3）丙氨酸氨基转移酶（ALT）测定　ALT 又称为谷丙转氨酶（GPT），测定方法常用金氏比色法和赖氏比色法。

【正常参考值】犬 21～66IU/L；猫 6～64IU/L。

【临床意义】犬许多组织、器官中都含有 ALT，其中以肝脏含量最高。血清 ALT 活性升高、见于犬传染性肝炎、猫传染性腹膜炎、肝脓肿和胆管阻塞、甲状腺功能减低、心功能不全、严重贫血、休克等。

（4）血清乳酸脱氢酶（LDH）测定　常用的测定方法为醋酸纤维薄膜电泳法和琼脂糖电泳法。

【正常参考值】犬 45～233IU/L；猫 63～273IU/L。

【临床意义】LDH 存在于心肌、肝脏、骨骼肌、肾脏等组织、器官中。肌肉损伤、肝脏疾病、贫血或急性白血病时，血液中 LDH 会升高。

11. 肝脏功能检查

肝脏功能按其代谢功能可分为胆色素代谢检查，如黄疸指数测定、血清胆红素定性和定量检查、尿胆色素检查等；糖代谢检查，如血糖测定和糖耐量试验等；蛋白质检查，如血浆总蛋白、白蛋白、球蛋白定量，白蛋白与球蛋白比和血清胶体稳定性试验等；脂肪代谢检查，如脂蛋白、胆固醇、甘油三酯测定等；血清酶活性测定，如谷丙转氨酶、谷草转氨酶等。

12. 肾功能试验

按检查的目的分为肾小球滤过机能试验、肾小管机能试验和肾血流量测定。常用的检查方法有血清尿素氮测定、尿浓缩试验、加压素浓缩试验及酚红排泄或清除试验。

（1）血清尿素氮（BUN）测定　常用方法为尿酶法。

【正常参考值】犬 1.80～10.40mmol/L；猫 5.40～13.60mmol/L。

【临床意义】

① 血清尿素氮含量增加　见于肾功能衰竭、脱水、循环衰竭、尿路结石等肾前性或肾后性因素。

② 血清尿素氮含量降低　见于进行性肝炎、肝硬化、进食低蛋白性饲料、吸收紊乱及黄曲霉毒素中毒。

（2）尿浓缩试验　在限制饮水的条件下，通过观察尿比重的变化，判定肾小管的重吸收机能。受试宠物断水 12～24h，于第 12h 排出膀胱内尿液，测定尿比重。尿比重大于 1.025，表明肾脏浓缩尿液功能正常，可中止试验。比重小于 1.025 的，则继续断水 12h，若尿比重仍低于 1.025，指示有 2/3 的肾单位丧失浓缩尿液的能力。

（3）酚红排泄或清除试验　宠物静脉注射 0.5％酚红 1ml（5mg），测定注射后尿液中酚红排泄的百分率，或多次测定注射后血浆中酚红的浓度，计算清除半衰期。在排除肾外性因素影响的酚红排泄或清除率降低，表明肾脏功能不全。此外，脱水、休克、心血管疾病时，酚红排泄亦减少。

三、尿液检查

尿标本应采集新鲜尿液，标本留取后应及时送检，不能在强光或阳光下照射。可在动物排尿时接取尿液，或通过膀胱穿刺等方法采集。最好在早晨采集，因为此时尿液浓度最高。尿液的检查包括物理检查、化学检查及显微镜检查三个方面。

1. 物理检查

（1）尿量　正常尿量受饲料成分、饮水量、环境因素、体型大小及运动等影响，健康宠物一日排尿量，犬为 0.5～1.0L，猫为 0.1～0.2L，不同的个体差异变化很大，所以应根据具体情况判定异常与否。

（2）颜色　健康宠物尿液一般为淡黄色至黄褐色，透明。与饮食及摄取水分的多少有关，有时服用药物也可导致颜色改变。尿液发红混浊，静置后有红色沉淀，为血尿，多见于膀胱结石、肾炎、肾衰竭、膀胱炎、尿道结石、尿路出血等。尿液发红透明，静置后无沉淀产生，为血红蛋白尿，常见于溶血性疾病，如犬血孢子虫病及洋葱、大葱中毒等。尿色黄褐透明，为尿中含有胆红素或尿胆原，见于肝胆疾病。尿液呈乳白色，见于肾及尿路的化脓性炎症。

（3）气味　犬、猫的尿正常时有臭味，病理情况下气味常常发生变化。氨臭味在膀胱炎尿素分解菌分解尿素或代谢性酸中毒时出现，腐败性气味则是由于膀胱、尿路有溃疡、坏死或化脓性炎症时，大量的蛋白分解所致。

（4）比重　正常犬的尿比重是1.018～1.060，猫为1.020～1.040。生理情况下，尿比重增加见于动物饮水过少、气温过高、尿量减少等；在病理情况下，凡是伴有少尿的疾病，如发热性疾病、便秘以及使机体脱水的疾病，则尿量减少而尿比重增加。同时膀胱炎、急性肾炎、糖尿病等疾病，也可使尿比重增加。尿比重降低为低渗尿，见于慢性肾炎、尿毒症、尿崩症等。

2. 化学检验

（1）pH值　健康宠物尿液含有酸性磷酸盐而呈酸性，pH值在6.0～7.0。病理性酸性尿液主要见于各种热性病、代谢性酸中毒（大量运动、严重腹泻、糖尿病，尿毒症等）、呼吸性酸中毒。投服氯化铵、维生素C等酸化剂时，尿液呈酸性；病理性碱性尿主要见于患膀胱炎、尿道炎、代谢性或呼吸性碱中毒时，使用碱性盐类药物如碳酸氢钠、柠檬酸钠、乳酸钠等，尿液呈碱性。

（2）尿蛋白的检验　正常尿液中仅含有微量的蛋白质，不能通过普通的定性反应检出蛋白质。尿蛋白增多主要见于急性或慢性肾炎、膀胱炎、尿道炎症、多数热性传染性疾病。病理性蛋白尿可分为肾前、肾性和肾后三种。

肾前蛋白尿来自血液中血红蛋白、肌红蛋白和卟啉等；肾性蛋白尿起因于肾脏疾病及发热等；肾后蛋白尿由于输尿管、膀胱、尿道和生殖器等的炎症或新生物而引起。

蛋白质的定性反应

① 硝酸法　取一支试管加35%硝酸1～2ml，随后沿试管壁缓慢加入尿液，使两液重叠，静置5min，观察结果。两液叠面产生白色环为阳性。白色环越宽。表明蛋白质含量越高。

② 磺柳酸法　取酸化尿液少许于载玻片上，加20%磺柳酸溶液1～2滴，如有蛋白质存在，即产生白色混浊。此法极为方便，灵敏度极高。

③ 快速离心沉淀法　取15ml刻度离心管1只，加尿液15ml，再加27%磺柳酸液2ml，反复倒置混合数次，以1500r/min离心5min判定：每0.1ml蛋白质沉淀物，即表示1000ml尿液中含有蛋白质1g。

④ 试纸法　取试纸浸入被检尿中，立刻取出，约30s后与标准比色板比色。

3. 尿中潜血的检验

正常尿液中不含红细胞、血红蛋白和肌红蛋白。尿液中不能用肉眼直接观察出来的红细胞或血红蛋白称为潜血，可应用联苯胺法、改良联苯胺法检验。潜血阳性见于急性肾小球肾炎、膀胱结石、尿道结石、膀胱炎、肾盂肾炎、膀胱肿瘤、阴道损伤、发情期的雌性动物等。此外，血红蛋白性血尿可见于巴贝斯虫病、自身免疫性溶血性疾病、严重烧伤、化学药物及某些植物中毒等。

常用邻联甲苯胺法。

【原理】血红蛋白中的铁质有类似过氧化酶作用，可分解过氧化氢，放出新生态氧，使邻联甲苯胺氧化为联苯胺蓝而呈现绿色或蓝色。

【试剂】1%邻联甲苯胺甲醇溶液（0.5g邻联甲苯胺溶于50ml甲醇中，储于棕色磨口瓶中）、过氧化氢乙酸溶液（冰乙酸1份，3%过氧化氢2份，混合后储于棕色磨口瓶中）。

【操作】取小试管1支，加入1%邻联甲苯胺甲醇溶液和过氧化氢乙酸溶液各1ml，再加入被检尿液2ml，呈现绿色或蓝色为阳性，如保留原试剂颜色即为阴性。

【判定】根据显色快慢和深浅，用符号表示反应强弱：＋＋＋＋，立刻显黑蓝色；＋＋＋，

立刻显深蓝色；＋＋，1min 内出现蓝绿色；＋，1min 以上出现绿色；－，3min 后仍不
显色。

4. 尿中葡萄糖的检验

健康宠物尿中仅含有微量的葡萄糖，用一般化学试剂无法检出。若用一般方法能检出尿
中含葡萄糖，称为糖尿。尿糖阳性可分为暂时性和病理性两类。暂时性糖尿为生理性的，可
因血糖浓度暂时性超过肾糖门而出现，例如应激、饲喂大量含糖饲料。使用类固醇激素治疗
及受吗啡、氯仿、乙醚、肾上腺素、阿司匹林影响等也可出现。病理性糖尿，可见于糖尿
病、甲状腺功能亢进、肾上腺皮质功能亢进、肾脏疾病、脑神经疾病及肝脏疾病等。通常采
用尿糖试纸和糖还原试验法，检验尿中葡萄糖。

（1）试纸法　尿糖单项试纸附有标准色板（0～2.0g/dl，分 5 种色度），可供尿糖定性
及半定量用。试纸为桃红色，应保存在棕色瓶中。

【操作】取试纸一条，浸入被检尿内，5s 后取出，1min 后在自然光或日光灯下，将所
呈现的颜色与标准色板比较，判定结果。

【注意事项】尿样应新鲜；服用大量抗坏血酸和汞利尿剂等药物后，可呈假阴性反应。
因本试纸起主要作用的是葡萄糖氧化酶和过氧化氢酶，而抗坏血酸和汞利尿剂可抑制酶的作
用；试纸在阴暗干燥处保存，不得暴露在阳光下，试纸变黄表示失效，应弃之不用。

（2）碱性铜法

【原理】葡萄糖含有醛基，在热碱溶液中能将硫酸铜还原为氧化亚铜，而出现棕红色的
沉淀物。

【试剂】碱性铜试剂：先将分析纯柠檬酸钠 173g、无水硫酸钠 100g 放于 700ml 蒸馏水
中加热溶解，再另将分析纯硫酸铜 17.3g 溶解于 100ml 蒸馏水中，然后将其慢慢倾入已冷
却的前液中，不断搅拌并加蒸馏水，使总量至 1000ml，过滤后储于棕色瓶内备用。

【操作】取碱性铜试剂 5ml 于试管内，加热煮沸（颜色不改变且冷却后无沉淀方可应
用，否则试剂失效，应重新配制）；加入尿液 0.5ml（切不可过多），在火焰上煮沸 1～
2min，边煮边摇动。保持沸腾状态，但应防止液体喷出试管外；冷却后观察结果，根据颜
色变化用符号或文字报告，判定标准见表 2-3。

表 2-3　碱性铜法判定标准

试剂变化情况	糖含量/(1000mg/dl)	符号
试剂仍清晰呈蓝色（如有多量尿酸盐存在则有少许蓝灰色沉淀）	无糖	－
仅在冷却后有少量浅绿色沉淀	微量，0.5 以下	＋
煮沸约 1min 后，显少量黄绿色沉淀	少量，0.5～1	＋＋
煮沸约 15s，即显土黄色沉淀	中等量，1～2	＋＋＋
开始煮沸时，即显多量红棕色沉淀	多量，2 以上	＋＋＋＋

5. 尿中尿胆原的检验

尿（粪）胆原系葡萄糖酸结合胆红素在回肠末端至结肠部位经肠道菌作用还原而形成。
其中大部分随粪便排出，少部分经肠壁吸收回到肝脏。被吸收的尿胆原在肝脏中有一部分被
氧化成为胆红质，其余未被氧化部分随血流经肾脏而被排出。

健康动物的尿中均含有少量的尿胆原，尿胆原随尿排出后，很容易被氧化为尿胆素。在
临床检验中，常常检查尿胆素以证明尿胆原的存在，二者的临床意义是一致的。定性检查可
用改良艾氏法（Ehrlich），定量可用光电比色法。

尿胆原检查法——改良艾氏法

【试剂】对二甲氨基苯甲醛试剂（80ml 蒸馏水中加对二甲氨基苯甲醛 2g，混合后缓缓

加入 20ml 浓盐酸，混合后试剂由混浊变透明，储于棕色瓶中备用），100g 氯化钡试剂。

【操作】被检尿中若有胆红素。则取氯化钡试剂 1 份加被检尿 4 份混合后离心，胆红素被氯化钡吸附，上清液为不含胆红素的尿液；取不含胆红素的新鲜尿液 2ml，加入对二甲氨基苯甲醛试剂 0.2ml 混合，静置 10min 后观察结果。

【结果判断】强阳性（＋＋＋），立即呈深红色；阳性（＋＋），静置 10min 后呈樱桃红色；弱阳性（＋），静置 10min 后呈微红色；阴性（－），静置 10min 后，在白色背景下，从管口直观管底，不呈红色，经加温后仍不显红色。

【临床意义】尿胆原增加，常见于肝炎、实质性肝病变、溶血性黄疸、胆道阻塞初期；尿胆原减少，见于肠道阻塞、多尿性肾炎后期、腹泻、口服抗生素药物（抑制或杀死肠道细菌）。

6. 尿中酮体的检验

酮体是脂肪代谢的产物，包括乙酰乙酸、β-羟丁酸及丙酮。患糖尿病时，糖代谢紊乱加重，细胞不能充分地利用葡萄糖补充能量，只好动用脂肪，脂肪分解加速产生大量脂肪酸，超出了机体利用的能力而转化为酮体。

常用罗斯（Ross）法。

【试剂】Ross 试剂（亚硝基铁氰化钠 3g，硫酸铵 100g，无水碳酸钠 50g，混合后在乳钵内充分磨细，保存于褐色瓶中），28％浓氨水。

【操作】取被检尿 5ml 于试管中，加 Ross 试剂 1g，振荡溶解，沿管壁加 28％浓氨水 1ml 重叠其上，静置。如有丙酮和乙酰乙酸时，则在两液接触面上形成高锰酸钾样紫红色环。

【判定】＋＋＋，20mg/dl 以上，立即显色；＋＋，15～20mg/dl，10min 后显色；＋，10～15mg/dl，20min 后显色；±，5mg/dl，紫红色不鲜明。

【临床意义】酮体阳性见于糖尿病酮症、酮症酸中毒、饥饿、高脂饮食、严重呕吐、腹泻、消化吸收不良等。

7. 尿沉渣显微镜检查

尿液中无机沉渣为各种盐类结晶，有机沉渣包括上皮细胞、红细胞、白细胞、脓细胞、各种管型及微生物等。尿沉渣的显微镜检查可以补充理化检查的不足，能查明理化检查所不能发现的病理变化，不仅可以确定病变部位，还可阐明疾病的性质，对肾脏和尿路疾病的诊断具有特殊意义。

（1）尿沉渣标本的制作和镜检

① 标本制作　取新鲜尿液 5～10ml 于沉淀管内，1000r/min 离心 5～10min；倾去或吸去上清液，留下 0.5ml 尿液；摇动沉淀管，使沉淀物均匀地混悬于少量剩余尿中；用吸管吸取沉淀物置载玻片上，加 1 滴 5％卢戈碘液（碘片 5g，碘化钾 15g，蒸馏水 100ml），盖上盖玻片即成。在加盖玻片时，先将盖玻片的一边接触尿液，然后慢慢放平，以防产生气泡。

② 标本镜检　镜检时，将集光器降低，缩小光圈，使视野稍暗，以便发现无色而屈光力弱的成分（透明管型等）；先用低倍镜全面观察标本情况，找出需详细检查的区域后，再换高倍镜仔细辨认细胞成分和管型等。检查时，如遇尿内有大量盐类结晶遮盖视野而妨碍对其他物质的观察，可微加温或加化学药品，除去这类结晶后再镜检。

③ 结果报告　细胞成分按各个高倍视野内最少至最多的数值报告，如白细胞 4～8 个（高倍）；管型及其他结晶成分按偶见、少量、中等量及多量报告，偶见是整个标本中仅见几个，少量是每个视野见到几个，中等量是每个视野数十个，多量是每个视野的大部甚至布满视野。

（2）无机沉渣检查　尿中无机沉渣是指各种盐类结晶和一些非结晶形物，且酸性尿和碱性尿的无机沉渣有所不同。

① 碱性尿中的无机沉渣

a. 碳酸钙。草食动物尿，其结晶多为球形，有放射条纹，大的球形结晶为黄色，有时可见磨石状、哑铃状和十字形无色小晶体，或无色、灰白色无定型颗粒，加醋酸生成 CO_2 气泡而溶解。草食动物尿中缺乏碳酸钙时，尿液变为酸性，如无明显饲养因素的影响，则为病态；若动物尿中重新出现碳酸钙，表示疾病好转。

b. 磷酸铵镁。结晶为无色、两端带有斜面的三角棱柱，或为六面或多角棱柱体，偶尔呈雪花状或羽毛状，易溶于醋酸中，但不产生气泡，不溶于碱性液和热水中。新鲜尿中出现磷酸铵镁是尿液在膀胱或肾盂中受细菌的作用，尿素被分解发酵产生氨，氨与磷酸镁结合生成的，见于膀胱炎和肾盂肾炎。但注意，尿样放置时间过久，可因发酵而产生磷酸铵镁。

c. 磷酸钙。常见于弱碱性尿中，也见于中性或弱酸性尿中。多为单个无色三菱形结晶，排列成星状或束状。也可形成无色不规则、大而薄的片状物，此时尿液面形成一层薄膜。磷酸钙溶于醋酸及盐酸，而不溶于碱液。将尿液加热时，磷酸钙沉淀增多。磷酸钙结晶多量出现时，对诊断尿潴留、慢性膀胱炎等有一定意义。

d. 马尿酸。马尿的正常成分，结晶呈棱柱状或针状，不溶于盐酸及醋酸，溶于氨水及酒精。犬、猫服用苯甲酸及水杨酸制剂后，尿中马尿酸结晶增多。

e. 尿酸铵。黄褐色球状结晶，表面布满刺状突起。在盐酸及醋酸中分解，形成菱形锭状结晶，在氢氧化钾中能溶解产生氨。加热溶解，冷却后又析出结晶。新鲜尿中出现尿酸铵结晶，表明有化脓性感染，如膀胱炎、肾盂肾炎。

② 酸性尿中的无机沉渣

a. 草酸钙。常见于酸性尿中，有时也见于中性或碱性尿中。结晶为无色而屈光力强的四角八面体，有两条对角线呈西式信封状，晶体大小相差甚大。少见的形态为无色哑铃状、球状和各种不同的八面体。溶于盐酸，不溶于醋酸。见于各种动物的尿中，犬尿中尤为多见。

b. 尿酸结晶。因有尿色素附着而呈黄褐色，有锭状、块状、针状及磨石状。加热也不溶于水及酸，但能溶于碱液中。多见于肉食动物尿中，草食动物尿中含量极少。当肾脏功能不全，不能生成氨以中和尿中酸性物质时，可形成尿酸结晶。草食动物见于发热、传染病及寄生虫病。

c. 硫酸钙。尿中少见，仅见于强酸性尿中，为无色细长棱柱状或针状结晶，聚积成束，常排列成放射状，有时为块状，与磷酸钙结晶相似。在酸及氨水中均不溶解，一般无临床意义。

③ 尿中少见的特殊结晶

a. 酪氨酸。黑黄色纤细状结晶，呈中央细而两端宽广的束状或簇状。常与亮氨酸同时出现。溶于氨水、盐酸及碱液中，不溶于酒精、醚和醋酸。在重剧神经系统疾病、肝脏病及慢性前胃弛缓引起中毒时，尿中出现酪氨酸结晶。

b. 亮氨酸。淡黄色球形结晶，具有同心性放射条纹，像木材的横锯面，折光力很强。易溶于酸及碱，不溶于酒精和醚。在急性肝脏病、磷及二硫化碳中毒、严重代谢障碍时。尿中可出现亮氨酸结晶。

c. 胱氨酸。极为少见，为无色、折光性很强、边缘清晰的六角形板状结晶，单独或多数相聚存在。蛋白质代谢障碍时。尿内有过量胱氨酸出现，呈结晶状沉淀，是结石形成的诱因。风湿症及肝脏病时也有见到胱氨酸结晶的。

d. 胆固醇。尿中少见，长方形、四方形缺一角的透明薄板状结晶。溶于醚、氯仿及热酒精。遇碘及硫酸可变为蓝色、绿色或红色。见于肾淀粉样变性及肾棘球蚴等病。

④ 尿中磺胺结晶　服用磺胺类药物后，易在尿中形成结晶，尿中大量出现磺胺结晶时，有可能在肾盂、输尿管形成沉淀，发生损伤，是磺胺中毒的预兆。

a. 氨苯磺胺。游离的氨苯磺胺结晶为透明的长柱形。乙酰氨苯磺胺结晶为透明成束的粗叶状。乙酰基磺胺噻唑有两种状态：一种像中间紧捆的麦秆束或圆球状，另一种为六角形的结晶片。乙酰基磺胺嘧啶呈琥珀色，像一束麦秆，其束偏于一端，结构不对称；也有呈暗色球形的。

b. 磺胺吡啶。结晶形态不一致，可为矛头形、船形或花瓣形等。当疑为磺胺结晶而辨认困难时，可用如下方法加以证明。

方法1：尿液沉淀后除去上清液，用酸性冷蒸馏水（蒸馏水中加醋酸少许）洗涤结晶2次或3次，至洗涤液加尿胆原醛试剂（见肝功能检验的尿胆原检查）后不再显色为止。将洗涤后的结晶置试管中，加蒸馏水1ml、10%氢氧化钠液2~3滴，再加尿胆原醛试剂3~4滴，如呈黄色，证明为磺胺结晶。

方法2：取普通白纸一小片，将一端浸入尿中使之湿润，滴加20%盐酸液1滴，呈橙黄色为磺胺结晶。

（3）有机沉渣检查

① 血细胞

a. 红细胞。尿中红细胞形态与尿液放置时间、浓度和酸碱度有关。新鲜尿中的红细胞形态比白细胞稍小，正面呈圆形，侧面呈双凹形，淡黄绿色；浓缩尿及酸性尿中的红细胞常皱缩，边缘呈锯齿状；碱性尿和稀薄尿中的红细胞呈膨胀状态；放置过久的尿中的红细胞往往被破坏，只显阴影。健康动物尿中一般无红细胞，当肾小球通透性增大时，血液中的蛋白质、红细胞可进入尿中，尿蛋白试验阳性并有红细胞。尿中出现红细胞不仅要考虑上述原因，还应考虑肾脏、输尿管、膀胱或尿道的出血。

b. 白细胞和脓细胞。尿中的白细胞主要指形态和功能改变不大的分叶核中性粒细胞，比红细胞大；在新鲜尿中容易识别；在酸性尿中较完整，加10%醋酸酸化细胞核更清晰；在碱性尿中常膨胀而不清晰。白细胞变为富有颗粒或结构模糊并常聚集成堆的，称脓细胞。注意区别脓细胞与上皮细胞，尤其是肾上皮细胞，前者加醋酸后可见到1至多个小圆核，而上皮细胞仅有一个较大的圆形核。正常动物尿中仅有个别白细胞而没有脓细胞，肾脏和尿路炎症（肾炎、膀胱炎），或脓肿破溃流向尿路时，尿中可见多量白细胞或脓细胞。

② 上皮细胞

a. 肾上皮细胞。多数呈圆形或多角形，轮廓明显，散在或数个集聚在一起，比白细胞约大1/3，有一个较大的圆形核，细胞质内有小颗粒。肾上皮细胞发生脂肪变性时，可在细胞质中见到屈光的脂肪颗粒。肾小管病变时，肾上皮细胞可大量出现。

b. 尾状上皮细胞。呈梨形或梭形，比脓细胞大2~4倍，有一个圆形或椭圆形的核。该细胞来自肾盂、尿路和膀胱黏膜的深层。尿中出现时，表明尿路黏膜有炎症。

c. 扁平上皮细胞。细胞大而扁平，核小而圆，细胞边缘稍卷起，有时几个集聚在一起，易与其他上皮细胞区别。该细胞来自膀胱或尿道黏膜的表层，大量出现表明膀胱、尿道黏膜表层有炎症。但这种细胞也来自阴道黏膜浅层的，所以母畜尿中大量出现这种细胞时，要加以具体分析。

③ 管型（尿圆柱）　肾脏发生病变时，肾小球滤出的蛋白质在肾小管内变性凝固，或变性蛋白质与其他细胞成分黏合而形成圆柱状结构即管型。

a. 透明管型（玻璃样管型）。构造均匀，无色半透明，见于轻度肾脏疾病或肾炎的晚期，也见于发热和肾淤血。

b. 上皮细胞管型。由蛋白质与肾小管脱落的上皮细胞黏集而成，见于急性肾炎。

c. 白细胞或脓细胞管型。此种管型内充满白细胞或脓细胞并常混有上皮细胞或红细胞，即所谓混合管型。见于肾盂肾炎、急性肾炎。

d. 红细胞管型。在透明或颗粒管型内有多量红细胞。见于肾脏出血性疾病。

e. 颗粒管型。在透明管型内有许多粗大或细小颗粒，可能是肾小管脱落的上皮细胞破坏变成的颗粒，也可能是蛋白质凝固的颗粒。颗粒管型较透明管粗而短，因混有色素，呈黄色或褐色，见于肾小管较严重的损伤。

f. 蜡样管型。一般较粗，末端往往折断呈方形，边缘常有缺口，屈光度强，颜色较灰暗，肾小管有严重的变性和坏死时出现，常见于重剧慢性肾炎。

四、粪的检查

粪便检验对了解消化道、肝、胆、胰腺等器官的病理变化及消化与吸收功能有重要作用。粪便检查包括粪便的物理学检查、化学检查及显微镜检查。

1. 粪便的采集

粪便采集前要明确目的，寄生虫检查时应将全部粪便送检；细菌学、病毒学检验时，应将标本放于消毒的清洁器皿内，做化学和显微镜检验时，应采集新排出且未接触地面的部分，放入清洁的器皿。必要时可由直肠直接采取。

2. 物理学检查

（1）硬度　粪便稀软，见于消化不良；粪便干硬，见于便秘。

（2）颜色　黑褐色粪便，见于胃、十二指肠出血；粪便有血块、血丝，见于消化道下部出血，尤其多见于直肠或肛门出血；灰白色粪便，见于胆管阻塞；黄绿色粪便，见于钩端螺旋体病等引起的黄疸。

（3）气味　健康动物的粪便无难闻的臭味。当消化不良及胃肠炎时，由于碳水化合物在肠内的发酵产酸，粪便酸臭；由于炎性渗出物中的蛋白质被微生物作用产生硫化氢，粪便有腐败臭味；出血时多有腥臭味。

（4）异常混合物

① 黏液　正常粪便表面有极薄的黏液层。黏液量增多表示肠管有炎症或排便迟滞，肠炎或肠阻塞时黏液往往覆盖整个粪球，并可形成较厚的胶冻样黏液层，类似剥脱的肠黏膜。

② 伪膜　随粪便排出的伪膜是由纤维蛋白、上皮细胞和白细胞所组成，常为圆柱状。见于纤维素性或伪膜性肠炎。

③ 脓汁　消化道化脓性疾病，粪便中混有脓汁。

④ 粗纤维及食物颗粒　消化不良及患牙齿疾病时，粪便内含有多量粗纤维及未消化食物颗粒。

⑤ 血液　胃肠出血、出血性肠炎、犬冠状病毒感染及犬细小病毒感染、球虫、钩虫感染等，粪便中含有血液。

⑥ 粪便中常见寄生虫有蛔虫、绦虫体节及犬、猫的钩虫。

3. 化学检查

（1）酸碱度测定　健康宠物的粪便呈碱性。粪便的酸碱度与日粮成分及肠内容物的发酵或腐败过程有关，酸度增加，见于肠卡他引起的肠内糖类异常发酵；碱性增加，见于胃肠炎引起的蛋白质腐败分解增加。

① 试纸法。取粪 2～3g 于试管内，加中性蒸馏水 8～10ml 混匀，用广泛试纸测定其 pH 值。

② 试管法。取粪 2～3g 于试管内，加中性蒸馏水 4～5 倍，混匀。置 37℃温箱中 6～8h，如上层液透明清亮，为酸性（粪中磷酸盐和碳酸盐在酸性液中溶解）；如液体混浊，颜色变暗，为碱性（粪中磷酸盐和碳酸盐在碱性液中不溶解）。

（2）潜血试验　粪便出现不能用肉眼直接观察出来的血液为潜血。

【操作】取粪便 2～3g 于试管中，加蒸馏水 3～4ml，搅拌，煮沸后冷却破坏粪便中的酶类；取洁净小试管 1 支，加 1% 联苯胺冰醋酸液和 3% 过氧化氢液的等量混合液 2～3ml，将 1～2 滴冷却粪悬液，滴加于上述混合试剂上。如粪中含有血液，立即出现绿色或蓝色，不久变为乌红紫色。

【结果判定】＋＋＋＋，立即出现深蓝色或深绿色；＋＋＋，0.5min 内出现深蓝色或深绿色；＋＋，0.5～1min 出现深蓝色或深绿色；＋，1～2min 出现浅蓝色或浅绿色；－，5min 不出现蓝色或绿色。

【注意事项】氧化酶并非血液所特有，动物组织或植物中也有少量，部分微生物也产生相同的酶。所以粪便必须事先煮沸，以破坏这些酶类；被检动物在试验前 3～4 天禁食肉类及含叶绿素的蔬菜、青草；肉食动物如未禁食肉类，则必须用粪便的醚提取液做试验（取粪便约 1g，加冰醋酸搅成乳状，加乙醚，混合静置，取乙醚层）。

【临床意义】潜血阳性见于各种消化道出血性疾患，如消化道溃疡、出血性胃肠炎及钩虫、球虫病等。

（3）蛋白质检查

【原理】利用不同的蛋白质沉淀剂，测定粪中黏蛋白、血清蛋白或核蛋白，以判断肠道内炎性渗出的程度。

【操作】取粪 3g 置于研钵中，加蒸馏水 100ml，适当研磨，使成 3% 粪乳状液；取中试管 4 支，编号放在试管架上，按表 2-4 操作及判定结果。

表 2-4　蛋白质检查

项　目	试　管			
	1	2	3	4（对照）
3% 粪乳状液	15ml	15ml	15ml	15ml
试剂	20% 醋酸液 2ml	20% 三氯醋酸液 2ml	7% 氯化高汞液 2ml	蒸馏水 2ml
混合后静置 24h，观察上清液透明度，与对照管比较				
阳性结果判定	透明：有黏蛋白混浊；无渗出的血清蛋白	透明：有渗出的血清蛋白或核蛋白	透明：有渗出的血清蛋白或核蛋白。红棕色：有粪胆素。绿色：有胆红素	

【临床意义】正常动物粪中蛋白质含量极少，对一般蛋白沉淀剂不呈现明显反应；当消化、吸收功能下降时，蛋白试验可呈现阳性反应。健康动物粪便中没有胆红素，仅有少量的粪胆素；在小肠炎症及溶血性黄疸时，粪中可能出现胆红素，粪胆素也增多。

（4）有机酸测定

【操作】取粪 10g，加中性蒸馏水 100ml 混匀；加入 30% 三氯化铁液 1ml，1% 酚酞酒精液 40～50 滴，再加氢氧化钙粉末 2g，此时粪混悬液呈红色；放置 5min 后过滤，取滤液 25ml，用 0.1mol/L 盐酸液滴定至淡玫瑰色（pH＝8.7）；滴加 0.5% 二甲氨基偶氮苯酒精液 10 滴，此时被检液呈黄色；以 0.1mol/L 盐酸液滴定至黄色消退，变成橘红色为止；记录 0.1mol/L 盐酸液的消耗量。

【计算】滴定 25ml 滤液消耗的盐酸（ml）×4＝100ml 滤液中有机酸的含量（mol/L）。

【临床意义】粪便中有机酸含量可作为小肠内发酵程度的指标，含量增高，表明肠内发酵过程旺盛。

（5）氨测定

【原理】氨为弱碱，用强酸直接中和时，无适当的指示剂，不能直接滴定。当加入甲醛后，放出盐酸，再用标准氢氧化钠液滴定，可间接推算出氨的含量。

【操作】取新鲜粪 10g，加蒸馏水 100ml，混合后过滤；取滤液 25ml，加中性甲醛液 5ml（甲醛液 50ml，加蒸馏水 50ml，加 1%酚酞酒精液 2 滴，用 0.1mol/L 氢氧化钠滴定至微红色），加 1%酚酞酒精液 10 滴；用 0.1mol/L 氢氧化钠液滴定至淡玫瑰红色；记录 0.1mol/L 氢氧化钠的消耗量。

【计算】滴定 25ml 滤液消耗氢的氧化钠液（ml）×4＝100ml 滤液中氨的含量（mol/L）。

【临床意义】粪中氨的含量可作为肠内腐败分解强度的指标，氨含量增高，表明肠内蛋白质腐败分解旺盛，形成大量游离氨。

4. 粪便显微镜检查

（1）标本的制备　取不同层的粪便，混合后取少许置于洁净载玻片上或以竹签直接挑粪便中可疑部分置于载玻片上，加少量生理盐水或蒸馏水，涂成均匀薄层。必要时可滴加醋酸液或选用 0.01%伊红氯化钠染液、稀碘液或苏丹Ⅲ染色。涂片制好后，加盖玻片，先用低倍镜观察全片，后用高倍镜鉴定。

（2）饲料残渣检查

① 植物细胞　粪中常多量出现，形态多种多样。植物细胞无临床意义，但可了解胃肠消化力的强弱。

② 淀粉颗粒　一般为大小不匀、一端较尖的圆形颗粒，也有圆形或多角形的，有同心层构造。用稀碘液染色后，未消化的淀粉颗粒呈蓝色，消化不完全的淀粉颗粒滴加稀碘液后呈棕红色。粪便中发现大量淀粉颗粒，表明消化功能障碍。

③ 脂肪细胞和脂肪酸结晶　脂肪滴为大小不等、圆形的淡黄色小球，有明显折光性，特点为浮在液面、来回游动。脂肪酸结晶多呈针状，苏丹Ⅲ染色呈红色。粪中见到大量脂肪细胞和脂肪酸结晶为摄入的脂肪不能完全分解和吸收，见于胰腺外分泌功能不足及各种原因的腹泻。

④ 肌肉纤维　常呈带状，也有呈圆形、椭圆形或不正形的，有纵纹或横纹，断端常呈直角形，加醋酸后更为清晰，有的可看见核，多为黄色或黄褐色。在肉食动物粪便中为正常成分。肌肉纤维过多时，可考虑胰液或肠液分泌障碍及肠蠕动增强。

（3）体细胞检查

① 白细胞及脓细胞　白细胞的形态整齐，数量不多，且分散不成堆。脓细胞形态不整，构造不清晰，数量多而成堆。粪中发现多量的白细胞及脓细胞，表明肠管有炎症或溃疡。

② 吞噬细胞　比中性粒细胞大 3～4 倍，呈卵圆形、不规则叶状或伸出伪足呈变形虫样；胞核大，常偏于一侧，圆形，偶有肾形或不规则形；胞浆内可有空泡、颗粒，偶见有被吞噬的细菌、白细胞的残余物；胞膜厚而明显。常与大量脓细胞同时出现，诊断意义与脓细胞相同。

③ 红细胞　粪中发现大量形态正常的红细胞，可能为后部肠管出血；有少量散在、形态正常的红细胞，同时又有大量白细胞时，为肠管的炎症；若红细胞较白细胞多，且常堆集，部分有崩坏现象的，是肠管出血性疾患。

④ 上皮细胞　可见扁平上皮细胞和柱状上皮细胞。前者来自肛门附近，形态无显著变化；后者由各部肠壁而来，因部位和肠蠕动的强弱不同而形态有所改变。上皮细胞和

粪便混合时一般不易发现，多量出现且伴有多量黏液或脓细胞时均为病理状态，见于胃肠炎。

5. 粪便中寄生虫卵检查

（1）虫卵检查　直接涂片检查法：在载玻片上滴一些甘油与水的等量混合液，再用牙签或火柴棍挑取少量粪便，加入其中，混匀，夹去较大或过多的粪渣，使玻片留上一层均匀粪液，以能透视书报字迹为宜。在粪膜上覆以盖玻片，置显微镜下检查。检查时应顺序地查遍盖玻片下的所有部分。有时体内寄生虫不多，粪便中虫卵少，难以查出虫卵。

（2）集卵法

① 沉淀法　取粪便5g，加清水100ml以上，搅匀，40～60目筛过滤，滤液收集于三角烧瓶或烧杯中，静置沉淀20～40min，倾去上层液，保留沉渣，再加水混匀，再沉淀，如此反复操作直到上层液体透明后，吸取沉渣检查。此法特别适用于检查吸虫卵和棘头虫卵。

② 漂浮法　适于检查线虫卵、绦虫卵和球虫卵囊。取粪便10g，加饱和食盐水100ml，混合，通过60目筛滤入烧杯中，静置0.5h，则虫卵上浮；用直径5～10mm的铁丝圈，与液面平行接触以蘸取表面液膜，抖落于载玻片上检查。或者取粪便1g，加饱和食盐水10ml，混匀，筛滤，滤液注入试管中，补加饱和盐水溶液使试管充满，上覆以盖玻片，并使液体与盖玻片接触，其间不留气泡，直立0.5h后，取下盖玻片，覆于载玻片上检查。在检查比重较大的猪后圆线虫时，则可现将猪粪按沉淀法操作，取得沉渣后，在沉渣中加入饱和硫酸镁溶液进行漂浮，收集虫卵。

以上沉淀或漂浮法，均使液体静置，待其自然下沉或上浮。但有些方法则将以上粪液置于离心管中离心，借离心力以加速其沉浮过程。

（3）虫卵计数　虫卵计数是指测定动物粪便中的虫卵数，以此推断动物体内某种寄生虫的寄生数量，有时还用于使用驱虫药前后虫卵数量的对比，以检查驱虫效果。虫卵计数受很多因素影响，只能对寄生虫的寄生数量做大致判断。影响因素首先是虫卵总量不准确，此外寄生虫的年龄、宿主的免疫状态、粪便的浓稠度、雌虫的数量、驱虫药的服用等很多因素，均影响虫卵数量和体内虫体数量的比例关系。虽然如此，虫卵计数仍常被作为某种寄生虫感染强度的指标。虫卵计数结果，常以每克粪便中卵数表示，简称EPG。

① 斯陶尔法　在一小玻璃容器（如三角烧瓶或大试管）的56ml和60ml容量处各做一个标记；先取0.4%的氢氧化钠溶液注入容器内到56ml处，而后再加入被检粪便溶液到60ml处，加入一些玻璃珠，振荡，使粪便完全破碎混匀；用1ml吸管取粪液0.15ml，滴于2～3张载玻片上，覆以盖玻片，在显微镜下顺序检查，统计虫卵总数时注意不可遗漏和重复。因0.15ml粪液中实际含有粪量是 $0.15 \times 4/60 = 0.01g$。因此，所得虫卵总数乘以100即为每克粪便中的虫卵数。此法适用于大部分蠕虫卵的计数。

② 麦克马斯特法　本法是将虫卵浮集于一个计数室中记数。计数室是由两片载玻片制成。为了使用方便，制作时常将其中一片切去一条，使之较另一片窄一些。在较窄的玻片上刻1cm见方的区域2个，然后选取厚度为1.5mm的玻片切成小条垫于两玻片间，以环氧树脂黏合。取粪便2g于乳钵中，加水10ml搅匀，再加饱和食盐水50ml。混匀后，吸取粪液注入计数室，静置1～2min后，在显微镜下计数 $1cm^2$ 刻度室中的虫卵总数，求2个刻度室中虫卵数的平均数，乘以200即为每克粪便中的虫卵数。此法只适用于可使用饱和食盐水集卵的各种虫卵。

③ 片形吸虫卵计数法　取羊粪10g于300ml容量瓶中，加入少量1.6%氢氧化钠溶液，静置过夜。次日，将粪块搅碎，再加1.6%氢氧化钠溶液到300ml刻度处，摇匀，立即吸取此粪液7.5ml注入到离心管内，1000r/min离心2min，倾去上层液体。换加饱和食盐水再次离心，再倾去上层液体，再换加饱和食盐水，如此反复操作，直到上层液体完全清澈为

止。倾去上层液体，将沉渣全部分滴于数张载玻片上，检查统计虫卵总数，以检查统计总数乘以 4，即为每克粪便中的片形吸虫卵数。

五、脑脊液检查

1. 脑脊液物理学检验

（1）颜色　正常脑脊液为无色水样。

① 淡红色或红色　可能是因穿刺时的损伤或脑脊髓膜出血而流入蛛网膜下腔所致。如红色仅见于第一管标本，第二、三管红色逐渐变淡，可能是由于穿刺时受损伤所致。如第一、第二、第三管标本均呈均匀红色，则可能为脑脊髓或脑脊髓膜出血；脑或脊髓高度充血及发生日射病时，脑脊液可呈淡红色。

② 黄色　见于重症锥虫病、钩端螺旋体病及静脉注射黄色素之后。

（2）透明度　观察时应以蒸馏水作为对照。正常脑脊液澄清透明，如蒸馏水样；含少量细胞或细菌时，呈毛玻璃样；含多量细胞或细菌时，混浊或呈脓样，是化脓性脑膜炎的征兆。

（3）气味　健康动物的脑脊液无臭味，但室温下长久放置时可有腐败臭味。脑脊液剧臭，为尿毒症的特征；新采取的脑脊液发臭腐败，见于化脓性脑脊髓炎。

（4）相对密度

① 用特制密度管，于分析天平上先称 0.2ml 蒸馏水的质量，再称 0.2ml 脑脊液的质量，则脑脊液的相对密度＝脑脊液质量/蒸馏水质量。

② 如脑脊液的量有 10ml 时，可采用小型尿比重计直接测定其相对比重。相对密度增加，见于化脓性脑膜炎及静脉注射高渗氯化钠或葡萄糖液之后。

2. 脑脊液的化学检验

（1）蛋白质检查（硫酸铵定性试验）

【试剂】饱和硫酸铵溶液：取硫酸铵 85g，加蒸馏水 100ml，水浴加热使之溶解，冷却后过滤备用。

【操作方法】试管中加脑脊液 1ml、饱和硫酸铵溶液 1ml，充分混合，静置 4～5min 后判定结果。

【结果判定】＋＋＋＋，显著混浊；＋＋＋，中等度混浊；＋＋，明显乳白色；＋，微乳白色；－，透明。

【临床意义】健康犬、猫脑脊液仅含有微量蛋白质，血脑屏障的通透性增大时，脑脊液中蛋白质增多，且多为球蛋白，见于中暑、脑膜炎、脑炎、败血症及其他高热性疾病。

（2）葡萄糖检查

【原理及操作方法】同尿中葡萄糖测定。

【注意事项】葡萄糖测定应在标本采取后立即进行，否则由于细菌或白细胞作用而分解糖类，影响测定结果。如不及时测定，应在每 2ml 脑脊液内加福尔马林 1 滴，并在冰箱内保存。

【临床意义】脑脊液的含糖量取决于血糖的浓度、脉络膜的渗透性和糖在体内的分解速度。血糖含量持续增多或减少时，可使脑脊液的含糖量也随之增减。健康动物脑脊液的葡萄糖含量为 40～60mg/dl。含糖量减少见于化脓性脑膜炎及血斑病。

（3）氯化物测定

【原理及操作方法】同血清中氯化物测定。如脑脊液混浊或含血液，应离心沉淀，取上清液测定。

【临床意义】脑脊液中氯化物的含量略高于血清，按氯化钠计算，健康动物为 650～

760mg/dl。氯化物显著增加见于尿毒症（850～980mg/dl）、麻痹性肌红蛋白尿病（850～980mg/dl）及媾疫（780～810mg/dl）；氯化物减少见于沉郁型脑脊髓炎。

3. 脑脊液显微镜检验

（1）细胞计数

【操作方法】 在采集做细胞计数的脑脊液时，应按每5ml脑脊液加入10％ EDTA-Na$_2$抗凝剂0.05～0.1ml采集，混合后备检。脑脊液白细胞与红细胞计数方法同血细胞计数法。

【注意事项】 应于采样后1h内做细胞计数，否则细胞可被破坏或与纤维蛋白凝集成块而影响准确性。如穿刺中损伤血管而使脑脊液含有多量血液时，一般不适宜做白细胞计数。健康动物脑脊液中的细胞数，每立方毫米为0～10个，大多数为淋巴细胞，除穿刺引起损伤外，一般不含红细胞。细胞数增多，见于脑膜脑炎。

（2）细胞分类

【操作方法】 瑞氏染色法：将白细胞计数后的脑脊液立即离心沉淀10min，将上清液倒入另一洁净试管中，供化学检验用。把沉淀物充分混匀，于载玻片上制成涂片，尽快在空气中风干。然后滴加瑞氏染色液5滴，染色1min后，立即加新鲜蒸馏水10滴，混匀，染色4～6min，水洗，干燥后镜检。正常时，淋巴细胞占60％～70％。

【临床意义】 中性粒细胞增加，见于化脓性脑膜炎、脑出血，表示疾病在进行；淋巴细胞增加，见于非化脓性脑膜炎及一些慢性疾病，一般表示疾病趋向好转；内皮细胞增加，见于脑膜受刺激及脑充血。

六、渗出液与漏出液检查

1. 物理学检查

（1）漏出液

① 颜色与透明度。一般为无色或淡黄色，透明，稀薄。

② 气味与凝固性。无特殊气味，不易凝固，但放置后可有微细的纤维蛋白凝块析出，仅有少量沉淀。

③ 相对密度。相对密度在1.015以下，测定方法与尿比重测定相同。

（2）渗出液

① 颜色与透明度。一般为淡黄色、淡红色或红黄色，混浊或半透明，稠厚。

② 气味与凝固性。有特殊臭味，易凝固，在体外或尸体内，均能凝固。

③ 相对密度。相对密度在1.018以上，标本采取后，为避免凝固，应迅速测定。

2. 化学检查

（1）浆液黏蛋白试验

【原理】 浆液黏蛋白是一种酸性糖蛋白，等电点pH值为3～5，在稀释的冰醋酸溶液中可产生白色云雾状沉淀。

【操作方法】 在烧杯或大试管中加蒸馏水50～100ml，加冰醋酸1～2滴，充分混合后加穿刺液1～2滴。如穿刺液下沉，径路显白色云雾状混浊并直达管底，为阳性反应，是渗出液；无云雾状痕迹或微有混浊，且中途消失，为阴性反应，是漏出液。

（2）蛋白质定量　穿刺液的蛋白质定量方法与尿液蛋白质定量方法相同。但尿蛋白计仅能测定较少量蛋白质，故测定穿刺液蛋白质时应稀释10倍后进行。蛋白质含量在4％以上的为渗出液，在2.5％以下的为漏出液。

3. 显微镜检查

胸、腹腔液的显微镜检验主要用于发现和辨识其中的有形成分，以鉴别穿刺液的性质。在某些情况下，对确定胸、腹腔积液的病因有重要意义。

取新鲜穿刺液置于盛有 EDTA-Na$_2$ 抗凝剂的试管中，抗凝剂的用量同血液抗凝。离心沉淀，上清液分装于另一试管；取 1 滴沉淀物置于载玻片上，覆以盖玻片，在显微镜下观察间皮细胞、白细胞及红细胞等；需做白细胞分类时，则取沉淀物做涂片，染色镜检，其方法同血液白细胞分类相同。

漏出液和渗出液的镜下区别如下。

(1) 漏出液　细胞较少，主要是来自浆膜腔的间皮细胞（常是 8～10 个排成一片）及淋巴细胞，红细胞和其他细胞甚少；有少量红细胞常是由于穿刺时损伤所致，多量红细胞则为出血性疾病或脏器破损所致；大量的间皮细胞和淋巴细胞见于心、肾疾病。

(2) 渗出液　细胞较多。①中性粒细胞增多见于急性感染，尤其是化脓性炎症；在结核性炎症（结核性胸膜炎初期），特别是反复穿刺时，中性粒细胞也增多。②淋巴细胞增多，见于慢性疾病，如牛慢性胸膜炎及结核性胸膜炎。③间皮细胞增多，则表明是组织破坏过程严重的疾病。

漏出液和渗出液在理化性质和镜检结果上的区别见表 2-5。

表 2-5　漏出液与渗出液的区别

性　质	漏　出　液	渗　出　液
性质	非炎症性产物,呈碱性	炎性产物,呈酸性
颜色	无色或淡黄色	淡黄色、淡红或红黄色
透明度	透明,稀薄	混浊或半透明,稠厚
气味	无特殊气味	有特殊臭味
相对密度	1.015 以下	1.018 以上
凝固性	不凝固或含微量纤维蛋白	在体外或尸体内均易凝固
浆液黏蛋白试验	阴性	阳性
蛋白质定量	2.5% 以下	4% 以上
细胞	含有间皮细胞、淋巴细胞及少量中性粒细胞、红细胞	含多量中性粒细胞、间皮细胞和红细胞

4. 临床意义

(1) 辨证病性　穿刺液是漏出液时，为非炎性病变，主要来源于循环系统障碍；如是渗出液，则为炎性病变所致。穿刺液呈红色或红褐色，是混有血液或血红蛋白，常为出血或损伤性疾病；呈褐色或褐绿色，有腐败臭味，为腐败性疾病；呈乳白色，放置后液面有酪块状物，是混有大量脂肪所致，常为淋巴管破裂。

(2) 确定诊断　如腹腔穿刺液中混有饲料碎屑，则是胃破裂；混有尿液，有尿臭味，则是膀胱破裂；穿刺液浓厚黏稠，则是子宫破裂。

【复习思考题】

1. 阐述犬、猫临床检查基本方法的操作要点和注意事项。
2. 犬、猫临床检查的程序有哪些？
3. 犬、猫基本体征检查包括哪些内容？
4. 犬、猫采食和饮水检查的方法有哪些？
5. 如何进行呼吸运动检查？
6. 简述胸部听诊的诊断方法及病理变化。
7. 简述肺泡呼吸音、支气管呼吸音、啰音、胸膜摩擦音产生的原因。
8. 如何确定心音最佳听取点？
9. 简述心音频率、心音强度、心音性质及心音节律的诊断意义。

10. 排尿异常有哪些临床表现？有何诊断意义？
11. 肾脏、膀胱及尿道检查方法是什么？
12. 如何对公、母犬进行生殖器官临床检查？
13. 犬、猫妊娠的临床诊断法有哪些？
14. 简述运动功能的检查内容与方法。
15. 简述反射检查的方法和临床意义。
16. 血液常规检查包括哪几项？各项正常指标及诊断意义为何？
17. 血液生化检查包括哪些项目，各项目正常指标与诊断意义为何？
18. 尿常规检查包括哪些项目，各项目有何诊断意义？
19. 粪便检查包括哪些项目，各项目有何诊断意义及如何选用？
20. 如何区别渗出液与漏出液？

第三章　宠物临床治疗技术

【学习目标】
1. 掌握犬、猫临床常用的治疗技术。
2. 掌握犬、猫临床常用的外科手术方法。

第一节　基本临床治疗技术

一、口服给药技术

口服给药是最常用的给药方法。口服给药具有疗效显著、给药简便、价格低廉的优点。根据药物的不同剂型，口服给药一般采用以下两种方法。

1. 固体药剂给药

常用的固体药剂有片剂、丸剂、散剂、粉剂、胶囊剂等。投药时，犬、猫坐式或站立保定。投药者左手从犬鼻背部或猫头后用拇指和中指挤压上颌两侧口角唇入齿列，打开口腔，右手持药匙、投药器或直接用右手食指和中指的指端夹持药丸将药片或药丸送入犬、猫舌根部（图3-1），然后快速抽出药匙、投药器或手指，合拢口腔，抬高犬、猫下颌，如出现吞咽动作，说明药已吞下。当患病犬、猫有食欲和饮欲时，可将散剂、粉剂药物混入食物或溶解于饮水中，让其自食自饮。

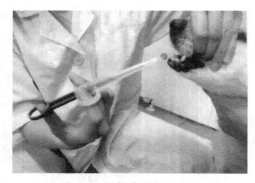

图 3-1　用投药器投服药片

图 3-2　用注射器给药

2. 液体药剂给药

投药时，犬、猫坐式或站立保定。投入少量液体药物时，按上述方法打开犬、猫口腔，右手持药匙或无针头的一次性注射器从犬、猫一侧口角插入口腔，将药液缓缓倒入或推入口内，让犬、猫自然吞咽（图3-2）。粉剂或研碎的片剂加适量水调匀，以及中药煎剂等也可用此法投服。

投入大量液体药物时，用胃管给药。投药时犬进行坐姿保定，兴奋状态的犬应给以镇静剂；猫装入猫袋内，仅头颈部暴露于袋外。用开口器把犬、猫口腔打开并固定，选择合适的胃导管，涂以润滑剂，通过开口器小孔，缓缓送进，至咽部时稍作停顿，或轻轻刺激待其出现吞咽动作时，顺势将胃导管送入食管直至胃内（胃管末端放入水中无气泡，则胃管在胃内）。然后连接漏斗或大注射器，将药液灌入。灌药完毕，除去漏斗，压扁导管末端，缓缓拔出胃导管。

二、皮下注射技术

皮下注射是将药物注射于皮下组织内，经毛细血管、淋巴管吸收后进入血液循环。因皮下有脂肪层，吸收速度较慢，一般经 5～10min 呈现药效。适用于易溶解、无刺激性的药剂及疫苗、血清等的注射。部位一般选择皮肤较薄、皮下组织疏松且血管较少的部位，犬、猫在颈背部。适当保定动物并消毒术部，术者一手的拇指、食指和中指将术部皮肤轻轻捏起，使其形成三角凹窝，另一手将注射针头刺入凹窝中心的皮肤内，并回抽，如有回血，则要重刺；若无回血，即可注入药液。注射完毕，拔出针头，碘酊消毒局部皮肤。如一次注射药液较多，应分点注射。

三、肌内注射技术

肌内注射是将药液注入肌肉内。适用于药量小、刺激性较小、吸收较难的药剂，有些疫（菌）苗也可肌内注射接种。部位一般选择在肌肉丰满、且无大血管和大神经干的部位，如臀部、肩部、背部或颈部肌肉。适当保定动物，术部消毒，术者一手拇指和食指将术部皮肤绷紧，右手持注射器迅速将针头垂直刺入 2～3cm，并回抽，如无回血，即可将药液缓慢注入。注完拔出针头，局部涂以碘酊。注射时应特别注意勿伤及坐骨神经，造成后肢一定程度的麻痹。

四、静脉注射与输液技术

静脉注射与输液是将药液直接注入或缓慢输入静脉血管内。适用于大量补液、补钙、输血及刺激性较大或急需奏效药物的注射。本法产生药效迅速，但排泄较快，维持时间较短。

注射部位一般选择前臂头静脉、后肢小腿外侧隐静脉（图 3-3、图 3-4）。侧卧保定动物，术部消毒。用止血带扎住注射部位的近心端，使静脉怒张。注射时，术者左手固定注射部下端，右手持注射器，沿静脉使针头或头皮针与皮肤呈 15°～20°角刺入血管内，轻轻抽引针栓，如见回血，再将针头沿血管稍向前伸入，然后解除止血带，固定好针头，缓慢推入或滴入药液。注射完毕，左手持酒精棉球压迫针孔，右手快速拔出针头。为了防止针孔溢血或形成皮下血肿，继续压迫局部片刻，最后涂以碘酊。

图 3-3　前臂头静脉

图 3-4　后肢小腿外侧隐静脉

输液中应注意观察小动物有无异常反应，如有异常，应停止输液。漏出血管的药液若刺激性强或带有腐蚀性，则应向周围组织注入生理盐水加以稀释。如系氯化钙液可注入 10% 硫酸钠，使其变为硫二酸钙和氯化钠，局部温敷，以促进吸收。

冬天输液应适当加温药液，油剂禁止静脉注射或输液。

五、腹腔注射技术

腹腔注射技术指将药液直接注入腹膜腔。腹膜吸收能力很强，当犬、猫静脉注射困难或直接治疗腹腔器官疾病时，可通过腹膜腔补液。一般注射无刺激性的药物如生理盐水和葡萄糖溶液等。

注射部位选择在耻骨前缘3～5cm腹中线的两侧（1.52～3cm）。注射时，将动物进行倒提保定，局部常规消毒。左手固定注射部位，右手持注射器将针头垂直刺入腹膜腔2～3cm，前后左右移动针头，若无阻力，且回抽无气泡、血和脏器内容物后，即可缓慢注入药液（图3-5）。注射完毕，拔出针头，局部碘酊消毒。

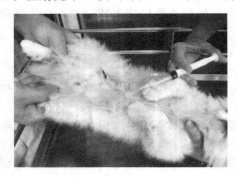 

图 3-5　腹腔注射　　　　　　　　　　　图 3-6　气管内注射

注意，药物注射前应加温至37～38℃，防止过冷的药液刺激引起腹腔器官痉挛。

六、气管注射技术

气管内注射是将药液直接注入气管内。适用于治疗气管、支气管、肺部疾病和肺部驱虫等。

注射部位在颈腹侧上1/3下界的正中线上，第4、第5气管环间。注射时，将动物仰卧保定，充分伸展颈部，局部剪毛消毒。左手固定注射部位，右手持注射器将针头垂直刺入1～1.5cm，刺入气管后阻力消失，回抽有气体，然后慢慢注入适量药液（图3-6）。注射完毕，拔出针头，局部涂以碘酊。

注意，注射的药液应为可溶性并易吸收的；药液剂量不宜过多，一般犬为1.0～1.5ml，猫为0.5～1.0ml；药液温度应与体温相当；为防止注射诱发动物咳嗽，可先注射2%盐酸普鲁卡因或2%利多卡因0.2～1ml，而后再注入药液。

七、骨髓腔输液技术

骨髓腔输液是指把药液、血液或其他液体直接注入骨髓腔内。适用于建立静脉通道有困难的危重病例抢救。

【原理】由于长骨和扁骨的骨髓腔内含有丰富的血管，许多小血管管壁变薄、管腔扩大成为血窦（即静脉窦）布满骨髓腔。长骨和扁骨骨髓腔中的静脉窦汇集成一至数条大的静脉沿动脉径路出骨后汇入静脉干。经这条通道注入的液体或药物，其分布与经静脉输入一样。

【器材】带有针芯的穿刺针，如13～16号骨穿针或专门制作的骨髓腔穿刺针。

【部位】股骨远端、胫骨近端和远端。通常选择胫骨近端，因该处表面扁平，仅有一层皮肤覆盖，骨质较硬者可选择胫骨远端。

【方法】首先局部剃毛消毒，浸润麻醉至骨膜。稍离开骨骺板，以 60°～90°角进针。先压而后是钻拧，直至感到阻力突然减小时（提示针尖已进入骨髓腔），抽出针芯，安装注射器抽吸，若能较容易吸出骨髓和血液，则表示针的方位正确。

【注意事项】

（1）全部操作过程必须严格无菌操作。

（2）针的位置必须正确，否则会引起液体外渗，引发骨膜炎等并发症。

（3）能经骨髓腔输入的液体有 5%～10% 葡萄糖、生理盐水、林格液、浓缩红细胞、血浆、全血、右旋糖酐、抗生素、阿托品、儿茶酚胺、碳酸氢钠等。

（4）骨髓腔输液仅用于建立静脉通道有困难的危重病例抢救中，若长期使用该通道可引起骨髓炎。

（5）骨生长不良、骨质疏松或骨质石性硬化病以及注射部位有感染性烧伤或蜂窝织炎等不宜做骨髓腔内输液。

八、穿刺术

1. 腹腔穿刺术

腹腔穿刺指手术穿透腹壁，排出腹腔液体。多用于腹水症，减轻腹内压。也可通过穿刺，确定其穿刺液性质（渗出液或漏出液），进行细胞学和细菌学诊断，以及腹腔输液和腹腔麻醉等。

【部位】在耻骨前缘腹中线一侧 2～4cm 处。

【方法】动物侧卧保定，术部消毒，先用 0.5% 盐酸利多卡因溶液局部浸润麻醉，再用套管针或 14 号注射针头垂直刺入腹壁，深度 2～3cm。如有腹水经针头流出，使动物站起，以利液体排出或抽吸。术毕，拔下针头，碘酊消毒。

2. 胸腔穿刺术

胸腔穿刺指从胸腔抽吸积液或气体。用于排出胸腔积液、观察积液性质、进行细胞学检查和细菌培养、冲洗胸腔及注入药物等。

【部位】病侧肩端水平线与第 4～7 肋间隙交点。若胸腔积液，其穿刺点在第 4～7 肋间下 1/3 处；气胸者，则在其上 1/3。

【方法】术部剪毛、消毒，用 0.5% 盐酸利多卡因溶液局部浸润麻醉。动物以站立保定为宜，也可侧卧保定。根据胸部 X 线检查结果（是胸腔积液还是气胸），确定其穿刺点。选 12～14 号注射针头，其针座接一 6～8cm 长胶管，后者再与带有三通开关的注射器（20ml）连接。通常针头在欲穿刺点后一肋间穿透皮肤，沿皮下向前斜刺至穿刺点肋间。再垂直穿透胸壁。一旦进入胸腔，阻力突然减少，停止推进，并用止血钳在皮肤上将针头钳住，以防针头刺入过深损伤肺脏。然后，打开三通开关，抽吸胸腔积液或气体。

如胸腔积液很多，可用胸腔穿刺器（也可用通乳针代替）。穿刺前，术部皮肤应先切一小口，再经此切口按上述方法将其刺入胸腔。拔出针芯，其套管再插一长 30cm 聚乙烯导管至胸底壁。拔出针套，将导管固定在皮肤上。导管远端接一三通开关注射器，可连续抽吸排液。

3. 膀胱穿刺术

膀胱穿刺术指手术穿透膀胱，排出膀胱液体。适用于因尿道阻塞引起的急性尿潴留，可缓解膀胱内压，防止膀胱破裂。另外，经膀胱穿刺采集的尿液，可以减少尿液污染，使尿液的化验和细菌培养结果更为准确，也可减少导尿引起医源性尿道感染的机会。

【部位】耻骨前缘 3～5cm 处腹白线一侧的腹底壁上。也可根据膀胱充盈程度确定其穿刺部位。

【方法】动物前躯侧卧，后躯半仰卧保定。术部剪毛、消毒，用0.5%盐酸普鲁卡因溶液浸润麻醉。膀胱未充盈时，操作者一手隔着腹壁固定膀胱，另一手持注射器（接7～9号注射针头），将针头与皮肤呈45°角向骨盆方向刺入膀胱，回抽，如有尿液，证明针头在膀胱内。并将尿液立即送检或细菌培养。如膀胱充盈，可选12～14号注射针头，当刺入膀胱时，尿液便从针头射出。可持续地放出尿液，以减轻膀胱压力。穿刺完毕，拔下针头，消毒术部。

4. 脊髓穿刺术

脊髓穿刺术指手术穿刺脊髓，采取脊髓液进行疾病诊断或注入药液治疗疾病。适用于某些需要用脊髓液进行化验来诊断的疾病，也可向蛛网膜下腔内注射药物治疗某些疾病。

【部位】枕骨正中线与两个寰椎翼前外角隆起连线的交点上。经此点穿刺，针头进入寰枕关节的小脑延髓池内。

【方法】将动物进行全身麻醉，俯卧或侧卧保定，将头部保定于保定台的边缘上，头向腹部屈曲与颈部长轴垂直，以增大枕骨与寰椎之间的间隙。术部剃毛、消毒。针头垂直刺入皮下，经项韧带慢慢向深部推进。不时拔出针芯以观察脑脊液是否流出。穿刺针要防止左右移动，严格掌握垂直方向。进针中感到穿过硬脑膜的阻力感消失时，立即停止进针，此时针端即进入小脑延髓池内。拔除针芯，脑脊液即可流出。若针头内流出血液而无脑脊液，说明刺破了椎骨静脉丛的分支，此时，应更换穿刺针头，重新穿刺。如果在脑脊液中出现了新鲜血液，应停止穿刺，等24h之后再重新穿刺。

在针进入小脑延髓池内，针孔内看到液体时，立即接上脊髓液压力计测定其压力，然后抽吸2ml脊髓液放入灭菌小瓶内。脑脊液的检查内容包括颜色、混浊度、细胞计数及分类和蛋白质的测定。必要时检查电解质含量，进行细菌计数和培养。穿刺完毕，拔下针头，术部消毒。术后5～7天内注意犬、猫有无不良反应。

九、插管术

插管术即气管内插管，主要用于动物全身麻醉时，保证有足够的通气量、吸入挥发性麻醉药、防止口腔内容物及胃内容物误入气管，吸出气管和支气管内的分泌物及宠物人工呼吸时，避免气体进入胃内而引起胃胀满。

【器材】塑料或橡胶气管插管（12～14kg的宠物选用9～10mm口径的气管插管为宜）；套囊，用于防止漏气的装置，附着在气管壁距开口斜面2～5cm处，长4～5cm不等；塑料牙垫，内径略大于气管插管的外径；喉镜，用于明视插管；麻醉机装置，包括氧气瓶、流量计、呼吸囊等。

【方法】插管前先进行麻醉前给药（阿托品、镇静药等）和诱导麻醉（硫喷妥钠），具体方法如下。

1. 明视插管术

利用喉镜在直视下暴露声门后，将气管导管插入气管内。

（1）插管时，取仰卧位或侧卧位，助手将犬、猫头颈伸直（使口腔轴与气管轴尽量趋近180°），打开口腔。

（2）术者一手拉出舌头，另一手持喉镜柄将喉镜片由口角伸入口腔压住舌基部和会厌软骨，暴露声门。

（3）选择适宜气管插管，在其末端涂润滑剂后，以右手拇指、食指及中指如持笔式持住导管的中、上段，由右口角进入口腔，直到导管接近喉头时再将管端移至喉镜片处即沿喉镜弧缘插入喉部，并经声门裂，将其插入气管。如咽喉部敏感妨碍插管，可用2%利多卡因溶液或追加硫喷妥钠，再插入。气管插管插至胸腔入口处为宜。

（4）插管完成后，要确认导管已进入气管内再牢固固定。确认方法如下。

① 轻压胸侧壁，如气流从气管插管喷出，或触摸颈部仅一个硬质索状物，提示插管已插入气管，否则应拔出重插。

② 人工呼吸时，可见双侧胸廓对称起伏。

③ 动物如有自主呼吸，接麻醉机后可见呼吸囊随呼吸而张缩。

（5）将插管后端套入牙垫或用纱布绷带固定在上颌或下颌犬齿后方，以防滑脱。然后用注射器连接套囊上的胶管端注入空气，使套囊充气，封闭套囊与气管壁之间隙，连接麻醉机及人工呼吸装置。每隔 30min 左右，将充气的套囊放气减压，稍等片刻后再充气，以防止气管黏膜的压迫性坏死。

2. 气管切开插管

若上、下颌骨折、口腔手术，不能经口腔气管插管时，可做气管切开插管。其优点是减少呼吸阻力，又能较顺利地排除气管内分泌物。

十、洗胃术

洗胃是将某种治疗疾病的液体反复灌入胃内和从胃内抽出，以达到排出胃内容物、调节胃内酸碱度、解除胃内容物对胃壁刺激的一种治疗方法。该方法基本同胃导管投药。临床主要用于犬、猫误食毒物或有毒成分后，毒物的排出。

【方法】首先用开口器将犬、猫口打开并固定好，将胃导管从开口器中间圆孔内插入口腔，经咽喉部送入食管，继续将胃管送入胃内，并检查胃管是否在胃内。确定胃管在胃内时，迅速向胃内注入洗液。洗胃可用温水、生理盐水或温水加吸附剂（如活性炭），如毒物已清楚，可适当加解毒剂，以提高洗胃效果。洗液量每次控制在 5～10ml/kg，然后尽快放出或抽出洗液，再注入洗液、回抽，可如此反复抽洗 10～15 次，直至洗液变清。因灌注洗液次数多，量大，故洗胃时特别要注意动物的呼吸状态，防止发生异物性肺炎。

十一、灌肠术

灌肠是将某些药物、钡造影剂、营养液以及水等经肛门灌入直肠内的一种方法。根据灌肠目的不同，灌肠法可分为浅部灌肠法和深部灌肠法两种。

1. 浅部灌肠法

浅部灌肠法是将药液灌入直肠内。常在宠物有采食障碍或咽下困难、食欲废绝时，进行人工营养；直肠或结肠炎症时，灌入消炎剂；病犬、猫兴奋不安时，灌入镇静剂；排除直肠内积粪时使用。

浅部灌肠用的药液量，每次 30～50ml。灌肠溶液根据用途而定，一般用 1% 温盐水、林格液、甘油、0.1% 高锰酸钾溶液、2% 硼酸溶液、葡萄糖溶液等。

灌肠时，将动物站立保定好，助手把尾拉向一侧。术者一手提盛有药液的药瓶，另一手将输液器乳胶管（针头去掉）徐徐插入肛门内 5～10cm，然后高举药瓶，使药液流入直肠内。灌肠后使动物保持安静，以免引起排粪动作而将药液排出。对以人工营养、消炎和镇静为目的的灌肠，在灌肠前应先把直肠内的宿粪取出。

2. 深部灌肠法

此法适用于治疗肠套叠、结肠便秘、排出胃内毒物和异物，灌肠时，对动物施以站立或侧卧保定，并呈前低后高姿势，助手把尾拉向一侧。术者一手提盛有药液的药瓶，另一手将输液器乳胶管（针头去掉）徐徐插入肛门内 8～10cm，然后高举药瓶，使药液流入直肠内。先灌入少量药液软化直肠内积粪，待排净积粪后再大量灌入药液。灌入量根据动物个体大小而定，一般幼犬 80~100ml，成年犬 100~500ml，药液温度以 38~39℃为宜。

3. 注意事项

（1）直肠内存有宿粪时，按直肠检查要领取出宿粪，再进行灌肠。

（2）避免粗暴操作，以免损伤肠黏膜或造成肠穿孔。

（3）溶液注入后由于排泄反射，易被排出，应用手压迫尾根和肛门，或于注入溶液的同时，用手指刺激肛门周围，也可通过按摩腹部减少排出。

十二、导尿术

导尿术指用人工的方法诱导动物排尿或用导尿管将尿液排除。其目的是为了缓解尿闭或采集尿液进行实验室检验，也可进行膀胱冲洗或给药。

1. 公犬导尿法

术前准备导尿管（可用人用橡胶导尿管）、注射器、润滑剂、0.1%新洁尔灭溶液、乳胶手套、盛尿器、抗生素等。

动物侧卧保定，双后肢前方转位，暴露腹底部，长腿犬也可站立保定。助手一手将阴茎包皮向后退缩，一手在阴囊前方将阴茎向前推，使龟头露出。用 0.1%新洁尔灭溶液清洗尿道外口，将适宜的导尿管前端 2~3cm 涂以润滑剂。操作者（戴乳胶手套）一手固定阴茎龟头，一手持导尿管从尿道口插入尿道内或用止血钳夹持导尿管徐徐推进。导尿管通过坐骨弓尿道弯曲部时，可用手指按压会阴部皮肤以便导尿管通过，进入膀胱，即有尿液流出。导尿管外端接 20ml 注射器抽吸尿液或置于盛尿器内收集尿液。术毕，将抗生素溶液注于膀胱内，拔出导尿管。导尿时应注意导尿管、注射器及其他用具应煮沸消毒，操作者也应洗手消毒。

2. 母犬导尿法

术前导尿管（可用人用橡胶导尿管）、注射器、润滑剂、照明光源、0.1%新洁尔灭溶液、2%盐酸利多卡因、乳胶手套、盛尿器等应准备好。

站立保定母犬，用 0.1%新洁尔灭溶液清洗阴门，然后将 2%利多卡因溶液滴入阴道内进行表面麻醉。操作者戴灭菌乳胶手套，在导尿管前端 3~5cm 处涂润滑剂。一手食指伸入阴道，沿尿生殖前庭底壁向前触摸尿道结节（其后方为尿道外口），另一手持导尿管插入阴门内，在前食指的引导下，向前下方缓缓插入尿道外口直至膀胱内。对于去势母犬，采用上述导尿法，其导尿管难插入尿道外口。故动物应仰卧保定，两后肢前方转位。用附有光源的阴道开口器或鼻孔开张器打开阴道，观察尿道结节和尿道外口，再插入导尿管。接注射器抽吸或自动放出尿液。导尿完毕向膀胱内注入抗生素药液，然后拔出导尿管，解除保定。

3. 公猫导尿法

先肌内注射氯胺酮使猫镇静，动物仰卧保定，两后肢前方转位。尿道外口周围清洗消毒。操作者将阴茎鞘向后推，拉出阴茎，在尿道外口周围喷撒 1%盐酸地卡因溶液。选择适宜的灭菌导尿管，其顶端涂以润滑剂，经尿道外口插入，渐渐向膀胱内推进。导尿管应与脊柱平行插入，用力要均匀，不可硬行通过尿道。如尿道内有尿石阻塞，可先向尿道内注射生理盐水或稀醋酸 3~5ml，冲洗尿道内凝结物，确保导尿管通过。导尿管一旦进入膀胱，即有尿液流出。导尿完毕向膀胱内注入抗生素溶液，然后拔出导尿管。

4. 母猫导尿法

母猫的保定与麻醉方法同母犬。导尿前，先用 0.1%新洁尔灭溶液清洗阴部，然后用 1%盐酸地卡因液喷撒尿生殖前庭和阴道黏膜。将猫尾拉向一侧，助手捏住阴唇并向后拉。

操作者一手持导尿管，沿阴道底壁前伸，另一手食指伸入阴道触摸尿道结节，引导导尿管插入尿道外口。

十三、子宫冲洗术

子宫冲洗是将药液注入子宫内并排出，以达到排出子宫内分泌物及脓液，促进黏膜修复，尽快恢复生殖功能的治疗方法。适用于治疗犬、猫子宫内膜炎和子宫蓄脓等。

（1）根据动物种类准备无菌的各型开膣器、颈管钳子、颈管扩张棒、子宫冲洗管、洗涤器及橡胶管等。冲洗药液可选用温生理盐水、5%～10%葡萄糖、0.1%雷佛奴尔及0.1%～0.5%高锰酸钾等溶液，还可用抗生素及磺胺类制剂。

（2）先充分洗净外阴部，而后插入开膣器开张阴道，即可用洗涤器冲洗阴道。先用颈管钳子钳住子宫外口左侧下壁，拉向阴唇附近。然后依次应用由细到粗的颈管扩张棒，插入颈管使之扩张，再插入子宫冲洗管，通过直肠检查确认子宫冲洗管已插入子宫角内之后，用手固定好颈管钳子与子宫冲洗管，然后将洗涤器的胶管连接在子宫冲洗管上，将药液注入子宫内，边注入边排出（另一侧子宫角也同样冲洗），直至排出液透明为止。

（3）注意事项

① 操作过程要认真，防止粗暴，特别是在子宫冲洗管插入子宫内时，须谨慎缓慢以免造成子宫壁穿破。

② 不要应用强刺激性及腐蚀性的药液冲洗。量不宜过大，一般500～1000ml即可。冲洗完后，应尽量排净子宫内残留的洗涤液。

十四、输液疗法

输液疗法用于纠正动物因严重病情引起的机体脱水、电解质及酸碱平衡紊乱，使动物转危为安。

1. 水、电解质及酸碱平衡紊乱的判断

正常动物体内的水分、电解质是在神经体液、肾及呼吸调节系统下保持动态平衡的。当水和电解质代谢失调，则影响酸碱平衡，发生酸中毒或碱中毒。临床通常通过脱水途径（胃肠途径、泌尿途径、创伤、烧伤、气喘、发热或腹水、肠阻塞所致肠积液等）、病程长短及饮食情况来判断脱水性质和状态。若机体通过各种途径排出的水超过摄入的水，就会发生不同程度的脱水、电解质丢失，从而导致酸碱平衡的紊乱。根据脱水和离子丢失的多少分为高渗性、低渗性和等渗性脱水；根据脱水的程度分为轻、中、重级脱水。

（1）脱水的性质

① 高渗性脱水　指水的丢失超过丢盐，结果使钠离子浓度升高，血浆渗透压升高，细胞内的水分移向胞外，从而导致细胞脱水，而细胞外液容量的减少逐渐减轻，因此，细胞外液容量变化不大，所以红细胞压积和总蛋白变化不明显。

② 等渗性脱水　指水和盐成比例地丢失，血浆渗透压和钠离子浓度无明显变化，细胞内外液不发生水的移动，红细胞压积和总蛋白变化不明显。

③ 低渗性脱水　指盐的丢失大于丢水，结果导致低钠血症和血浆渗透压降低。细胞外的水分移向胞内，引起细胞外脱水，红细胞压积和总蛋白升高，有效血容量减少，并可能发生休克。

（2）脱水程度　常按计算体重来判定脱水程度。

① 轻度脱水　失水量占总体重的2%～4%，患病动物精神沉郁、口稍干、有渴感、皮肤弹性减退、尿少、尿比重增加，脉搏次数明显增加，红细胞压积增加。

② 中度脱水　失水量占总体重的 4%～8%，患病动物精神沉郁、眼球下陷、饮欲增加、皮肤弹性减退、尿比重增加，脉搏数明显增加，红细胞压积增加。

③ 重度脱水　失水量占总体重的 8%～10% 或者 10% 以上，患病动物精神倦怠、喜卧、眼球深陷、体表静脉塌陷，结膜发绀，口干舌燥，鼻镜龟裂，脉搏细弱，皮肤弹性下降。脱水超过 10% 以上，动物常发生休克，危及生命。

2. 输液溶液的种类

(1) 葡萄糖溶液　浓度 5%～50% 不等。

(2) 电解质溶液　生理盐水、5% 葡萄糖盐水、10% 氯化钠溶液、复方氯化钠溶液（林格液）等。

(3) 碱性溶液　5% 碳酸氢钠溶液、乳酸钠溶液、乳酸钠林格液、谷氨酸钠溶液等。

(4) 胶体溶液　全血、血浆、中分子右旋糖酐、低分子右旋糖酐、超低分子右旋糖酐等。

输液所需溶液种类应根据疾病性质、体液流失量和成分而定。高渗性脱水，应该用 5%～10% 的葡萄糖溶液或 0.45% 氯化钠溶液；等渗性脱水，用等渗盐水或其他等渗溶液；低渗性脱水，可用等渗或高渗溶液。

3. 输液量

对脱水程度作出判断后，可根据下列公式计算补液所需量（1日量）。

$$补液量(ml) = 体重(g) \times 脱水度(\%)$$
$$维持量(ml) = 体重(kg) \times (40 \sim 60ml)$$
$$病犬一天的输液量 = 补液量 + 维持量$$

例如，有一病犬体重 6kg，根据临床检查，认为是中度失水，约 5%，补水量即为 6000×5%＝300ml；维持量为 6×（40～60）＝240～360ml，所以，此病犬一天输液量为 300＋（240～360）＝540～660ml。如病犬还有呕吐、腹泻等情况，除上述输液量外，还需要增补当天呕、泻所失去的水量。

4. 输液途径

临床常用静脉滴注、口服补液，若静脉输液、口服困难时，可以采取皮下分点注射、腹腔注射或直肠滴注等输液途径。要根据病情灵活运用。轻度脱水，且消化功能基本正常时，可经口投服；严重或大量脱水应首选静脉滴注。

5. 输液速度

当机体脱水严重，心脏功能正常时，输液速度应快，成年动物等渗溶液输液的最大速度可达 100ml/（kg·h），同时应监视心、肾功能，必要时，可作适当调整。对于慢性轻微脱水，在计算好补液量后，先补失液量的一半，再进行维持输液，在一天内输够即可。初生仔犬、猫输液按 4ml/（kg·h），同时监测心、肾功能及尿量变化。手术中维持输液的速度应控制在 20～50ml/（kg·h）。通常静脉输液速度以 10～16ml/（kg·h）为宜。

十五、输血疗法

输血疗法是通过输入工正常生理功能的血液以达到补血、解毒、止血的一种治疗措施，小动物临床主要用于犬、猫危症病例的抢救。

1. 适应证与禁忌证

适应于失血性疾病如大出血，各种休克症如外伤性休克、脱水性休克、中毒性休克等，各种贫血、白细胞和血小板减少、低蛋白血症、恶病质、一氧化碳中毒等疾病。但严重心脏疾病及心血管疾病、肺病（肺水肿、肺气肿）、肾脏疾病、肝病等均不宜输血。

2. 供体选择

供血动物应为健康的同种动物。首先作一般健康状况检查，然后作血液相合性试验。

理论上，输血时应输同型血液或相合血液，但实践证明，犬、猫初次输血发生副作用较少见，但第二次接受同种动物的血液时则会发生反应，故第二次输血前应对供体和受体的血液做相合检查（或准备多个供血动物），方法有玻片法和试管法 2 种。玻片法适用于临床，方法又有两种。

（1）首先采少量受血犬血液，分离血清，备用。然后采少量供血犬血液，将原血或悬浮液（生理盐水 3ml＋血液 1 滴）滴加在干燥载玻片上，再加 1 滴受血犬的血清，混匀，观察，如无凝血则可输血。

（2）简易三滴法　供体和受体各取 1 滴血液于载玻片上，再加 1 滴抗凝剂，混合后观察有无凝集，若未发生凝集则可以输血，否则不可。

3. 血液的采集与贮存

采血应该在严格的无菌条件下进行，用装有抗凝剂的注射器直接从供血动物的颈静脉、动脉或左心室采血。

犬的含血量为 85～90ml/kg，猫的含血量为 65～75ml/kg，采血总量以全身血量的 20％为安全限度。采血间隔期，犬不少于 14 天，猫不少于 21 天。

采血和血液保存均需抗凝，全血短期保存，临床常用 3.8％～4％的枸橼酸钠溶液按 1∶9 与血液混匀或用肝素（按 100ml 血液中加 10mg 混匀）。若需保存较长一段时间，则需要用 ACD 液作抗凝剂。

ACD 液（枸橼酸葡萄糖合液）：枸橼酸钠 1.33g，枸橼酸 0.47g，葡萄糖 3g，加注射用水至 100ml，灭菌后备用。100ml 血液需加此液 25ml。置 4℃冰箱保存 15～17 天，仍保持其活力。

为了使新鲜红细胞保存更长时间，可做成红细胞浓缩液，即将新鲜全血（加抗凝剂）离心或沉淀 24h 后，取出上清液，即可得浓度为 60％～80％的红细胞浓缩液。可在 6℃下贮存 21～28 天。

4. 输血方法

（1）途径　一般在颈部、前肢或后肢静脉，特殊情况可进行腹腔或骨髓输血等。犬、猫常用前后肢静脉及静颈脉输血。

（2）输血种类

① 输入红细胞。用红细胞生理盐水悬浮液，因无血浆成分存在，减少了心血管系统的负担，对高度贫血、心肺疾病、老龄及衰弱的犬、猫等具有较高的安全性。同时，因其缺少血细胞和血小板等，可防止抗体的产生及其引起的过敏反应。

② 输入血浆。可代替全血用于补充循环血量，也可作为抗体输入。

③ 输全血，指输入加抗凝剂的血液，这是临床最常用的方法。

（3）输血量及速度　最大安全血量为每 24h 输入正常血容量的 20％，速度一般为 10ml/(kg·h)。开始时速度要慢，观察无异常反应后再加快速度，但不能过快。

5. 输血的不良反应

（1）原因　输入不相合的血液可引起溶血、凝血和过敏反应；血液内混入蛋白质分解产物、细菌、病毒、原虫、异物及致热物质等引起发热反应；操作失误，输血速度过快，出现气栓或血栓等。

（2）症状　发热、兴奋不安、呕吐、恶寒战栗、心悸亢进、痉挛、荨麻疹、呼吸困难、血红蛋白尿和黄疸、大便失禁、虚脱及昏睡等。

（3）处理　一旦出现上述不良反应立即停止输血，注射强心剂，如高渗葡萄糖溶液、碳酸氢钠溶液、肾上腺素溶液等。若发生过敏反应，可注射抗组胺制剂苯海拉明或异丙嗪、地塞米松及钙制剂等。此外还应对症治疗。

6. 输血注意事项

（1）输血中的一切操作必须严格无菌操作。

（2）严格进行血液相合性检查。

（3）严格检查血液状态，尽量使用新鲜血液，使用优质抗凝剂，注意控制输血量及输入速度，必要时在输血的同时适当注射地塞米松。

（4）应用枸橼酸钠作抗凝剂进行输血后，应立即补充钙制剂。

十六、物理疗法

物理疗法是指使用各种物理性（如电、光、声、磁、热、冷、矿物质和机械等）的刺激，作用于动物的皮肤、肌肉和骨骼，对局部的炎症或创伤进行治疗或辅助治疗，缩短病程，提高疗效。常用的治疗方法有以下几种。

1. 温热疗法

指使用红外线灯照射局部皮肤的表层组织、温湿布局部热敷或选用浴槽在 41～43℃下进行全身浸泡并进行缓慢的按摩的方法。

温热疗法可使局部的血液循环旺盛，血管扩张、充血，增加血压和肺的换气；还可以增大局部毛细血管的通透性，有利于代谢产物的排泄；促进肌肉松弛和镇静镇痛作用，使神经兴奋性下降，解除肌肉痉挛。常常用于损伤类疾病的后期，如挫伤、跌打伤及软组织损伤急性期后。但忌用于发热动物、局部肿瘤、浮肿和肿胀等病理变化，局部血液循环障碍者。

一般将红外线灯距离病变部分 60cm，照射 15～30min，每天 3～4 次。照射时应该用手感觉局部的温度，防止局部温度过高造成灼伤。

2. 冷却疗法

指使用冰水、冰袋或冷水浸泡局部，使局部的毛细血管和淋巴管收缩，减少局部的渗出、溢血，镇痛消炎，消除急性炎症的各种症状。冷却疗法适用于软组织挫伤引起的局部浮肿或肿胀的初期，后期多采用温热疗法。一般在损伤后的 24～48h 内采用冷却疗法，之后改用温热疗法或热疗和冷疗交替进行。需要注意的是冷却疗法要避免过度进行。

3. 按摩

又称推拿疗法，是祖国传统医学的重要组成部分。术者通过对患病宠物皮肤、肌肉、穴位反复按压摩擦，改善局部组织血液循环，促进代谢，使局部温度升高，舒经活络、祛邪扶正、调和阴阳，从而达到治疗疾病的目的。

临床常用推法、揉法和捏法等。

（1）推法　此法适用于头颈、躯干、四肢部肌肉的慢性炎症，具有解痉止痛、活血散瘀、疏通气血的作用。按摩前，妥善保定动物，术者先将双手搓热，用手指或手掌在患病部位向一个方向做直线滑动（图3-7）。以手指为着力点时称指推法，以手掌为着力点的称掌推法。操作时，动作宜平稳，用力要均匀，力量大小应视动物年龄、体质、局部肌肉厚薄而定。施术速度宜先慢后快。

（2）揉法　用手指或手掌对患病局部或穴位做按压并平行旋转移动的方法。此法适用于促进深层肌肉组织的血液循环，具有散瘀止痛的作用。按摩前，术者要剪去指甲，根据具体部位采用单指、双指或掌根对术部做按揉（图3-8、图3-9、图3-10）。按摩时，在对穴位向下施压的同时要做旋转移动，并保持一定的频率。

图 3-7　指推法

图 3-8　单指揉

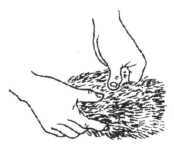

图 3-9　双指揉

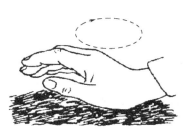

图 3-10　掌揉法

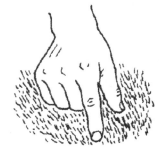

图 3-11　捏法

（3）捏法　用大拇指和食指对穴位进行相对按压（图 3-11），可起到针灸后行针的作用。本法特别适用于脊柱两侧的穴位，如用指尖按压穴位，又称掐法。

按摩主要适用于运动功能障碍、慢性消化不良、萎症等的治疗。但对急性炎症、传染病、骨折、肿瘤等病症不宜采用。

4. 紫外线疗法

紫外线疗法是指用紫外线照射局部皮肤，使局部组织细胞受到刺激，释放组织胺和类组织胺物质，扩张血管，增加血管通透性，促进肉芽组织、上皮组织生长，使坏死组织脱落，加速骨痂或神经的生长。但是大剂量紫外线照射后，抑制肉芽组织生长。

另外，紫外线可以使细菌的蛋白质变性、凝固，具有杀菌作用；能使 D-脱氢胆固醇转变为维生素 D_3，能促进钙、磷代谢；同时还能降低感觉神经兴奋性，具有镇静作用；但是紫外线照射后可反射性引起皮肤乳头层血管收缩，长期充血，皮肤出现红斑反应。

紫外线疗法适用于急性炎症性疾患（如蜂窝织炎、疖、痈等）、软组织创伤及溃疡、软骨病、佝偻病、产后乳汁缺乏等。但禁用于光过敏疾患、发热或发疹（犬瘟热）的传染病等，禁止大面积照射。

5. 超声波治疗

是指将电能转变成机械能而得到的高频振动穿过机体的患部，起到促进炎性浸润与出血的吸收、加速骨痂或神经生长、软化瘢痕、伸展粘连等作用，主要用于急、慢性炎症治疗。治疗时先将患部被毛剃除，然后将探头置于患部。如颈部椎间盘疾病一般选择 $0.3W/cm^2$，隔日进行 1 次，每次 3min，连用 5 天。关节炎、滑液囊炎、肌炎选用 $0.2W/cm^2$，每周进行 2 次，每次 3min。

6. 激光疗法

激光疗法是利用激光束照射局部患部，产生消炎止痛作用，并能加速肉芽组织、上皮组织生长的治疗方法，可用来治疗外伤。

激光治疗时，应先将患部剃毛，涂上龙胆紫溶液以减少反光和增加光的吸收，然后将激光输出端对准患部，根据病灶大小调节原光斑，以光斑全部照射到病灶为好。

十七、针灸疗法

中兽医针灸治疗技术包括针术和灸术两种治疗技术。针灸是在中兽医理论指导下的一种独特的治疗技术。通过针灸刺激动物体的一定穴位或患部，以通经活络，宣导气血，调整阴阳，扶正祛邪，达到甚至超过药物治疗的效果，具有设备简单、操作简便、疗效确实、节省药品成本、便于推广等优点。

针对犬、猫疾病，常用的针灸疗法有白针疗法、血针疗法、水针疗法、电针疗法、艾灸疗法、温熨疗法、拔火罐疗法、按摩疗法以及激光、磁针和微波针疗法等。

1. 白针疗法

所用针具为毫针，针体直径 0.64～1mm，长 5～10cm，针头圆锐尖细，针身圆滑细柔。多用于软组织、皮肤细薄处穴位，没有粗密血管通过，刺入并进行捻转后，无血流出，与针刺血管而出血的"血针"相对而言，称为白针疗法。

不同的穴位，针刺方向不同，分为直刺（呈 90°角）、斜刺（呈 35°～45°角）和平刺（呈 15°～25°角）。毫针细长，适宜深刺、透刺，但针刺深度应根据动物大小和具体穴位而定，一般控制限度是：针刺脊背上的穴位，必须避免刺伤脊髓；针刺胸腹部穴位，谨防刺伤内脏（不同穴位的针刺深度可参阅表 3-1）。

表 3-1　犬针灸常用穴位

序号	穴　名	穴 位 部 位	针　法	适 应 证
1	山根	鼻背正中有毛与无毛交界处	三棱针或毫针点刺或直刺 0.2～1cm	中暑、休克、感冒、发热
2	水沟	在上唇唇沟上 1/3 与中 1/3 交界处	三棱针或毫针点刺或直刺 0.2～1cm	中暑、咳嗽、休克、昏迷
3	睛明	内眼角上、下眼睑交界处，左右眼侧各 1 穴	将眼球向外推挤开，毫针直刺 0.5～1cm	结膜炎、角膜炎
4	上关	颧弓上方与下颌关节突的关节囊内，左右各 1 穴	毫针直刺 3cm 或艾灸	颜面神经麻痹、耳聋
5	下关	颧弓下方与下颌切迹形成的凹陷中，左右各 1 穴	毫针直刺 3cm 或艾灸	颜面神经麻痹
6	耳根	耳根后方的凹陷中，左右耳各一穴	毫针向内下方斜刺 3cm	耳部炎症
7	耳尖	耳郭背面尖端脉管上，左右耳各 1 穴	三棱针或小宽针点刺出血	发热、中暑、感冒、中毒
8	天门	头顶部枕骨后缘正中	毫针平刺或向后下方斜刺 1～3cm 或艾灸	发热、癫痫、瘫痪
9	颈脉	颈部旁侧面，颈静脉上、中 1/3 交界处，左右各 1 穴	小宽针顺血管刺入 0.5～0.8cm，出血	中暑、中毒、肺充血
10	喉俞	颈部腹侧，第三、四气管环之间的两侧凹陷处，左右各 1 穴	毫针平刺 0.5～1.5cm	慢性气管炎、肺热咳嗽
11	大椎	第七颈椎与第一胸椎棘突间	毫针直刺 2～4cm 或艾灸	发热、咳嗽、前肢及肩部风湿症、扭伤
12	身柱	第三、第四胸椎棘突之间	毫针直刺 2～4cm 或艾灸	肺热咳嗽、肩部挫伤
13	悬枢	最后胸椎与第一腰椎棘突之间	毫针直刺 1～3cm 或艾灸	腰风湿、腰扭伤、消化不良
14	百会	最后腰椎与第一荐椎棘突之间	毫针直刺 1～3cm 或艾灸	腰胯疼痛、后躯瘫痪、脱肛、不孕症
15	二眼	第一、第二背荐孔处，左右侧各 2 穴	毫针直刺 1～2cm 或艾灸	腰胯疼痛、后躯瘫痪

序号	穴 名	穴 位 部 位	针 法	适 应 证
16	尾根	最后荐椎与第一尾椎棘突之间	毫针直刺0.5～1cm或艾灸	尾麻痹、脱肛、便秘、腹泻
17	尾尖	尾末端	小宽针或三棱针直刺0.5～1cm	中暑、感冒发热、中毒、腹泻
18	后海	尾根与肛门之间的凹陷中	毫针向前上方刺入2～4cm	腹泻、脱肛、公犬阳痿、母犬不发情
19	会阴	肛门与外生殖器之间正中缝的中点上。雌性亦可在阴唇两侧中点旁开0.5cm处取穴,左右各1穴	毫针直刺2～4cm	便秘、尿闭、脱肛、脱宫及阴道、子宫疾病
20	肺俞	倒数第10肋间,背最长肌与髂肋肌之间的肌沟中,左右各1穴	毫针沿肋间向后下方刺入2～3cm或艾灸	咳嗽、气喘、膈痉挛
21	肝俞	倒数第四肋间,背最长肌与髂肋肌之间的肌沟中,左右各1穴	毫针沿肋间斜向后下方刺入2～3cm或艾灸	肝炎、黄疸、眼病
22	脾俞	倒数第二肋间,背最长肌与髂肋肌之间的肌沟中,左右各1穴	毫针沿肋间向后下方刺入2～3cm或艾灸	食欲不振、消化不良、呕吐、腹泻
23	三焦俞	第一腰椎横突末端相对的髂肋肌沟中,左右各1穴	毫针直刺2～3cm或艾灸	食欲不振、消化不良、呕吐、腹泻、贫血
24	肾俞	第二腰椎横突末端相对的髂肋肌沟中,左右各1穴	毫针直刺2～3cm或艾灸	肾炎、多尿症、不孕症、腰部风湿、扭伤
25	卵巢俞	距第四腰椎横突末端约3cm处,左右各1穴	毫针直刺1～3cm	卵巢和子宫疾患
26	子宫俞	距第五腰椎横突末端约3cm处,左右各1穴	毫针直刺1～3cm	子宫疾患
27	中脘	剑状软骨后缘与脐眼之间的正中处	毫针向前斜刺0.5～1cm或艾灸	消化不良、呕吐、腹泻
28	胸膛	胸前,胸外侧沟中的臂头静脉上,左右各1穴	小宽针顺血管急刺1cm,出血	中暑、肩肘扭伤
29	肩井	肩峰前下方臂骨大结节上缘的凹陷中,左右各1穴	毫针直刺2～3cm	肩部扭伤、前肢神经麻痹
30	抢风	肩关节后方的肌肉凹陷中,左右各1穴	毫针直刺2～3cm或艾灸	前肢麻痹、扭伤或风湿
31	肘俞	臂骨外上髁与肘突间的凹陷中,左右各1穴	毫针直刺2～3cm或艾灸	肘关节痛、前肢神经麻痹
32	前三里	前臂外侧上1/4处,桡骨外侧肌肉间,左右各1穴	毫针直刺或斜刺2～3cm或艾灸	前肢肌肉扭伤、风湿症、神经麻痹
33	肾堂	股内侧隐静脉上,左右各1穴	小宽针顺血管刺入0.5～1cm,出血	髋、膝关节扭伤、后肢肿痛
34	环跳	股骨大转子前方的凹陷中,左右各1穴	毫针直刺2～4cm或艾灸	后肢麻痹、腰胯疼痛
35	阳陵	后肢膝关节外侧后方的股二头肌肌间隙内,左右各1穴	毫针直刺2～3cm	膝关节扭伤、后肢麻痹
36	后三里	小腿外侧上1/4处,胫腓骨间隙中,距腓骨头下方约5cm处,左右各1穴	毫针直刺或斜刺2～3cm或艾灸	消化不良、腹泻腹痛、后肢痹和疼痛
37	前涌泉、后滴水	第三、第四掌(跖)骨间的掌(跖)背侧静脉上,每肢各1穴	小宽针或三棱针点刺出血	发热、感冒、休克、腹痛、癫痫、四肢疼痛或麻痹
38	前六缝、后六缝	掌(跖)、指(趾)关节缝中皮肤皱褶处,每肢3穴	毫针直刺0.5～1cm或三棱针点刺	四肢扭伤或麻痹、休克

针刺是否到位、能否起作用，对动物而言，可通过针感（动物对针刺的反应）而得知。针感即"得气"，指针刺动物的穴位后，术者手下感到沉紧，动物出现拱腰、摇尾、皮肌颤动、缩肛等反应（须与针刺躲避而表现出的疼痛反应相区别）。针刺"得气"后，根据病情，尚需进行提插、捻转、留针、弹针、摇针等手法操作。

白针疗法常用于腰肢挫伤、风湿痹证、腹痛、腹泻、外周神经麻痹等。

2. 血针疗法

又称红针或放痧疗法，即以小宽针（针头状如矛尖，针头最宽处 2～3mm，针柄长约 6cm）或三棱针（针头三条棱聚向尖部，针柄长约 6cm），在有血管通过的穴位或皮肤浅表的静脉上刺而出血的疗法。

血针穴位一般比较浅表，刺针时，其针刃应顺血管的走向而刺破血管，不能横向切断血管，入针约 0.1cm 破皮见血即可。出血量的多少，视病体和病况不同而异，一般让流出的血由暗变鲜艳，由黏稠变不粘手为宜。

血针疗法适用于热性病、感冒、中暑、局部红肿等症。

3. 水针疗法

又称穴位注射法，是将某些药液直接注入穴位、痛点或肌肉的疗法。

一般先按毫针手法刺入穴位并"得气"后，再将治疗的药物缓慢注入。其用量通常为肌内注射的 1/5～1/3，由于穴位注射既可以提高疗效又可延长作用时间，故治疗次数也比通常的皮下或肌内注射要少一些（一般 2～3 天注射一次）。凡适合白针疗法的病症，都可以用水针疗法，凡是适宜皮下或肌内注射的药液均可用穴位注射。

4. 电针疗法及电针麻醉

（1）电针疗法是指将数根毫针分别刺入白针穴位，产生针感后，在针体上接上电针治疗机的两极，通以适当的脉冲电流刺激穴位的一种治疗方法。

除血针外一般针刺治疗的适应证，均可应用电针治疗。

（2）电针麻醉是在针刺镇痛的基础上发展起来的可用于多种外科手术麻醉的方法。

犬电针麻醉的穴位及穴组主要有：①百会、天平穴组（适用于胸腹部手术）；②百会、天门穴组（适用于全身各部手术）；③百会、后海穴组（适用于后躯手术）；④抢风、百会穴组（适用于前躯手术）。

5. 艾灸疗法

指用点燃的艾绒、艾卷或艾柱在动物的一定穴位上进行熏灼，借以疏通经络、驱散寒邪达到治疗疾病目的的方法。常见的艾灸疗法有以下几种。

（1）艾柱灸　艾柱为圆锥形，上尖下圆。可分为直接灸和间接灸。

①直接灸是将艾柱直接置于穴位上，点燃艾柱，待烧到接近底部时，再换一个艾柱，每燃尽 1 个艾柱称为"1 壮"。一般治疗以 3～5 壮为宜。

②间接灸是将穿有小孔的姜片、蒜片和食盐等药物置于艾柱和穴位之间，点燃艾柱进行熏灼的方法。有隔姜灸、隔蒜灸和隔盐灸。此法多用于腰部穴位。

（2）艾卷灸　用火纸或毛边纸将艾绒卷成纸烟形，即为艾卷。根据操作方法分为温和灸和雀啄灸。

温和灸是将艾卷的一端点燃，对准施灸穴位，相距 1～2cm，持续熏灼，一般每穴灸 3～5min，可使罹患疾病动物有温热感，但无痛感。雀啄灸是将点燃的艾卷与施灸穴位，时而接触，时而离开，似雀啄食。本法适用于全身各部。

（3）温针灸　是将针刺和艾灸结合使用的一种方法。将毫针刺入穴位出现针感后，再将艾绒捏粘在针柄上点燃，或套置 1～2cm 长的艾卷施灸。

灸法可单独使用，也可与针法并用，故临床上将针灸并称。

6. 温熨疗法

温熨是用温热物体对动物患部或穴位施行敷熨。较常用的是醋麸灸：麸皮（或酒糟、醋糟）10kg炒干后，加醋2.5kg（用手轻握形成松团状），炒热至40℃左右，分装2袋，趁热交替温熨患部，每次15～30min，灸至肘后或耳根微汗为度，灸后注意保暖。每天1次，可连续数天。一般多用于腰胯风湿症。

7. 拔火罐疗法

又称火罐疗法，是借助燃烧物排去罐中空气形成负压，使其吸附在穴位皮肤上造成局部充血的一种治疗方法。

火罐可用竹筒、陶瓷、玻璃等制成。也可用玻璃杯、罐头瓶代替，但瓶口应平整光滑。拔罐前，应妥善保定动物，将穴位部被毛剃光，其范围较罐口稍大。涂以凡士林等不易着火的黏附剂。拔火罐方法一般有3种。

（1）闪火法　用镊子夹一块酒精棉球点燃后，伸入罐内燃一下再抽出，立即扣在术部，使其紧紧吸着在皮肤上。

（2）贴棉法　将一片酒精棉贴在罐内壁的中下部，点燃待其烧到最旺时，立即扣在术部即可紧吸在皮肤上。

（3）架火法　将一块不易燃烧也不易导热的块状物（如姜片或胶木盖）放在术部中心，其上放一块酒精棉球点着，将罐罩在上面使其内冷空气排出，再扣在皮肤上，使罐吸着。

火罐吸在皮肤上以后，不易拔掉，一般留置5～10min起罐，连拔2～3次，间隔2～3天。起罐时，术者一手扶住罐体，另一手压迫罐口周围皮肤，使空气进入罐内，即可取下。

火罐疗法适用于腰背风湿、闪伤等。

犬针灸穴位见图3-12。

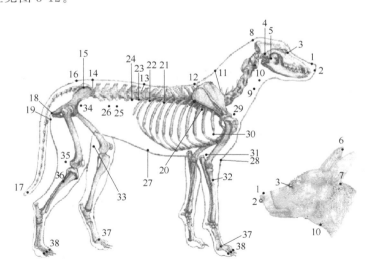

图 3-12　犬针灸穴位

1—山根；2—水沟；3—睛明；4—上关；5—下关；6—耳根；7—耳尖；8—天门；9—颈脉；10—喉俞；
11—大椎；12—身柱；13—悬枢；14—百会；15—二眼；16—尾根；17—尾尖；18—后海；19—会阴；
20—肺俞；21—肝俞；22—脾俞；23—三焦俞；24—肾俞；25—卵巢俞；26—子宫俞；27—中脘；
28—胸膛；29—肩井；30—抢风；31—肘俞；32—前三里；33—肾堂；34—环跳；35—阳陵；
36—后三里；37—（前肢）涌泉、（后肢）滴水；38—（前肢）前六缝、（后肢）后六缝猫针灸穴位见图 3-13。

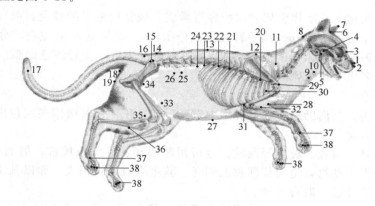

图 3-13　猫针灸穴位

1—山根；2—水沟；3—睛明；4—上关；5—下关；6—耳根；7—耳尖；8—天门；9—颈脉；10—喉俞；
11—大椎；12—身柱；13—悬枢；14—百会；15—二眼；16—尾根；17—尾尖；18—后海；19—会阴；
20—肺俞；21—肝俞；22—脾俞；23—三焦俞；24—肾俞；25—卵巢俞；26—子宫俞；27—中脘；
28—胸膛；29—肩井；30—抢风；31—肘俞；32—前三里；33—肾堂；34—环跳；35—阳陵；
36—后三里；37—（前肢）涌泉、（后肢）滴水；38—（前肢）前六缝、（后肢）后六缝

十八、安乐死术

"安乐死"这个词来自希腊语，意思是"舒坦的死亡"。为了达到人道目的，每种安乐死的方法都必须是无痛苦的、迅速地失去意识，接着心跳或呼吸停止，最后死亡。在宠物临床对无治疗价值或预后不良的严重病例采取安乐死，可减少治疗过程中不必要的浪费，同时也能减少动物主人的痛苦心情。

对凶猛犬、猫，可先使用 846 合剂、氯丙嗪等镇静药，使其安静，再施安乐死术。其常用的药物和方法有如下几种。

1. 戊巴比妥钠法

戊巴比妥钠注射液是伴侣动物安乐死的首选药物，是最人道、最安全和最少恐惧的方法，且价廉、易于使用。缺点是静脉注射耗费人工且需专门训练，因此不适应于大量执行的场合使用。

用 5% 戊巴比妥钠注射液以 1.5ml/kg 的剂量快速静脉注射即可。在静脉注射有困难时，对小猫和小狗也可用同等剂量施以腹腔注射，但不能在其他部位注射，如皮下注射、肌内注射。如果戊巴比妥钠的浓度为 20%，建议体重在 4.5kg 以内的犬、猫注射剂量为 2ml，体重每增加 4.5kg，再追加 1ml。

上述剂量的戊巴比妥钠，会引起犬、猫深度麻醉而意识丧失，呼吸中枢抑制及呼吸停止，导致心跳停止。

2. 二氧化碳

二氧化碳浓度要高（至少 40%，最好 70%）。二氧化碳是不允许动物收容所作为伴侣动物安乐死的常规方法。但是，商业生产的使用二氧化碳高压气罐的小室，可用作小动物安乐死。当二氧化碳浓度大于 60% 时，猫于 90s 丧失知觉，并于 5min 内死亡。

3. 硫酸镁法

硫酸镁的使用浓度约为 40g/100ml，以 1ml/kg 的剂量快速静脉注射，可不出现挣扎而迅速死亡。这是因为镁离子具有抑制中枢神经系统快速使意识丧失和直接抑制延髓的呼吸中

枢及血管运动中枢的作用，同时还有阻断末梢神经与骨骼肌接合部的传导使骨骼肌弛缓的作用。

4. 氯化钾法

用10％氯化钾以0.3～0.5ml/kg剂量快速静脉注射即可。钾离子在血中浓度增高，可导致心动过缓、传导阻滞及心肌收缩力减弱，最后抑制心肌使心脏停搏而致死。但无法抑制中枢神经系统，动物在死前，常有剧烈痛苦、挣扎现象，如果注射氯化钾之前先行麻醉，则效果会更好。

5. T-61法

T-61是国外用于安乐死的药物。它是三种药物的混合，对身体产生全身麻醉、肌肉松弛、局部麻醉的功效，因为中枢神经系统、循环系统衰竭，以致最后缺氧而死。这种药物静脉注射时要求很精确、以每5s注射1ml速度进行，因此需要受过严格训练的人员操作。如果用药不当，会导致动物在丧失意识前产生剧烈的疼痛和箭毒样呼吸麻痹使动物窒息死亡。

第二节　常用外科手术

一、麻醉术

1. 局部麻醉

（1）表面麻醉　将药物配成不同浓度后直接作用于黏膜而产生麻醉。麻醉部位及浓度：眼结膜及角膜、鼻腔、口腔和直肠黏膜用0.5％～2％的丁卡因或2％～4％利多卡因，一般每隔5min用药一次，连用2～3次。

（2）浸润麻醉　将0.5％～1％盐酸普鲁卡因溶液皮下或深部分层注射。将针头插入麻醉部位皮下相应的深度及长度，然后边退针边注射药物。根据需要可以分为直线、菱形、扇形、基部和分层浸润等。

（3）传导麻醉　在神经干周围注射局部麻醉药，使神经干所支配的组织失去痛觉。如在睑神经传导麻醉颧弓最突起部（或颧弓后1/3处）背侧约1cm处，注射1ml局麻药，除眼睑提肌外，其他所有眼睑肌均可麻醉。臂神经传导麻醉用左手食指触压三角区中央和第一肋骨，右手持注射器（针长约入7.5cm，孔径1.6mm），用力穿透皮肤，并向后沿胸外壁和肩胛下肌之间平行于脊柱刺入，使针尖抵至肩胛冈水平位置，回抽注射器，如无血可注入3％利多卡因1～3ml，边退边注射局麻药。肋间和胸膜间神经传导麻醉在五根肋骨每个椎间孔的附近刺入，回抽无血后缓慢注入布比卡因。肋间神经传导阻滞，为开胸术或胸腔引流手术的首选方法，通过阻滞支配预切口部位前面两条神经和后面两条神经的方式发挥作用。

（4）脊髓麻醉　主要是指硬膜外腔麻醉，根据穿刺点的不同又可分为腰荐部硬膜外腔麻醉和荐尾部硬膜外腔麻醉。

① 腰荐部硬膜外腔麻醉　穿刺点位于两侧髂骨隆起连线与背中线相交处或最后腰棘突后方凹隙处，少数肥胖犬难定位。穿刺点定位后，局部剃毛消毒。先用粗针头在穿刺点皮肤穿一孔，再用20G或22G、长3～6cm（犬）或22G、长2～3cm（猫）硬膜外腔穿刺针，经此孔垂直穿过皮肤，沿最后腰椎棘突后缘，稍向后方慢慢刺入。当穿透间韧带时，手指有一种明显的突破感。若未刺到韧带（碰到骨头），提示针头刺入方向不对，应稍拔出针头，改变方向重新刺入。拔出针芯，接注射器回抽，无脑脊液流出，表明针头在硬膜外腔。取出注射器，将一根硬膜外导管（聚乙烯塑料导管）经针孔插入硬膜外腔，超出针头2～

3cm，退出穿刺针管。在导管出口处用胶布粘住，制成蝶形，并用缝线将其固定在皮肤上。导管外接注射器，以后经导管分次给药。按 1ml/4.5kg 剂量注入 2%利多卡因或 2%普鲁卡因（内含 1：20 万浓度的肾上腺素）给药。用药后 5～15min 产生镇痛作用，一般持续 1.5～2h。

② 荐尾部硬膜外腔麻醉　多采用腹卧保定。穿刺点位于荐骨与第一尾椎或第一尾椎与第二尾椎间隙。手持动物尾巴上下晃动，用另一手的拇指的指端抵于尾根正中线，即可探知尾根的固定与活动部分的间隙，与体正中线的交叉点即为刺入点，注入 2%利多卡因 1ml。

2. 全身麻醉——非吸入麻醉

（1）氯胺酮麻醉　临床上多用于短时间的诊断和小的外科手术，如公猫绝育、截爪术等，其肌注剂量为 20～30mg/kg，维持麻醉 20～30min，苏醒 4～6h；静注剂量为 4～8mg/kg，维持麻醉 5～15min，苏醒 1～3h。由于氯胺酮会引起大量唾液分泌，故麻醉前必须应用阿托品。

（2）846 合剂　犬推荐剂量为 0.1ml/kg，猫为 0.2～0.3ml/kg，肌内注射。麻醉过量或催醒可用苏醒灵 4 号（每 1ml 含 4-氨基吡啶 6.0mg，氨茶碱 90.0mg），按 0.1ml/kg 静脉注射。

（3）龙朋麻醉　犬、猫肌注或静注剂量为 1.0～2.0mg/kg，对健康的动物持续手术麻醉 30min。临床上常与氯胺酮合用，即先用龙朋作麻醉前用药，再用氯胺酮作维持麻醉，可获满意的麻醉效果。

（4）舒泰　临床上犬、猫使用舒泰时首先按照 0.05mg/kg 的剂量皮下注射阿托品，15min 后肌内注射舒泰。猫的临床体检和疾病诊断的舒泰剂量是 5mg/kg，肌注；小手术（绝育手术）的剂量是 7～10mg/kg，肌注，追加剂量是 2～5mg/kg，肌注；大手术（矫形手术等）的剂量是 10～15mg/kg，肌注；追加剂量是 5～7mg/kg，肌注。犬用舒泰剂量见表 3-2。

表 3-2　犬用舒泰剂量

临床要求	肌内注射/(mg/kg)	静脉注射/(mg/kg)	追加剂量/(mg/kg)	临床要求	肌内注射/(mg/kg)	静脉注射/(mg/kg)	追加剂量/(mg/kg)
镇静		2～5		大手术（健康犬）	7	5	5
小手术（<30min）	7～10	7		大手术（老龄犬）	5（麻醉前）	2.5（麻醉前）/5	2.5
小手术（>30min）	4	10		器官插管（诱导麻醉）		2	

（5）硫喷妥钠　用生理盐水或注射用水现配现用，2.5%溶液，供静脉注射；诱导麻醉剂量为 8～10mg/kg，在 10～15s 内一次全部注完；手术麻醉剂量为 20～30mg/kg，先在 10～15s 内注完总量的 1/3，间隔 30～60s，将剩余药物在 1～2min 内缓慢注完，诱导麻醉维持 1～1.5min，手术麻醉维持 10～20min，苏醒期 1～2h。追加用药剂量，苏醒期延长。如为 60min 手术麻醉期，苏醒长达 6～24h。

3. 全身麻醉——吸入麻醉

（1）诱导麻醉　临床可选用超短时型巴比妥类药如硫喷妥钠或硫戊巴妥钠。其用药量，硫喷妥钠为 16～25mg/kg；硫戊巴妥钠为 16～20mg/kg；甲己炔巴比妥钠为 10～12mg/kg。猫可用氯胺酮诱导麻醉，先肌注 10～20mg/kg，3～5min 后，缓慢静注 1～2mg/kg。由于巴比妥类药物目前临床应用减少，现多用舒泰作为诱导麻醉，2～5mg/kg 静脉注射，以方便进行气管插管。另外，也可以用面罩或诱导麻醉箱进行吸入诱导，多用于幼犬和猫。

（2）气管插管　动物俯卧保定，头抬起伸直，使下颌与颈呈一直线；助手打开口腔后，拉出舌头，使会厌前移；麻醉师一手持喉镜插入口腔，其镜片压住舌根和会厌基部，暴露会厌背面、声带和杓状软骨；另一手将气管插管经声门裂插入气管至胸腔入口处。此时，触摸颈部，若触到两个硬质索状物，提示气管插管插入食管，应退出重新插入。正确插入气管后，在导管后段于切齿后方系上纱布条，固定在上颌，以防滑脱；然后用注射器连接套囊上的胶管注入空气，30～45min后再充气一次。最后将气管插管与麻醉机上螺形管接头连接，施自主呼吸或辅助呼吸。

（3）接麻醉机进行维持麻醉　气管插管与麻醉机上螺形管接头连接后，可开始通过吸入麻醉药进行麻醉。初期可将挥发器的刻度调大，待动物进入外科麻醉期后，可适当调小。手术过程中可根据动物的反应和麻药的不同进行调节。

二、犬立耳术

【适应证】为耳廓不能直立，向耳背侧或耳腹侧偏斜、弯曲而影响该品种标准耳形的德国牧羊犬、雪纳瑞、杜宾犬等进行耳整形术，为立耳术。

【麻醉与保定】全身麻醉结合局部浸润麻醉，有吸入麻醉机的动物医院最好采用吸入麻醉。俯卧保定。

【术式】耳部剃毛消毒，术部隔离。耳道内塞入棉球（防止手术中血液流入耳道）。将下垂的耳尖向头顶方向拉紧伸展，用尺子测量所需耳的长度。测量是从耳根部到耳尖，留下所需耳的长度用记号笔做上标记，将对侧的耳朵向头顶方向拉紧伸展，将两耳尖对合，用剪刀在对侧耳上煎一小口，以确实保证两耳保留同样的长度。用记号笔由标记处画出所要剪出的耳线（图3-14），然后用碘酒重新消毒。

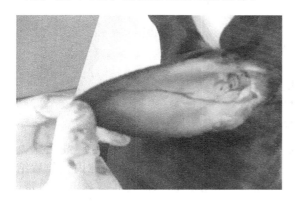 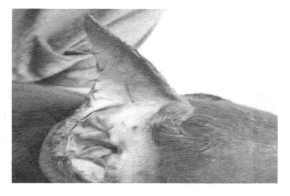

图 3-14　确定修剪耳的长度的位置　　　　　　　　图 3-15　缝合皮肤

将立耳专用的断耳夹子或肠钳装置固定在耳上，装置位置是在耳线的内侧，便于止血和缝合。用剪刀沿耳线将要剪除的部分依次剪下，用止血钳钳住断端的血管进行钳压捻转止血，用剪刀将耳内侧上三分之一皮肤和软骨进行分离。用可吸收线进行缝合（图3-15），上三分之一部内侧皮肤和外侧皮肤用连续锁边缝合，不缝合软骨，下三分之二用连续缝合，将软骨和内外侧皮肤缝合在一起，缝合时将外侧皮肤和内侧皮肤闭合严密。去掉固定夹或止血钳。为了两耳对称，将剪下的耳贴在对侧耳朵上，外侧边缘对合一致然后沿剪掉耳的内侧缘用记号笔画线，用同样的方法剪掉、止血、缝合。

用缝合的方法将两耳缝合在一起，缝合时采用扣状缝合，两侧均需加上胶管防止勒伤皮肤和软骨。创缘涂布碘酊，伤口可不拆线，固定线7～10天拆除。

【术后护理】犬在手术后应有专人看护，防止犬自伤或被其他犬咬伤。每天在伤口处涂布碘酊1～2次。7～10天解除固定后，如耳不能直立，可用绷带在耳基部包扎，也可用胶布将两耳粘在一起，以促使耳直立。解除绷带，若仍不能直立，再包扎绷带，直至耳直立为止。

三、犬断尾术

【适应证】适应于为了美观而需要断尾的动物或因治疗尾部疾病而需要断尾的动物。

【麻醉与保定】仔犬断尾一般不用麻醉，助手握住尾根部保定；成年犬断尾施以全身麻醉，俯卧，会阴部向上或侧卧保定动物。

【术式】

（1）幼犬　术部常规消毒，用止血带扎紧幼犬尾根部，确定断尾位置后，在预定截断处前 0.2cm 处环形切开皮肤及皮下软组织。然后向尾根部移动 0.2cm，用剪刀齐尾根侧皮缘剪断尾椎，对合背、腹侧皮肤，结节缝合，15min 后解除止血带，用灭菌纱布擦去创口的血液，每日涂擦碘酊（图 3-16）。

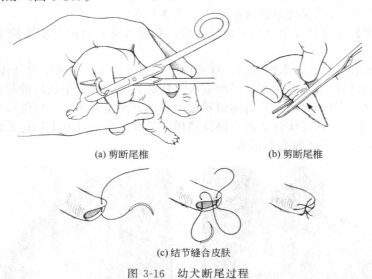

(a) 剪断尾椎　　　　　(b) 剪断尾椎

(c) 结节缝合皮肤

图 3-16　幼犬断尾过程

（2）成年犬　术部要选择在尾椎间隙稍向后方，大、中型犬距尾根 1～2cm。扎上止血带，从背、腹两侧将皮肤切成"V"字形皮瓣，并使皮瓣基点正好位于尾椎间隙内。然后结扎血管，暴露关节，切断连接尾椎骨的相应肌肉和韧带，从椎间隙截断尾椎。松开止血带，断端充分止血，修正皮肤创缘，包埋骨端，连续缝合皮下组织，结节缝合皮肤。

【术后护理】术后给动物戴伊丽莎白颈圈或包扎固定尾，防止创部感染和犬舔咬，若愈合较好，于 7～10 日拆线。

四、犬狼爪切除术

【适应证】初生仔犬狼爪切除、狼爪过长或损伤趾球以及妨碍运动时或为了美观而进行切除狼爪。

【麻醉与保定】横卧保定，局部麻醉。

【术式】初生仔犬狼爪，可于出生后 7 日内切除，局部剪毛消毒，2% 普鲁卡因局麻后剪断狼爪，结节缝合皮肤 1～2 针。成犬指骨发育不良时，只要止血可靠，也可按同样方法剪断。对于狼爪与中跖骨、中指骨难以分开的，可局部麻醉后弧形切开皮肤达骨，从第 1 指关节切断，缝合皮肤。如果有关节软骨愈合，可用骨钳切断关节软骨，止血、缝合、缠上绷带或行开放疗法（图 3-17）。

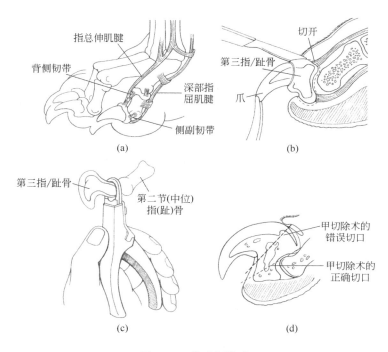

图 3-17　狼爪切除术

（a）趾甲切除术的远端趾的解剖结构；（b）横断肌腱、韧带和其他软组织附属物，使第三趾骨的关节脱落；

（c）趾甲切趾甲切除术应该切除整个爪嵴但经常会留下一部分腹侧屈肌；（d）正确和不正确的横断路线

【术后护理】碘酊消毒，术后将犬放在干燥清洁处，注意防止细菌感染，第 5～7 日拆线。

五、猫爪切除术

【适应证】爪的外伤、交通事故伤以及防止猫爪损坏家具、衣服和抓伤人的皮肤而截除前肢爪。截爪一般在 6～12 周龄为宜，其优点是出血少，术后并发症低，手术相对快捷简便。

【麻醉与保定】动物全身麻醉后，用止血带在肘上方结扎，由助手将前肢分别握于手中保定。

【术式】局部剃毛、消毒。

（1）幼年猫截爪术　又称截爪钳截爪术。术者用一手的食指和拇指向后推压爪背皮肤和指垫，充分暴露第 3 指，另一手持截爪钳，套入第 3 指，在两关节间将第 3 指节骨剪除。切除时，应将爪嵴全部切除，因为爪的生发层在近端爪嵴，如果爪嵴切除不完全，术后可能再生长。同时注意不能损伤指垫，否则会引起局部出血和术后疼痛。充分止血后，结节缝合创缘，碘酊消毒，包扎压迫绷带。

（2）成年猫截爪术　术者一手持止血钳夹住爪部向枕部曲转，使背侧关节紧张。另一手持手术刀在爪嵴与第 2 指骨间隙向下切开皮肤和背侧韧带，暴露关节面，再沿第 3 指关节面向前向下，将关节两侧皮肤、侧韧带、屈肌腱及其他软组织切断。当切到掌面时，再沿第 3 指节骨掌面向前切割，这样，可避开指垫。第 3 指节骨切除后，按上述方法止血、缝合和包扎。

【术后护理】连续使用青霉素等抗生素治疗 5～7 天，术后 2～3 天可拆除绷带，将猫关在干燥清洁的室内防止创口污染。

六、犬消声术

【适应证】适应因经常狂吠，影响邻居，而需要做消声术的犬。

【麻醉与保定】全身麻醉，可配合局部麻醉。经口腔声带切除，动物俯卧保定，使颈部伸长；经腹侧喉室声带切除，动物仰卧保定，并且颈部伸展在一毛巾卷筒上。

【术式】

（1）经口腔声带切除术　打开口，从口中拉出舌头，最大程度暴露声门。用咽喉镜压住舌根和会厌软骨前端，压住舌根暴露喉室内两条声带，呈"V"字形。用长柄组织钳钳夹住声带的中央边缘。为了暴露视野，使用长柄组织剪，进入喉腔尽量多地去除声带，或是用高频电刀进行切割。切割时需在声带背侧和腹侧保留1～2mm的黏膜。止血后，去除血凝块和分泌物（图3-18）。

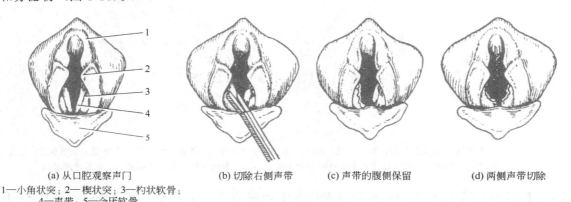

(a) 从口腔观察声门
1—小角状突；2—楔状突；3—杓状软骨；
4—声带；5—会厌软骨

(b) 切除右侧声带　　(c) 声带的腹侧保留　　(d) 两侧声带切除

图 3-18　经口腔声带切除术

靠近腹侧的1/4声带，不宜切除，因两声带在此处联合在一起，切除后瘢痕增生比较明显，会影响喉头功能。

（2）经腹侧喉室声带切除术　颈腹底中部至喉部常规灭菌准备，在舌骨肌、喉及气管前端切开皮肤。分离并牵开成对的胸骨舌骨肌。沿甲状软骨中线切开，从甲状软骨中1/2处切开至环状软骨，以充分暴露声带。从杓状软骨背侧和甲状软骨腹侧切除整个声带。切除时，一手用镊子提起声带，另一手用剪刀将其剪除，为了防止出血过多，可先用止血钳钳夹一下或直接用高频电刀切除。用丝线连续缝合黏膜以闭合缺损。也可用吸收缝线结节闭合环甲软骨韧带，尽量不要穿透喉黏膜。常规闭合胸骨舌骨肌、皮下组织和皮肤（图3-19）。

【术后护理】术后给予镇痛药和抗生素。保持动物安静，避免动物吠叫，影响创口的愈合。术后6～12h，可适当的饮水，如果没有发生反胃和呕吐，可18～24h后饲喂柔软的食物。3～4天后可正常进食，但尽量少喂比较坚硬的食物。术后7～10天拆线。

七、犬、猫去势术

【适应证】适用于生理性绝育的雄性动物和患睾丸炎、睾丸肿瘤等需要切除睾丸的疾病。

【麻醉与保定】全身麻醉，可配合局部麻醉。犬仰卧保定，保定好四肢；猫将其头和躯干部放于口袋中，露出后躯部。

【术式】可选择阴囊部或会阴部的手术径路。通常采用阴囊部手术径路，操作简单方便。

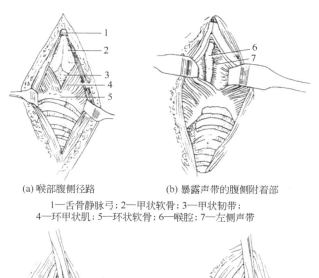

(a) 喉部腹侧径路   (b) 暴露声带的腹侧附着部

1—舌骨静脉弓；2—甲状软骨；3—甲状韧带；
4—环甲状肌；5—环状软骨；6—喉腔；7—左侧声带

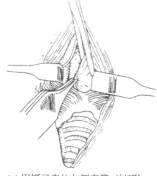

(c) 用镊子夹住左侧声带，并切除   (d) 用镊子夹住左侧声带，并切除

图 3-19　经腹侧喉室声带切除术

会阴部的手术径路，睾丸不容易取出，但如果同时进行会阴部其他手术（如会阴疝修复），多采用此种手术径路。

（1）雄性犬去势术　后腹部到大腿中部剪毛、消毒，创布盖在术部，使阴囊与其他部位隔离。

挤压阴囊使睾丸尽量在阴囊前的位置。在睾丸所处的位置上，沿中轴切开皮肤和皮下组织。术者左手食指和中指使睾丸连同鞘膜一起挤出切口，并使包裹睾丸的鞘膜紧绷。切开鞘膜，取出睾丸。术者左手抓住睾丸，右手徒手或用止血钳夹住附睾尾韧带，并使其从附睾尾部撕下。右手将睾丸系膜撕开，左手继续牵拉睾丸，充分显露精索。分别结扎脉管和输精管，然后在其周围做一个环扎。对于较细的可以两者同时结扎。切断精索，除去睾丸，精索断端用碘酊消毒后，将其还回阴囊内。将另一侧睾丸也按同样的方法进行切除。

阴囊切口，可以不必闭合，也可以使用结节或连续缝合法，闭合两侧的筋膜后，连续缝合皮肤和皮下组织。

（2）雄性猫去势术　小心的剪去阴囊部的被毛，在阴囊基部，用拇指和食指压迫移动一侧睾丸。从头至尾，在每侧睾丸上方的阴囊末端做一个 1cm 的切口。切开睾丸固有鞘膜。用手指分离连接鞘膜和附睾尾的韧带。精索结扎和切断的方法同犬的雄性去势术。切断精索，观察出血，还复鞘膜内。另一侧睾丸做同样的处理。切除从阴囊中突出的组织。

【术后护理】术后不需要特殊的护理，一般不需要使用抗生素。给动物戴上伊丽莎白颈圈，防止动物舔咬，有利于切口的愈合。如果术后创口有感染，可局部进行消炎治疗。

观察阴囊切口是否有出血,有较多的出血则表明精索结扎线松脱,找出精索重新结扎止血。

八、隐睾阴囊固定术

【适应证】适用于一侧或两侧睾丸未进入阴囊,停留于下降途中的任何部位而出现隐睾的情况。

【麻醉与保定】全身麻醉,仰卧或半仰卧于手术台上。

【术式】术部在阴茎侧方 3~4cm 处,距耻骨前缘 10~15cm,按剖腹术的方法打开腹腔,寻找隐睾。如果精索较长,在同侧腹壁后寻找腹股沟管内的内环,用导尿管从内环插入腹股沟管内,直通至阴囊底部,切开阴囊,将睾丸缝合固定于阴囊底壁上,再以同样方法固定对侧隐睾;如果精索较短,无法使隐睾达到阴囊内的,可将导尿管从腹股沟管内环插入到腹股沟管的最末端,拔出导尿管,用手轻轻拉动隐睾从内环向腹股沟管的最末端推送到最极限,暂时将睾丸固定在此处,待 3~4 个月后,再度造管牵引睾丸至阴囊底部,加以固定。最后常规方法闭合腹腔,手术创部以碘酊消毒。

【术后护理】术后给予抗生素抗感染治疗,并把宠物放在干燥、清洁的地方。

九、犬、猫卵巢子宫摘除术

【适应证】适用于母犬、猫的生理性绝育和卵巢囊肿、子宫肿瘤及子宫蓄脓等疾病。

【麻醉与保定】全身麻醉,仰卧保定。

【术式】在犬,切口为脐后腹部的前三分之一。在猫,子宫体更靠后,所以在中三分之一处做切口。术前,常规禁食、禁饮。诱导麻醉前,如果患病动物膀胱没有排空,应当压迫排空或进行人工导尿。剑状软骨至耻骨前缘剪毛、消毒,并覆盖无菌创布。

常规打开腹腔,切除方法见图 3-20。

图 3-20(a):卵巢子宫切除时,用组织镊提起腹壁,并移动卵巢子宫切除用的牵引钩转到腹壁侧,后端距离肾 2~3cm。图 3-20(b):用牵引钩把子宫牵出腹腔,找到卵巢蒂前缘的悬韧带。图 3-20(c):保持子宫角向后内侧牵引的同时,向后外侧牵引悬韧带,并用食指牵引并撕开悬韧带,把子宫牵出腹腔。图 3-20(d):用两把 Cramalt 钳穿过子宫蒂近端,在子宫和一把钳子之间进行韧带结扎(或者在子宫近端使用三把钳子)。移走最近端的钳子并在此位置打一个"8"字结。图 3-20(e):用针的钝端,穿过蒂的中间(1 到 2),在蒂的一边打一个环结(3 到 4),然后沿同一个方向经基部的孔再次穿过针(5 到 6),然后在蒂的另一半做个环结(7 到 8)。拉紧结扎线(1 和 8)。图 3-20(f):子宫近端、第一个结前再做一个结扎,在子宫附近用止血钳夹住子宫悬韧带。止血钳和二次结扎线之间剪断子宫蒂。图 3-20(g):从子宫角分离阔韧带。钳夹止血或结扎止血。图 3-20(h):用"8"字结在近子宫颈附近结扎子宫。然后在子宫颈附近再做一个结扎。止血钳夹住子宫远端,在止血钳和结扎之间切开。然后检查出血情况。

【术后护理】全身抗感染处理,以防感染,同时注意防止犬摔倒。可对术部进行适当包扎或给动物戴伊丽莎白颈圈,保护术部。术后清醒 8~12h 以后即可饮水,12~24h 可饲喂少量易消化的食物,一周内限制剧烈运动。

十、犬、猫剖腹产术

【适应证】主要适用于难产或经人工助产仍无法解决难产和死胎需立即剖腹取胎的动物。

【麻醉与保定】全身麻醉,但麻醉深度和麻醉时间要严格控制,母体衰竭时应局部麻醉。仰卧保定。

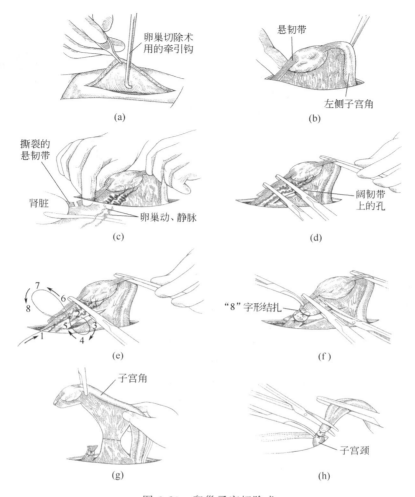

图 3-20　卵巢子宫切除术

【术式】剑状软骨至耻骨前缘剪毛、消毒，并覆盖无菌创布。从脐部到耻骨前缘做一腹中线切口，打开腹腔，把腹腔器官移至前方，暴露子宫，小心地把妊娠的子宫角提到腹腔外（图 3-21）。用湿的灭菌纱布或剖腹垫使子宫与腹腔其余脏器隔开。

在子宫角血管较少的部位选择切口。皱襞切开子宫体，防止损伤胎儿。用组织剪适当扩大切口。

轻轻挤压每个胎儿，使其向切口处移动，最后从切口处取出（图 3-22），撕破羊膜，每个胎儿出来时夹住脐带剪断。避免羊水污染腹腔或术部。助手逐个给胎儿消毒。胎盘通常随新生仔犬（猫）一起排出；也有时胎盘未分离，应小心地从子宫膜上剥离。不要从子宫壁上强硬分离，否则会造成严重出血。触诊两侧子宫角，保证胎儿全部取出。

胎盘完全清除后，缝合子宫，同时子宫内撒布抗生素或磺胺粉剂。子宫双层缝合，常规闭合腹壁切口。

【术后护理】术后全身连续应用抗生素或磺胺类药物 7~10 天。术后应静脉给母犬、猫补充一些营养，直至能自由采食；术后应及时补钙。注意腹绷带要使乳头露出。母犬苏醒后再与幼犬放在一起。

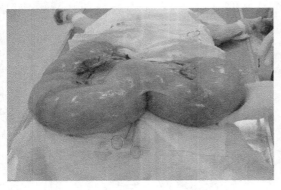

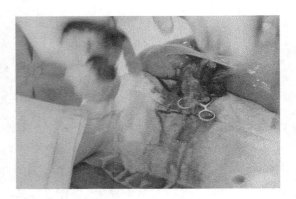

图 3-21　牵出的妊娠子宫　　　　　　　　图 3-22　把幼犬的头轻轻地挤出子宫切口

妊娠的子宫应小心地牵出腹部，以防撕裂子宫壁和血管

十一、犬、猫膀胱切开术

【适应证】适用于患膀胱结石、膀胱肿瘤及近心端尿道结石的犬、猫。

【麻醉与保定】全身麻醉或高位硬膜外麻醉，动物仰卧保定。

【术式】雌犬：距耻骨前缘 2～3cm 向前切开 5～10cm，在腹白线上进行。雄犬：在阴茎旁 2cm 做一与腹中线平行的切口，长度 5～10cm。术部剃毛、消毒并覆盖无菌创布。从耻骨前缘向脐部切开皮肤，常规打开腹腔，用扩张器扩张创口，用一或两指将膀胱尽可能地向创口外牵拉，然后下面垫无菌纱布进行隔离。

对于膨胀比较严重的，可用注射器穿刺排尿，减轻膀胱的张力。在膀胱顶部、血管较少的预切口两边预置两根缝线，以方便操作。皱襞切开 1～2cm 的切口，用预置缝线或（和）微创钳提起创口，用真空吸引机将膀胱的尿液排空 [图 3-23（a）]。

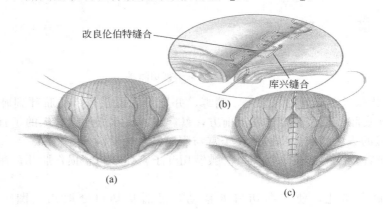

图 3-23　膀胱切开

膀胱切开术用于除去结石、修复创伤、切除或活组织检查新生物、纠正先天性异常

（a）隔离膀胱，并且在其上放置预置缝线以方便操作，在膀胱的背侧或腹侧做切口；

（b）两层缝合时，做两道连续内翻缝合，缝合浆膜肌层

清除膀胱内的结石或将肿瘤切除。对于大的结石块，可直接取出，小的、细沙状结石可用温生理盐水通过膀胱切口和插入导尿管反复冲洗膀胱和尿道，将凝血块及小结石全部冲洗出。对于怀疑膀胱壁的组织病变，可直接采样；对于膀胱顶部有憩室的，可直接切除。

膀胱壁的闭合。膀胱黏膜用可吸收线连续缝合，需作两层缝合。第一层采用连续内翻水平褥式缝合，第二层浆膜肌层采用连续内翻垂直褥式缝合 [图 3-23（b）]。

缝合后，用生理盐水冲洗膀胱，还入腹腔。常规闭合腹腔。

【术后护理】术后给予抗生素和镇痛药。术后应进行尿液检查，以观察是否有出血和感染，对于有出血的，应给予止血药；对于有明显感染的，可用温生理盐水加抗生素用导尿管进行膀胱冲洗。抗生素应避免选用有肾毒性的药物（氨基糖苷类、四环素）。

对于结石，应根据结石的类型，术后选用合适的食物（酸化或碱化尿液），预防结石的复发。

术部可进行适当包扎或给动物戴伊丽莎白颈圈，以保护创口。术后7～10天，腹部创口愈合后即可拆线。

十二、公犬、公猫尿道切开及造瘘术

【适应证】雄性动物的尿道结石或其他原因引起的尿道阻塞。

【麻醉与保定】全身麻醉，仰卧保定。

【术式】

（1）阴囊前尿道切开术　阴囊前尿道切开术用于去除尿道海绵体远端的结石。对于严重精神抑郁或严重尿毒症的患病动物，可在局部麻醉镇静下，实施尿道切开术。

犬仰卧保定，将无菌导管插入尿道海绵体部直至阴囊或梗阻部。做腹正中线切口，切开皮肤和皮下组织，切口在阴茎骨前和阴囊之间。确认肌肉、剥离，暴露尿道（图3-24）。用手术刀在导管上方作一切口，进入尿道腔。如果必要，用眼科剪（虹膜剪）扩大切口。然后用镊子取出结石，并用温生理盐水轻轻冲洗尿道。

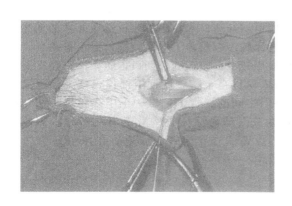

图 3-24　切开尿道，显露导尿管

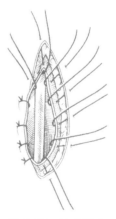

图 3-25　结节缝合

如果不做造口，可用可吸收性缝线结节缝合切口。第一层缝合，缝合尿道黏膜和尿道海绵体，第二层结节或连续缝合皮下组织和皮肤。也可以对尿道进行连续缝合，促进止血。

如果需要做造口。尿道切口的长度最好是尿道腔直径的6～8倍。用可吸收性缝线，连续缝合尿道周围与皮下组织。从切口尾部开始，用可吸收性缝线（3-0至5-0），结节缝合剩余的尿道黏膜与皮肤（图3-25）。

尿道切开术。用可吸收性缝线，单纯间断缝合尿道黏膜与皮肤。促进止血，避免缝合时牵连海绵状组织。

（2）阴囊尿道切开造口术　阴囊尿道切开造口术比会阴或耻骨前尿道造口术要好，因为阴囊尿道的海绵状组织多，尿道更宽、更薄、且更圆。与其他手术相比，阴囊尿道切开造口术的术后出血更少，且发生狭窄的可能性更小。

犬仰卧保定，臀部稍稍抬高，将无菌导管插入尿道海绵体部直至坐骨弓水平或超过坐骨弓或梗阻部。如果犬未绝育，进行绝育并切除阴囊，否则，部分切除阴囊 [图 3-26(a)]。将睾丸下方的结缔组织切去，辨认阴茎缩肌，切开并向外侧牵拉，暴露尿道。用手术刀，在导管上方的尿道腔上做一个 3～4cm 的切口 [图 3-26(b)]。取出结石后，将同侧皮肤和尿道黏膜进行结节缝合 [图 3-26(c)]。

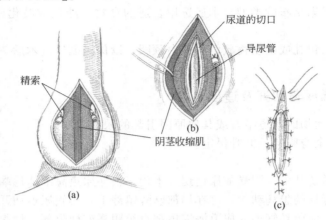

图 3-26　阴囊尿道切开造口术

(a) 由于该部位出血很少，在该部位最好施行阴囊尿道切开造口术，切除阴囊，经皮下组织，
在尿道上做一正中线切口；辨别阴茎缩肌并向外侧牵拉，暴露尿道；(b) 使用 15 号手术刀，
在导尿管上方的尿道腔上做一个 3～4cm 的切口；(c) 单纯间断缝合同侧尿道黏膜和皮肤

（3）会阴尿道切开造口术　　会阴尿道切开造口术有时用于去除坐骨弓处的结石、将导管置入大型雄性犬的膀胱内或不合适实施阴囊尿道切开造口术和阴囊前尿道切开术的动物。因其会因排尿疼痛、周围的海绵状组织丰富、出血比较多以及由于尿路较浅，尿道移动后会导致缝线张力过大，引起伤口开裂等原因，在临床应用较少。应该缝合切口，防止潜在性皮下尿漏。

在肛门处进行荷包缝合。将无菌导管插入尿道直至膀胱或梗阻部位。俯卧保定犬，后腹部垫高，四肢垂于手术台边缘。在阴囊和肛门中间的尿管上，做一正中线切口。切开皮下组织，暴露阴茎退缩肌（图 3-27）。分离背部的成对球海绵体肌，沿正中线切开后侧拉，暴露下层的阴茎海绵体，然后切开阴茎海绵体，找到插有导尿管的尿道。在尿道正中切开尿道 4cm 左右，进入尿道腔。

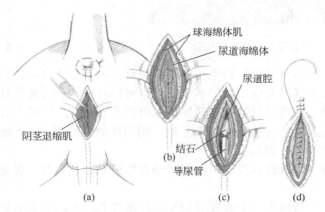

图 3-27　会阴尿道切开造口术

取出结石，按前面所述，将尿道切缘和皮肤切缘进行结节缝合。

【术后护理】①手术给予抗生素和镇痛药。②尿道手术后，由于组织的膨胀、纤维化或坏死，应严密监视患病动物的排尿情况以检测是否有梗阻发生。消除尿道梗阻，应该持续静脉补液疗法直到梗阻的隐患消除。③高钾血症治疗或利尿之后可继发低血钾，所以应监视电解质（尤其是钾）。④留置导尿管、实施尿道切开术或尿道造口术的患病动物应使用伊丽莎白项圈，防止导管的早期移动或自残。⑤施行尿道切开术的患病动物应该监视是否有术后出血。⑥如果动物被镇静或给予术后麻醉性镇静药或由于疼痛而不能排泄，在12h内可能发生膀胱弛缓。应该用手持续压住膀胱，减少膀胱压力直至患病动物排尿正常。⑦导尿管一般3～5天拆除。⑧尿道造口术的猫，应该用碎纸代替猫砂，直至伤口愈合，并且按常规进行尿液培养以检查是否有泌尿道感染。⑨留置导尿管会促进狭窄的形成并且猫在术后会发生泌尿道感染，因此不建议使用。⑩施行尿道造口术后而食欲不振的动物，由于缺乏大量的粪便，引起尿液重吸收的增加；因此，在手术后应鼓励动物多吃食。

十三、犬前列腺摘除术

【适应证】前列腺肥大、前列腺肿瘤。

【麻醉与保定】全身麻醉，仰卧保定，后躯抬高。

【术式】于腹壁正中的脐部到包皮前端切开皮肤，并经阴茎侧方至耻骨处钳压止血，阴茎向侧方翻转，从脐部至耻骨前缘切开腹壁，用湿纱布包住肠管推向腹腔前方，把膀胱和前列腺拉出。双重结扎分布在前列腺上的动脉，把插管稍后退，切断前列腺前端的膀胱颈部，把前列腺从膀胱上分离开。用同样的方法把前列腺和其他组织完全分离。将尿导管的前端插入膀胱内，两断端用肠线结节或连续缝合，腹膜和皮肤常规缝合。

【术后护理】给予抗生素，尿道插导管导尿并留置到术后48h。

十四、犬瞬膜腺囊肿摘除术

【适应证】浅第三眼睑（浅瞬膜）腺增生。

【麻醉与保定】全身麻醉，俯卧或健侧侧卧保定。

【术式】患眼用生理盐水冲洗干净后，用创巾进行隔离。用眼科镊夹住增生的腺体，向眼外方轻轻牵拉，将弯止血钳夹在增生腺体和软骨之间，用手术刀沿止血钳的上缘切除增生物。为防止出血，可于切口滴注0.1％肾上腺素、轻微烧烙止血或高频电刀止血。止血后，松开止血钳，将基部还纳即可（图3-28）。

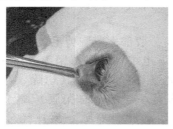

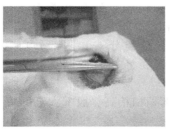
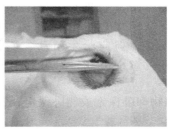

图3-28 犬瞬膜腺囊肿摘除术过程

【术后护理】术后用氯霉素等眼膏或眼药水滴眼 3～4 次/天，同时颈部安置颈圈或绷带包扎动物的四肢，防止动物摩擦、抓挠。

十五、疝气整复术

【适应证】患有疝气的动物。

【麻醉与保定】全身麻醉，可配合局部麻醉。膈疝最好能采用呼吸麻醉。

【术式】

（1）脐疝　仰卧保定，剑状软骨到耻骨前缘剪毛，消毒。覆盖创布。

横跨疝囊，腹中线切开皮肤，切开脐环的两倍长度，仔细分离皮肤与疝囊。非嵌顿性疝将疝内容物直接还纳入腹腔；嵌顿性的首先要找到未粘连部位切开疝囊，然后钝性分离疝囊与疝内容物粘连部位，将疝内容物还纳腹腔。小脐疝用褥式缝合法闭合疝环，但大的脐疝必须用重叠式或全重叠式缝合。最后切除多余的皮肤，以结节缝合法缝合皮肤，碘酊消毒。

（2）腹壁疝　多数外伤性腹壁疝都属急救病例。首先必须处理那些威胁生命的组织损伤，如广泛性腹部出血、肠穿孔、气胸、血胸、肺损伤及膈疝等。

腹壁疝的修复手术基本同脐疝。术前皮肤准备范围要大，否则难看清受伤肌肉。保定时患侧向上或以利于操作又不影响动物的方式保定。

皮肤切口应长，以便充分显露腹腔内容物和查明其内容物是否有损伤。在清除其坏死组织和彻底清洗后，逐层闭合肌肉。腰部疝可分别作 3 层肌肉缝合；肋弓旁疝需与最后肋骨相缝合，用可吸收的合成纤维缝线或粗的丝线作为缝合材料。可按脐疝修复之方法缝合腹壁疝，以防缝合处张力过大。如组织缺损大，需用修复材料闭合其缺损。大的创口可安置引流管，保留 4～5 天。如创口已严重污染或感染，皮肤应保持开放，让肉芽组织生长。创面盖上潮湿的敷料，并经常更换。

（3）腹股沟疝　动物仰卧保定，臀部稍稍抬高。股部大范围剪毛，消毒。覆盖无菌创布。

先在肿胀的中间切开皮肤，与腹皱褶平行（图 3-29）。钝性分离，暴露疝囊，向腹腔挤压疝内容物，使内容物通过腹股沟管还纳到腹腔。在疝囊基部用剪刀剪除疝囊或先结扎疝囊颈（疝轮内缘尽可能结扎），再切除疝囊。结节缝合切开的腹股沟外环和腹壁。外伤性腹股沟疝者，其腹股沟外环组织脆弱，为使疝闭锁，可在腹股沟韧带、腹直肌和腹内斜肌进行缝合。最后闭合皮下组织和皮肤。

（4）阴囊疝　动物仰卧保定，臀部稍稍抬高。股部大范围剪毛，消毒。覆盖无菌创布。

沿腹股沟环平行于腹皱襞处切口。分离皮下组织，暴露总鞘膜。纵向切开总鞘膜（图 3-30），取出疝内容物，并将其还纳至腹腔。如已坏死，应将其切除。若需保留睾丸，用横穿结扎或几针水平褥式缝合，使已增加的疝囊颈（部分总鞘膜）缩小。其缝线尽量靠近腹股沟环。如果精索、阴部外血管（或生殖动脉、静脉）及神经分支没有嵌闭，其腹股沟外环做数针结节缝合即可。然后闭合总鞘膜。如欲做绝育术，则打开疝囊，用贯穿法固定精索，从附睾尾部分离其韧带后切除睾丸。腹股沟内环水平处结扎疝囊。然后闭合腹股沟外环，但应给生殖动、静脉、神经分支和阴部外血管等留有足够的空隙。凡阴囊过大者可做部分切除。建议在阴囊疝修补时做两侧绝育术，否则阴囊疝会复发。

（5）股疝　动物仰卧保定或侧卧保定，臀部稍稍抬高。股部大范围剪毛，消毒。覆盖无菌创布。

平行腹股沟韧带切开皮肤，暴露疝囊。还纳疝内容物并结扎疝囊，尽可能在股动脉沟的

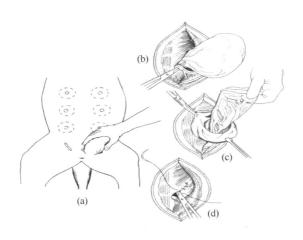

图 3-29　腹股沟疝修补术
（a）动物仰卧保定，虚线为切口线；
（b）分离疝囊周围的筋膜，使其完全暴露在外；
（c）切开疝囊，检查疝内容物；
（d）止血钳插入腹股沟管内，防止腹腔内容物露出，
结节闭合构成腹股沟管的肌筋膜

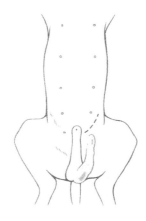

图 3-30　阴囊疝切开

近心端结扎。如果腹股沟韧带是完整的，可以通过缝合腹股沟韧带和耻骨筋膜来闭合股动脉沟。不要破坏股动脉沟里的神经和血管（图 3-31）。闭合皮下组织和皮肤。如果腹腔器官已经被嵌闭，要沿腹中线打开腹腔。还纳腹腔内容物，然后结扎、切除疝囊。分离侧壁到股动脉沟，然后闭合。

（6）膈疝　有 3 种手术径路，即胸侧壁、腹中线（向前扩展切开胸骨）及横胸（胸底壁）。腹中线径路，操作简单，术后疼痛轻（与胸切开术对比），暴露充分，不论哪边膈疝都易接近病部。另外，也便于探查所有腹腔脏器。但由于膈向前凹陷，稍难接近患部，并且当胸腔粘连时就难以整复。

腹中线路径：动物仰卧保定，整个腹部及胸部后方 1/3～1/2 部分剪毛消毒。因为在保定时会发生急性的换气损害，在此期间应该严密

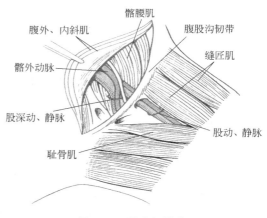

图 3-31　股疝切除术

监测患病动物的情况。覆盖无菌创布。剑状软骨和脐间的腹白线处做腹壁切口，打开腹腔后进行人工呼吸。安置腹腔扩张器，切除或分隔镰状脂肪。吸除过多的胸腔积液和腹水。外伤性膈疝常发生在膈腹侧，易看到。常发生多处损伤，故应仔细检查整个膈上的缺损部位。多数情况下，脱出的内脏只要轻轻地牵拉即可将其返回至腹腔。牵拉肝或脾脏时应特别小心，因为这些器官往往严重充血，很易破裂。内脏嵌闭于胸腔或肝严重肿胀时则应扩大疝环。如果出现粘连，则应仔细的进行分离，防止出现出血。

为了闭合膈疝，术者可用组织钳抓住疝缘并拉近缝合。先在撕裂最深处进针。推荐用简单连续锁扣式缝合。缺损过大时补加 2～3 针结节缝合。体型大的动物应作二层缝合。在后腔静脉周围缝合时应格外小心，以防使血管狭窄而增加肝内压引起腹水。如果膈从肋骨上撕开，将膈与一根肋骨合在一起做连续缝合以增加其力量。如果膈的缺口特别大，可用人造材

料如硅胶板或用腹部组织移植进行疝修补,移植片可从腹膜及腹横肌至膈后面获得。抬高移植物,覆盖在膈的缺口上,并与膈缝合在一起。

在缝最后一针前,肺充气达到最大肺容量以减少气胸,或者膈缝合完毕,肺充气,通过胸腔引流管(术前放置的)或胸腔穿刺抽吸减少气胸,或者可以结合使用。肺再次充气后以检查有无漏气。

检查整个腹腔内器官有无其他损伤(即肠或脾的血管压迫、肾脏或膀胱损伤),用生理盐水冲洗腹腔。最好常规闭合腹壁。

(7) 会阴疝 动物需禁食24h,手术前排净粪尿。保定时,将头部略低于后躯,两后肢悬垂于手术台后端。在股前方与手术台间置一垫子以防不必要地压迫股神经。尾巴向前转折固定,尾部及会阴部皮肤剪毛、消毒。

图 3-32 会阴疝整复术

从尾根外侧至坐骨结节内侧,绕过疝囊在肛门旁做一弧形切口(图3-32)。钝性分离打开疝囊,避免损伤疝内容物。确认疝内容物,并进行分离,可用湿纱布(钳在钳子上)抵住脏器使其复位。

在疝囊腹侧可找到阴部内动脉、静脉(可能显著扩张)、荐坐骨结节韧带和会阴神经。注意不要损伤会阴神经及其侧支——直肠后神经。暴露肛门外括约肌、直肠、尾肌及闭孔内肌。确认荐坐骨结节韧带后进行各层组织的缝合,但所缝各针均暂不打结。先在尾肌和肛外括约肌以及从闭孔内肌至尾肌分别缝合1~2针。直肠壁和疝囊不要缝在一起。除去纱布后从背侧或腹侧逐个抽紧缝线,打结,但不能压迫阴部内动静脉。为了避免坐骨神经陷进疝囊内,缝合时,缝线应穿过坐骨韧带而不能绕过。

如果是单侧疝或肌肉(不是肛提肌)萎缩,这种缝合张力最小,足以使盆膈重建。最后缝合皮下组织和皮肤。如果是双侧会阴疝,不应同时打开双侧,以防修补时肛门外括约肌紧张。应间隔4~6周再修补另一侧。会阴疝手术束后,雄性动物,可将动物行仰卧保定再作雄性绝育术。

【术后护理】术后护理根据相关疾病或损伤的不同而不同。原则是术后给予抗生素和镇痛药;术部进行适当包扎,给动物戴伊丽莎白颈圈,保护伤口。对有全身症状的动物,需要进行水、盐和电解质平衡的调节。对于局部组织比较松弛,或有一定空腔的,要注意引流。对于股疝,术后愈合时应当用绳子绑缚其四肢以限制运动,防止四肢的外展,同时也要注意对股神经功能的检查。神经障碍或严重的疼痛可能说明在修复手术中神经受到损伤,这种情况就需要重新手术。对于膈疝,术后应监测其最低换气量,必要时应进行供氧。膈疝修复后,肺复张后的肺水肿是膈疝修复后快速肺复张最常见的并发症,应当注意,并及时预防和治疗。

十六、直肠脱整复术

【适应证】适用于习惯性复发性直肠脱、直肠脱出部分未达到坏死程度的直肠固定。

【麻醉与保定】全身或局部麻醉,横卧保定。

【术式】将脱出的直肠黏膜,复位前用温盐水冲洗、按摩、润滑,再用0.1%高锰酸钾溶液对脱出的直肠部进行消毒,涂抹碘甘油,用手将脱出的直肠轻轻的还纳回去,做荷包缝合(图3-33),松紧度应可以防止直肠的再次脱出。

不可复位的脱出或脱出时间较长、有严重损伤的脱出都需要进行直肠切除术。而对于复位后，还反复发生病例，就需要采用结肠固定术。

手术应该尽可能地防止外翻组织发生更大的损伤，要较大范围地准备结直肠手术术区。在诱导麻醉期给予抗革兰阴性和厌氧菌的预防性抗生素。

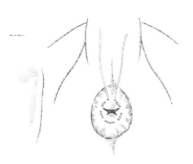

图 3-33　荷包缝合

【术后护理】术后给予抗生素治疗，局部按创伤处置。

十七、子宫脱、阴道脱整复术

【适应证】适用于习惯性复发性子宫脱、阴道脱，子宫脱、阴道脱出部分未达到坏死程度的固定。

【麻醉与保定】全身或局部麻醉，横卧保定。

【术式】

（1）子宫脱　用3%热明矾液或1%硼酸液洗净子宫黏膜，除去异物和瘀血，用刺激性小的消毒液冲洗后涂碘甘油，然后进行手术整复。手术整复助手提起两后肢，术者用手从脱出基部开始向阴道、盆腔内逐渐推送，子宫角进入阴道后，用手指顶住内翻子宫角尖端向盆腔深部推送，使子宫展开复位。完全脱出或脱出部严重淤血、水肿，不易经阴道整复时，可在下腹的正中部剃毛、消毒、切开一小口，伸入两手指从腹腔内拉回子宫，这种方法很容易整复，而且不会损伤脱出的子宫。为防止再次脱出，可做阴门缝合。

（2）阴道脱　轻度脱出者，如脱出的阴道黏膜仍保持湿润状态，未受损伤，亦未被粪、尿、泥土玷污，局部涂抹抗生素——甾体激素软膏后，加以整复即可。全部脱出的病例，可用5%明矾温敷脱出部分，将提起后肢，在脱出部涂上润滑油，用手指或塑料注射器活塞轻轻将阴道送入阴门，投入一些抗生素软膏后，插入导尿管，做阴门结节缝合防止阴道再次脱出。

【术后护理】针对原发病进行治疗，防止复发。子宫脱出后，要尽快就诊，不然容易导致子宫阔韧带上的血管断裂。术后抗菌消炎5～7天。

【复习思考题】

1. 犬、猫静脉注射的部位在哪里？注意事项是什么？
2. 气管注射的方法、部位及注意事项是什么？
3. 骨髓腔输液的适应证、部位及方法有哪些？
4. 输血时应该注意哪些反应？
5. 犬、猫针灸疗法有哪些？
6. 尿道切开常用的术式有几种？各有什么特点？
7. 如何进行雌性动物的绝育术？有哪些注意事项？
8. 如何进行剖宫术？有哪些注意事项？
9. 雄性犬、猫去势上有哪些差异？
10. 如何进行脐疝、膈疝、腹壁疝、腹股沟疝、会阴疝、股疝和阴囊疝的修补？

第二篇
宠物疾病与诊治

第四章 犬、猫传染病

【学习目标】
1. 掌握犬、猫传染病的一般诊治原则。
2. 掌握常见传染病的诊断、治疗、预防和处理的知识及方法。

第一节 宠物传染病的一般诊治原则

犬、猫传染病仍然是目前宠物临床上最常见的疾病，处理传染病是宠物兽医的一项经常而主要的工作。传染病的发生发展有其一般规律，处理犬、猫传染病时一般应遵循以下原则。

【诊断处理】

（1）犬、猫传染病大多以危害幼犬、猫为主，故凡是幼犬、猫就诊，首先应考虑传染病的可能。

（2）鉴于犬瘟热、犬细小病毒病、猫瘟热等是发病率、死亡率最高的疾病，故排除这几种病的可能性是诊断其他疾病的前提条件。

（3）鉴于目前混合感染情况较普遍，在确诊一种病原感染的情况下，不能轻易疏忽漏诊其他病原的存在，尤其是致死率较高的病原如犬细小病毒、犬瘟热病毒等。否则将给临床工作带来极大被动。

（4）传染病的确诊往往要做病原学和血清学诊断，临床应用上受到很大限制，条件不具备的诊所在流行病学和临床症状与某一传染病基本吻合的情况下作出该病的诊断处理对于幼犬、猫来说是明智的选择。

（5）目前常见的几个传染病都有简便、快速诊断手段广泛应用于临床，这自然对兽医大有裨益，但快速诊断手段受取样、发病时间、病毒的体内分布等因素影响而不能做到无漏诊，故兽医不能过分依赖于快速诊断结果而延误及早治疗的时机。

【治疗处理】

（1）及早治疗，尤其是特异性治疗手段（单克隆抗体、免疫血清等）的及早应用是提高治愈率的关键措施，也是预防传染病在易发阶段发生的有效途径。如幼犬时期，尤其是新购幼犬，犬瘟热、犬细小病毒病不但易发，而且死亡率高，治疗不及时将大大降低治愈率，故在此类犬就诊时，不但诊断上要首先考虑到这些病，而且在暂时无法确诊时也应使用犬瘟热与犬细小病毒病的单克隆抗体或免疫血清，这样才能有利于幼犬安全度过危险期。

（2）传染病的治疗原则一般包括抗病原疗法（特异性与非特异性）、支持疗法、对症治疗、预防继发感染等措施。

对于病毒性传染病，目前只有少数几种常见病具有相应的单克隆抗体或免疫血清可供特异性治疗，及早应用才能使这一治疗手段达到更好的效果。

对于细菌性传染病，正确选择抗生素并足量足程应用是对抗病原的关键，有条件时应作药敏试验以筛选有效抗生素。

支持疗法是有利于提过机体自身的抗病能力，增加耐过机会。常用手段包括输血、输血浆或白蛋白、补充能量和营养等，要根据具体病情选择恰当措施。

对症治疗是根据该病例的具体症状选择缓解和消除措施。症状的缓解有利于患病犬、猫从疾病中恢复过来，但某些传染病的某些症状（如犬细小病毒病的呕吐和便血）在动物耐过该病之前很难缓解，某些症状则应慎重处理，如多痰时不能单纯镇咳。

（3）输液疗法是传染病治疗中经常使用的措施，输液既是对症治疗，又有支持作用，也是其他很多治疗方法的给药途径。根据具体病情选择输液液体、输量、滴速对输液的效果至关重要。可参见本书第三章第一节之"十四、输液疗法"。

（4）症状严重病例可使用皮质激素，常用地塞米松。但应注意伍用足量抗生素。

（5）除少数传染病（如犬瘟热）外，一般传染病对成年犬危害不大，多呈隐性经过或轻微症状，预后良好。故成年犬传染病治愈率较高。

（6）治疗传染病病例时，要注意隔离、消毒措施，注意无菌操作，避免患病犬、猫之间交叉感染，同时保护兽医自身安全。

第二节 犬 瘟 热

犬瘟热是犬瘟热病毒（CDV）引起的，感染肉食动物种犬科、鼬科及部分浣熊科动物的高度接触性、致死性传染病。CDV 为泛嗜性病毒，但在患犬鼻汁、唾液中含量较高，主要通过直接接触和空气飞沫传播。CDV 污染普遍，但对外界抵抗力不强，一般生存不超过1 个月。

【诊断处理】

（1）流行病学特点

① 本病一年四季均可发生，但冬、春季多发。由于寒冷季节一般养户很少新购幼犬，故就宠物医院接诊的病例而言，一年四季并无明显变化。

② 主要发生于幼犬，尤其是市场上新购之幼犬。因为市场上新购之幼犬往往几经周转，接触到 CDV 的机会多，几乎不可避免，而且免疫无保障，即便接种过疫苗也因环境的不断变化而使幼犬抵抗力大受影响，从而影响免疫效果。

③ 本地家庭繁殖之幼犬接触 CDV 概率相对较低，且在过户后避免了环境的突变而影响抵抗力。成年犬如发生本病，往往未经可靠免疫。

（2）症状及病变特点

① 初期症状主要是眼结膜炎和上呼吸道感染，表现为喷嚏、咳嗽、流鼻涕、眼结膜充血、羞明流泪、眼眵增多等，如体温升高则食欲、精神受影响。新购犬由于环境变化、洗澡等应激因素使抵抗力下降而易感染发病，畜主往往误认为感冒而贻误最佳救治时机。

② 初期体温升高至 40℃以上，维持 1～3 天恢复正常，且精神、食欲随之正常，一两天后体温又继续上升，即所谓双相热。但典型的双相热只发生于部分犬，而且由于畜主送治时间等因素而难以捕捉此症状。

③ 中期主要表现为支气管炎、卡他性肺炎、严重的胃肠炎等。此时眼眶增厚。眼内有脓性分泌物。咳嗽严重、干咳转为湿咳，呼吸困难，典型症状是流黄脓鼻涕。消化道症状主要是呕吐、腹泻、里急后重等，但成年犬较少出现消化道症状或较轻微。

④ 本病后期出现神经症状，较多地先表现为咬肌震颤，以后发展到全身肌肉阵发性痉挛，倒地抽搐，口吐白沫。本病病程一般为两周到 1 个月，神经症状较多发生于发病两周以后，亦有一周出现神经症状者。少数患犬出现鼻部、足底皮肤角质硬化，脓皮症，瞳孔反射消失等症状。

⑤ 由于品种、年龄、抵抗力、免疫状况等因素影响，目前本病出现较多亚临床症状病例，表现为倦怠、厌食、发热、上呼吸道感染。

⑥ CDV 为泛嗜性病毒，病变部位广泛，但病理剖检对本病诊断意义不大。

⑦ 目前，以呕吐、腹泻等消化道症状先行的犬瘟热病例增多，而且其治愈率更低。出现消化道症状的免疫不可靠犬不能仅做细小病毒、冠状病毒检测，应同时做犬瘟热检测。

（3）实验室诊断

① 血象检查及生化检查对本病诊断意义亦不大。

② 泌尿道上皮细胞的核内包涵体检查有助于确诊本病，但临床应用受限制。

③ CDV 快速诊断试剂盒是目前临床上确诊本病的简捷、有效方法，已广泛采纳应用。

【治疗处理】

（1）治疗原则及方法

① 抗病毒疗法　特异性疗法目前主要是用犬瘟热单克隆抗体、免疫血清等肌内注射，连用 3～5 天；非特异性疗法主要是增强机体抗病力，如干扰素、转移因子、球蛋白（静脉滴注）等的应用。

② 抗菌消炎　主要是应用阿米卡星、头孢曲松钠、阿奇霉素、普康素等控制呼吸道感染。对于全身症状严重的犬应以 5% 葡萄糖稀释后静脉滴注，全身症状较轻、无需输液之犬可肌内注射，连用 5～7 天。阿奇霉素只宜静脉和口服给药。

③ 支持疗法　对全身症状严重者以 5% 葡萄糖、能量合剂、氨基酸等输液。

④ 对症治疗　消化道症状严重者需补液、平衡电解质。还可以结合祛痰、止咳等措施。

⑤ 感染严重病例可应用地塞米松等皮质激素类药物。

（2）注意事项

① 本病一般经 5～7 天治疗症状基本消除，但应注意：只有 1 月后都正常的病例才能算痊愈，1 月内应加强营养，一月内食欲不减退者耐过机会大。1 月内如出现咳嗽、腹泻等症状可以进行对症治疗和抗菌治疗，如出现食欲废绝、呕吐、衰竭等，可以继续支持疗法，但治愈机会较小。如发生神经症状，则预后不良。

② 对已经发生神经症状的患犬建议安乐死。

③ 本病最佳治疗时机为发病初期，对于幼犬、尤其是新购幼犬，当出现早期症状时，无论是否检测到 CDV，都应及早按治疗剂量用足犬瘟热抗体，这对治疗本病或预防本病发生都有重大意义。

④ 疗程内及治疗后至少两周内要加强对患犬护理，避免着凉、洗澡等应激因素影响患犬的抵抗力。

（3）预防　CDV 污染普遍，健康犬很难避免接触本病毒，故预防本病除尽量避免接触患犬和带毒犬以外，重要的是做好免疫接种工作。目前国内多使用多价联苗，幼犬一般在45 日龄时初次接种犬瘟热-犬细小病毒二联苗，以后每隔 3 周以含犬瘟热多价联苗加强接种两次，经三次接种后才能达到有效保护力。以后每年接种一次即可。但对于新购幼犬，直接接种疫苗往往不能达到免疫效果，可能反而诱发本病，因为新购犬自身抵抗力很差，而且往往已经感染，不能发生满意免疫应答。安全而有效的方法是首先注射犬瘟热抗体（单克隆抗体或免疫血清），最好连用 3 天，两周后再以以上程序接种疫苗。

第三节　犬传染性支气管炎

多种病毒和细菌都是本病的病原。常见的病毒有：犬腺病毒Ⅱ型（CAV-2）、犬副流感病毒（CPIV）、犬瘟热病毒等。常见的细菌是支气管败血波氏杆菌，也有支原体混合感染。

【诊断处理】

（1）最常见的典型症状是持续性、阵发性干咳伴干呕。晚间咳嗽愈甚，主人常抱怨影响睡眠。同时病犬极力作呕吐状以试图清除喉头黏稠分泌物，易误为骨性异物梗塞。

（2）精神、食欲无影响，此可鉴别异物梗塞和其他疾病。

（3）听诊肺泡呼吸音粗粝，有干啰音。

（4）细菌混合感染后体温升高，严重者出现黏、脓性鼻涕。

（5）CDV 快速测试如阳性，应做犬瘟热处理。

【治疗处理】

（1）化痰止咳　以溴己胺化解黏稠分泌物后咳嗽及干呕症状即明显减轻，此为治疗本病的关键措施。不提倡单纯止咳。

（2）抗菌消炎　皮下或肌内注射抗生素如头孢曲松钠、阿米卡星、氨苄西林等控制细菌感染。连续 5～7 天。

（3）对 CDV 测试阴性者也建议使用 CDV 单克隆抗体或免疫血清，以防 CDV 感染。

（4）治疗期间应注意将病犬静养，不宜运动、着凉等。

第四节　犬细小病毒感染

犬细小病毒感染是犬细小病毒（CPV）引起的以出血性肠炎和非化脓性心肌炎为特征的烈性传染病。CPV 对外界环境抵抗力强，一般消毒剂不敏感，甲醛、漂白粉、石炭酸、过氧乙酸及紫外线消毒效果较好。4～10℃可存活 3 个月，粪便中可存活数月至数年。

【诊断处理】

（1）流行病学特点

① 传染源　病犬和隐性带毒犬。主要通过呕吐物和粪便排出病毒，粪便中病毒含量最高。康复犬症状消失后数月内仍可向外界排毒。

② 感染途径　以消化道为主。

③ 易感动物　断乳到三月龄幼犬最易感，新购幼犬由于环境变化影响抵抗力，故非常易感。成年犬相对不易感，往往与免疫可靠度有关。

④ 季节性　不明显。

（2）症状与病变特点

① 出血性肠炎型　潜伏期为 1～2 周。一般首先出现呕吐，初为未消化物，接着是灰白色或灰黄色胃分泌物，有时带血，呕吐物黏稠者常挂满口沿。呕吐出现当天或第二天出现腹泻，粪便初为灰黄色，附脱落肠黏膜，后呈血性腹泻，如番茄汁样，有特殊之腥臭味，严重者呈喷射状。临床上常将便血的特点作为本病之特征症状。

体温一般为低热。随着呕吐和腹泻，继之出现脱水，脱水严重程度取决于呕吐与腹泻的程度。

② 非化脓性心肌炎型　一般只发生于幼犬，常无先兆，突然衰竭，牙龈苍白，呼吸困难，脉搏细弱，听诊有心杂音，迅速死亡。

③ 剖检对本病诊断意义不大　主要是肠黏膜的出血和充血，肠腔内含酱油色恶臭血性分泌物。心肌炎型患犬可见心肌及内膜非化脓性坏死灶和出血斑。

（3）实验室诊断

① 血象检查 白细胞下降，于发病第3~4天下降到最低点，以后如不回升，则预后不良。

② 胶体金快速试纸检测CPV是目前临床上普遍使用的快速确诊方法。

【预后】本病预后与多种因素有关。幼犬死亡率高，市场上新购之幼犬往往更不易救治。半岁以上犬死亡率较低，已经免疫的更易救治。一岁以上成年犬预后良好。

出现牙龈苍白、呕吐物黏稠并带血、呈喷射状便血、体温低于正常等症状，往往预后不良。症状不典型者，如呕吐、腹泻轻微或仅呈现其中之一症状者，往往预后良好。

本病预后还具有品种特征，巴哥犬、土种犬、日本尖嘴、梗类犬等往往治愈率较高。

本病病程一般在一周以内，发病第三天左右为死亡高峰期，如病犬已耐过3~4天则预后良好。

对本病预后影响最大的因素是犬的年龄，年龄越小治愈率越低，反之，年龄越大治愈率越高。

【治疗处理】

（1）治疗原则及方法

① 抗病毒疗法 特异性抗病毒疗法目前普遍使用CPV单克隆抗体、免疫血清等，肌内注射，连用3~5天。非特异性抗病毒疗法如应用干扰素、球蛋白等增强机体免疫力。

② 输液疗法 输液对本病治疗意义重大。输液时应注意离子平衡和酸碱平衡。首选林格液或乳酸钠林格液。连续补液至症状消失。为提供能量还要配合输以5%葡萄糖液、能量合剂等。输以白蛋白或血浆对缓解脱水、支持机体抗病力有重要意义。

③ 抗菌消炎，预防继发感染 可根据病情使用庆大霉素、普康素、头孢类等抗生素。

④ 止血 可用立止血、止血敏、维生素K等，但止血效果并不理想。

⑤ 止吐 可用胃复安、爱茂尔，严重者可用阿托品。单纯止吐效果并不理想。

⑥ 止泻 后期呕吐症状消失后可用鞣酸蛋白保护肠黏膜。

（2）注意事项 本病最佳治疗时机为发病初期，在已感染而未出现症状之前应用单克隆抗体或免疫血清能有效控制本病发生和提高治愈率。故建议对幼犬、尤其是新购幼犬出现呕吐、腹泻症状者，无论是否检测到CPV都应用单克隆抗体或免疫血清3天，这也是幼犬度过本病高发期的有效措施。

（3）预防 CPV环境中污染普遍，易感犬很难绝对保证不接触本病原，免疫接种是预防本病的重要措施。接种方法及程序参见"犬瘟热"。

第五节 犬冠状病毒感染

犬冠状病毒（CCV）可引起犬不同程度的胃肠炎症状。CCV耐酸和耐胰酶，pH3.0室温下不能灭活，这是病毒经胃后仍有感染活性的原因。病犬与带毒犬通过粪便、口涎、鼻涕排毒，粪便中CCV可存活6~9天，排毒时间达两周。不同年龄犬均可通过消化道感染。

【诊断处理】

（1）幼犬发病率高，当与CPV合并感染时死亡率高。CCV经常与CDV、CRV等合并感染。单纯CCV感染一般预后良好。

（2）潜伏期1~3天，呕吐频繁，继之腹泻，粪便粥样或水样，黄绿色或橘红色，恶臭，临床上难以区别犬细小病毒病，但细小病毒的症状一般更严重。

（3）症状消失后2~3周可复发。

（4）CCV胶体金快速诊断试纸是目前临床上普遍应用的确诊本病的方法。

【治疗处理】

（1）特异性治疗　国产多联犬用免疫血清中含 CCV 抗体，推荐使用。连续肌内注射 3～5 天。

（2）对症治疗　主要进行补液、注意电解质平衡、止吐、止泻并保护肠黏膜，可参照犬细小病毒病治疗。同时应用抗生素预防继发感染。

（3）治疗本病时应高度警惕细小病毒的感染，尤其是幼犬，同时使用 CPV 单克隆抗体或免疫血清是必要的。

第六节　犬轮状病毒感染

犬轮状病毒（CRV）属呼肠病毒科，对温度、乙醚、酸、胰酶不敏感。病犬与隐性感染犬通过粪便排毒污染环境。

【诊断处理】

（1）CRV 主要使新生幼犬发病，成年犬多呈隐性感染。隐性带毒母犬是新生幼犬的重要传染源。

（2）新生幼犬持续腹泻，黄绿色，夹带黏液，有时带血。病犬被毛粗乱，肛门周围被毛被粪便污染，轻度脱水。

（3）病犬始终精神、食欲正常，这可鉴别于其他疾病。

（4）确诊要做病毒分离和血清学试验，临床应用受限制。

【治疗处理】

（1）立即将病犬隔离到清洁、干燥、温暖场所，停止哺乳，改用葡萄糖氨基酸溶液自由饮用。

（2）可皮下输液以防脱水。

（3）有人建议流行期间以母犬血清对发病幼犬进行腹腔注射。

（4）目前无疫苗预防。

第七节　犬传染性肝炎

犬传染性肝炎是由犬腺病毒Ⅰ型（CAV-1）引起的急性、败血性传染病。呈高度接触性。CAV-1 室温下可存活 70～91 天，尿中可存在 6～9 个月，故康复犬是本病重要传染源。

【诊断处理】

（1）症状与剖检特点

① CAV-1 主要侵害犬的肝脏、肾脏和眼睛。

② 一岁以内、未曾免疫的幼犬易发本病。

③ 最急性病例在呕吐、腹痛、腹泻症状出现后很快死亡。

④ 急性病例体温达 39.4～41.1℃，精神沉郁，无食欲，渴欲增强。呕吐，腹泻。呕吐物与粪便中可能带血。

⑤ 亚急性病例症状较轻微。有咽炎、喉炎并且扁桃体肿大，颈淋巴结炎可致头颈部水肿。角膜水肿是特征症状，俗称蓝眼病。病犬同时眼睑痉挛，羞明流泪，角膜混浊由边缘向中心伸展。

⑥ 慢性病例发生于老疫区或流行后期，能自愈。

⑦ 胆囊剖检病变具有诊断意义。可见胆囊壁水肿增厚，灰白色，半透明，胆囊浆膜被覆纤维素性渗出物。

⑧ 本病诊断时应注意排除犬瘟热、钩端螺旋体病和抗凝血类鼠药中毒。

（2）实验室诊断

① 淋巴细胞减少，中期出现中性粒细胞减少，后期淋巴细胞增多。

② 丙氨酸转氨酶、天冬氨酸转氨酶、碱性磷酸酶、乳酸脱氢酶活性增高。

③ 出现胆红素尿和蛋白尿。

④ 胆汁酸升高，血糖降低。

⑤ 凝血时间延长。

【治疗处理】

（1）应用含 CAV-1 抗体的多联免疫血清，早期使用效果好。同时静脉注射犬用球蛋白提高机体抵抗力。

（2）保肝可用苦黄注射液 20～40ml 加入 5％葡萄糖溶液中静滴，还可静脉给予氨基酸。

（3）降低转氨酶可口服甘利欣。

（4）应用抗生素防继发感染。

（5）必要时可使用地塞米松。

（6）免疫接种是预防本病的关键措施，国内常使用五联或六联疫苗。

第八节　狂　犬　病

狂犬病又名恐水症、疯狗病、邪狗病，是由狂犬病毒（RV）引起的所有温血动物的急性、直接接触性传染病。以意识障碍、神经兴奋、继之渐进性麻痹而死为特征。RV 对环境抵抗力弱，一般消毒剂和阳光直射都能很快灭活。但 RV 能抵抗自溶和腐败，在自溶脑组织中能存活 7～10 天。

【诊断处理】

（1）RV 主要存在于中枢神经组织，其次是唾液腺和唾液中，并经唾液排毒，通过伤口感染。咬伤是主要传播途径，也有经飞沫和胎盘传播的，但临床意义不大。健康无症状犬、猫中也可检测到 RV。

（2）犬、猫对 RV 高度易感，病毒由咬伤部位的外周神经向中枢神经移行，潜伏期一般为 20～60 天。伤口深、病毒量多、毒力强、伤口越接近头部，潜伏期越短。

（3）狂暴型狂犬病犬在前驱期表现为行为异常、敏感、喜躲藏于暗处、异食、唾液多等。1～2 天转入兴奋期，狂躁不安，号叫，攻击性强，反射紊乱。渴欲增强，但喉肌麻痹不能饮用，故见水呈恐惧状。疲惫后转入抑郁，但一有刺激便转入兴奋，如此兴奋抑郁交替出现。2～4 天后进入麻痹期，后躯麻痹，逐渐波及全身而死。

（4）麻痹型狂犬病在出现短暂兴奋后即进入麻痹期。

（5）猫喜攻击头部，故危险性更强，由猫传播的狂犬病潜伏期较短。

（6）对脑及唾液中病毒进行分离检测和神经细胞浆中内基氏小体检查可确诊本病。

【治疗处理】 本病无救治措施，致死率 100％。发现病例即行安乐死或击死，取下头颅置于密闭容器中送防疫部门检疫。尸体洒石灰粉后深埋或焚烧。

接种狂犬病疫苗是预防本病的有效措施。

【公共卫生】 目前世界上有 80 多个国家与地区有人狂犬病发生，每年死于狂犬病者达 55000 之多，主要集中于亚洲与非洲。中华人民共和国成立后由于对犬禁养等措施，狂犬病发病率明显下降。但近年由于家养犬、猫增多，又呈回升趋势，每年有约 3000 人数发病。

人狂犬病主要由犬传播而来，其次是猫。潜伏期一般为 30～60 天，也有 10 天即发病的，少数也有潜伏期达一年以上的。人发病时也有前驱期、兴奋期、麻痹期过程。人与人水平传播尚不见报道，但有经器官移植和胎盘垂直传播感染的例子。

人在被犬、猫咬伤、抓伤及伤口被舔后，应立即做好以下措施。

（1）用 20% 的肥皂水冲洗、浸泡伤口 20～30min，清水冲洗后以 75% 酒精或 5% 碘酒涂擦 2～3 次。

（2）注射狂犬病疫苗，一般要连续加强数次。以期在病毒进入中枢神经前产生有效免疫力。

（3）上躯咬伤者有必要在皮试阴性的情况下注射狂犬病高免血清。半量注射于肌肉，半量作咬伤部位浸润注射。

第九节　破　伤　风

破伤风是由破伤风梭菌（芽孢）在低氧条件下污染犬、猫等动物伤口生长繁殖并产生嗜神经性外毒素而引起的一种人畜共患病。又称强直症或锁口风。破伤风梭菌为革兰阳性大肠杆菌，严格厌氧，周身鞭毛，无荚膜，能产生芽孢，芽孢一般位于菌体顶端，呈球拍状。芽孢抵抗力很强，在土壤的表层内就能生存数年。动物（包括犬、猫）的粪便中常可检测到芽孢。

【诊断处理】

（1）本病有创伤史。分娩、断脐、去势、断尾、剪耳、剪毛、互相撕咬等伤口被环境中破伤风梭菌芽孢污染，尤其是被土壤中锈蚀之铁钉刺破更易感染本菌。伤口厌氧条件越好（小而深、被血块覆盖等）越有利于本菌繁殖。

（2）潜伏期 1～2 周，所以发病时可能伤口已愈合。

（3）典型症状是骨骼肌强直性痉挛，由头颈部起波及全身，甚至角弓反张。牙关紧闭，喉头痉挛导致呼吸困难，甚至窒息。

（4）少数局部强直病例预后良好，大多几天后死亡。

（5）细菌的分离鉴定有助于确诊，但往往不能确定感染部位。

（6）注意与有机磷中毒鉴别，有机磷中毒无创伤史，有误食史，并可做胃内容物检测。

【治疗处理】

（1）清除病原　如能确定伤口则应扩创清创，并用 3% 双氧水、0.1% 高锰酸钾冲洗。肌内注射青霉素，每天两次，连续 5～7 天。

（2）中和毒素　肌内注射破伤风抗毒素 20 万～80 万单位。

（3）镇静解痉　氯丙嗪每千克体重 1～5mg，肌内注射；25% 硫酸镁 2～5ml 静脉注射。

（4）注意强心、补液、利尿，并补充能量和营养。

第十节　布鲁杆菌病

本病主要是由犬布鲁杆菌、马耳他（羊）布鲁杆菌、流产（牛）布鲁杆菌引起的以危害犬生殖系统和繁殖能力为特征的传染病。

布鲁杆菌均为革兰阴性小杆菌，需氧，大多单在，无荚膜，不运动。初代培养要求高，需在加有血液、血清、组织提取物或吐温-40 的培养基中缓慢生长，需 7～14 天。数代后才能在普通培养基、大气环境下生长且生长迅速，生长期缩短至 2～3 天。本菌抵抗力不强，阳光直射下很快死亡，土壤中存活 20～40 天，乳、肉中存活 60 天，皮毛上存活 10～75 天。

一般消毒剂均可杀死。

【诊断处理】

（1）许多种动物包括人对本菌易感或呈带菌状态，很多犬、猫也呈带菌状态。

（2）公犬、猫通过精液、尿液排菌，交配可感染本菌。母犬、猫通过流产胎儿、胎衣、阴道分泌物排毒，也可通过胎盘、乳汁传给仔犬。排菌期长达一年半以上。

（3）大多数病例不出现明显临床症状。母犬、猫于怀孕后期出现流产、死胎，流产后阴道长期有分泌物流出。有的流产后出现不孕，有的反复流产。公犬、猫发生睾丸炎、附睾炎、阴囊肿胀、皮炎、慢性病例易导致睾丸萎缩。可导致雄性不育。

（4）单凭症状难以确诊本病，很多病有类似症状。确诊可取流产胎衣、羊水、阴道分泌物和胎儿之胃内容物、肺、肝、淋巴结、脾，或乳腺、睾丸、乳汁、精液、血液等病料，直接涂片后用科兹洛夫斯基法染色镜检，可见红色球杆菌，也可进行革兰染色。或做分离培养并进一步鉴定。

（5）目前有犬布鲁杆菌快速诊断试纸应用于临床，可检测其血清内抗体的存在。

【治疗处理】 因为本菌寄生于细胞内，故抗生素作用有限，目前无特效药。早期可用庆大霉素、阿米卡星等，有人推荐恩诺沙星为首选药。

第十一节 副 伤 寒

副伤寒又称沙门菌病。是由沙门菌引起的人兽共患病。犬、猫副伤寒主要由鼠伤寒沙门菌引起。本菌为革兰阴性、两端钝圆的小杆菌，无芽孢，无鞭毛。培养特征为兼性厌氧，普通培养基上生长良好，液体培养基上均匀混浊，固体平板上长成光滑、半透明、边缘整齐的小菌落。

【诊断处理】

（1）流行病学特点

① 病犬（猫）、带菌犬（猫）、鼠类都是本病传染源。通过粪便排菌，经污染饲料、饮水和用具、环境从消化道感染。如果出现新生幼犬、猫整窝发病，往往是带菌母犬、猫传染所致。

② 本菌主要侵害幼犬、猫。饲养管理不当、环境卫生条件差、阴雨潮湿、长途运输等降低机体抵抗力的因素能促使本病发生。

（2）症状及剖检特点

① 仔、幼犬、猫不但易感性高，而且都呈急性败血症症状。患病犬、猫精神、食欲等全身症状严重，体温高达 40～41℃。

② 剧烈腹泻，伴腹痛。排带有黏膜的血样粪便，有恶臭。脱水严重，甚至休克及抽搐。

③ 年龄稍大的幼犬、猫呈胃肠炎症状。

④ 成年犬都呈隐性或慢性经过，腹泻持续时间长，逐渐消瘦。

⑤ 剖检可见黏膜苍白，肝、脾、肾等实质器官有出血点或出血斑。肝肿大，土黄色，有散在坏死灶。小肠后段及大肠显现黏液性、出血性肠炎病变。

（3）实验室诊断 本病无特征性症状，临床确诊较难。

① 取直肠粪便、心血、肝、脾、肺等病变材料，按沙门菌检验程序进行检测。

② 排除犬细小病毒病、犬冠状病毒病、猫泛白细胞减少症、大肠杆菌病等疾病的混淆。

【治疗处理】

（1）对全身症状较轻、无呕吐有食欲病例可用庆大霉素、磺胺脒等口服。呕吐而不能进食病例则应全身使用抗革兰阴性菌抗生素。

（2）输液以缓解脱水，无呕吐有食欲病例可口服人工补液盐。

（3）根据症状采取强心、止血等措施。

（4）发病幼犬、猫要加强护理，立即隔离到一清洁干燥环境。

第十二节　组织胞浆菌病

组织胞浆菌病又叫达林氏病、网状内皮细胞真菌病，由荚膜组织胞浆菌引起，以咳嗽、肺炎、胃肠黏膜溃疡、淋巴结肿大为特征。本菌为双相真菌，在组织内为酵母型，在土壤和人工培养基上为菌丝型。

【诊断处理】

（1）流行病学特点

① 本菌为土壤常在菌。温暖潮湿富含氮的土壤表层中能长期生活并繁殖。禽类、鸟类的栖息地周围土壤常是本病重要疫源地。

② 主要侵害犬、猫、人，其他动物很少发病。混有本菌的尘埃可经呼吸道吸入感染，也可通过污染的饮水、饲料等经消化道感染。

（2）症状及剖检特点

① 原发性病例仅在皮肤、肺、胃肠道损伤处出现病症。皮肤局部红肿、结节、坏死、溃疡。肺部感染出现咳嗽、厌食、发热、呼吸促迫。胃肠道感染出现下痢、消瘦等。

② 扩散性病例都由肺及胃肠道原发菌经淋巴或血液渠道转移而成。除原发性症状外，出现肝、脾、淋巴结损伤的症状，如贫血、单核细胞增多。

③ 剖检可见损伤部位的结节、溃疡及肝、脾、淋巴结肿大。

（3）实验室诊断

① 胸部 X 线透视可帮助诊断。

② 取抗凝血的白细胞层的涂片，姬姆萨染色镜检，中性粒细胞和单核细胞内可见菌体。取脓汁、溃疡物、病灶渗出物、病变组织等涂片，姬姆萨染色镜检，可见到菌体。

③ 分离培养观察菌落特征，并进一步用培养液制成组织胞浆菌素进行免疫学检测。

④ 以上述病料或培养物接种小鼠致死亡，再取其肝、脾、淋巴结等检查本菌。

【治疗处理】

（1）两性霉素 B　每千克体重 0.5mg 加入 5% 葡萄糖液静脉滴注，如无反应，第二次增加到每千克体重 1mg。隔日一次，累加剂量不得超过每千克体重 8mg。两性霉素 B 如与利福平合用则效果更佳。

（2）酮康唑　每天每千克体重 5～10mg，分两次口服，连用 4～6 个月。

（3）患病动物之环境用 3% 甲醛作消毒。

第十三节　钩端螺旋体病

钩端螺旋体病是多种动物及人共患的自然疫源性疾病。病原为寄生性问号钩端螺旋体，有 14 个血清群，150 个血清型。其中主要是黄疸出血型和犬型，对犬致病，对猫的致病性不大。

钩端螺旋体菌体纤细、螺旋紧密、一端或两端弯曲，普通染料难以着色，镀银染色法效果较好。本菌最适培养温度为 28～30℃，严格厌氧，在柯索夫或切尔斯基培养基上需培养

1～2 周。本菌对理化因素抵抗力不强，一般消毒剂及多种抗生素都敏感。对自然界抵抗力强，在污染的河水、池水、湿地中可存活数月，尿中可存活 28～50 天。

【诊断处理】

（1）流行病学特点

① 犬、猫感染后，本菌定居于肾脏，无论是否发病，都长期从尿液中排菌，严重污染环境。即便体内有抗体也呈间歇性排菌数年。

② 几乎所有温血动物都易感，以鼠类为最重要的自然宿主，多呈健康带菌并从尿中排菌，形成疫源地。

③ 本病多通过污染的水、饲料经皮肤、黏膜感染，也可经伤口、交配及吸血昆虫感染。本病在夏、秋季及发情季节多发。

（2）症状及剖检特点

① 急性出血型和黄疸型　多由黄疸出血型钩端螺旋体引起，往往预后不良。表现为精神沉郁、呕吐、厌食、体温升高至 41℃，眼结膜、口腔黏膜充血、出血，呼吸促迫，大部分犬出现黄疸和血便，尿呈棕黄色、油状。严重病例于初期突然表现为高热、吐血，迅速昏迷衰竭，一天后出现黄疸，2～3 天死亡。

尸体皮肤、皮下组织、肌肉、黏膜黄染，天然孔出血，肺严重出血，器官内有大量暗黑血液。胃黏膜、肠黏膜及肠系膜、肾、膀胱、肝、脾等都不同程度黄染和出血。

② 亚急性肾炎型　表现为肾炎症状，少尿或无尿，血尿，肾功能衰竭，出现尿毒症，呼出尿臭味。死亡多因为肾衰、酸中毒、脱水、长期不进食等因素。

剖检主要见肾肿大，切面见皮质苍白、髓质淤血。

（3）实验室诊断

① 直接检查　取发热期病犬血液、无热期及后期尿液、剖检之肝、肾病变组织制片，镀银染色后镜检。如将病料离心后取沉渣制成悬滴标本，直接暗视野观察，可见运动的钩端螺旋体。

② 分离培养　将病料接种于柯索夫或切尔斯基培养基，5～7 天用暗视野镜检一次，见到光亮、两端高速旋转的本菌即可确认。

【治疗处理】

（1）青霉素类抗生素为首选，肌内注射或静脉滴注，一般需要 1～2 周，但青霉素不能杀灭肾脏病菌，故要联合使用双氢链霉素、四环素、强力霉素等。

（2）预防要做好防鼠、灭鼠、灭蜱工作，保持环境卫生，疫区可接种疫苗。

第十四节　附红细胞体病

本病曾一度被归于原虫病。附红细胞体属于立克次体，多种动物均能感染。感染犬的主要是犬附红细胞体，感染猫的主要是温氏附红细胞体和猫附红细胞体。附红细胞体具有多形性，常见圆形和环形，苯胺染料着色良好，附在红细胞表面的呈单个或双排列，寄生于红细胞内有 1～3 个，也有游离于血浆的。本菌对化学药品及干燥抵抗力差，对广谱抗生素敏感。

【诊断处理】

（1）本病多发生热带、亚热带地区。夏秋温热季节多发。

（2）主要通过吸血昆虫传播，也可通过胎盘垂直传播。

（3）病犬猫、隐性感染犬猫、康复犬猫均是传染源。

（4）病初出现精神、食欲下降，体温 39℃以上，呼吸困难。贫血、黄疸、腹水为特征症状。急性病例病程约一周，预后不良。慢性病例发育不良，愈后长期带菌。

（5）血常规检查红细胞明显下降。

（6）取发热期血液一滴于在玻片上，加生理盐水一滴，置盖玻片，于暗视野下观察可见附着在红细胞上的菌体，也可见游离的扭曲、滚动菌体。

（7）取发热期血液或尸体心血涂片，姬姆萨染色，可见淡黄色菌体。

【治疗处理】 四环素、土霉素、新胂凡纳明、阿维菌素等均有较好疗效。

第十五节　猫泛白细胞减少症

本病又称猫瘟热、猫传染性肠炎、猫细小病毒病。是由猫瘟热病毒（FPV）引起的一种急性、热性、高度接触性传染病。FPV仅一个血清型，对环境抵抗力较强。

【诊断处理】

（1）猫及猫科动物均是FPV的易感动物。一岁以内的幼猫更易感，且死亡率高。成年猫隐性感染居多。

（2）病猫通过粪、尿、呕吐物、分泌物排毒，康复猫继续排毒达一年之久。妊娠母猫还可通过胎盘传播。

（3）一般春季多发。应激因素如饲养管理不当、长途运输、环境变化是重大诱因。

（4）最急性型往往24h内死亡，甚至不显症状突然倒毙。

（5）急性型病程7天左右，呈双相热，第一次体温升至40℃，一天左右降至正常，两三天后又上升至40℃。

（6）呕吐剧烈，继之血性水样腹泻，严重脱水。眼、鼻流脓性分泌物，妊娠母猫流产、产死胎。

（7）血象检查于第二期体温上升时白细胞下降，下降程度提示疾病的严重程度，当下至2×10^6/L时预后不良。

（8）目前临床上广泛应用FPV快速诊断试纸。

【治疗处理】

（1）抗病毒疗法　FPV单克隆抗体或免疫血清肌内注射，连用3～5天。

（2）输液疗法　选用林格液和5%葡萄糖液输液，以缓解脱水、平衡电解质、补充能量。输液量要足，并同时补充维生素C、维生素B_6。

（3）对呕吐严重者用氯丙嗪止吐，止血可用立止血、止血敏等。

（4）应用抗生素如普康素、头孢菌素类、喹诺酮类以防止继发感染。

（5）预防主要是接种疫苗，于49～70日龄首免，2～3周后加强一次，以后每年加强一次。

第十六节　猫杯状病毒感染

猫杯状病毒（FCV）是猫病毒性呼吸道传染病。FCV只有一个血清型，无血凝性。

【诊断处理】

（1）FCV只感染猫科动物，8～12周龄猫易感。发病率高，死亡率低。7～10天后一般耐过。

（2）病猫通过分泌物、排泄物排毒。康复猫可以长期带毒、排毒，污染环境，是危险的传染源。

（3）症状严重程度与感染病毒的毒力有关。口腔溃疡是特征症状，有时是唯一症状，常见于舌和硬腭，尤其是腭中裂周围。舌部水疱破溃后形成溃疡。这可帮助鉴别其他呼吸道感染。

（4）双相发热，出现上呼吸道症状：喷嚏，浆液性和黏液性鼻漏，严重者出现支气管肺炎症状、啰音、呼吸困难等。同时有眼结膜炎。

（5）确诊需分离病原，做血清学检测。

【治疗处理】

（1）无特异性治疗手段。

（2）对症治疗可应用碘甘油涂擦口腔，以麻黄素、氢化可的松、庆大霉素滴鼻，有结膜炎时以金霉素眼药水点眼。

（3）全身应用抗生素控制继发感染。

第十七节　猫传染性腹膜炎

猫传染性腹膜炎是由猫传染性腹膜炎病毒（FIPV）引起的猫科动物的一种慢性进行性传染病，FIPV对外抵抗力很弱，室温下一天失活，一般消毒剂可将其杀死，但对酚、低温、酸性环境抵抗力强。

【诊断处理】

（1）发病多见于1～2岁的猫或老年猫，粪、尿排毒，消化道、昆虫媒介传播，也可通过胎盘垂直传播。致死率高。

（2）初期无特征症状，除精神、食欲有影响外，有些病例可能有温和呼吸症状，以后体温升高，体况衰弱。白细胞升高。

（3）7～42天后"湿性"病例出现腹水，腹围增大，持续几天到数周，部分病例出现胸水和心包积液，有呼吸困难。穿刺检查渗出液呈无色透明或淡黄，有黏性，含纤维蛋白凝块，暴露于空气会凝固；相对密度大于1.017，蛋白质含量32～118g/L，混有大量巨噬细胞、中性粒细胞、间皮细胞。

（4）"干性"病例一般无腹水，主要侵害眼、中枢神经、肾和肝。可见角膜水肿并有沉淀物，虹膜睫状体发炎，眼房液变红，眼前房内有纤维蛋白凝固。中枢神经受损时表现为后躯运动障碍，痉挛，背部敏感。肝受损时可能有黄疸，肾受损时肾肿大，进行性肾衰。

（5）血清学检验可确诊本病。

【治疗处理】

（1）无特异性治疗措施，可进行对症治疗配合抗菌和应用皮质激素。一般预后不良。

（2）目前无疫苗预防本病。

第十八节　猫病毒性鼻气管炎

又叫猫传染性鼻气管炎，是由猫疱疹病毒Ⅰ型（FHV-1）引起的急性、高度接触性上呼吸道传染病。FHV-1对外界环境抵抗力弱，50℃ 4～5min可灭活，在干燥条件下12h可灭活。FHV-1对猫红细胞有吸附和凝集作用。

【诊断处理】

（1）本病主要发生于仔猫，发病率100%，死亡率50%。通过鼻、眼、咽分泌物排毒，经直接接触和飞沫感染。康复猫、带毒隐性感染猫可长期排毒，带毒母猫是仔猫的危险传染源。

（2）病初表现为上呼吸道症状和眼结膜炎。喷嚏、咳嗽、鼻分泌物增多；眼羞明、流泪，体温升高，精神、食欲受影响。以后鼻、眼分泌物变成黏脓性。病程7～14天。部分转慢性，表现为持续咳嗽、呼吸困难、鼻窦炎。

（3）成年猫发病症状较轻，死亡较少。

（4）分离病毒，做红细胞凝集试验和凝集抑制试验可确诊。

【治疗处理】

（1）无特异性治疗措施。

（2）用麻黄素 1ml、氢化可的松 2ml、青霉素 80 万单位混合滴鼻。

（3）用氯霉素、金霉素眼膏涂擦眼部，但不宜使用皮质类固醇眼膏。

（4）全身使用广谱抗生素控制继发感染。

第十九节　猫白血病

猫白血病病毒（FeLV）是一种外源性 C 型反转录病毒，对乙醚和脱氧胆酸盐敏感，常用消毒剂及酸性环境均能杀灭病毒。

【诊断处理】

（1）本病毒不同年龄、性别的猫均易感，幼猫比成年猫易感。死于肿瘤的猫有 1/3 由本病毒引起。

（2）病毒通过呼吸道和消化道水平传播，消化道更易感染。处于潜伏期的猫可通过唾液排高浓度病毒。

（3）本病一经发现死亡很快。呈慢性消耗性疾病表现，贫血、嗜眠、食欲不振。其他症状随肿瘤发生部位不同而不同。

① 消化器官型　占全部病例的 30%，平时不易察觉，突然发病，腹部都能摸到肿瘤，肿瘤多发生于回肠、肾、肝、肠系膜淋巴结等。肠道肿瘤引起肠梗阻，肾病变引起血尿，肝受损引起贫血、黄疸。

② 胸腺型　胸腔腹侧的前部有大块肿瘤，肿瘤发生于纵隔淋巴结或胸腺，可用 X 线检查，肿瘤体积大时压迫食管、气管、肺等引起吞咽困难、呼吸困难、胸腔积液等。

③ 弥散型　体内、体表多处淋巴结肿大，往往还侵害到肝与脾，甚至消化道和肾，引起一系列症状。

（4）活组织检查、血清学检查可帮助确诊。

（5）目前有本病快速诊断试纸应用于临床。

【治疗处理】目前尚无有效治疗措施和预防措施。

第二十节　猫免疫缺陷症

猫免疫缺陷症又称猫艾滋病，由于猫艾滋病毒（FIV）侵害猫免疫系统引起猫免疫力下降以致免疫力丧失，从而导致各种继发感染。

【诊断处理】

（1）FIV 对外界抵抗力很弱，生存时间很短，主要通过咬伤感染，故流浪猫、散养猫群易发此病。另外，可通过胎盘和初乳进行母婴传播。

（2）FIV 首先侵入淋巴结的 T 淋巴细胞复制，然后扩散到全身淋巴结，于 3～7 周内出现淋巴结病变、肿胀，此时可能有体温升高、腹泻、贫血等症状。

（3）长期感染猫也许几年不出现症状，终于因抵抗力下降而出现继发感染，一些平时不致病的细菌、病毒、真菌等都能引起顽固性感染。

（4）最常见的感染是口腔炎、牙周炎，引起口腔黏膜溃疡出血，故杯状病毒病诊断时应考虑是否有 FIV 感染。

（5）除口腔感染外，还可见顽固呼吸道感染、慢性无反应性腹泻、不明原因发热和神经症状。

（6）白细胞下降、贫血可作为诊断重要依据，进一步确认需借助 PCR 技术、血液抗体检测等诊断技术。

【治疗处理】

（1）无特效治疗药，齐多夫啶（AZT）可改善病猫生活状态。

（2）对症治疗和支持疗法可缓解病情。

【复习思考题】

1. 犬瘟热有哪些症状？如何治疗与预防？
2. 犬细小病毒病有何发病特征？如何对本病进行预后？
3. 犬传染性支气管炎在诊断与治疗上有何要点？
4. 犬冠状病毒病有何发病特点？如何治疗？
5. 狂犬病在流行病学上有何特点？人被疑似狂犬病犬咬伤后应如何正确处理？
6. 组织胞浆菌病如何诊断和治疗？
7. 附红细胞体病有何发病特征？哪类药对其有效？
8. 猫泛白细胞减少症还有哪些别名？有何特征症状？如何治疗？
9. 猫传染性腹膜炎有何特征？
10. 猫杯状病毒主要侵害猫什么部位？其转归如何？
11. 猫免疫缺陷症如何治疗处理？

第五章 犬、猫寄生虫病

【学习目标】

1. 通过教学活动，掌握宠物寄生虫病的基本理论以及解决寄生虫病防治的知识和技能。

2. 在教学中以我国重要虫种为重点，以原虫及蠕虫的形态、生活史、致病和实验诊断为最基本内容，掌握防治原则和方法。

3. 掌握常见人与犬、猫共患寄生虫病对人体的危害及防制措施。

第一节 犬、猫寄生虫病的一般诊治原则

寄生虫病不仅危害着宠物的健康，同时在生活中因为宠物与人们生活的紧密接触，也严重威胁着儿童和成人的健康甚至生命，是全世界普遍存在的公共卫生问题。

【诊断处理】 寄生虫病的诊断应以流行病学调查为基础，应用各种有效的方法进行综合诊断。其中，病原体检查是寄生虫病最可靠的诊断方法。

【治疗处理】

（1）正确选用药物　由于宠物的寄生虫病多为混合感染，因此应选用高效、广谱、低毒、投药方便、价格低廉、无残留和不易产生耐药性等抗寄生虫药物。

（2）科学施治　要根据宠物及其感染寄生虫的种类选择适合的剂型和投药途径，并注意宠物的年龄、性别、体质、病情及饲养管理条件等，了解用药历史，注意配伍禁忌，重视科学用药。

【防制处理】 在寄生虫病防制中，一定要贯彻"预防为主"的原则。

（1）控制感染源　一方面要及时治疗患病宠物，另一方面要根据各种寄生虫的发育规律，定期有计划地进行预防性驱虫。

（2）切断传播途径　保持宠物体、舍及周围的环境卫生，特别要注意宠物粪便的无害化处理、消除蚊蝇孳生地、饮用洁净水等。

（3）保护易感动物　搞好日常的饲养管理，特别要注意饲料的营养及饲养卫生。必要时可采用驱虫药进行预防性驱虫以保护宠物的健康，或在其身体表现滴喷杀虫剂或驱避剂来防止吸血昆虫的叮咬。

第二节 蛔 虫 病

蛔虫病是犬、猫常见的寄生虫病之一，寄生于犬、猫和其他犬科、猫科动物的小肠内，分布于全国各地。蛔虫病常引起幼犬、猫发育不良、生长缓慢，严重感染时可导致死亡。

【病原】 有犬弓首蛔虫（犬蛔虫）、猫弓首蛔虫（猫蛔虫）和狮弓首蛔虫（狮蛔虫）三种。

（1）犬蛔虫　呈浅黄色，头端有 3 片唇，虫体前端有颈翼膜，头部向腹部弯曲。雄虫长

5~11cm，尾端弯曲，有交合刺两根；雌虫长 9~18cm，尾端直，阴门开口于虫体前半部。虫卵近圆形，卵壳厚，表面呈蜂窝状，大小为 $(68\sim85)\mu m\times(64\sim72)\mu m$。

（2）猫蛔虫　成虫与犬蛔虫相似，但颈翼膜短而宽，虫体前端如箭头状。雄虫长 3~6cm，有两根交合刺；雌虫长 4~10cm，虫卵结构与犬蛔虫卵相似，大小约为 $65\mu m\times70\mu m$。

（3）狮蛔虫　虫体头端常向背侧弯曲，有狭长并对称的颈翼膜，较前两种发达。有 3 片唇，唇缘有细小的锯齿状结构。雄虫长 3~7cm，有两根交合刺，无尾翼膜；雌虫长 3~10cm，阴门开口于虫体前 1/3 与中 1/3 交界处，尾直而尖细。虫卵近似圆形，卵壳光滑，大小为 $(49\sim61)\mu m\times(74\sim86)\mu m$。

【生活史】 犬蛔虫虫卵随粪便排出体外，在适宜的条件下，经 10~15 天发育为感染性虫卵。不同年龄的犬其体内的生活史不完全相同。3 月龄内的幼犬吞食感染性虫卵后，在小肠内孵化出幼虫，幼虫钻入肠壁，经淋巴系统到肠系膜淋巴结，后经血流到达肝脏、肺脏。幼虫穿过肺毛细血管，经肺泡、细支气管、支气管、气管、喉头到口腔，再被吞入到小肠发育为成虫。犬从吃进感染性虫卵到幼虫发育为成虫需 4~5 周。年龄稍大的犬感染后，幼虫常随血流带至各组织器官内形成包囊，囊内的幼虫不能在此犬体内进行发育，但可存活达 6 个月左右。若包囊被其他犬或肉食类动物吞食后，包囊内的幼虫仍可发育为成虫。成年母犬吞食了感染性虫卵后，幼虫随血流在其体内各组织器官中形成包囊，幼虫不发育但保持活力。当母犬怀孕后，包囊内幼虫可被激活并移行到胎儿体内引起感染。幼犬出生后 23~40 天，有的体内就带有成年的蛔虫。新生幼犬也可因吮吸了被感染性虫卵污染的初乳而感染，幼虫可直接在小肠内发育为成虫。

猫蛔虫的生活史与犬蛔虫相似，但未见胎内感染。

犬、猫也有因吞食了蛔虫的贮藏宿主如蚯蚓、蟑螂、鸟类、啮齿类等动物体内的包囊而被感染，幼虫在犬、猫的胃壁、胃内发育一定时间后再回到小肠内发育为成虫。

狮蛔虫的生活史较简单，虫卵在外界适宜条件下经 3~6 天发育为感染性虫卵，被犬、猫吞食后，幼虫在小肠内逸出，钻入小肠壁内发育一段时间后再返回肠腔内，经 3~4 周发育为成虫。小鼠可作为狮蛔虫的贮藏宿主。犬、猫捕食鼠类后，也可感染狮蛔虫。

【诊断处理】

（1）流行病学特点　蛔虫虫卵对外界因素有很强的抵抗力，可在土壤中存活很长时间，感染性虫卵能存活 11 天，有的长达一年之久，从而很容易污染犬、猫的食物、饮水和活动环境。犬、猫常是通过污染的食物、饮水经口感染；妊娠母犬还可通过胎盘感染给胎儿。另外，犬、猫也可以因食入含有蛔虫幼虫包囊的贮藏宿主而感染。

蛔虫为世界性分布，世界各地犬的感染率达 5%~80% 以上，以 6 月龄以下的犬感染率最高。人也可感染，尤其是儿童感染最普遍。

（2）症状及致病作用　蛔虫对犬、猫的致病作用主要包括机械性刺激、夺取营养和毒素危害三个方面。蛔虫成虫比较粗大，寄生数量多时，刺激肠壁，可引起卡他性肠炎、肠壁出血；严重时，造成肠堵塞、扭转、套叠甚至穿孔、肠壁破裂等。蛔虫可游走进入胆管或胰管，引起呕吐，若堵塞肝胆管，可引起犬、猫死亡。蛔虫幼虫在体内移行时，可损伤肠壁、肺毛细血管和肺泡壁，引起肠炎、肺炎等。

蛔虫在小肠内寄生，大量夺取营养，使犬、猫营养不良、消瘦，导致生长发育受阻；其代谢产物和分泌的毒素对犬、猫产生毒性作用，可引起造血器官、神经系统中毒，发生过敏反应等。

蛔虫病主要症状表现为渐进性消瘦，食欲不振，营养不良，黏膜苍白，呕吐，异嗜，先下痢后便秘，幼犬、猫腹部膨大，生长发育受阻。有时可见惊厥、癫痫性痉挛等神经症状。

（3）实验室诊断　实验室的病原体检查可以通过直接涂片法和饱和盐水漂浮法进行诊断。

根据临床症状并结合粪便检查发现虫卵即可确诊。

【治疗处理】

（1）驱虫药　驱蛔虫的药物很多，常用的有以下几种。

① 驱蛔灵 100mg/kg，口服 1 次，对成虫有效；200mg/kg，口服 1 次，可驱除 1～2 周龄幼犬体内的未成熟蛔虫。

② 丙硫苯咪唑 22mg/kg，口服，1 次/天，连用 3 天。

③ 甲苯咪唑 22mg/kg，口服，1 次/天，连用 3 天。

④ 左旋咪唑 10mg/kg，口服，1 次/天，连用 3 天。

⑤ 伊维菌素 0.2～0.3mg/kg，皮下注射，1 次/周。柯利犬及具有柯利血统的犬如喜乐蒂、边境牧羊犬等禁用。

（2）预防　主要措施为保持环境、食槽、食物、饮水的清洁卫生；及时清除粪便并无害化处理；对犬、猫进行定期驱虫。

第三节　钩　虫　病

钩虫为线虫，寄生于犬、猫等肉食动物的小肠内，其中主要是十二指肠内，是犬中最为严重的寄生虫病。

【病原】 犬、猫钩虫病可由犬钩口线虫、巴西钩口线虫、美洲板口线虫和狭头弯口线虫引起，其中前三种的感染期蚴还可侵入人体，但在人体内幼虫不能发育为成虫。

（1）犬钩口线虫呈淡红色，前端稍向背侧弯曲，口囊发达。口囊前缘腹面有 3 对钩状牙齿。雄虫长 10～13mm，有发达的交合伞，两根等长的交合刺；雌虫长 14～16mm，阴门开口于虫体后 1/3 前部，后端尖细。虫卵短椭圆形，浅褐色，大小为 (56～75)μm×(34～47)μm，含 8 个卵细胞。

（2）巴西钩口线虫口囊呈长椭圆形，口囊腹面有 2 对钩状牙齿，侧边的较大而近中央的极小。另外，在口囊基部还有 1 对近似三角形的内齿。雄虫长 5～8mm；雌虫长 6～9mm，阴门位于虫体后 1/3 处，后端近似锥形。虫卵大小约为 80μm×40μm。

（3）美洲板口线虫口囊呈椭圆形，腹侧缘有 1 对板齿，背侧缘有 1 个呈圆锥状的尖齿。雄虫长 5～9mm，雌虫长 9～11mm，后端略膨大。虫卵大小为 (60～76)μm×(28～44)μm。

（4）狭头弯口线虫呈淡黄色，较犬钩口线虫小，两端较细，口弯向背侧。口囊发达，呈漏斗状，其腹面前缘两侧各有一片半月状切板。雄虫长 5～11mm，雌虫长 7～12mm，尾端细。虫卵与犬钩口线虫卵相似。

【生活史】 犬钩口线虫虫卵随粪便排出体外，在适宜的外界条件下，经 1 周左右蜕化为感染性幼虫。感染性幼虫感染宿主的途径有口、皮肤和胎盘，其中经口和皮肤感染的途径较为常见。不同年龄的犬感染后，虫体的移行途径有所不同。3 月龄以下的犬，经口感染后幼虫先钻入犬食管黏膜并进入血液循环到达肺，再经呼吸道、喉头、咽到达小肠发育为成虫；经皮肤感染时，幼虫先钻入皮肤血管，随血流到达肺、穿破毛细血管和肺组织，经肺泡、细支气管、支气管、气管，随痰液进入口腔，吞咽后进入到小肠发育为成虫；经胎盘感染时，移行途径同经口感染。3 月龄后的犬感染，幼虫多在肌肉内休眠而不移行。

巴西钩口线虫、狭头弯口线虫的生活史与犬钩口线虫相似，但巴西钩口线虫经胎盘感染较少，狭头弯口线虫主要经口感染，而经皮肤等感染途径很少；美洲板口线虫感染途径与犬钩口线虫相似，但感染后在宿主体内不移行，直接在小肠内发育为成虫。

【诊断处理】

（1）流行病学特点　钩虫遍及全球，尤以热带和亚热带地区为最普遍，在我国各地均有分布。南方气候温暖潮湿，土壤疏松肥沃，有利于钩虫卵的发育和幼虫生长，感染季节时间长。北方寒冷地区，钩虫幼虫不能越冬，感染季节短。红薯、玉米、桑、烟草、甘蔗、棉花、咖啡和蔬菜等旱地作物，有利于钩虫卵与幼虫发育。此外，煤矿等矿井下温度较高，湿度大，如粪便管理不善，可引起钩虫病流行。在规模化养殖时，潮湿、阴暗的圈舍有利于本病的流行。

传染源主要是病犬、猫，钩虫由于在人体内不易发育成熟并产卵，故不传播。土壤、水源和食物被含有虫卵的粪便污染而造成传播。犬、猫主要是钩蚴经皮肤而感染，亦可经口和胎盘感染。

一岁以内的幼犬和猫感染后较严重，而成年犬、猫因有较强的抗病力，故被感染但不发病。

（2）致病作用及症状　致病作用主要是机械性破坏和吸食宿主血液。幼虫侵入皮肤时，引起出血和炎症；移行至肺，可破坏肺组织，引起局部出血和炎症。

成虫在寄生过程中口囊吸附在宿主的肠黏膜上，利用牙齿或切板刺破黏膜大量吸血，引起黏膜出血、溃疡。同时，虫体能分泌抗凝血素，并有移位吸血的习惯，导致长期慢性大量失血，宿主体内的铁质和蛋白质不断损耗，出现缺铁性贫血。严重感染时，患病动物骨髓腔内充满透明的胶状物，红细胞的生成受抑制，引起死亡。

犬、猫主要表现为进行性贫血，黏膜苍白，被毛粗乱无光泽，食欲减退，消瘦，异嗜，呕吐，消化障碍，下痢与便秘交替发作。严重感染时，粪便深黑或带血液，呈柏油状，最后因极度衰竭而死亡。

胎盘感染和初乳感染钩虫的 3 周龄内病幼犬，可引起严重贫血而导致昏迷或死亡。胎内或初乳感染的急性病例，严重贫血的症状常出现在虫卵排出前。

（3）实验室诊断　常采用以下粪便检查方法，结合临床症状对钩虫病进行确诊。

① 粪便隐血试验可呈阳性反应。

② 直接涂片和饱和盐水漂浮法检查钩虫卵，需与东方毛圆线虫卵鉴别。后者较长而大，卵内细胞数远较钩虫卵多。

③ 钩蚴培养法　采用滤纸条试管法，将定量的粪便涂在滤纸上，然后置于含水试管中培养（20～30℃，3～5 天），对孵出丝状蚴进行虫种鉴别和计数。

【治疗处理】

（1）治疗原则及方法　在应用杀虫药物的同时，要配合对症疗法如输血、补液等措施治疗。

效果较好的驱虫药有以下几种。

① 丙硫苯咪唑 10mg/kg，口服，1 次/天，连服 3 天。

② 左旋咪唑 10mg/kg，口服，1 次/天，连服 3 天。

③ 双羟萘酸噻嘧啶 6～25mg/kg，口服，1 次。

④ 二碘硝基酚 10mg/kg，口服，1 次口服（皮下注射）。

⑤ 伊维菌素 0.25mg/kg，皮下注射，1 次。

（2）预防　预防的主要措施是搞好环境卫生，保持犬、猫舍干燥，及时清理粪便、杂物；定期驱虫；圈舍地面经常用石碳酸、热碱水、沸水或石灰乳进行驱杀。

第四节　恶丝虫病

犬恶丝虫主要寄生于犬的右心室及肺动脉，引起呼吸困难、血液循环障碍、贫血等症。犬恶丝虫可感染犬、猫、狐、狼等肉食动物。

【病原】犬恶丝虫虫体，细长，白色。雄虫体长 12～16cm，尾部短而圆，呈螺旋状弯曲，有较窄的侧翼膜，两根不等长的交合刺；雌虫体长 25～30cm，尾直，阴门开口于食管后端处，胎生，幼虫称为微丝蚴，呈线形，无鞘。

【生活史】犬恶丝虫发育过程中需蚤、蚊（如中华按蚊、白纹伊蚊等）作为中间宿主。成熟的雌虫在宿主体内就会产出微丝蚴，微丝蚴进入血液循环，蚤、蚊叮咬吸血时将其食入并至马氏小管中发育。经在蚤体内约 5 天或蚊体内约 10 天即成熟为感染性幼虫，当蚤、蚊叮咬健康宿主时，犬、猫即被感染。感染后的幼虫经 4～6 个月，通过皮下淋巴或血液循环移至右心室和血管内，再经 2～3 个月即达性成熟，并开始生产微丝蚴。成虫能在犬体内能生存数年。

【诊断处理】

（1）流行病学特点　犬恶丝虫病在我国分布较广，其中以广东的犬感染率最高，可达50%左右。该病的发生与蚊子的活动季节一致，多在 6～10 月份。犬恶丝虫病多发生于 2 岁以后的犬，1 岁以内的较少见，但幼虫也可经胎盘直接感染胎儿。

（2）致病作用及症状　由于虫体的刺激、阻塞及免疫反应等，可引起心内膜炎并继发心肥大和右心室扩张，严重时还可导致静脉淤血而出现腹水和肝肿大，肾脏可出现肾小球肾炎。在移行过程中还会产生一些破坏，导致一系列病理变化。

主要症状为循环障碍，呼吸困难及贫血、脉细小而弱、心脏有杂音，腹围增大，伴发慢性支气管炎，咳嗽剧烈；红细胞减少，血液中出现幼稚型红细胞；耐力下降、体重减轻等症。严重者常因虚弱衰竭致死。

犬也常伴发结节性皮肤病、瘙痒，结节常破溃；在结节周围的血管内常有微丝蚴。

（3）实验室诊断　取全血（晚上采血）1ml 加 2% 甲醛 9ml 混合，1000～1500r/min 离心 5～8min，除去上清液，取 1 滴沉淀物和 1 滴 0.1% 美蓝溶液混合，置显微镜下检查，发现微丝蚴即可确诊。

现已有犬恶丝虫检验试剂盒用于临床诊断。

【治疗处理】

（1）常用的治疗药物

① 硫乙肟胺钠　0.22ml/kg，静脉注射，2 次/天，间隔 6～8h 用药，连用 2 天。

② 左旋咪唑　10mg/kg，口服，1 次/天，连服 3 天；治疗后第 7 天进行血检，微丝蚴阴性时，则停止用药。

③ 菲拉辛　1mg/kg，口服，3 次/天，连用 10 天。

④ 海群生　22mg/kg，口服，3 次/天，连用 14 天。

⑤ 伊维菌素　0.05～0.1mg/kg，皮下注射，每周 1 次，连用 3 次。

（2）预防　用杀虫剂消灭中间宿主蚤、蚊，也可采取池塘和水库养鱼消灭蚊虫。

对犬用药物进行预防，在每年的 6～10 月份蚊虫活动季节，用左旋咪唑，剂量为10mg/kg，每天分 3 次内服，连喂 5 天，隔 2 个月重复治疗 1 次；或用伊维菌素，剂量为

0.06mg/kg，皮下注射，每月 1 次。

对流行区域的犬，定期血检，阳性犬及时治疗。

第五节　旋毛虫病

旋毛虫成虫寄生于宿主的小肠黏膜内，幼虫寄生于横纹肌内。旋毛虫是一种重要的人兽共患寄生虫，它的宿主包括人、犬、猫、猪、鼠类、狐狸、狼等多种哺乳动物，鸟类也可以通过实验感染。该虫主要是危害人的健康，症状较犬、猫等动物严重，且不及时治疗可引起死亡。

【病原】成虫细小，前端为食管，后部为肠管和生殖器。雄虫长约 1.4～1.6mm，尾部有泄殖孔和两个生殖瓣，无交合刺；雌虫长 3～4mm，阴门在身体前部，胎生方式产出幼虫。幼虫在横纹肌内以包囊方式存在，一般 1 个包囊含 1 条幼虫，有的也可多达 6～7 条。

【生活史】成虫与幼虫寄生于同一个宿主，宿主感染时先为终末宿主，后又为中间宿主。犬、猫等吞食含有包囊幼虫的其他动物肌肉而被感染，幼虫从包囊内逸出进入犬、猫小肠黏膜内发育为成虫。雄、雌虫交配后，雄虫便死亡，而雌虫钻入淋巴间隙，向淋巴间隙或淋巴管内、乳糜管内产出大量幼虫。幼虫随淋巴液和血流进入全身的骨骼肌肉，在骨骼肌肉发育并形成呈梭形的包囊。幼虫在包囊内卷曲盘绕，进一步发育为感染性幼虫，这一过程需 7～8 周。一般半年左右，包囊发生钙化现象，但部分已钙化包囊内的幼虫仍保持活力，并可存活很长时间，最长的可达 25 年之久。

【诊断处理】

(1) 流行病学特点　旋毛虫病流行广泛，在世界各地均有分布。这是由于旋毛虫的宿主范围广，包括多种野生动物和家养畜禽等 49 种动物；其次感染来源很广，多种动物均可传播，甚至有许多海洋动物、甲壳动物都能感染传播；再次肌肉中包囊幼虫对外界的抵抗力很强，－12℃时仍可保持生命力 57 天，腐败的肉或尸体内可存活 100 天以上，盐渍或烟熏不能杀死肌肉深部的幼虫。

鼠是旋毛虫的保虫宿主，且感染率较高。鼠又有互相残食的习性，当旋毛虫进入鼠群，就会长期在鼠群中循环传播，并感染其他食鼠动物。

在家养动物中，犬、猫和猪的感染率都较高。据资料报道，犬的旋毛虫感染率远高于猪，云南昆明调查的 9 条犬中就有 6 条犬为阳性，东北的犬只感染率也高达 50%。

人感染旋毛虫多与吃生肉、食用腌制或烧烤不当的肉制品或食入了被污染的食品而造成感染。

(2) 致病作用及症状　旋毛虫的主要致病期是幼虫，其程度与食入幼虫包囊的数量、活力和侵入部位以及机体对旋毛虫的免疫力等诸多因素有关。旋毛虫致病过程可分为 3 个阶段。

① 侵入阶段　旋毛虫包囊被食入后，幼虫在小肠内脱囊到发育为成虫，可致肠黏膜炎症反应，主要病变部位在十二指肠和空肠，故也称肠型期。此期成虫以肠绒毛为食，幼虫又对肠壁组织频繁入侵，致肠壁出现充血、水肿、出血，甚至可形成溃疡病灶。

② 幼虫移行、寄生阶段　新生幼虫随淋巴、血液循环到达各器官及侵入横纹肌内发育的时期。此过程主要病变部位在肌肉，故也称肌型期。幼虫在血管内移行时，可导致血管炎；幼虫侵入横纹肌，引起肌纤维变性、肿胀、细胞坏死，肌间质水肿等炎症反应；幼虫移行到肺，可导致肺部局限性或广泛性出血，肺、支气管及胸膜炎症等；在心脏，可导致心肌

炎症；若影响到中枢神经系统，可致非化脓性脑膜炎、脑炎和颅内高压等。

③ 包囊形成阶段　随着滞留在肌肉的幼虫长大并卷曲，其周围的肌细胞逐渐膨大并变成纺锤状，最终被钙化，细胞由此失去正常活力。

犬、猫感染后，致病力较人轻，一般无明显的症状，有时可见食欲减退，呕吐，腹泻或肌肉疼痛、麻痹、运动障碍等。无特异性症状，生前很难诊断，故在诊断过程中应注重流行病学调查和病史询问。

（3）实验室诊断　临床中可试用 ELISA 方法进行免疫学诊断。死后诊断常采用动物左右膈肌检查，在肌肉中发现旋毛虫可确诊。主要有两种方法。

① 压片法　当肉眼发现膈肌纤维内有细小的白点时，将膈肌撕去肌膜和脂肪，剪成麦粒大小，置于两载玻片之间，压片镜检，肌纤维内有旋毛虫包囊幼虫即可确诊。

② 消化法　将肌肉剪碎或绞碎，用人工胃液消化，使幼虫由肌纤维间的包囊内释放出来，然后镜检幼虫。

【治疗处理】

（1）治疗原则及方法　生前因无明显发病症状，一般不采用治疗手段。但丙硫苯咪唑、阿苯达唑和甲苯达唑对旋毛虫成虫、幼虫效果较好。伊维菌素能驱除成虫，对幼虫效果较差。

（2）预防　加强养殖场地饲养管理，消灭养殖场内的鼠类和其他啮齿类动物；不让犬、猫啃食未经检验的生鲜肉或冰冻肉；注重周围环境卫生，即时清理周边鼠类等动物尸体或污物。

第六节　绦　虫　病

犬、猫绦虫病较常见且危害较大，其幼虫期又以人或其他家畜作为中间宿主，也严重影响人和家畜的健康。

【病原体及生活史】寄生于犬、猫的绦虫种类很多，但其感染途径、致病作用、症状及诊治方面有大量相似之处。下面仅对流行较严重的六种绦虫进行介绍。

（1）犬复孔绦虫　成虫寄生于犬、猫及其他犬科动物的小肠内，偶见于人。虫体呈淡红色，雌雄同体，长 10～50cm，约有 200 个节片组成，分为头节、体节、孕节三个部分。头节小，呈菱形，头节上有 4 个吸盘，1 个顶突，顶突上有 3～4 排小钩。体节自颈部又分幼节和成节，近颈部为幼节。幼节外形短而宽，往后节片渐大并接近方形。成节为长方形，每个节片都具有雌雄生殖器官各两套，节内有睾丸 100～200 个，经输出管、输精管与左右两个贮精囊相连，开口于生殖腔。两个生殖腔孔对称地分别位于节片近中部的两侧缘。两个卵巢，位于两侧生殖腔后内侧，靠近排泄管，每个卵巢后方各有一个呈分叶状的卵黄腺。孕节子宫呈网状，内含多个贮卵囊，每个贮卵囊内含虫卵 2～40 个。虫卵呈球形，直径 35～50μm，卵壳薄，分两层，内含一个六钩蚴。

成虫的孕节单独或数节相连地从虫体上脱落，常自动逸出终末宿主的肛门或随粪便排出，并沿地面蠕动。节片破裂后虫卵散出，若被中间宿主蚤类的幼虫食入，则在其肠内孵出六钩蚴，然后钻入肠壁，进入血腔内，约经 30 天发育成似囊尾蚴。当终末宿主犬、猫舔毛时吞食到病蚤，似囊尾蚴得以进入犬、猫体内，然后在其小肠内释出，经 2～3 周发育为成虫。人因与猫、犬接触时误食含似囊尾蚴的病蚤而被感染。

（2）豆状带绦虫　因虫体节片边缘呈锯齿状又称锯齿带绦虫。寄生于犬的小肠内，偶见于猫，虫体长 60～200cm，顶突发达，上面有 34～48 个小钩。孕节内的子宫有大量虫卵，虫卵呈圆形，大小为（36~40）μm×（32~37）μm。

豆状带绦虫以兔、野兔等啮齿类动物为中间宿主，幼虫称为豆状囊尾蚴，呈卵圆形，主要寄生于中间宿主的肝脏、网膜、肠系膜和腹腔内，寄生数量不等，多的可达200个。中间宿主因吞食了虫卵而感染，犬、猫主要吞食了含有豆状囊尾蚴的脏器而感染，并在小肠内发育为成虫。

（3）泡状带绦虫　寄生于犬、猫小肠内的一种较大型虫体，长75~500cm，呈乳白色或淡黄色。泡状带绦虫成熟节片内有一套生殖器官，生殖孔在节片一侧不规则地交互开口。睾丸600~700个，分布于节片中部，卵巢成两叶状，位于节片的后半部。孕节片内子宫每侧有5~10个粗大分支，每支又有小分支，充满虫卵。虫卵近似椭圆形，大小为（36~39）μm×（31~35）μm。

泡状带绦虫以猪、牛、羊、鹿等动物为中间宿主，幼虫称为细颈囊尾蚴，常寄生在中间宿主的肝脏、大网膜、肠系膜、横膈膜甚至肺等部位，犬、猫主要吞食细颈囊尾蚴或带有细颈囊尾蚴的脏器而感染，并在小肠内发育为成虫。

（4）多头带绦虫　寄生于犬科动物的小肠内。虫体长40~100cm，由200~250个节片组成。头节上有4个吸盘，顶突有排成两列的小钩。成熟节片内有一套生殖器官，卵巢呈蝴蝶形，子宫有14~26对侧支。虫卵呈圆形，直径29~37μm。

多头带绦虫以牛、羊等反刍动物为中间宿主，人也偶然感染，幼虫称为多头蚴，主要寄生在中间宿主的脑内，有时也见于延脑或骨髓中。中间宿主因吞食了虫卵而感染，犬科动物主要吞食了含有多头蚴的脑组织而感染，并在小肠内发育为成虫。

（5）阔节裂头绦虫　阔节裂头绦虫寄生于犬、猫等食鱼哺乳动物的小肠内，也是人畜共患寄生虫。虫体较大，可长达2~12m，由数千个节片组成。孕节片近正方形，子宫盘曲成玫瑰花状。虫卵呈卵圆形，淡褐色，有卵盖，含一个胚细胞和多个卵黄细胞，大小为（67~76）μm×（40~56）μm。

阔节裂头绦虫在发育过程需要2种中间宿主，剑水蚤和镖水蚤为第一中间宿主，在体腔内形成原尾蚴；淡水鱼类为第二中间宿主，在鱼肉内发育为裂头蚴。

犬、猫主要吞食了含有裂头蚴的生鱼或未煮熟的鱼肉而感染。

（6）细粒棘球绦虫　细粒棘球绦虫寄生于犬、狼等犬科动物的小肠内，虫体长2~7mm，仅由头节和3~4个节片组成。有一套雌雄同体的生殖器官，子宫侧支为12~15对，充满大量虫卵。虫卵大小为（32~36）μm×（25~30）μm。幼虫称为细粒棘球蚴，呈包囊状结构，形状、大小随不同的寄生部位而异，大多近似圆形，直径5~50cm，内含大量囊液。在牛、羊、猪等家畜、野生动物和人的肝、肺以及其他各种器官内寄生。

犬感染主要是采食了含有细粒棘球蚴动物的脏器所致。

犬、猫绦虫病的其他绦虫种类还有带状带绦虫、绵羊带绦虫、连续多头绦虫、曼氏迭宫绦虫等多种。

【诊断处理】

（1）流行病学特点　犬、猫的绦虫种类繁多，中间宿主涉及种类极多，除犬复孔绦虫以蚤为中间宿主外，其他的都以人、猪、羊、牛、马、鱼、兔、骆驼以及其他野生动物等为中间宿主，再加上犬、猫的喜吃生食的特性，从而绦虫类疾病分布十分广泛，呈全球性流行，动物中的感染也较普遍。

（2）致病作用及症状　大量绦虫寄生于犬、猫小肠内时，因其小钩和吸盘损伤宿主的肠黏膜，引起肠炎。虫体聚集成团时，可堵塞肠管，导致小肠梗阻、套叠、扭转甚至破裂等。绦虫生长速度快，大量吸取宿主营养，使犬、猫生长发育受阻等。虫体分泌的毒素常可使犬、猫产生神经中毒症。

犬、猫轻度感染时症状不明显，偶有腹痛、消化不良的症状。严重感染时，精神沉郁，食欲不振，呕吐，或有贪食、异嗜症，渐进性消瘦，营养不良，消瘦，乏力等。有时可出现过度兴奋、抓咬人或同伴现象，偶有四肢痉挛或麻痹，下痢症。

（3）实验室诊断　实验室诊断主要是采集粪便检查是否有孕节片或虫卵。

【治疗处理】

（1）常用治疗药物

① 氯硝柳胺　犬、猫 100～150mg/kg，口服，1 次。

② 吡喹酮　犬 5mg/kg，猫 2mg/kg，口服，1 次。

③ 氢溴酸槟榔素　犬 1～2mg/kg，口服，1 次。

④ 盐酸丁萘脒　犬、猫 25～50mg/kg，口服，1 次。但针对细粒棘球绦虫时 50mg/kg，口服，1 次，48h 后再服 1 次。

⑤ 丙硫咪唑　犬 10～15mg/kg，口服，1 次/天，连用 3～4 天。

⑥ 丙硫苯咪唑　犬 10～20mg/kg，口服，1 次/天，连用 3～4 天。

（2）预防

① 定期驱虫，每季度一次，粪便集中堆积发酵。

② 在犬交配前 3～4 周内进行一次驱虫。

③ 不喂给犬、猫未经熟制的肉类，包括生鱼、畜禽脏器等。

④ 对新购入的犬、猫进行隔离粪检，确定无病后方可入群。

⑤ 保持犬舍清洁干燥，定期消毒，适时用药物杀灭周围环境和体表的寄生虫。

第七节　弓形虫病

犬、猫弓形虫病是由刚地弓形虫引起的一种原虫病，能寄生于人及其他 200 多种动物体内，是一种较为严重的人兽共患寄生虫病。犬、猫多为隐性感染，但也有出现明显症状甚至导致死亡的。

【病原】根据弓形虫发育阶段的不同形态分为各种类型，滋养体和包囊出现在中间宿主体内；裂殖体、配子体和卵囊只出现在终末宿主猫的体内。

（1）滋养体　又称为速殖子，见于急性病例，呈新月形、香蕉形或弓形，大小为（4～8）μm×（2～4）μm，经姬姆萨或瑞氏染色后，胞浆呈浅蓝色，有颗粒，核为深蓝色，位于较大的一端。

（2）包囊　见于慢性病例或无症状病例，呈圆形或卵形，囊内含有数十个至数千个滋养体。包囊直径为 50～60μm，最大的可达 100μm。

（3）卵囊　呈圆形或椭圆形，有两层囊壁，表面光滑，大小为（11～14）μm×（7～12）μm。

（4）裂殖体　呈圆形，直径为 12～15μm，内有 4～20 个裂殖子。

（5）配子体　由裂殖子进入另一个细胞内进行裂殖生殖，并经增殖后形成。配子体有大小配子体之分，均呈卵圆形，小配子体色淡，核疏松，大配子体核致密。大小配子结合形成合子，再形成卵囊。

【生活史】弓形虫生活史很复杂，需要有终末宿主和中间宿主。弓形虫终末宿主只有猫科动物，而对中间宿主选择不严格，人、犬、猫等多种哺乳类、鸟类、爬行类以及鱼类均可作为中间宿主。

当中间宿主吞食了含有滋养体、包囊或孢子化卵囊的食物或水后，子孢子或滋养体就通过宿主的淋巴循环、血液循环侵入到有核细胞内，以内出芽的方式进行无性繁殖。若感染的虫株毒力较强而宿主又未能产生足够的免疫力，或者受其他因素影响，就会在宿主体内产生大量的滋养体，呈现急性发作过程；反之，就会形成包囊型虫体，呈现慢性发作或无症状的隐性感染。包囊在中间宿主体内可存活数月、数年甚至终生。通过动物之间互相捕食又可在中间宿主之间传播，或由患病母体经胎盘传给胎儿。

终末宿主吞食了孢子化的卵囊或含有包囊型虫体的其他动物组织，子孢子或滋养体进入其消化道，侵入肠上皮细胞内进行裂殖生殖和配子生殖，最后产生卵囊。卵囊随粪便排出体外，在 25℃和适宜的湿度条件下，经 2～4 天形成感染性卵囊。也有一些子孢子或滋养体进入淋巴循环、血液循环，被带到全身各脏器和组织并侵入有核细胞内，以内出芽方式进行无性繁殖，最后形成包囊型虫体，可在宿主体内存活数年之久。

【诊断处理】

（1）流行病学特点　患病和带虫的中间和终末宿主均为感染来源，感染途径包括呼吸道、皮肤、眼及胎盘感染。中间宿主可因吃入含弓形虫的乳、肉和脏器，以及被卵囊污染的食物、饲料和水而感染，猫多因吃了感染弓形虫的鼠和其他患病动物的肉而感染。

（2）致病作用及症状　弓形虫入侵后，散布于宿主全身的各脏器或组织细胞内并大量繁殖，直至细胞胀破，逸出的滋养体又可侵入邻近的细胞，不断反复，造成局部组织的灶性坏死和周围组织的炎性反应，引起全身性损害，可形成空腔或发生钙化。弓形虫还可作为抗原，引起过敏反应。

犬的症状主要有发热、精神不佳、厌食、呼吸困难、咳嗽、贫血、下痢、运动共济失调，孕犬早产或流产等。

猫的症状有急性和慢性之分。急性者精神沉郁、厌食，体温升高可达 40℃以上，呈稽留热。有的出现呕吐，腹泻，过敏，眼结膜充血，对光反应迟钝，甚至眼盲；一部分可出现轻度黄疸，四肢无力，行走困难。怀孕猫可出现流产，不流产者胎儿于产后数日死亡。慢性者厌食，腹泻，虹膜发炎，贫血，体温稍高，持续时间长短不一，长的可超过 1 周。中枢神经症状多表现为运动失调、惊厥、瞳孔不等大、视觉丧失、抽搐等。怀孕猫亦出现流产或死胎。

（3）实验室诊断　需要通过实验室诊断查出弓形虫或特异性抗体，方能确诊。

① 直接涂片　急性弓形虫病可取静脉血、肺、肝、脾、淋巴结等做涂片，甲醇固定后经姬姆萨染色，镜检有无弓形虫。

② 动物接种　将肺、肝、淋巴结等组织研碎加入 10 倍生理盐水，在室温下放置 1h 后取其上清液 0.5～1ml，接种于小鼠腹腔，观察小鼠是否出现精神沉郁、食欲不振、被毛粗乱等症状，并检查腹腔液中是否有虫体。有时需盲传 2～3 代方可发病。

③ 血清学诊断　目前应用较多的是间接血凝试验、酶联免疫吸附试验和 PCR 诊断，市面有商品化的试剂盒出售。

【治疗处理】

（1）治疗原则及方法　犬、猫弓形虫病的治疗应遵循"用药早、疗程足"的原则，一般可将磺胺类药物与抗菌增效剂合用。

（2）常用配方

① 磺胺嘧啶（60mg/kg）＋甲氧苄胺嘧啶（TMP）（14mg/kg），2 次/日，连用 3～4 日。

② 磺胺-6-甲氧嘧啶（60～80mg/kg）＋TMP（14mg/kg），1 次/日，连用 4 天。

（3）注意事项

① 对于重症病犬、猫应同时对症治疗，如用解热药、补液，并用抗生素防止继发感染。

② 为防药物引起的贫血，应每天同时投服甲酰四氢叶酸，剂量为 1mg/kg。

③ 病情控制后应继续治疗 1～2 天。

（4）预防　加强犬、猫舍内的日常管理，要经常清扫犬、猫舍，保持舍内清洁干燥；禁止猫进入犬舍，防止猫的粪便污染犬饲料和饮水；做好犬、猫舍的防鼠工作，禁止犬、猫吃到鼠或其他动物的尸体；禁止用生肉喂犬、猫，以防犬、猫吃到患病和带虫动物体内的滋养体或包囊而被感染；因流产胎儿及排泄物也含有滋养体，应严格消毒处理；犬、猫舍定期用 10ml/L 来苏儿、30g/L 烧碱、200g/L 石灰水等进行消毒。

第八节　球　虫　病

球虫病又称为等孢球虫病。球虫种类较多，常见的主要有犬等孢球虫、猫等孢球虫和芮氏等孢球虫。虫体寄生于犬、猫小肠和大肠黏膜上皮细胞内，一般致病性较弱，但对幼犬、猫危害较大，严重感染时可以导致死亡。

【病原】

（1）犬等孢球虫　孢子化卵囊呈卵圆形，有两层薄而光滑的卵壁，淡绿色或无色，大小为 $(34～42)\mu m×(24～34)\mu m$，经 2～4 天完成孢子化发育。

（2）猫等孢球虫　卵囊呈卵圆形，有两层光滑的卵壁，淡黄色或淡褐色，大小为 $(35～51)\mu m×(25～37)\mu m$，约经 2 天完成孢子化发育。

（3）芮氏等孢球虫　卵囊呈宽椭圆形，有两层薄而光滑的卵壁，无色或淡褐色，卵囊大小为 $(21～30)\mu m×(18～28)\mu m$，约经 2 天完成孢子化发育。

【生活史】犬等孢球虫卵囊随犬粪便排出体外，在外界适宜条件下，形成具有感染性的孢子化卵囊。犬吞食后即被感染，子孢子在肠中逸出，钻入肠黏膜上皮细胞内进行裂殖生殖，形成裂殖体。裂殖体破裂逸出裂殖子，侵入新的肠上皮细胞内，重复裂殖生殖。经过若干代裂殖生殖之后，进入配子发育阶段，一部分裂殖子发育为大配子体，形成许多大配子；另一部分裂殖子发育为小配子体，形成许多小配子。大小配子结合形成合子，合子周围迅速形成两层卵壁，成为卵囊，随粪便排出。

其他几种球虫的生活史与犬等孢球虫相似。

【诊断处理】

（1）症状及病变特点　球虫病的临床表现一般为不同程度的肠炎。轻度感染时不表现症状，严重感染时，幼犬、猫出现水泻，有的排出稀泥状粪便或带黏液的血便，出现轻度发热、精神沉郁、食欲减退、消瘦、贫血等。感染 3 周以上的临床症状消失，大多犬、猫可自然康复；少数因脱水严重，体重迅速下降，进而衰竭死亡。

病理剖检可见整个小肠为出血性炎症，肠黏膜肥厚，上皮脱落，回肠下段更为严重。

（2）实验室诊断　粪便检查发现卵囊，结合下痢的临床症状可以确诊。但感染初期常查不出卵囊，临床上常结合其症状采用治疗性诊断。

【治疗处理】

（1）治疗原则及方法　治疗球虫病的时间越早越好，因为球虫的危害主要是在裂殖生殖阶段。

常用的治疗药物有如下几种。

① 氨丙啉　犬 50～100mg/kg，猫 100mg/kg，口服，1 次/天，连用 4～5 天。

② 磺胺二甲氧嘧啶　犬 100mg/kg，口服，1 次/天，连用 5 天。

③ 磺胺-6-甲氧嘧啶　犬 100mg/kg，猫 50mg/kg，口服，1 次/天，连用 5 天。

（2）注意事项

① 在应用抗球虫药的同时，需结合抗生素控制继发感染，对于脱水和出血严重病例，配合补液、止血等措施。

② 任何一种抗球虫药在连续使用一段时间后都会使球虫产生耐药性，要注意轮换用药和交替用药。

（3）预防

① 保持犬、猫舍清洁干燥，避免饲料和饮水受到粪便的污染。

② 注意灭蝇、杀鼠以及将病犬、猫隔离。

③ 母犬在生产前 10 天饮用氨丙啉药液预防。

第九节　巴贝斯虫病

巴贝斯虫是一种严重的寄生原虫病，可寄生于各种哺乳动物的红细胞内，经蜱传播。常引起严重的贫血，急性病例还会出现高热、黄疸和血红蛋白尿。

【病原】寄生于犬的虫种是犬巴贝斯虫和吉氏巴贝斯虫，两者均为小型虫体，长度一般在 $1\sim5\mu m$。呈梨形、环形、椭圆形、圆形、小杆形等。常位于红细胞边缘或偏中央。

吉氏巴贝斯虫是流行于我国的主要虫种，在江苏和河南的部分地区呈地方性流行。

【生活史】巴贝斯虫的发育需要蜱作为中间宿主。当蜱吸血时，子孢子随蜱的唾液进入犬体内，在犬红细胞内以二分裂法进行无性繁殖，形成新的裂殖子。当红细胞崩解后，释放出的裂殖子又侵入新的红细胞内，进行新的分裂繁殖，如此反复分裂，最终形成配子体。当蜱叮咬犬时，摄入配子体并在体内发育为合子。合子能运动，并进入蜱的各种器官内反复分裂形成大量的动合子。动合子进入蜱的卵母细胞，使蜱的卵期即感染巴贝斯虫，以后由卵孵化出来的若蜱也已寄生了巴贝斯虫。巴贝斯虫在若蜱的消化道中进行裂殖生殖，再进入若蜱的唾液腺并反复进行孢子生殖，形成具有感染性的子孢子。在若蜱吸血时，就将巴贝斯虫子孢子传给宿主。

【诊断处理】

（1）流行病学特点　蜱是巴贝斯虫的中间宿主，故巴贝斯虫病的分布和流行与蜱的分布和活动季节密切相关，在热带、亚热带和温带地区均有分布，在我国南方地区发病率较高，北方地区的发病率较低。本病具有一定的季节性，4～10 月份多发。各年龄犬都容易感染。

（2）症状

① 最急性型　多在 1～2 天内死亡，无明显临床症状。

② 急性型　经过 7～10 天的潜伏期后，先表现为体温升高，2～3 天内可达 42～43℃。可视黏膜先呈淡红色，继而发绀或黄染。心悸、脉搏加快、呼吸困难，有的病犬可以触摸到肿大的脾脏。食物废绝，饮水增加，有时出现腹泻，行走困难，后期几乎完全不能站立。

③ 慢性型　病初精神沉郁、喜卧怠动，运动时身躯摇晃。常出现发热、贫血、黄疸和血红蛋白尿等症状，并发消瘦、腹水、支气管炎、出血性紫斑和肌肉疼痛等症。

（3）实验室诊断　采取病犬耳尖血做涂片，姬姆萨染色后检查，如发现典型虫体即可确诊。

【治疗处理】

（1）治疗原则及方法

① 应用特效药杀灭虫体

a. 三氮脒 11mg/kg，皮下注射或肌注，1次/天，间隔5天再用1次。

b. 咪唑苯脲 5mg/kg，皮下注射或肌注，1次/天，隔日再用1次。

② 该病应该做到早发现，早诊断，早治疗，除用特效药杀虫外，应抗感染，并配合对症治疗如补充体液和加强营养等。

（2）注意事项

① 在治疗后病原仍可持续存在，所以该病很可能复发。

② 如果巴贝斯焦虫感染引起了急性全身性损伤，则确诊了的患犬预后不良。

（3）预防

① 在疫区应注意蜱的消灭。根据蜱的活动规律，进行有计划的灭蜱工作，消灭犬体、舍和运动场的蜱。可以使用杀虫药，如25mg/kg溴氰菊酯溶液，每隔7～10天喷洒一次。

② 发现病例后，对其他未发病的犬进行预防性治疗。

③ 在非流行季节引进或转运犬只，在转入和转出前都应对其进行药物处理。

④ 应尽可能从非流行区引入犬种。

第十节 伊氏锥虫病

伊氏锥虫病又称为苏拉病，是由锥虫属的伊氏锥虫寄生于犬体内引起。本病的临床特征为进行性消瘦、贫血、黏膜黄染、水肿等。

【病原】 伊氏锥虫为单形型锥虫，长18～34μm，宽1～2μm，前端比后端尖，波动膜发达、宽而多皱曲，游离鞭毛长达6μm。虫体中央有一个椭圆形的核或称主核，前端有染色质颗粒，后端有小点状的动基体，脑浆内含有少量空泡。在姬姆萨染色的血片中，虫体的核和动基体呈深红紫色，鞭毛呈红色，波动膜呈粉红色，原生质呈淡蓝色，宿主的红细胞则呈鲜红或粉红色，稍带黄色。

【生活史】 伊氏锥虫寄生在犬的造血脏器和血液（包括淋巴液）内，以纵分裂法进行繁殖，虻、螫蝇及虱蝇是其主要传播者。伊氏锥虫在虻、螫蝇及虱蝇体内并不进行发育，生存时间亦较短，如在螫蝇体内的生存时间为22h，3h内有感染力。

【诊断处理】

（1）流行病学特点 本病的传染来源是各种带虫动物，包括隐性感染和临床治愈的病畜。虻、螫蝇、虱蝇等刺蛰病畜或带虫动物后，在刺蛰健康犬时把锥虫传播给犬只。此外，实验证明能经胎盘感染。犬还可因采食带锥虫动物的生肉，经消化道而感染。在疫区给犬采血或注射时，如果不注意消毒亦可能传染伊氏锥虫病。本病虽常年都有发生，但主要在7～9月份流行。

（2）症状 病犬精神沉郁，体温升高，可视黏膜黄染，贫血，心动过速。红细胞数随病情加重而急剧减少，血红蛋白也相应减少，血沉加快。病至后期，患犬消瘦，呼吸困难，淋巴结急性肿胀，腹下、胸前及四肢呈游动性水肿，运动失调，角膜炎、虹膜炎以及全身脱毛。

病理剖检可见皮下胶样浸润，浆液腔中有漏出液。浆膜、黏膜、肾脏和膀胱可能有出血点。脾脏有时急性肿胀，有时慢性肿胀，脾髓常呈锈棕色。淋巴结髓样肿胀。肝脏肿大、淤血、脆弱，切面呈淡红色或灰褐色，肉豆蔻状，小叶明显。

（3）实验室诊断 根据临床症状或特效药诊断性治疗，可作出初步诊断。但最后确诊尚需进行伊氏锥虫体检查及血清学检查。

① 血液（骨髓液）内虫体检查

a. 血片检查。由病犬耳尖或颈静脉采血，混于 2 倍盐水中，放玻璃片上观察有无活动的虫体；或将血液、骨髓液涂片染色后，在油镜下观察有无虫体。

b. 集虫检查。采取多量血液，加抗凝剂，离心沉淀后镜检沉渣，查找虫体。

② 血清学诊断　伊氏锥虫病血清学诊断方法很多，如凝集反应、沉淀反应、升汞反应、福尔马林反应、团集反应和补体结合反应等。

③ 动物接种试验　用上述各种诊断方法不能确诊本病时，可用疑似病犬的血液 0.2ml 接种于实验动物如小白鼠、天竺鼠、家兔等的腹腔或皮下。小白鼠和天竺鼠每隔 1～2 天采血检查一次，家兔每隔 3～5 天检查一次。如连续检查 1 个月以上（小白鼠半个月）仍不见虫体出现，可判定为阴性；若检出虫体，可判定为阳性。

（4）鉴别诊断　犬梨形虫病在临床上也有高热、消瘦、贫血等症状，但其孢子虫寄生于犬红细胞内，在血液涂片上易与伊氏锥虫相区别。

【治疗处理】

（1）治疗原则及方法　对于本病的治疗，应做到早期治疗，药量要足，观察时间要长的原则。可选用下述药物治疗。

① 萘碘苯酰脲（纳加诺、苏拉明、拜尔 205）　1～2mg/kg，以灭菌蒸馏水或生理盐水配成 10％溶液，静脉注射，一周后再注射 1 次，对伊氏锥虫、布氏锥虫均有效。此药与锑剂、砷剂及安锥赛等配合应用可提高疗效。

②“九一四”　对重症或复发患犬可与萘碘苯酰脲交替应用“九一四”1.5mg/kg，配成 5％溶液，静脉注射。注射时第 1 天和第 12 天用苏拉明，第 4 天和第 8 天用“九一四”为一个疗程。对有神经症状的晚期病犬，可加入麝香溶液（麝香 2mg，蒸馏水 10ml）同时注射。

③ 安锥赛（硫酸喹啉嘧啶胺）　4.4mg/kg，以灭菌生理盐水配成 10％溶液，皮下或肌内注射，隔日再注射 1 次，连用 2～3 次，亦可与苏拉明交替使用，效果更好。

（2）注意事项

① 注射苏拉明后，犬可能出现不良反应，如眼睑、腹下等处水肿、口炎、肛门糜烂、跛行及麻疹等，轻度的一周左右自愈，重度的需对症治疗。为了减弱不良反应，可加强运动，或在注射苏拉明的同时应用钙剂。

② 一般在临床治愈后 4～14 周，红细胞数才逐渐恢复正常。

（3）预防　消灭媒介昆虫，搞好环境和犬舍卫生。一旦发生本病，应及时隔离治疗。

第十一节　体表寄生虫病

犬、猫的体表寄生虫病主要是一些蜘蛛昆虫类的寄生虫，种类较多，分布也较广，感染率很高。这些寄生虫一方面直接对宿主的自身健康造成危害，另一方面在寄生过程中常传播某些细菌性、病毒性或寄生虫性疾病，致使其肆意流行，危害严重。

犬、猫的蜘蛛昆虫类寄生虫病有螨病、虱病、蚤病和蜱病。

【病原】

（1）螨　犬、猫的螨病主要有疥螨病、蠕形螨病和痒螨病，寄生于犬、猫各部位的皮肤内。

① 疥螨病　在临床上，引起犬、猫疥螨病的常见寄生虫有犬疥螨和猫背肛螨。

a. 犬疥螨。犬疥螨微黄色，外形呈圆形，背面稍凸起，腹面扁平。雌螨大小为（0.33～

0.45)mm×(0.25～0.35)mm，雄螨大小为（0.2～0.23)mm×(0.14～0.19)mm。虫卵呈椭圆形，大小为 $150\mu m \times 100\mu m$。

b. 猫背肛螨。其形态、构造与犬疥螨相似，只是虫体较小。

② 蠕形螨病　在临床上，引起犬、猫蠕形螨病的是犬蠕形螨，主要感染犬。虫体细长，呈蠕虫状，大小为（0.25～0.3)mm×0.04mm。雄虫的生殖孔开口于背面，雌虫的生殖孔在腹面。

③ 痒螨病　犬、猫痒螨病主要是由犬耳痒螨寄生于犬、猫的外耳道内引起的皮肤病。雄螨全部足和雌螨第1、2对足的末端有吸盘。雌螨第4对足不发达，不能伸出体边缘，而雄螨的尾突不发达。

（2）虱

① 毛虱

a. 犬毛虱寄生于犬的体表，但在小猫身上也可出现。扁平，淡黄色具褐色斑纹。雄虱长约 1.74mm，雌虱长约 1.92mm，虱体分头、胸、腹三部分，头比胸宽，无眼，有1对触角，咀嚼式口器，胸部有3对粗短的足。

b. 猫毛虱寄生于猫体表，淡黄色，腹部白色，具黄褐色条纹，头呈三角形，虫体长约 1.2mm。

② 吸血虱　犬吸血虱，淡黄色，背腹扁平，头部较胸部窄，呈圆锥状，触角短，口器为刺吸式，胸部有3对粗短的足。雄虫长约 1.5mm，雌虫长约 2mm。

（3）蚤　犬、猫常见的蚤有犬栉首蚤、猫栉首蚤。犬栉首蚤只寄生于犬及野生犬科动物体表，而猫栉首蚤主要寄生于犬、猫，有时也可寄生于其他多种温血动物。虫体呈深褐色，雄虫长不足 1.0mm，雌虫长可超过 2.5mm。寄生时可引起犬、猫皮炎，同时也是犬绦虫的传播者。

（4）蜱

① 硬蜱　为犬的一种重要外寄生虫病，主要有血红扇头蜱、二棘血蜱、长角血蜱、草原革蜱和微小牛蜱等。

② 软蜱　寄生于犬的软蜱主要有拉合尔钝缘蜱和乳突钝缘蜱。

【生活史】螨、虱、蜱的生活史属于不完全变态，而蚤为完全变态。

螨整个发育过程包括卵、幼虫、若虫和成虫四个阶段。疥螨的雌、雄虫在动物体表交配后，雄虫死亡，雌虫钻入宿主表皮内产卵。卵经3～8天孵化出幼虫，幼虫移至皮肤表面并开凿洞穴居住，经3～4天蜕化为若虫，若虫再钻入皮肤经3～4天蜕化为成虫，整个发育过程约为10～14天。雌虫产卵后21～35天即死亡。耳痒螨整个发育过程约需20天，可通过直接接触进行传播。犬蠕形螨的雌虫在毛囊或皮脂腺内产卵，整个发育过程需经过25～30天。

虱包括卵、若虫和成虫三个阶段。雌、雄虱交配后，雌虱产卵于宿主毛上，卵经7～10天孵化为若虫，若虫经3次蜕皮变为成虱，整个发育期约为30天。虱一生离不开宿主，在外界只能生存2～3天。

蚤发育史包括卵、幼虫、蛹、成虫四个阶段。雌蚤在宿主被毛上产卵，卵从毛上脱落入地，在适宜的条件下经2～4天孵化出幼虫，大约15天后化为蛹，再经3～4天变为成虫。整个发育期需18～21天或更长时间。蚤在低温、高湿条件下，不进食也能存活一年或更长时间。

蜱发育过程包括卵、幼虫、若虫和成虫四个阶段。硬蜱在动物体上进行交配后，雌蜱吸饱血并离开宿主落地，爬到缝隙内或土块下，经4～8天开始产卵，产卵后雌虫一般7～15

天内即死亡，而雄虫一般可存活 30 天左右。卵经过 15～30 天孵出幼虫，幼虫爬到宿主体上经过 2～7 天吸血后落到地面，蜕化变为若虫。若虫再侵袭动物，经过 3～9 天吸饱血后再落到地面，蛰伏数天至数十天，蜕化变为性成熟的成蜱。软蜱前期的发育都在犬体上吸血和蜕化，直到最后一期若虫阶段在吸饱血后才离开犬体表并落地蜕化为成虫。整个发育过程一般需要 4～12 个月，寿命最长可达 25 年之久。

【诊断处理】

(1) 流行病学特点　螨、虱、蚤、蜱病分布广泛，一年四季均可发生，其中以阴暗潮湿、卫生条件差的环境尤甚。

各年龄阶段的犬、猫均可感染，其中以老幼体弱者更为严重。

(2) 症状

① 在犬、猫体表可出现寄生虫的虫体、卵或排泄物。

② 由于叮咬和所分泌毒物的刺激，使犬、猫皮肤出现剧痒和炎症反应，影响采食和休息。

③ 犬、猫常因摩擦而使患部严重脱毛，产生大量皮屑甚至脱皮或皮肤增厚、龟裂。常继发细菌性感染，病变部位出现大量渗出物、化脓、结痂等症。犬、猫食欲不振、消瘦，幼犬、猫发育不良，重者因贫血及全身感染中毒而死亡。

④ 犬疥螨病变先起始于头部、口、鼻、眼及耳部和胸部，后遍及全身；猫背肛螨主要寄生在猫的面部、鼻、耳以及颈部等处；耳痒螨主要寄生在耳部皮肤，继发感染后病变可深入到中耳、内耳以及脑膜等处；犬蠕形螨常寄生于面部与耳部，严重时可蔓延到全身。虱、蚤、蜱常遍及全身，其中蜱还常继发伤口蛆病。蜱若大量寄生于后肢时，可引起后肢麻痹；寄生于趾间，可引起跛行。

⑤ 在寄生过程还因传播某些细菌性、病毒性或寄生虫性疾病而表现出相应症状。

(3) 实验室诊断　在螨虫病的诊断中，疥螨可在病变皮肤和健康皮肤交界处，剪去该部的被毛，用消毒过的手术刀垂直刮取皮肤病料，一直刮到轻微出血为止。刮取病料置于玻片上，滴加 50% 的甘油水溶液，加盖载玻片并用手搓压玻片，使病料散开，置显微镜下检查，查出螨虫或螨虫卵即可确诊。耳痒螨采用耳内的皮屑和渗出物，犬蠕形螨采用皮肤结节或脓疱内容物进行检查。

【治疗处理】

(1) 治疗原则及方法

① 杀虫

a. 目前临床上在治疗螨、虱、蚤病时，使用最广泛的杀虫药物为伊维菌素：0.2mg/kg，1 次/天，皮下注射，间隔 7～10 天，连用 3～4 次。

另外也可选用一些外用药物，如疥螨，耳痒螨病可选用 0.005%～0.008% 溴氰菊酯溶液或 10% 硫黄软膏，犬蠕形螨病可用 5% 碘酊或苯甲酸苄酯混合液（苯甲酸苄酯 33ml、软肥皂 16g、95% 酒精 51ml）局部涂擦，虱病可用 0.5% 西维因或 0.1% 林丹液涂擦患部，临床上许多有机磷酸盐类制剂和氨基甲酸酯类制剂对蚤类有效。

b. 蜱可直接用手提取或用一些油类制剂（如煤油、凡士林等）涂于寄生部位使其窒息，也可用 0.1% 辛硫磷、0.05% 蝇毒磷、1% 敌百虫、0.5% 毒杀芬、0.5% 马拉硫磷等药液喷洒或药浴杀虫后再用镊子取出。

② 抗菌消炎　对重症病犬、猫除局部应用杀虫剂外，还应全身配合应用抗生素消除炎症。

③ 对症治疗　有的有过敏、水肿等症状的要进行必要的对症用药。

④ 支持疗法　对全身感染严重、体质虚弱的病犬、猫补充能量，给予如能量合剂、氨基酸等。

（2）注意事项

① 柯利犬及具有柯利血统的犬如喜乐蒂、边境牧羊犬等禁用伊维菌素。

② 外用杀虫药都具有一定的毒性，一定要注意使用浓度并防止犬、猫舔食。特别猫很敏感，更要谨慎。施用外用药前先用肥皂水彻底清洗患部或全身，并用清水洗净后再涂擦或药浴。

③ 取蜱时，蜱体应与动物的皮肤垂直拔出，避免蜱的口器断落在动物体内产生局部炎症。

（3）预防

① 加强日常饲养管理，保持犬窝、猫舍清洁、干燥及犬、猫身体清洁，光照充足，通风良好，饲养密度适宜。

② 犬、猫定期应用驱虫药，圈舍定期用双甲脒、二嗪农等喷洒杀虫。

③ 对患病犬、猫及时隔离治疗，同群的犬、猫进行预防性用药，被污染的场所及用具用杀虫剂全面处理。

④ 消灭蜱时，可以用泥巴堵塞圈舍内所有的缝隙和裂口，然后用石灰乳粉刷，或0.75%滴滴涕喷洒、敌敌畏烟剂熏杀等。

【复习思考题】

1. 寄生虫感染宠物的常见途径有哪些？
2. 犬是怎样感染犬恶丝虫病的？临床主要症状是什么？如何诊断与防治？
3. 犬、猫常寄生哪些绦虫？其致病作用有哪些？怎样进行防治？
4. 如何防治犬、猫弓形虫病？
5. 犬、猫患螨虫病时，主要症状是什么？怎样诊断与防治？
6. 发生犬、猫寄生虫病时，应采取哪些综合性防治措施？

第六章 消化系统疾病

【学习目标】
1. 理解宠物消化系统疾病的一般诊治原则，熟悉消化系统疾病的发生原因。
2. 掌握各种消化系统疾病的临床表现与诊治的基本手段与方法。

第一节 消化道疾病一般诊治原则

消化系统疾病的发生往往与饲养管理有关，要贯彻预防为主的原则，做到精心喂养，给予质量良好，合乎卫生要求的全价日粮；饮饲要有规律，不可突然改变；搞好宠物卫生，尽量减少应激因素对宠物的影响；宠物每天应到户外适当运动，增强体质。消化系统疾病是犬、猫最常见、最多发的疾病，因此应特别注意消化系统的检查。

【诊断处理】

（1）消化系统疾病最常见的症状是呕吐与排便异常。一旦出现呕吐、腹泻、便秘等症状首先应做进一步的消化系统检查以确认疾病。

（2）幼犬、未免疫犬出现呕吐、腹泻症状应首先检查传染病。

（3）食欲减退或废绝是很多疾病的全身症状，并非消化系统疾病独有，应注意结合局部症状加以鉴别。

（4）有消化系统症状并伴有腹壁紧张的，应注意检查胃肠的器质性问题，同时应考虑腹部其他系统器官的病变，如子宫内膜炎、腹膜炎等。腹壁不紧张的触诊是较易触及消化道梗阻、套叠等疾患的。

（5）X光检查、内镜检查经常用于确诊消化系统疾病。

【治疗处理】

（1）凡有持续呕吐症状者一般均应禁食，不能强行喂服，否则呕吐更严重。禁食、禁水时间一般要持续到患犬、猫连续24h不吐为止，试喂少量易消化、柔软或流质类食物。

（2）对于腹泻不能轻易止泻，粪便有臭味、发黑腐败的应先清理肠道，促其排出。

（3）单纯的止吐、止泻等对症治疗往往不能奏效，应查明疾病首先进行对因治疗。

（4）输液疗法对消化系统疾病是必要的。

（5）机械性消化道不通畅病例一般均要手术处理。

第二节 口 炎

口炎是以流涎及口腔黏膜潮红、肿胀等为临床特征的口腔黏膜炎症的总称。常发生于舌、齿龈和颊黏膜等处，患病犬、猫以流涎、拒食、口腔黏膜潮红、肿胀、甚至溃疡为特征。

【诊断处理】

（1）口炎的病因

① 机械性损伤。骨头、尖锐异物或过长的犬齿可直接刺伤口腔黏膜。

② 化学性刺激。偶然接触具有强烈刺激性的酸、碱或刺激性化学药物，致使黏膜损伤。

③ 微生物因素。当机体出现免疫抑制或长期使用广谱抗生素后，白色念珠菌容易引发本病。

④ 继发于某些疾病。咽炎、舌炎、猫杯状病毒感染，或 B 族维生素缺乏、烟酸缺乏，都可表现本病症状。

（2）食欲基本正常，但采食谨慎，咀嚼缓慢，有流涎现象。检查口腔黏膜潮红、肿胀，甚至有糜烂、溃疡，呼出气体多有难闻臭味。

（3）依据患病犬、猫采食谨慎，咀嚼缓慢的表现，检查口腔发现口腔黏膜病理改变，可确诊。

（4）如有异物刺入时，仔细检查口腔可发现异物。唾液或黏膜刮取物涂片镜检、细菌培养、姬姆萨染色确定有无原虫等。如由疥癣、毛囊虫等体外寄生虫感染或皮肤真菌感染扩散引起的唇周围皮炎，可在面部病灶取样镜检或分离培养。但应与咽炎、狂犬病、中毒等病相鉴别。

（5）咽炎有明显的吞咽障碍和咽部触诊敏感；狂犬病时除有流涎外，还有明显的攻击行为和神经症状；中毒性疾病除有流涎外，同时有明显的呕吐和神经表现。

【治疗处理】

（1）治疗原则　消除病因，清凉止痛，消毒收敛和对症治疗。

（2）加强护理　保定麻醉后及时清除口腔内的异物，必要时除去患病宠物口内的松动牙齿或异物；给柔软易消化的流体食物或半流体食物。

（3）治疗措施　首先细致检查口腔并除去可能存在的尖锐异物等，然后使犬头平伸或低下，用一次性注射器抽取 0.05%～0.1%高锰酸钾液、2%～3%硼酸或明矾溶液等，从一侧口角注入口腔，反复多次，然后在溃疡处涂抹 1%紫药水或 2%～3%碘甘油。黏膜炎症剧烈时，可配合服用抗生素，如阿莫西林等，每天 2～3 次。若流涎过多，可服用阿托品片，以减少唾液分泌。为促进口腔溃疡愈合，最好再补充维生素 A、复合维生素 B 和维生素 C 等。治疗中注重饲喂富有营养的流质或柔软食物，以减少口腔黏膜的刺激。

（4）注意食物来源、温度　清楚食物内的异物。做好宠物的自身卫生和其他疾病的预防工作。在食物调制时，要避免混入粗硬、尖锐食物；及时修理牙齿；防止误食毒物；经口投服刺激性药物时，避免浓度过大。

第三节　齿　龈　炎

齿龈炎是由外伤、齿石、龋齿或继发所致一种急性或慢性疾病，其临床特征为充血和肿胀。

【诊断处理】

（1）原发性齿龈炎主要由齿石、龋齿、异物等物理性损伤引起。可继发于营养不良、B 族维生素、维生素 C、烟酸缺乏、重金属中毒、口炎和尿毒症。某些传染病也可继发，如犬瘟热、钩端螺旋体病等。

（2）临床可见齿龈内部乳头发生充血、肿胀，在齿颈周围齿龈的边缘有一狭带，其色鲜红，十分脆弱，易出血。齿龈疼痛，采食、咀嚼困难，流涎。有时发生溃疡，齿龈萎缩，齿根暴露。

（3）该病转为慢性时，齿龈变肥大。

【治疗处理】除去病因，清除异物、齿石，治疗龋齿，对于病变不太广泛的肥大齿龈可切除。加强饲养管理，喂牛奶、肉汤、菜汤，不得喂刺激性食物。常用生理盐水清洗口腔及齿石，然后涂以碘甘油。对于重症病例，青霉素每千克体重 8 万单位，肌内注射，连用一周。同时辅以维生素治疗，维生素 K_3 2～4ml，皮下注射，2 次/天，连用 3～5 天，维生素 B_2 10mg 口服，3 次/天，连用 10 天。

第四节 牙 结 石

牙结石是钙化了的牙菌斑，在牙周疾病的发展方面起着重要作用。通俗地说："牙结石即牙垢"，是附着在牙面上的矿化的菌斑和其他沉积物的总称。长期吃犬、猫干粮的宠物容易患牙结石。

【诊断处理】

（1）口腔中有大量的唾液腺开口，唾液中含有大量的黏蛋白，这些黏蛋白会附着在牙齿表面，吸附口腔中的细菌形成一层牙菌斑，然后又会有黏蛋白附着，这样一层层的覆盖在牙齿上，时间一长就形成了结石。

（2）当牙结石形成后，它会分泌大量唾液，咬东西看起来很困难或有口臭。严重时可导致牙周炎、牙龈出血甚至齿根断裂，继发感染后导致下颌骨化脓，最终导致下颌骨病理性骨折。

【治疗处理】 去除牙结石最有效的办法是每年洗牙一次，可以将牙齿表面以及牙龈内的结石彻底清除干净。平时要为宠物做牙齿的护理，应用宠物专用的牙膏、牙水等。这样能最大限度地减缓结石的形成，抑制口腔细菌的繁殖，避免口臭。

第五节 唾 液 腺 炎

唾液腺炎是指唾液腺及其导管的炎症。常见于腮腺炎及耳下腺炎。犬、猫有时呈地方性流行。按病因可分为原发性和继发性两种。按病程可分为急性和慢性两种。

【诊断处理】

（1）原发性唾液腺炎常为唾液腺或其邻近组织的创伤或感染所致。如犬之间的咬伤、外伤；有芒刺的食物，或尖刺儿、鱼钩等异物混进食物刺入组织等引发感染。继发性唾液腺炎常继发于咽炎、舌炎、口炎、腮腺管结石及葡萄状真菌病等。

（2）由于病因的作用，使唾液腺感染而引发炎性反应，造成唾液腺充血肿胀和渗出，引起患部变形；当炎症产物被机体吸收后引起体温升高等反应。

（3）急性唾液腺炎　感染初期体温升高、颌部疼痛。感染的腺体呈弥漫性或局部性肿胀，常表现流涎、不食和吞咽困难，严重时肿胀破溃流出脓汁，甚至形成瘘管。耳根部及下颌水肿。腮腺感染时，眼睑肿胀，眼球突出，同侧白齿侧面的口腔黏膜发炎、肿胀。头部僵直，拒绝触摸。如腮腺化脓，局部肿胀明显，患部触诊有波动感，最后破溃排脓。慢性唾液腺炎仅见局部肿胀，触之发硬，其他症状不明显。

（4）根据触诊和视诊，结合临床症状，如患部肿胀、流涎、咀嚼困难等可初步判断。造影法可准确诊断患病部位。X 线检查可确认唾液腺结石。

【治疗处理】

（1）治疗原则　消除炎症，防止化脓继发感染，对症治疗。

（2）加强护理　给予营养丰富的食物。

（3）治疗方法

① 物理及药物疗法。早期消除或缓解炎症，防止脓肿转移。轻型的腮腺炎，可用50％的乙醇热敷或涂搽碘软膏，促进炎症的消散和渗出物的吸收。严重感染未形成脓肿前，发炎部位每日热敷数次。已经形成脓肿时，刺激脓肿表面，使其破裂或切开排脓。由异物所致，应及早除去异物，冲洗脓肿。

② 手术疗法。耳下腺脓肿应切开最浅的部分。腮腺脓肿应先切一小口用钳子扩张，由上颌最后臼齿的侧后方排脓。脓腔大时，用酸灼烧其内壁加速愈合。若有复发，应手术摘除腺体。

（4）预防　预防感冒，防止犬之间的咬伤、创伤感染、异物刺激等。加强管理。

（5）预后　急性型多预后良好，经8～10天痊愈。化脓型的病程长，往往形成瘘管，预后不良。少数因继发败血症，预后不良。病程长短不一。

第六节　食管阻塞

食管阻塞是指食管被食物或异物所阻塞，以突然发生吞咽障碍为特征。本病易发部位为食道起始部、食管胸腔入口与心基部之间以及心基部与横膈之间。犬比猫多发。

【诊断处理】

（1）给犬、猫饲喂较粗大的骨头或软骨块，或饲喂鸡骨、鱼骨等容易诱发本病。犬、猫玩耍撕咬手套、毛巾、布条或塑料小玩具时误咽，也是引起本病的常见原因。

（2）犬、猫突然停止进食，头颈伸直，流涎和呕吐，骚动不安，并不停用前肢刨抓颈部。发生不完全阻塞时，病情比较缓和，犬、猫尚可饮水；发生完全阻塞后，症状较重，若不及时排除阻塞物，则往往造成食管壁压迫性坏死。

（3）食管触诊，胃管探诊和X线摄片检查是确定阻塞部位的常用方法。若用消化道内镜检查，不仅可以确定阻塞部位及阻塞物性质，往往可以在直视下利用附属器械方便地将阻塞物取出。

【治疗处理】

（1）对发生在食管起始部或食管上部的阻塞，在全身麻醉状态下，力争经口腔用适当器械取出阻塞物；若有困难，再实施食管上部切开术取出阻塞物。对于发生于食管下部或接近胃的阻塞，尽量实行食管下部切开术，并经此切口取出阻塞物；若有困难，可实施胃切开术取出阻塞物。

（2）术后为预防阻塞部感染，可肌内注射或静脉滴注氨苄青霉素、先锋霉素Ⅴ，每千克体重25～50mg，每天2次。每天投服庆大霉素注射液2～4ml，有良好的局部抗菌消炎效果。术后3天内禁食、禁水，每天静脉补充10％葡萄糖溶液和复方生理盐水。3日后服少量温糖盐水，5～7天后饲喂流质或柔软食物，后逐渐转为正常饲喂。

第七节　胃　扩　张

胃扩张是由于胃内积蓄食物、液体或气体，使胃膨胀而引起的一种腹痛，中兽医称大肚结。本病多见于犬。

【诊断处理】

（1）引起犬急性胃扩张的病因较多，如饮食前后的剧烈运动以及遗传因素等。另外，肉类食物，幽门功能异常也可能引发胃扩张。胃弛缓和胃韧带松弛所致胃扭转均能引起胃扩张。

（2）当犬采食大量食物、水和吞入大量的空气，均能引发胃扩张。剧烈运动或突然改变身体姿势能加速该病的发生，胃扭转后，犬不能进行有效的呕吐，但仍能吞入空气，幽门易被阻塞，因而易继发胃扩张。胃扩张则使胃内压力升高，从而明显降低后腔静脉及门静脉的血流量，并且，由于血液回流量降低，使心输出量减少。随着胃扩张和胃扭转的进一步发展，胃动脉血流量受到影响。血液停滞和组织缺氧可导致体液分离及内脏器官内毒素的积蓄，动脉性低血压使冠状血管血流减少，心肌缺氧。

（3）最急性型：喂食后 1h 左右发生，犬躁动不安，来回走动，不愿躺下。进一步发展时病犬呆立不动，头颈伸直，张口呼吸，腹部明显膨大，叩诊呈浊音，心率加快，130～160次/min。心律不齐，肠音消失，多发生于炎热天气。

急性型：喂食后 3～4h 发生，多因食物未及时排空，在胃内发酵产酸产气引起。一般夜晚多发生，第 2 天发现时，已为后期。此时，病犬精神高度沉郁，眼球下陷，全身发绀，鼻镜干燥，干呕，腹部极度膨大，叩诊呈鼓音，心率 120～150 次/min。心律不齐，脉细数，有的濒临死亡。

臌气型：发生在比赛或训练剧烈运动之后。因剧烈运动，加上气温较高，体热散发慢，导致体温升高，犬长时间急剧喘气。可见腹部膨大如鼓，叩诊呈鼓音，犬呆立，干呕，喘气，体温 40～41℃，若不及时抢救，极易窒息死亡。

（4）根据患犬的临诊症状：视诊病犬食欲废绝、干呕、张口呼吸；触诊腹部明显膨大；叩诊呈鼓音、浊音；听诊心率加深加快，120～160 次/min 等，结合发病经过，可对该病作出初步诊断。若要进一步确诊，可用拍 X 光片。

（5）食滞性胃扩张腹部平片显示：胃轮廓增大，胃内有大量较高的食物阴影（荧光屏呈现灰色阴影，X 胶片呈灰色阴影）。

气胀性胃扩张腹部平片显示：胃腔体积扩大，积气，呈囊袋状低密度影（荧光屏较明亮，X 光胶片呈灰白色）。

胃扭转和液胀性胃扩张：由于胃内容物和周围组织（肠管，实质脏器）均为中等密度影，缺乏良好的自然对比性，鉴别有一定难度，需做进一步诊断。

【治疗处理】

（1）对症治疗　对最急性胃扩张，一经发现，必须尽快实施人工催吐。可采用胃导管刺激和药物两种方法。早期以使用胃导管经口插入食管，刺激咽喉及贲门，使其呕吐为好。对不便操作患犬，可按每千克体重 0.05mg 皮下注射阿朴吗啡，但应防止过度呕吐的副作用。

（2）对发现较晚，胃臌气，听诊胃内有荡水音的急性胃扩张患犬，将胃导管（直径1.5cm 为好）插入胃中，将气体和食糜导出，对敏感不易操作患犬可肌注安定。对呕吐严重者注意补钾；对出血严重患犬肌注止血敏；对于频呕犬，可按每千克体重 1mg 肌注氯丙嗪镇吐，防止复发胃臌气。对臌气型胃扩张，若发现及时，只需穿刺放气即可。采用 18 号兽用针头左边穿刺。放气时不能太急，应让气流缓缓放出，防止压强失衡。然后配合退热药如柴胡注射液或鱼腥草注射液，再用冰块冷敷，平息气喘（气喘严重犬可用氨茶碱或麻黄素注射）。

（3）预防措施　预防胃扩张的关键在于加强饲养管理。首先是在犬饲料的配制与使用上，避免添加如豆饼等易膨胀或易发酵原料，其次是犬在剧烈活动后未平静之前，禁止饲喂和过量饮水。在训练过度、极度饥饿时，应少食多餐，避免采食过急过多，且在饲喂颗粒饲料之后，不可立即给水。另外，当犬有肠便秘、肠变位、肠梗阻以及有肠膨胀等肠腔机械性阻塞性疾病时，应尽快及时治疗，防止继发胃扩张。

第八节　胃　扭　转

犬胃扭转是犬的常见病之一。犬的幽门移动性较大，尤其是大型犬、老龄犬，如果臌气、胃异常蠕动或胃内容物过度充满均可致肝胃韧带、十二指肠韧带松弛或撕断，极易发生胃扭转。

【诊断处理】

（1）胃扭转一般于采食或运动后突然发病，病初患犬精神沉郁，精神淡漠，呆立，或时而爬卧，时而不停走动，行走时小心谨慎。频繁呕吐，但多数病例呕吐物很少或没有。呼吸困难，结膜发绀，脉搏一般可达 200 次/min 以上。随着病程进展，很快出现腹部胀满，叩诊呈鼓音，触诊有拍水音。沿肋骨后缘深部触诊，可触摸到臌大的胃，有时做腹腔触诊能触到充气的肠管，若穿刺有气体和液体排出，胃导管插入后有大量酸臭味液体和气体流出，之后腹围缩小，呼吸困难减轻，全身症状有所缓解，但有的病例由于伴发贲门扭转，胃管不能插入。

（2）诊断该病主要依据：剧烈运动突然发病，行走拘谨，不安，腹部迅速膨胀，穿刺减压后很快复发，触诊有冲击性拍水音和干呕。在诊断时应与胃扩张、脾扭转和肠扭转进行鉴别。胃扩张和扭转都可表现出腹围膨大、呕吐等症状，但胃扩张用胃管探诊时容易插入，肠扭转时腹部触诊无拍水音；脾扭转虽然表现出腹痛、行动拘谨和不安等症状，但脾扭转没有腹围膨胀现象，以此可以做出鉴别诊断。

【治疗处理】

（1）确诊为胃扭转的病犬，应立即进行手术，采取全身麻醉，使之仰卧，手术切口位于腹中线上，剑状软骨与脐连线的中点即为切口的中央，切口长 10～15cm。术部剃毛、消毒后覆盖创巾，切开皮肤、腹直肌和腹膜，充分暴露胃，进行检查并复位。多数情况下是胃幽门部由右侧向左侧呈螺旋状扭转，胃幽门被挤大压在肝脏、食管末端和胃底之间，胃大弯与脾脏变为垂直横行。有的病例还可能伴发脾扭转（脾折叠、肿大）或内出血（腹腔内有大量血液），这时需进行脾脏的整复或摘除，内出血应进行彻底止血。在手术前应进行导胃或胃穿刺排液，使胃体积减小，这样有利于手术顺利进行。

（2）术后避免在进食后 1h 大量喝水，不要让犬剧烈运动，不要一次喂过多的食物，最好能分成 2～3 餐。

（3）犬胃扭转的治愈率与病后手术时机有直接关系。该病发病急，病程较短，因此在治疗时必需抓住时机，及早进行。病后越早进行手术治愈率就越高，此时机体的功能状态较好，容易恢复。

（4）该病的预防，首先应避免采食后立即进行剧烈运动；其次是要加强饲养管理，维持犬的正常消化功能，防止由于消化功能紊乱引起胃肠异常运动，造成胃扭转。

第九节　胃 肠 炎

胃肠炎是胃肠黏膜表面或深部的炎症。原发性胃肠炎多由于饮食不当引起，如暴饮暴食，食粮突然改变，采食腐败变质食粮和污秽不洁饮水，投服刺激性药物和误食毒物等。腹部着凉等应激因素可引起肠道菌群紊乱，致病菌大量繁殖等均会引起本病。继发性胃肠炎一般均继发于犬瘟热、犬细小病毒病等传染病和肠道寄生虫病等。

【诊断处理】

（1）有饮食不当史。

（2）胃部和十二指肠炎症以呕吐症状为主，肠部炎症以腹泻为主。

（3）严重病例精神委顿，脱水，并有腹痛症状。

（4）幼犬易发，且症状较重。

（5）诊断时必须排除传染病，尤其要排除犬细小病毒病和犬瘟热，可用犬瘟热病毒

（CDV）、犬细小病毒（CPV）快速诊断试纸检测并排除。

（6）注意鉴别与排除胰腺炎、肠套叠、子宫内膜炎等疾病。胰腺炎以剧烈、频繁呕吐为主，血清生化检查有淀粉酶升高等指标；肠套叠有逆呕症状，渴欲增强，触诊能摸到香肠状物，还可通过 B 超、X 光确认；子宫内膜炎可见腹壁紧张，阴道排带血、带脓污秽物，子宫蓄脓则腹围增大，触诊有波动感，还可通过 B 超、X 光检查鉴别。

【治疗处理】

（1）有呕吐症状的患犬要禁食、禁水，并禁止口服给药。禁食至连续 24h 不出现呕吐为止，以后饲喂易消化流质食物如酸奶等。

（2）无呕吐症状并有食欲、腹泻无恶臭呈水样或仅为粪便稀薄之患犬，口服庆大霉素、磺胺脒等肠道抗生药即可。

（3）食入过量腐败或有毒食粮病例，初期可以用吐酒石催吐。

（4）腹泻之粪便如腐败恶臭，可先用轻泻剂或 0.1% 高锰酸钾灌肠以清理肠道。

（5）当消化道途径给药困难时，需以注射或静脉途径给以庆大霉素、阿米卡星、氨苄西林等抗菌消炎。

（6）作禁食处理、清理胃肠处理、症状严重伴有脱水之病例，需以林格液静脉输液，并补充葡萄糖以维持其能量需要，同时补充维生素 C、维生素 B_6 等。

（7）出现黏液状带血泻痢病例，在有食欲的情况下可口服次硝酸铋、鞣酸蛋白、活性炭等止泻，无食欲有呕吐病例应先进行全身治疗。

（8）呕吐严重时可皮下注射胃复安、氯丙嗪等止吐。

（9）有原发病时应首先治疗原发病。

（10）对于幼犬、未免疫犬，尤其是新购幼犬，应肌内注射足量犬瘟热、犬细小病毒免疫血清，连用 3 天。

第十节　肠梗阻与肠套叠

肠腔反转嵌入与其相连的一部分肠道中形成肠道内、外重叠状态，由此诱发肠道中的内容物通过障碍的现象称为肠套叠。肠梗阻是肠管发生机械性、功能性阻塞或肠管正常位置发生不可逆变化，致使肠内容物不能顺利下行，并伴随阻塞部位局部血液循环障碍的急腹症。

【诊断处理】

（1）病因

① 异物阻塞及肠腔闭塞；粪便秘结、肠道寄生虫等亦可引起阻塞。肠道内外肿瘤、肠道手术后形成瘢痕及疝等，使肠腔闭塞，造成肠道内容物运转障碍。

② 肠变位　包括肠套叠、肠嵌闭、肠绞窄、肠扭转等。临床以肠套叠多发，是指一段肠管及其附着的肠系膜套入到邻近一段肠管内的肠变位。犬的肠套叠较多见，尤以幼犬发病率较高。多见于前段肠管套入后段肠管，以空肠、回肠套入结肠最多见，有时也发生盲肠套入结肠、十二指肠套入胃内。

③ 功能性因素　支配肠壁的神经紊乱或发炎、坏死，导致肠蠕动减弱或消失；肠系膜血栓，导致肠血液循环发生障碍，继而肠壁肌肉麻痹，肠道内容物停留。

（2）症状　肠梗阻部位愈接近胃，其症状愈急剧，病程发展愈迅速。最为显著的症状是剧烈腹痛、持续性呕吐、精神沉郁、废食等。

初期表现腹部僵硬，抗拒腹部触诊。呕吐是早期症状，不完全梗阻仅在采食固体食物时发生呕吐，以慢性腹泻或便秘为主要症状。完全梗阻时，腹痛不安，饮欲亢进。呕吐，初期呕吐物中含有不消化食物和黏液，随后呕吐物中含有胆汁和肠内容物。排粪减少，排出煤焦油样稀粪，以后排粪停止。肠套叠时粪便多呈稀薄黏液性血便，里急后重。由于呕吐导致机体脱水、电解质紊乱和伴发碱中毒。套入长度不等，个别套入部可突出肛门外，似直肠脱出。当肠道突出肛门外时，用钝性探子插入直肠和突出肠道之间进行探诊，肠套叠时，探子插入很深，直肠脱时，探子插入困难。

腹部触诊，异物阻塞时可触及肠管内有质地坚实的团块，触压敏感；肠套叠时可触摸到敏感的粗细为正常肠管 2 倍左右、有弹性似香肠样质地的套叠肠段，有时可触摸到套入肠段的末端突然变细。梗阻前方肠道由于充满气体和液体而扩张增粗富有弹性，后方肠道空虚。

（3）确诊　根据病史、临床症状及腹部触诊可建立诊断。腹部紧张可施行浅麻醉或注射氯丙嗪以利于检查。

① X 线检查　阻塞前部肠管扩张，有特征性气体像。站立位时，可见液体与气体之间的水平线，阻塞部以下的肠道呈空虚像。肠套叠可见 2 倍肠管粗细的圆筒状软组织阴影，严重时，套叠部的肠壁间有气体阴影或出现双层结构。

② 肠道造影　投服钡剂或发泡剂后，肠道造影可确定阻塞部位。

③ 必要时剖腹探查，以便及时治疗。

【治疗处理】

（1）治疗原则　强心补液，纠正脱水和酸中毒；消除病因，立即进行手术，除去梗阻物，解除梗阻，恢复肠道功能。

（2）治疗

① 手术疗法。立即进行外科手术治疗，并采取补充体液和电解质、调整酸碱平衡、应用广谱抗生素控制感染等对症治疗措施。肠道切开（切除）病例，术后前 3 天禁食、禁水非常重要。

② 保守疗法。肠套叠初期可试用温肥皂水灌肠；有时用止痛药和麻醉药，可使初期肠套叠自然复位。亦可采用腹壁触诊整复：一只手握住套叠部肠管的前端往前牵引，另一只手从套入肠段的断端往前轻轻挤压，可望复位。

（3）预防　不要让宠物玩耍玻璃球、橡皮、弹性玩具等；不要给犬过大或过多的骨头。定期为宠物驱虫，防止寄生虫繁殖而引起梗阻。对于宠物的异食癖要及时纠正。

第十一节　便　　秘

便秘是犬、猫尤其是猫的常见病。犬、猫对便秘都有较强的耐受性，有的犬、猫便秘发生数天，临床上并无明显症状，仅见食欲减退，活动减少。

【诊断处理】

（1）病因

① 食物和管理因素　食物中含有过多的肉类、肝脏或碎骨等，由于难以消化而堆积在肠腔内；食物中混有泥沙、毛发或线绳等异物，易与粪便混合纠缠在一起，难以顺利通过肠腔；长期栓系、饮水不足、缺乏运动等。

② 直肠后段受阻　患前列腺炎或前列腺肥大、腹腔或盆腔新生物、会阴疝、直肠息肉等，因排粪受到机械性挤压或阻挡，易引起便秘。

③ 排粪姿势改变　受车辆冲撞、从高处坠落或受钝性物打击，常造成腰荐部脊髓损伤、髋关节脱位、骨盆或肢体骨折，以至于不能采取正常排粪姿势，易引起便秘。

（2）症状　犬、猫腹部膨大，屡见排便姿势、反复努责，但不见粪便排出，或仅排出少量干硬粪球。便秘发生数天后，精神沉郁，食欲减退或废绝，活动减少。

（3）诊断　腹部触诊，直肠增粗，直肠内存有大量干硬粪块。X线摄片检查，可以看到明显增粗的直肠和肠腔内的高密度粪便影像，可确诊本病。

【治疗处理】

（1）破结　首先固定好猫头。站立保定，术者用两手掌从猫的后腹部向内挤压，当感觉到有硬状粪结存在时立即将左手移到腹下，手掌向上用拇指和食指从盆腔前捏断粪结，逐渐向前移动，断一节向前移动一节，最终将肠管的粪结全部捏断。

（2）灌肠　待肠道内全部粪结捏成小段后用肥皂水灌肠。用橡皮球吸取温肥皂水（60ml左右）后把橡皮球尖端轻轻插入肛门内，将肥皂水全部注入直肠，稍停半分钟后抽出橡皮球，此时肠道内的粪结伴随着肥皂水向外冲出，然后再用两手掌向后挤压已断碎的粪块，待粪块移达直肠后，再用温肥皂水灌肠，如此反复多次，直到粪结彻底排出。

（3）药物疗法　内服适量的缓泻药（如硫酸镁、液体石蜡）；灌服少量的色拉油。

（4）护理　为防止肠道继发炎症和促使肠道运行正常，每天可肌注小诺霉素、胃复安各一支，连续注射3天，同时用0.02%的呋喃西林溶液灌肠。为防止机体衰竭每天可肌注三磷酸腺苷二钠注射液、辅酶A各一支。

（5）对于习惯性便秘，饲喂纤维含量丰富的商品化处方食品，有助于预防和减轻便秘症状。同时适量增加宠物运动量，保证有足够的饮水。还要积极治疗引起便秘的原发性疾病。

第十二节　肛门囊疾病

肛门囊疾病是肛门部常发疾病，一般包括肛门囊阻塞、肛门囊炎和肛门囊肿三种。犬、猫多有发生，但以犬发病较多。

【诊断处理】

（1）病因　某些原因引起肛门囊腺体分泌旺盛或囊管阻塞后，囊内分泌物积聚使得肛门囊肿大，极易发生感染，严重时形成脓肿或蜂窝织炎。①长期饲喂高脂肪性食物，粪便稀软阻塞肛门囊管或开口。②全身性皮脂溢并发肛门囊腺体分泌过剩。③肛门括约肌张力减退，导致肛门囊皮脂样物潴留。

（2）症状　患犬常保持犬坐姿势，不时擦肛或试图啃咬肛门，排便费力，烦躁不安。接近患犬时，能感到腥臭味，观察肛门一侧或两侧下方肿胀，肛门囊开口及肛门周围黏附多量脓性分泌物。触之肿胀部敏感、疼痛，如有稀薄脓性或血样分泌物自肛门囊开口流出，即为肛门囊发生化脓性感染的征象。有时肛门囊阻塞严重，脓肿形成后自行破溃，则在肛门囊附近形成一个或多个窦道。

（3）将戴有乳胶手套的一手食指插入肛门，大拇指抵于肛门囊外皮肤，两指用力挤压肛门囊，若内容物不易挤出或挤出浓稠皮脂样物，即为肛门囊阻塞，若稍用力即挤出多量脓性或血样液体，即为肛门囊炎；若肛门囊肿胀严重，囊内脓液量多，即为肛门囊脓肿。

【治疗处理】对于单纯性肛门囊阻塞，在确诊时，挤净肛门囊内容物。若内容物浓稠，可用棉签浸适宜的消毒防腐液擦洗囊腔，1~2周后再重复擦洗一次。此外应积极改善食物结构，增加运动量和治疗慢性腹泻。对于化脓性肛门囊炎，同样在挤净脓性内容物前提下，应用适宜的消毒防腐液冲洗囊腔，然后向囊腔内注入氨苄青霉素或庆大霉素等广谱抗生素。若肛门囊已形成化脓性窦道，须施行肛门囊及病变组织切除术。

第十三节 胰 腺 炎

胰腺炎是胰腺的腺泡与腺管的炎症过程。可分为急性胰腺炎和慢性胰腺炎两种病型。急性胰腺炎，是由致病因素的作用，使胰液从胰管壁及腺泡壁逸出，胰酶原被激活为胰酶后，对胰腺本身及周围组织发生消化作用，引起急性炎症。慢性胰腺炎，是由于急性胰腺炎未及时治愈或胰腺炎在反复发作的经过中所引起的慢性、持续性或反复发作性的慢性病变。犬的发病率要高于猫，尤其是中年雌犬。

【诊断处理】

（1）病因

① 肥胖　饲喂高脂肪饮食易发生营养缺乏症，同时高脂肪饮食可以使胰腺腺泡内酶的含量升高。

② 高脂血症　高脂血症极易导致胰腺炎，尤其是血液中清除乳糜微粒机制受损时，如甲状腺功能低下或糖尿病时，更易发生胰腺炎。

③ 胆管疾病　胆管和胰腺间质的淋巴管互相连通，当胆管发炎时，可通过淋巴管扩散至胰腺，引起胰腺炎。

④ 继发于某些传染病　犬、猫患弓形体病和传染性肝炎时，可损伤肝脏诱发胰腺炎。

⑤ 药物　噻嗪类利尿药、硫唑嘌呤、天门冬氨酸和四环素等可诱发胰腺炎。胆碱酯酶抑制剂和胆碱能拮抗药也可诱发。

（2）症状

① 急性胰腺炎　多数患病动物表现为严重呕吐和腹痛，病犬采取以肘及胸骨支地而后躯高起的"祈祷姿势"，有的则找阴凉地方，腹部紧贴地面躺卧。精神沉郁、厌食、发热、黄疸。腹部膨胀，紧张有压痛。腹泻乃至血性腹泻。部分病例呈现烦渴，饮水后立即呕吐，呼吸急促，心动过速，脱水。严重病例出现昏迷或休克（胰岛素突然大量释放引起低血糖，或钙与血中的脂肪酸结合导致低血钙所致）。

急性出血型胰腺炎的临床症状与急性水肿型胰腺炎相似，但症状更严重。腹痛是经常出现的症状，比较弥漫而不局限于局部；腹胀、腹泻和呕吐都较急性水肿型胰腺炎严重，粪便常带血；常常发生休克。

② 慢性胰腺炎　特征是反复发作持续性呕吐和腹痛。常见症状是排粪次数增多，粪便发油光，呈橙黄色或黏土色，有酸臭味，含有未完全消化的食物。由于吸收不良或并发糖尿病使动物表现贪食。因粪中含脂肪较多，使尾毛和会阴部污染呈油污样。触诊胰腺或周围脂肪（猫）不规则。生长停滞，明显消瘦。

（3）诊断

① 急性胰腺炎　无确定诊断的特定指征，确切诊断比较困难。只能通过实验性治疗来诊断。

a. 实验室检查。白细胞总数和中性粒细胞增多，血清中淀粉酶及脂肪酶的浓度升高（达正常的 2 倍），但血清淀粉酶多于发病 2～3 日后恢复正常。其他有助于胰腺炎诊断的实验室指标有低血钙、一过性高血糖和谷丙转氨酶升高。禁食时的高脂血症，可作急性胰腺炎的诊断依据。严重胰腺炎病例由于胰腺和附近器官发炎引起液体渗出而有腹水，腹水中含有淀粉酶具有诊断意义。

b. 必要时剖腹探查和腹腔镜检查以确定诊断。

c. X线检查可发现上腹部密度增加，但放射学摄片正常也不能排除胰腺炎。

② 慢性胰腺炎或胰腺发育不全　由于缺乏胰蛋白酶，粪便中含有脂肪和不消化肌肉纤

维可作为诊断依据。

【治疗处理】

（1）急性胰腺炎

① 避免刺激胰腺分泌 　最重要的是禁止经口喂给食物、饮水和药物，同时维持水、电解质平衡，常用 5％葡萄糖生理盐水或复方氯化钠液 50～500ml、复方氨基酸 20～100ml、维生素 C 注射液 0.2～2g 静脉注射。维生素 B_1 注射液 100mg 肌内注射。

抗胆碱能药可抑制胰腺分泌，如肌内注射硫酸阿托品或 654-2；或口服异丙酰胺（0.03mg/kg）或普鲁本辛（5～15mg），每日 3 次。

② 抗菌消炎 　以广谱抗生素或多种抗生素联合应用效果较好，如氨苄青霉素、头孢菌素、卡那霉素或庆大霉素、氟喹诺酮类或普康素等，肌内注射，每日 2 次或 3 次；或青霉素、链霉素合并应用。

③ 镇痛抗休克 　镇痛可肌内注射吗啡（0.1～2mg/kg），必要时，每隔 6～12h 重复一次。抗休克用氢化可的松 5～20mg 或地塞米松 2～10mg 溶于葡萄糖溶液中静脉注射。

④ 手术疗法 　当胰腺坏死时，应立即手术切除坏死的胰腺。

⑤ 对症治疗 　维生素 K_3 注射液 1～2mg/kg 肌内注射有利于止血。有脂肪泻者，口服胰酶制剂（胰酶 0.2～0.5g，碳酸氢钠 0.2～0.5g，每日 1 次，连用 1 周）及维生素 K、维生素 A、维生素 D、维生素 B_{12}、叶酸、钙制剂。恢复期可喂以少量低脂饮食，逐步调整至正常饮食。

（2）慢性胰腺炎

① 食饵疗法 　应用高蛋白、高碳水化合物和低脂肪食物，少食多餐，每日至少饲喂3 次。

② 交换消化酶疗法 　将胰蛋白酶或胰组织粉混于食物中进行代替疗法，将胰酶与碳酸氢钠合用作用更强。同时补充维生素 K、维生素 A、维生素 D、维生素 B_{12}、叶酸及钙制剂。

第十四节　肝　炎

肝炎是肝实质细胞出现的急性弥漫性变性、坏死和炎性细胞浸润的肝脏疾病。

【诊断处理】

（1）病因

① 中毒性因素 　指多种有毒物质和化学药品引起的中毒性肝炎。

② 感染性因素 　指病毒、细菌及钩端螺旋体病等各种病原体感染，如犬传染性肝炎病毒、犬疱疹病毒、结核杆菌等。

③ 寄生虫性因素 　指各种寄生虫的侵袭，如肝片吸虫、华支睾吸虫、弓形体、巴贝斯虫等。

④ 营养障碍性因素 　某些营养物质的缺乏，也可引起坏死性肝炎，如硒缺乏、维生素 E 缺乏等。

（2）症状 　急性肝炎，表现为消化不良，粪便臭味大而色泽浅淡，呈灰白色或淡绿色、不成形，逐渐消瘦。可视黏膜黄染。肝区肿大，肝浊音区扩大，触诊疼痛，腹壁紧张，小便深黄，呈茶黄色或豆油色。鼻、唇、乳房等无色素部皮肤发红、肿胀、瘙痒，甚至发生溃疡，呈现光敏性皮炎。当肝细胞受到严重损害时，则血氨升高，病犬、病猫出现肌肉震颤、痉挛，感觉迟钝，肌肉无力，起立困难。

慢性肝炎，由急性肝炎转化而来，呈现长期消化不良，逐渐消瘦，可视黏膜苍白，皮肤浮肿，继发肝硬化则出现腹腔积液。

临床上，根据黄疸，消化紊乱，粪便干稀不定、恶臭、色淡，肝区触诊、叩诊的变化，以及按一般消化不良治疗效果不明显等，可初步诊断为急性肝炎。如肝功能和尿液检验结果有相应变化，则可确诊，但应注意与下列疾病相鉴别。

① 犬传染性肝炎　常伴发热（达41℃），呈流行性，尤易侵袭幼犬，确诊需借助特异性诊断（如病毒分离、血清学反应等）。

② 猫传染性腹膜炎　呈流行性，1～2岁猫多发，有持续性发热（39.5～41℃），呼吸困难，腹部膨大且有大量腹水（腹水比重高）。

③ 急性消化不良　无黄疸，多不发热，肝功能试验无变化，按消化不良治疗容易收效。

④ 钩端螺旋体病　多发于夏秋季节（7～9月多见）。血液、尿液中可检出病原体，血清学试验阳性。

【治疗处理】

（1）治疗原则　主要以除去病因，解毒保肝为基本治疗原则。

（2）护理措施　加强饲养管理，饲喂富含蛋白质、糖类和维生素的食物，限饲多脂性食物。

（3）治疗

① 除去病因　根据诊断结果，首先治疗原发病。

② 解毒保肝　口服葡萄糖醛酸内酯0.1～0.2g，3次/天，谷氨酸0.5～2g，3次/天；静注25％葡萄糖3～4ml/kg，ATP 2～3mg/kg，辅酶A 10U/kg，维生素C 20mg/kg，复方盐水30ml/kg，1次/天；肌注维生素B_1，10mg/kg，维生素B_{12} 0.5mg/kg，1次/天。

③ 对症治疗　对脂肪肝患者，泛酸15～80mg，1～2次/天肌内注射，泛硫乙胺10～80mg/天，肌内注射或静脉注射，1～2次/天，为控制感染，肌内注射氨苄青霉素，5～10mg/kg，2次/天。肝内胆汁停滞，投予利胆药。

④ 中药治疗　清开灵或茵栀黄注射液5～20ml，加入30～50ml葡萄糖生理盐水中静脉滴注，1次/天，连注5～7天。

⑤ 预防　加强饲养管理，增强营养，防止食入有毒物质，及时治疗各种原发病，定期驱虫及预防接种防止感染，增强肝脏功能是预防本病的根本措施。

【复习思考题】

1. 如何对宠物呕吐进行鉴别诊断？
2. 引起口炎的原因可能有哪些？
3. 齿龈炎的治疗措施有哪些？
4. 牙结石的危害有哪些？
5. 唾液腺炎在临床有哪些类型？
6. 食管阻塞的处理方法有哪些？
7. 胃扩张的发病原因及处理原则是什么？
8. 胃扭转的诊断依据及处理方法是什么？
9. 胃肠炎的临床症状及处理方法是什么？
10. 肠梗阻与肠套叠有何区别？
11. 犬、猫便秘的处理方法是什么？
12. 胰腺炎有哪些临床类型？其相应的处理方法有哪些？
13. 肝炎的发病原因及治疗方法有哪些？

第七章 呼吸系统疾病

【学习目标】

1. 熟知呼吸系统疾病的发生情况及主要临床表现，通过临床诊断及特殊临床检查方法，以及辅助诊断器械的使用，能准确诊断呼吸系统疾病。

2. 熟练进行给药、注射及其他治疗方法对动物进行治疗。

3. 能够对呼吸系统疾病相类似的症状进行鉴别诊断。

第一节 呼吸系统疾病一般诊治原则

呼吸系统的主要功能是参与气体的交换，即维持机体从外环境中吸入氧并将机体代谢所产生的二氧化碳排出体外。呼吸器官分为上、下呼吸道，从鼻腔开始到环状软骨为上呼吸道，环状软骨以下的气管和支气管为下呼吸道。

【诊断处理】

（1）病因 呼吸系统疾病包括感染性疾病，气流阻塞性疾病，肺部肿瘤，肺循环疾病，弥漫性肺部疾病，胸膜疾病，通气调节功能障碍性疾病，膈肌疾病，呼吸危重监护和其他一些少见的肺部疾病。

（2）主要症状

① 咳嗽 急性发作的刺激性干咳常为上呼吸道炎引起，若伴有发热、声嘶，常提示急性病毒性咽、喉、气管、支气管炎。慢性支气管炎，咳嗽多在寒冷天发作，气候转暖时缓解。体位改变时咳痰加剧，常见于肺脓肿、支气管扩张。支气管癌初期出现干咳，当肿瘤增大阻塞气道，出现高音调的阻塞性咳嗽。阵发性咳嗽可为支气管哮喘的一种表现，晚间阵发性咳嗽可见于左心衰竭的患犬。

② 咯血 咯血可以从痰中带血到整口鲜红血。肺结核、支气管肺癌以痰血或少量咯血为多见；支气管扩张的细支气管动脉形成小动脉瘤（体循环）或肺结核空洞壁动脉瘤破裂可引起反复、大量咯血，24h 达 300ml 以上。此外咯血应与口鼻喉和上消化道出血相鉴别。

③ 呼吸困难 按其发作快慢分为急性、慢性和反复发作性。急性气急伴胸痛常提示肺炎、气胸、胸腔积液，应注意肺梗塞，左心衰竭患者常出现夜间阵发性端坐呼吸困难。慢性进行性气急见于慢性阻塞性肺病、弥散性肺间质纤维化疾病。支气管哮喘发作时，出现呼气性呼吸困难，且伴哮鸣音，缓解时可消失，下次发作时又复出现。呼吸困难可分吸气性、呼气性和混合性三种。如喉头水肿、喉气管炎症、肿瘤或异物引起上气道狭窄，出现吸气性喘鸣音；哮喘或喘息性支气管炎引起下呼吸道广泛支气管痉挛，则引起呼气性哮鸣音。

④ 胸痛 肺和脏层胸膜对痛觉不敏感，肺炎、肺结核、肺梗塞、肺脓肿等病变累及壁层胸膜时，方发生胸痛。胸痛伴高热，考虑肺炎。肺癌侵及胸壁层胸膜或骨，出现隐痛，持续加剧，乃至刀割样痛。亦应注意与非呼吸系疾病引起的胸痛相鉴别，如心绞痛、纵隔、食管、膈和腹腔疾患所致的胸痛。

【治疗处理】包括对因治疗和对症治疗。

（1）对因治疗　对于感染类的应选择敏感抗生素抗菌消炎，有病毒感染的可选择特异性免疫血清、干扰素、抗病毒药物如利巴韦林、板蓝根等。如为异物性的应设法去除异物。

（2）对症治疗　根据症状进行镇咳、祛痰、平喘等措施。另可根据情况进行退热、输氧、纠正酸中毒、输液支持等措施。

第二节　呼吸系统感染

呼吸系统感染包括上呼吸道感染（简称"上感"）、下呼吸道感染（气管-支气管-肺实质感染），主要有病毒性、细菌性和其他致病因素导致的。

（1）病毒性　占绝大部分。常见病毒有鼻病毒、冠状病毒、流感病毒、副流感病毒、腺病毒、呼吸道合胞病毒及某些肠道病毒。

（2）细菌性　占少数。常见为溶血性链球菌，其次为肺炎链球菌、葡萄球菌、流感杆菌等。

（3）环境及气候因素是诱发呼吸系统感染的重要因素。通风不良、洗澡、气温骤凉及季节交替时节常成为呼吸系统感染的常见诱因。

【诊断处理】

（1）呼吸系统感染是一种常见病、多发病，主要病变在气管、支气管、肺部及胸腔，病变轻者多咳嗽、流浆液性或黏液性甚至脓性鼻涕、胸痛、呼吸受影响，重者呼吸困难、缺氧，甚至呼吸衰竭而致死。体温一般均升高。症状严重程度往往与感染部位有关，越是下呼吸道感染症状越严重，肺部感染更严重，或可伴随严重全身症状。城市犬的发病率较高。

（2）根据发病的特征和临床症状可怀疑该病，但确诊必须通过实验室检查。

可以进行胸透，血常规，必要时痰涂片或培养。

【治疗处理】

（1）抗菌消炎　头孢曲松钠、阿莫西林、阿奇霉素、林可霉素、阿米卡星等较敏感，必要时可做药敏试验。

（2）对症处理　可根据症状进行退热、祛痰、平喘等，单纯镇咳慎用。

（3）全身症状严重伴食欲减退病例可输液，并注意纠正酸中毒。

（4）建议使用含犬瘟热病毒、犬腺病毒Ⅱ型、犬副流感病毒抗体的免疫血清以防相应的传染病。

第三节　呼吸道异物

呼吸道异物为异物进入呼吸道内，比较危险。大的异物会把气管完全堵住，几分钟内就可以把犬憋死。如救治不及时，常出现窒息、昏迷，甚至死亡。

【诊断处理】

（1）幼犬臼齿未生，常对食物咀嚼不细，将较粗大食块误入气管。加之幼犬喉部保护性反射功能不健全，不能把误入气道的食块立即咳出。

（2）犬常把小的玩具含在口中，因抢打，可随气流入气道。常见的异物有毛球、果核、玻璃球等。

（3）异物在喉部：嵌顿于喉部，可立即窒息死亡。异物小时，呼吸困难、嘶叫、声音嘶哑、吞咽困难、有疼痛反应。

(4) 异物在气管：剧烈阵咳，气急，呼吸困难。

(5) 异物在支气管：咳嗽、呼吸困难及嘶叫、发热等炎性症状。

(6) 根据发病的特征和临床症状可怀疑该病，但确诊必须经 X 线检查和支气管镜检查。

【治疗处理】

(1) 抢救者站在病犬后面，两臂抱住病犬，一手握拳，大拇指朝内，放在病犬的上腹中部与剑突之间，另一只手压在拳头上，有节奏地使劲向上推压。这样使横膈肥肉抬高，压迫肺底，连续两次，使肺内产生一股强大气流，将异物从气管推入口腔，解除窒息。

(2) 将昏迷病犬平卧，急救犬分开四腿保定，两手用上述方法进行抢救。如异物被排入口中，应立即取出。

(3) 可将患犬头向下，使异物吐出。

(4) 切忌使用钳子夹取，以防异物进入更深处。

(5) 必要时手术切开气管。

第四节　胸　膜　炎

胸膜炎是伴有渗出液与纤维蛋白沉积的胸膜炎症。病犬腹式呼吸，胸壁触诊疼痛、敏感。叩诊有水平浊音，听诊有摩擦音。胸腔穿刺可有大量黄色易凝固的渗出液，血液检查白细胞总数明显增高，中性粒细胞增高，核左移现象明显，淋巴细胞相对减少。透视检查，可见胸腔有液体，随呼吸运动液体有波动。

【诊断处理】

(1) 外伤性胸膜炎常由交通事故、犬之间打斗咬伤胸部、气枪枪弹透创及穿刺感染等引起。继发性胸膜肺炎常继发于肺炎、心包炎、肺结核、胸部肿瘤及脓毒血症等。

(2) 发病初期精神沉郁、食欲不振、体温升高 2℃ 以上。呼吸浅表而快，因胸部有水或有粘连，听诊可有拍水音和摩擦音。胸部叩诊，动物躲闪、敏感。当有大量渗出时，液体积聚于胸腔，压迫肺脏，可见有呼吸困难，结膜、口色发绀。

慢性胸膜炎，表现反复发热，呼吸急促。若胸膜有广泛性粘连和胸膜增厚时，听诊肺泡音弱或无，叩诊时有大面积浊音区。

(3) 病犬腹式呼吸，胸壁触诊疼痛、敏感。叩诊有水平浊音，听诊有摩擦音。胸腔穿刺可有大量黄色易凝固的渗出液。

(4) 血液检查白细胞总数明显增高，中性粒细胞增高，核左移现象明显，淋巴细胞相对减少。

(5) X 线检查可见胸腔有液体，随呼吸运动液体有波动。

【治疗处理】 以抗菌消炎，制止炎性渗出为主。

(1) 先锋霉素 30mg/kg，肌注，2 次/日；氨苄青霉素 30mg/kg，肌内注射，2 次/日。

(2) 葡萄糖酸钙注射液（10%），10～20ml/次，静脉注射。

(3) 消除胸水，速尿 2～4mg/kg，口服，2 次/日，也可胸腔穿刺法将胸水抽出。

第五节　胸　腔　积　水

胸腔积水是胸腔内积有漏出液，胸膜并无炎症变化的一种疾病，是其他器官或全身性疾病的一种症状，常以呼吸困难为特征。

【诊断处理】

（1）常因心脏疾病和肺脏的某些慢性疾病或静脉干受到压迫时由于血液循环障碍而引起。慢性贫血和稀血症以及任何长期消耗性疾病也可引起胸腔积水。

（2）主要症状为呼吸困难，体温正常，心音高朗。胸壁叩诊时两侧呈水平浊音，其浊音界的位置随病犬体位的改变而变化。听诊时，在浊音区听不到肺泡音，有时可听到支气管呼吸音。常伴有腹水、心包积水和皮下水肿现象。

（3）根据缺乏热候等全身症状、叩诊水平浊音不难确诊。但需与胸膜炎相区别。胸膜炎有热候、胸部疼痛、咳嗽、胸膜摩擦音，多发生于一侧，胸膜炎为渗出液，含有大量纤维蛋白及蛋白质。而胸水无全身症状，胸腔内的液体为漏出液，比较澄清稀薄，含有少量纤维蛋白及蛋白质。

【治疗处理】 治疗原则是加强护理，限制饮水，强心利尿，排除积水。

（1）强心利尿 可用咖啡因、洋地黄制剂、盐酸毛果芸香碱等皮下注射。以促使积水吸收。亦可注射泼尼松对预防胸膜粘连，加速液体吸收，有良好效果。

（2）排除胸水 当胸腔积水过多，呼吸特别困难，有窒息危险时，可施行穿胸术排除积水，然后注入醋酸可的松。

【复习思考题】

1. 呼吸系统疾病的一般治疗原则是什么？
2. 胸腔积水诊断要点和治疗原则是什么？
3. 如何进行呼吸道异物的诊断和治疗？
4. 胸膜炎有哪些临床症状？如何进行治疗？

第八章　心血管系统疾病

【学习目标】

1. 了解心血管系统疾病的流行病学及目前临床进展情况。
2. 掌握心力衰竭、贫血、白血病的定义。
3. 掌握各种心血管系统疾病的发病原因、临床表现及鉴别诊治。

第一节　心血管系统疾病一般诊治原则

心血管系统疾病除少数疾病是由自身因素引起的外，大多是由其他疾病导致的一种临床综合征。由于该系统疾病的病因复杂，症状相近，并常表现出全身症状。因此，在诊断和治疗时较其他系统疾病困难，必须采取全面综合的临床诊治措施。

【诊断处理】

（1）全面检查　在心血管系统疾病诊断新技术大量应用的今天，获取充分、详细的病史及仔细、全面的体格检查对疾病的正确诊断和治疗仍然十分重要。根据病史、体征、心电图、心脏 X 线检查及其他实验室检查结果，综合分析各类信息，才可以对疾病状况作出全面的评估，获得正确诊断或找出诊断中尚未确定的问题，为进一步收集临床资料，获得完整、准确的诊断提供思路和方向。

心血管疾病全面的诊断检查应包括病因诊断，病理解剖诊断，病理生理方面的诊断、心功能诊断四个方面的内容。

（2）鉴别诊断　由于心血管系统疾病如心力衰竭、贫血性疾病等病因、类型较多，而各种类型之间临床表现相似甚至是相同，因此鉴别诊断尤为重要，这样才能保证临床治疗的有效性。

循环器官疾病的综合征候群：机体无力、多汗、气喘、可视黏膜发绀或苍白、静脉淤血及皮下浮肿等。这一综合征候群，是循环器官疾病的重要启示。

【治疗处理】

（1）一般治疗原则

① 高效、快速的急救措施　心血管疾病大多数病例发病急、死亡率高，其中心脏骤停和猝死是最严重的表现形式，甚至也可能是首次发病的表现形式。有效的急救体系，成功的心肺复苏是抢救的关键。在急性左心功能不全、心源性休克的严重心律失常等急症抢救中，应争分夺秒。

② 治疗的个体化原则　在制定治疗方案时，除应考虑到疾病的性质和严重程度外，还应考虑到是否需要长期用药，药物毒、副作用及个体反应差异，病犬、猫的年龄、性别、营养状况等诸多因素。这些因素的差异决定了治疗的个体化原则。

③ 循证医学原则　循证医学是近年来倡导的一种临床医学模式，它要求临床医生在诊断、治疗时，应参照大规模临床试验所提供的循证医学证据。如果只凭个人的临床经验和临床医学的理论知识，可能做出错误决策。

（2）分类治疗原则

① 心力衰竭疾病应采取减轻心脏负担，增强心肌收缩力，缓解呼吸困难，对症治疗及加强护理。

② 心包炎疾病应注重治疗原发病，改善疾病症状，解除循环障碍。

③ 贫血性疾病中，溶血性贫血以扩充血容量，去除病因，对症治疗为原则；出血性贫血要注重止血、恢复血容量，防治休克；营养不良性贫血要加强饲养管理，补充造血物质，给予富含蛋白质、维生素的食物；再生障碍性贫血要注重去除病因，提高造血功能，补充血量并加强营养。

④ 治疗白血病时，要注意防高白细胞综合征，防感染，纠正贫血，控制出血，防尿酸性肾病，保护重要脏器，并加强营养，纠正水、电解质平衡紊乱；化疗要坚持早期、足量、联合、个体化的原则；有条件的要尽量进行造血干细胞移植治疗。

第二节　心力衰竭

心力衰竭也称心功能不足，是因心肌收缩能力减弱，导致心脏排血量减少，动脉供血不足，静脉回流不畅，从而表现出全身血液循环障碍的一种临床综合征。它是心脏本身疾病的常见症状或其他疾病的并发症。临床上分为急性心力衰竭和慢性心力衰竭两种。

【病因】

（1）急性心衰

① 心脏负荷一时过重　这是引起急性心力衰竭最常见的病因。由于运动量过大如训练、追捕不当，特别是长期休闲的犬、猫，突然剧烈运动使各组织器官的需血量和静脉血回流量急剧增加，导致心脏负荷增加而加剧收缩，能量过多消耗而发生心力衰竭。

② 心脏遭受突然剧烈刺激　临床治疗时静脉输液速度过快或过量，特别是注射对心肌有较强刺激性的药物如钙、砷制剂等，也可见于如遭受雷击、电击等。

③ 继发性因素　继发性急性心力衰竭多见于某些急性传染病（如犬瘟热）、内科病（如各种心脏疾病）、寄生虫病（如弓形体病）和各种中毒性疾病等，因病原或毒素直接侵害心肌引起。

（2）慢性心衰　因长期超量工作、运动所致，也有继发或并发于心脏本身疾病（如心包炎、心肌炎和慢性心内膜炎等）的，还可由导致血液循环障碍的某些慢性病（如慢性肺气肿和慢性肾炎等）以及由硒、铜、维生素 B_1 缺乏所致的营养代谢病等引起。

【诊断处理】

（1）有引发心力衰竭的诱因或原发病存在。

（2）临床症状

① 急性心力衰竭多突发，表现精神高度沉郁，呼吸困难，可视黏膜发绀，四肢末梢厥冷，全身出汗。心搏动亢进，第一心音增强，带金属音，第二心音减弱甚至只能听到一个心音似胎心音，心律不齐；多继发肺水肿，胸部听诊可见广泛的湿啰音，两侧鼻孔流出带细小泡沫的鼻液。重症者神志不清，突然晕厥；轻者仅见中度呼吸困难，疲劳和乏力，脉弱而快，黏膜发绀。

② 慢性心力衰竭病情发展缓慢，病程常持续数月或几年。患病犬、猫精神沉郁，食欲减退，不愿活动，容易疲劳，气喘、出汗；可视黏膜发绀，体表静脉怒张，颈、胸腹下、四肢末梢常有水肿症状；听诊两心音减弱，二尖瓣、三尖瓣口常可听到收缩期杂音，心律不齐。疾病初期，静息状态下呼吸和脉搏无明显改变，稍运动后呼吸急促、脉搏加快，呼吸和脉搏数的恢复比正常的缓慢。随病情日益加重，即便是在静息状态下也有呼吸和脉搏加快的症状。

③ 当左心衰竭时，左心室和左心房淤血，肺循环发生障碍，易发生肺水肿。患病犬、猫表现为呼吸困难及节律加快，常伴咳嗽；胸部听诊时肺泡呼吸音明显，常有湿啰音。当右心衰竭时，右心室和右心房淤血，发生体循环障碍，全身实质脏器出现功能障碍。体表静脉充盈，体腔积液，胃肠淤血；长期消化障碍，排粪迟滞或腹泻，逐渐消瘦；肝、脾肿大，是全身静脉压长期升高的结果。

（3）X光片检查显示左心增大或全心肿大，心影扩大，并以肺部症状为主时，为左心衰竭；如果表现为循环静脉血回流障碍时，为右心衰竭。

（4）本病应与中暑、肺充血及肺水肿相鉴别。中暑多在高温季节又剧烈运动，或环境、运输过程中通风不良而发病。症状主要为体温显著升高，常在42℃以上；肺充血及肺水肿多在剧烈运动或吸入刺激性气体后突然发病，表现为呼吸困难，肺部有广泛湿啰音，流细小泡沫样鼻液，而心音和脉搏的变化不明显。

【治疗处理】

（1）急性心力衰竭应选用迅速、高效的强心剂，以增强心肌收缩力。常用的如下。

① 洋地黄毒苷　0.006～0.012mg/kg（全效量），溶于25％葡萄糖溶液10～50ml中，缓慢静脉注射，以后用全效量的1/10维持；对严重的急性心力衰竭，为慎重起见，宜注射全效量的1/3或1/2，如第一次注射无效，于24h后再注射剩余量，否则，在36h之后方可重复注射。

② 毒毛旋花子苷K　0.2～1.0mg溶于25％葡萄糖溶液10～50ml，静脉注射，为慎重起见，最好将全量分2～3次注射。

③ 另外，也可选用安钠咖或强心尔　由于感染、发热引起的心动过速而无心力衰竭的犬、猫不宜使用洋地黄。严重的急性心力衰竭，在发生肺水肿时，可用0.1％异丙肾上腺素0.2～0.4mg，溶于25％葡萄糖溶液10～30ml中，缓慢静注。

（2）采取输氧或气管插管等急救措施，必要时可施予胸部按压等。

（3）采用速尿1～2mg/kg，肌内注射或静脉注射，1次/天。或双氢氯噻嗪25～100mg，内服，1～2次/天，进行消肿利尿。

（4）纠正酸碱平衡及电解质紊乱，补钾并用ATP、辅酶A、细胞色素C、复方氨基酸、维生素B等能量制剂进行辅助治疗。

（5）原发性慢性心力衰竭，要加强护理，低钠饮食。目前治疗主张采用地高辛口服缓慢洋地黄化，即用维持量的地高辛，犬0.011mg/kg，猫0.006mg/kg，2次/天，需10天左右使之达到洋地黄化。然后用同样的维持量一直延续下去，直到出现中毒症状时停药，再静脉滴注氯化钾进行解毒抢救，临床效果较好。

（6）让犬、猫保持安静，必要时给予镇静剂并可适当放血，少喂勤添易消化的食物。

第三节　心　包　炎

心包炎是指心包膜发生炎症变化的疾病，按致病原因可分为创伤性和非创伤性心包炎两种类型。创伤性的多因被尖锐物刺破心包或肋骨骨折伤及心包所致；而非创伤性的主要由犬、猫的一些感染性疾病以及心内膜炎、心肌炎、间皮瘤、心底肿瘤、血管瘤等非感染性疾病引起。临床上以心区疼痛、心包摩擦音、心浊音区扩大为主要特征。

【诊断处理】

（1）有外伤或其他疾病存在，初期呈原发病症状。

（2）发病时脉搏数剧增，有的可多达200次/min左右，体温升高达40～41℃；病犬、猫精神沉郁，体质虚弱，嗜睡，易疲劳；呼吸浅表、急促，稍运动则气喘明显；前肢前伸，肘外展，拱背，呈明显的腹式呼吸；下颌、颈、胸腹下部出现明显水肿，结膜发绀，颈静脉怒张。

（3）心区压痛明显，初期心音亢进，后期有摩擦音，末期心音逐渐减弱，可出现拍水音；叩诊时心浊音区扩大。

（4）心包穿刺液混浊、黏稠、易凝固，有时可见血或脓汁。

（5）X光检查时可见心影增大，可随体位的改变移动，并可显示心搏动减弱。

（6）临床上要与心包积液、胸膜炎、心内膜炎等疾病相区别：心包积液无心区疼痛，无摩擦音，心包穿刺液透明，不易凝固；胸膜炎叩诊为水平浊音，摩擦音次数与呼吸频率相同；心内膜炎则有各种心内器质性杂音。

【治疗处理】

（1）让犬、猫保持安静，避免运动和兴奋。

（2）根据发病原因选择药物进行对因治疗，并及时采用穿刺法或利尿药排出心包腔内积液，同时使用抗生素消除心包炎症。若因创伤或心脏肿瘤引起，应及时采用手术去除异物，必要时可直接切除心包；由其他疾病引起的则应同时治疗原发病。

心包穿刺法：在局部或全身麻醉状态下，用16～18号并带橡胶管的长针头，于左侧第4肋间与胸廓下1/3与中1/3的交汇处进行穿刺，放出积液，并向腔内注入青霉素10万～20万单位、生理盐水5ml配成的溶液。

（3）配合对症治疗，如强心，补充能量，应用去痛片、可待因镇痛，速尿、双氢克尿塞利尿消肿等。

（4）有严重腹侧水肿和明显心衰的不宜采用手术，建议保守治疗。

第四节 贫 血

贫血是指血容量降低，或单位容积内红细胞数或血红蛋白含量低于正常值的病理状态。贫血不是一种单独的疾病，是常伴随其他疾病而出现的临床综合症状，治疗时应根据贫血的病因采取综合防治措施。

临床上按贫血病因可分为溶血性、出血性、营养不良性及再生障碍性贫血。各种原因引起红细胞大量溶解导致的贫血称为溶血性贫血；出血性贫血因红细胞或血红蛋白丧失过多所致；机体营养物质摄入不足或消化吸收不良，影响红细胞和血红蛋白的生成而引起的贫血称为营养不良性贫血；由于某种原因使机体造血功能发生障碍，从而导致贫血的称为再生障碍性贫血。

【诊断处理】

（1）详细询问病史 包括现病史、既往史、家族史、饮食习惯、用药史、生育史、危险因素暴露史等。

（2）查明病因

① 溶血性贫血

a. 某些感染性疾病。如巴贝斯虫、锥虫、钩端螺旋体、溶血性链球菌感染等均可引起红细胞溶解，导致溶血性贫血；魏氏梭菌产生强烈的溶血素也可致病。

b. 中毒性疾病。铅、铜等重金属中毒；石炭酸、萘、酚、噻嗪类等药物中毒；蛇毒中毒；犬喂食大量洋葱及大葱等引起的中毒等因素。

c. 抗原-抗体反应。见于新生幼犬的溶血性贫血，血型不配的输血。

d. 其他因素。发热及大面积烧伤可使红细胞碎裂积聚并伴有机械性损伤，损伤的红细胞迅速从循环血液外渗即发生溶血；此外，还有红细胞丙酮酸激酶缺乏的遗传性溶血性贫血。

② 出血性贫血

a. 急性出血。外伤、手术等引起内脏器官或体内外血管破裂，导致血容量突然降低。

b. 慢性出血。慢性胃肠功能障碍、溃疡、胃肠道寄生虫病，鼻腔、肺脏和泌尿生殖器官等内脏器官炎症，体腔及组织的出血性肿瘤如血管肉瘤等。犬、猫常见的为肾或膀胱结石及赘生物引起的尿血。

③ 营养不良性贫血　主要由某些代谢物质缺乏和营养不足所致。常见病因如下。

a. 微量元素缺乏。铁、铜、钴缺乏，尤其是缺铁性贫血最为常见，通常是由内外寄生虫，慢性尿血或胃肠道出血而引起铁的大量流失，又得不到及时补充所致。

b. 维生素缺乏。参与红细胞生成、血红蛋白合成的维生素如叶酸、烟酸、维生素 B_6 和维生素 B_{12} 等摄入不足或代谢障碍，可导致贫血。其中叶酸主要影响细胞核成熟，若缺乏或代谢紊乱可引起猫巨红细胞贫血，犬较少见。大部分食物富含叶酸，但体内不能贮存，故吸收不良或长期衰弱的病猫最易缺乏。此外，长期使用某些叶酸拮抗剂，如氨甲蝶呤、二苯乙内酰脲钠（苯妥英钠）、乙酰嘧啶和甲氧苄氨嘧啶等也可导致叶酸缺乏。

c. 血浆蛋白缺乏。由于蛋白质摄入不足或长期丧失，如出血、蛋白尿等，使血浆蛋白含量降低，影响血红蛋白合成，导致贫血。

④ 再生障碍性贫血

a. 中毒。某些重金属如铅、砷、铋等中毒，某些有机化合物如苯、三氯乙烯等中毒。

b. 放射性损伤。由于核污染、过量X线照射，使骨髓细胞遭受不可逆损伤，造血功能丧失。

c. 某些疾病。慢性间质性肾炎和某些病毒病如猫泛白细胞减少症、白血病病毒感染及造血器官肿瘤等，均可并发再生障碍性贫血。

（3）观察临床表现

① 综合表现　贫血的疾病由于摄取氧减少而引起临床上的一系列症状。

a. 一般表现。乏力，可视黏膜苍白，皮肤干燥，毛发干枯、光泽度差。

b. 心血管表现。活动后心悸，呼吸急促。体征为心率加快、心脏扩大、心脏杂音等。

c. 消化系统表现。食欲减退、腹胀、恶心、急躁易怒、肢端麻木等。体征为脾脏肿大等。

d. 泌尿生殖系统表现。尿多、尿比重低、蛋白尿、肾小球滤过功能和肾小管分泌及回收功能障碍。

② 各种类型表现　溶血性贫血主要症状是黄疸，肝脾肿大，血红蛋白尿或胆红素尿。犬体温升高而猫无明显变化。粪便颜色橘黄，偶有腹泻。犬、猫都可出现黄疸，并有病猫晚期因疼痛而惨叫，体温降低的症状。

急性出血发病急，可视黏膜迅速苍白，并十分虚弱，四肢末端厥冷，肌肉震颤，后期嗜睡。若失血达体重的 4%～5% 时，多发生休克；慢性失血发病缓慢，可视黏膜逐渐苍白，犬、猫日趋瘦弱，后期常伴浮肿及体腔积水。

营养不良性贫血症状与慢性出血性贫血相似，但发展速度更慢。幼龄犬、猫可导致发育迟缓，精神委靡，食欲不振。心脏检查可发现心脏肥大，严重时可听到贫血性杂音。

再生障碍性贫血的临床症状发展缓慢，呈现贫血的一般症状，但可视黏膜苍白有增无减，全身症状日趋增重，常发生难以控制的感染，伴有出血性素质。猫泛白细胞减少症还可见淋巴结肿大。如为中毒性再生障碍性贫血，除可见黏膜苍白外，还可见出血斑。

（4）实验室检查

① 溶血性贫血　红细胞形态及大小正常，但数量和红细胞压积减少，网织红细胞增多，

血中游离血红蛋白增多，黄疸指数升高。尿中可见大量胆红素，粪便因胆红素代谢增强而变黄。为确定病因须做进一步检查，如为感染性疾病，需检出病原体；中毒性疾病，需调查病史，结合临床症状，并分析毒物；对疑为丙酮酸激酶缺乏的病例，还需测定红细胞中该酶的含量。

② 出血性贫血　血红蛋白含量降低，血沉加快，红细胞总数减少，红细胞压积降低，网织红细胞比例上升，表现为低色素性贫血。

③ 营养不良性贫血　缺铁引起小细胞低色素性贫血时，初期平均红细胞容积（MCV）无异常，但后期低于正常水平，平均红细胞血红蛋白浓度（MCHC）也降低；血涂片可见红细胞大小不均，有嗜铬性小红细胞出现；叶酸缺乏引起巨红细胞贫血：红细胞平均体积大于正常大小，但缺乏网织红细胞，还可出现脑水肿或大肠炎等。低蛋白性贫血，除一般症状外，伴有全身水肿和血红蛋白浓度降低。

④ 再生障碍性贫血　血象变化明显，全血细胞减少，外周血液中网织红细胞消失。骨髓穿刺无红细胞再生相。

【治疗处理】 贫血性疾病病因治疗最重要，但重度血细胞减少有致命危险时，先对症治疗减轻症状，为对因治疗赢取时间。去除病因后，再考虑使用铁剂、维生素、糖皮质激素、雄激素、促红细胞生成素、输血等治疗。

（1）对因治疗　溶血性贫血若为原虫感染，给予杀虫药，如为巴贝斯虫感染，可肌内注射贝尼尔；中毒性疾病，排除毒物并给予解毒处理；感染因素引起的抗感染。

因创伤造成的出血，要即时清创，并迅速止血；针对原发病引起的出血，要治疗各器官炎症、溃疡或赘生物，如驱虫、消炎或摘除赘生物等。

再生障碍性贫血不易治愈，但若是由于感染所致，要进行抗感染治疗；避免接触毒物，停用可引起中毒的药物，即使有感染亦尽量避免使用氯霉素。

（2）迅速止血　急性出血要立即急救，可用绷带结扎，创口缝合、填充物或药物止血。组织内小血管出血，可在出血部位喷洒血管收缩剂如肾上腺素，或全身应用止血药如肌内注射安络血、止血敏或维生素 K_3 注射液，也可静脉注射 10% 葡萄糖酸钙溶液等。

（3）扩充血容量　可输给血液或血液代用品，如葡聚糖、乳酸林格液、复方氨基酸或右旋糖酐等，以维持正常血容量，解除循环衰竭。

对于出血性休克的犬、猫，可静脉注射 7.2% 高渗 NaCl 溶液（4ml/kg），能有效改善患病犬、猫的平均动脉压。

（4）补充造血物质　确定病因后补充所缺乏的造血必需营养物质。维生素缺乏可口服或肌内注射维生素制剂或喂富含维生素的饲料，如维生素 B_{12} 缺乏可适当添加动物肝脏或注射维生素 B_{12}，叶酸缺乏可口服或注射叶酸制剂；铁缺乏可肌内注射葡聚糖铁溶液，内服葡聚糖铁或硫酸亚铁，也可以静脉注射右旋糖酐铁等；钴缺乏可注射或内服葡聚糖铁钴溶液。

（5）促进骨髓造血功能　可以应用同化激素如雄性激素可刺激红细胞生成，肌内注射或静脉注射丙酸睾丸酮溶液，口服氟羟甲睾酮氯化钴。此外，可口服康复龙（羟甲烯龙，Oxymetholone）、康力龙（吡唑甲氢龙，Stanozolol），皮下注射或肌内注射诺龙（19-去甲睾酮，Nandrolone）等。

（6）加强病后护理　注意营养，给予全价饲料，以提高机体抵抗力。

第五节　白　血　病

白血病是一种源于造血干细胞的恶性肿瘤性疾病，根据增生的细胞不同，可分为骨髓性白血病和淋巴性白血病。白血病的特征是血细胞的异常增生伴有分化停滞，在骨髓中大量积聚，并浸润到其他器官和组织，导致骨髓造血功能衰竭及其他器官功能障碍，引起一系列临床症状如出血、贫血、感染及肝、脾、淋巴结肿大等。白血病的病因和发病机制至今尚不完全清楚，可能与病毒感染、免疫缺陷和遗传因素等多种因素有关。

【诊断处理】

（1）急性的可见高热、显著的出血倾向、重度贫血、骨关节疼痛症状；慢性的病程较长，前期主要表现为精神不振、易疲劳、食欲减退、逐渐消瘦，呼吸急促或呼吸困难，胸腹、四肢末梢有皮下水肿；后期有发热、出血现象，全身淋巴结和肝、脾显著肿大，可视黏膜苍白，皮下易形成多发性结节。病犬免疫力低下，极易感染。

（2）发热为白血病常见的症状，可以有不同程度的发热和各种热型。发热的原因一方面是肿瘤，但主要是因病犬免疫力低下极易感染所致。常见的感染是呼吸道炎症如口腔炎、咽炎、扁桃体炎、肺部感染等，肛周炎、肛周脓肿、疖、痈也较常见，甚至可能发生严重的败血症。

（3）有不同程度的出血，骨髓造血功能衰竭致血小板减少是出血的主要原因。出血症状表现为皮肤瘀点、瘀斑、鼻出血、牙龈出血，少数表现为便血或血尿。颅内出血是白血病常见的死亡原因之一。

（4）血液检查，大多数表现为白细胞数明显增多，淋巴细胞所占比例明显增高，可达90％以上；少数表现为白细胞总数增加不明显，有时个别反而出现减少现象，但中性粒细胞明显增多，比例可达70％以上，出现大量分叶核、杆状核中性粒细胞，以及一定数量的晚幼、中幼和早幼及原始粒细胞。骨髓象可见粒细胞系极度增生，与末梢血象一致。

（5）临床上要与类白反应，即因严重感染等引起白细胞增高的疾病相鉴别。类白反应虽有白细胞增高症，但无嗜酸、嗜碱性粒细胞增高，细胞可出现中毒颗粒、空泡，碱性磷酸酶染色（NAP）常为（＋）而白血病常为（－）等。

【治疗处理】

（1）本病目前尚无可靠的治疗措施，临床上可尝试骨髓移植，并结合支持疗法，也可运用放疗或化疗法，有一定的效果。

（2）根据病情适当采取强心、保肝，补充维生素、蛋白质等，以延长病犬的寿命。

【复习思考题】

1. 简述急性、慢性心力衰竭的鉴别诊治。
2. 简述贫血的发病机制和分类诊治。
3. 简述急性白血病化疗原则的依据。

第九章　泌尿系统疾病

【学习目标】

1. 了解泌尿系统疾病检查的方法及内容。
2. 掌握由于肾脏和尿路的功能活动发生障碍所能引起的各种疾病的诊断处理和治疗处理。
3. 了解泌尿系统疾病对其他系统疾病的诊断和防治意义。
4. 重点掌握几种临床常见疾病的诊断和治疗，如肾炎、肾功能衰竭的诊断，膀胱结石的手术疗法等。

第一节　泌尿系统疾病一般诊治原则

从宠物整体而言，泌尿系统与全身功能活动有着密切关系，肾脏是机体最重要的排泄器官，不仅排泄代谢最终产物种类多、数量大，而且还参与体内水、电解质和酸碱平衡的调节，维持体液的渗透压，并通过尿路排出对机体有害的物质。如果肾脏和尿路的功能活动发生障碍，代谢最终产物的排泄将不能正常进行，酸碱平衡、水和电解质的代谢也会发生障碍，从而导致机体各器官的功能紊乱；另外，泌尿系统与心脏、肺脏、胃肠、神经及内分泌系统有着密切的联系，当这些器官和系统发生功能障碍时，也会影响肾脏的排泄功能和尿液的理化性质。因此，掌握泌尿系统疾病的症状，不仅对泌尿器官本身，而且对其他各器官、系统疾病的诊断和防治都具有重要意义。

泌尿系统疾病检查包括病史调查，身体检查，临床病理学检查，放射学、超声波诊断和闪烁扫描影像法检查，膀胱镜检查以及肾脏活组织穿刺检查。下面主要介绍病史调查及身体检查。

【诊断处理】

（1）病史调查　多数上泌尿道和下泌尿道疾病的临床病症能够观察到，但是，对于某些泌尿道疾病的症状却没有明显表现，因此，兽医工作者必须认真获得准确的有关泌尿道临床体征的病史。为了获得准确的病史，必须了解宠物行为的正常变化以及宠物主人提供的大量病史资料，并确定宠物主人提供的有关宠物疾病信息的准确性。病史的详细了解有助于确诊宠物疾病，更有助于确定治疗效果、确立进一步的治疗措施以及相应的饲喂和护理方法。

① 调查尿量情况　犬的日饮水量基本不超过 90ml/kg，猫的日饮水量基本不超过 90 ml/kg。但饮水量会随食物的性质、食物数量和日粮中所含盐分的多少而发生改变。正常的尿液排出量：犬为 20～50ml/(kg·天)，猫为 15～35ml/(kg·天)。

当宠物主人说他们的宠物尿量增多时，一定要区分是多尿症还是频尿。这两种病的临床表现容易混淆会导致误诊。频尿是下泌尿道疾病的表现，通常与急促的排泄小便有联系。而多尿症则见于很多疾病，包括上泌尿道疾病。尿比重（SG）检查可以确定是否为多尿症。尿比重，如犬大于 1.025、猫大于 1.035，则不是多尿症。夜尿症也是多尿症的一个线索，因为当动物整夜被限制在房间里时，尿液的产生量超过了膀胱的承受能力就会发生夜尿症。

当宠物尿量减少时，是少尿还是无尿症就更难评估了，除非动物被限定在小的区域或者限制活动而该区域能持续保留干燥。而对于猫而言，干燥的猫砂表明是无尿或者不喜欢在该处排尿。

② 是否排出血尿　血尿主要在排尿开始、结束、整个排尿过程或排尿间隔期间出现。准确的描述更有助于鉴别准确的病变部位。如果排尿后期尿变得更红说明出血发生在膀胱；如果排尿间隔期出现血尿，表明出血发生在前列腺、尿道或者外生殖器处；如果整个排尿过程出现一致的棕色尿液，表明出血部位在上泌尿道。

③ 尿液排出是否困难　尿液排出发生困难，表现为尿痛时，一般与尿道炎症有关。痛性尿淋漓与尿道阻塞、膀胱功能异常或者两者有关。

④ 尿道是否发生感染　尿道感染，尤其是产尿素酶细菌存在时出现恶臭尿。但尿失禁宠物在没有发生泌尿道感染时可能也会发出恶臭气味，因为这些患病宠物排尿后，细菌降解粘在毛上的尿素也会产生这种气味。

⑤ 尿失禁　尿失禁可能是持续的或者间歇性的。患病宠物在有意识或者睡眠的情况下发生，也可能是终身如此或者近期发展形成的。详细的描述对于确诊本病也极为有限。

（2）临床检查

① 肾脏触诊　多数犬，只能在腹部背侧、左侧最后肋弓处才能触摸到左侧肾脏的后缘，右侧肾脏通常触摸不到。猫左侧和右侧的肾脏都能很容易地触摸到，固定不太紧，能移动，在腹腔中的游离性很大。对肾脏进行触诊时，应测量肾脏的形状、大小、位置、表面特点以及质地（硬度）。如果发生了肾盂肾炎和急性肾梗塞，则直接触诊肾脏或者接触肾区的组织时，就会引起肾脏疼痛的疼痛反应。

② 膀胱触诊　大多数犬和猫可以触摸到膀胱，在检查时应注意膀胱的形状、大小、位置、膨胀程度、硬度、膀胱壁的厚度、内容物和敏感程度等。如果膀胱炎症，触诊时会有疼痛反应。若膀胱内存在一块以上的尿结石、气体积聚在膀胱壁周围时，触摸会发出捻发音。当膀胱膨胀又相对空时，最好多次检查触摸膀胱，感知它的膨胀程度。

③ 直肠检查　犬进行直肠检查时，要注意前列腺的位置、形状、大小、对称性、活动性、密度（硬度）以及触诊的敏感性。同样，进行腹腔触诊时有必要同时进行前列腺检查，尤其对大型犬。

④ 会阴部检查　雄性犬的大腿和腹部的毛发以及雌性犬会阴处的湿润和污染可证明是尿失禁。这时要检查阴部和会阴处的反射。

【治疗处理】

（1）机械性尿路不通畅（如尿石症）一般均应手术处理。

（2）肾脏疾患时，治疗时应充分考虑药物对肾脏的影响和损害。

（3）肾功能出现衰竭时，一般预后不良。

第二节　肾　炎

肾炎通常是指肾小球、肾小管或肾间质组织发生炎症变化为特征的疾病，以肾区敏感疼痛、水肿、血尿和蛋白尿为主要特征。肾小球肾炎是以肾小球的炎症为主的肾炎，常呈两侧性弥漫性分布，炎症过程始于肾小球，其次波及肾小囊、肾小管及肾间质。主要是感染后循环血液中的抗原-抗体复合物沉积并紧附于肾小球而引起的，按病程可以分为急性肾小球肾炎和慢性肾小球肾炎。间质性肾炎是在肾间质发生的以淋巴细胞与单核细胞浸润、水肿和结缔组织增生为原发病变的非化脓性肾炎，主要是因钩端螺旋体或腺病毒-Ⅰ感染及某些免疫反应引起的肾脏间质弥漫性或局灶性炎症。

【诊断处理】

（1）病因

① 感染因素　多由溶血性链球菌、肺炎双球菌、葡萄球菌、脑膜炎双球菌感染所致。此外，犬瘟热病毒、结核杆菌、传染性肝炎病毒、钩端螺旋体、腺病毒-Ⅰ等感染也可发生肾炎。

② 中毒因素　内源性中毒，如胃肠道炎症、代谢性障碍疾病、大面积烧伤时所产生的毒素、代谢产物或组织分解产物等；外源性中毒，如摄食霉烂食物、有毒物质（磷、汞、砷等），均可引起肾炎。

③ 其他因素　机体遭受风、寒、湿的作用，营养不良等，均会诱发肾炎。

（2）临床症状

① 急性肾小球肾炎　急性肾小球肾炎患犬，精神沉郁，体温升高，厌食，有时发生呕吐，排便迟滞或腹泻，可视黏膜苍白、口臭、口腔黏膜溃疡，严重的患犬表现为无力、痉挛、昏睡等神经症状。由于腰肾区敏感疼痛，病犬不愿活动，站立时，背腰拱起，后肢集拢于腹下，用手掌或指端叩诊背腰部，患犬因疼痛而躲闪，弓腰，腰部僵硬。病犬频频排尿，但每次尿量少，甚至无尿。尿色较暗而混浊，有时呈粉红色，内含蛋白质、沉渣和管型，尿比重升高。有时在眼睑、胸腹下等部位发生水肿。

② 慢性肾小球肾炎　慢性肾小球肾炎多由急性肾炎发展而来，其症状与急性肾小球肾炎基本相似，只是发展缓慢。病初全身衰弱，食欲不定；继则食欲减退，消化不良或间有胃肠炎，逐渐消瘦。多尿或多饮多尿、蛋白尿、尿比重降低。后期又出现少尿，眼睑、胸腹下等处出现水肿。

③ 间质性肾炎　病犬渐进性多尿，尿比重低，尿中有蛋白、红细胞、白细胞、肾上皮细胞和管型。病犬口腔黏膜和舌溃烂，呕吐，嗜睡以至于昏迷。后期由于肾功能障碍而尿少、发生尿毒症。

（3）病理变化

① 急性肾小球肾炎　肾脏体积增大，被膜紧张，容易剥离，表面与切面潮红而光滑；切面皮质部略显增厚，肾小球明显，肾表面或切面皮质部可见分布均匀、大小一致的出血点。

② 慢性肾小球肾炎　肾脏体积增大，色苍白，称"大白肾"，切面皮质部明显增宽。晚期肾体积缩小，表面凹凸不平，呈细颗粒状。

③ 间质性肾炎　初期，肾肿大，表面光滑，表面及切面皮质散在灰白色或灰黄色针尖大小、米粒大小、蚕豆大小或更大白斑，称白斑肾，严重者表面普遍呈灰白色或苍白色，并伴有出血斑或纹。后期，肾质地变硬，体积缩小，表面呈灰白色颗粒状或地图样凹陷斑。

【治疗处理】

（1）加强饲养管理，避免剧烈运动，注意保暖　给予富含维生素 A、高能量低蛋白质的食物及充足的饮水，但要限制食盐的补充，少尿期要限制盐的摄入，多尿期适当补盐。

（2）抗菌消炎，利尿　抗菌药物，一般应用青霉素、氨苄青霉素，避免使用庆大霉素、卡那霉素等损害肾脏的抗生素。呋喃类药物以呋喃坦啶（呋喃妥因）为好。

对少尿、浮肿、尿素氮升高的患犬，用氢氯噻嗪（双氢克尿噻）或呋塞米（速尿）利尿。尿路消毒用乌洛托品。

（3）抑制尿蛋白　抑制尿蛋白可应用泼尼松、消炎痛或环磷酰胺。

（4）其他对症疗法　静脉注射肝素抑制肾小球血管内凝血；口服睾丸酮促进蛋白合成，增加食欲，并保持体内的氮平衡；口服硝苯吡啶（心痛定）调节心血管活动。

(5) 中药疗法 以清热泻火、利水通淋为治疗原则。处方：石韦 60g、黄柏 30g、知母 30g、栀子 30g、甘草 30g（以上为体重 20～30kg 成年犬一剂量），将上药用凉水浸泡半小时，然后煎煮，煮沸 20min，取滤液，药渣再加水煮沸 20min，取滤液，两滤液合并，约 200ml，一次用胃导管灌服，每天 1 剂，连服 4 天。

第三节 肾功能衰竭

肾功能衰竭是指肾组织发生的急性肾功能不全或肾衰竭或肾单位绝对数减少所致的临床综合征。可分为急性肾功能衰竭和慢性肾功能衰竭。

一、急性肾功能衰竭

急性肾功能衰竭又称急性肾功能不全，是指由多种原因造成的急性肾实质性损害而导致的肾功能抑制。临床上以发病急骤，少尿或无尿，代谢紊乱和尿毒症等为主要特征。多由外伤或手术造成的大出血、急性左心衰竭、严重脱水（呕吐、腹泻失去大量水分）等因素引起的肾脏严重缺血和由于某些化学毒物（如氯仿、磺胺类药物等）、生物毒素（如蛇毒、生鱼胆）等因素引起的肾脏中毒所致。

【诊断处理】

(1) 临床症状 急性肾功能衰竭的临床表现可分 3 期。

① 少（无）尿期 多数病例此期可持续 15 天左右。患病犬、猫在原发病症状的基础上，排尿明显减少或无尿。由于水、盐及代谢产物排泄障碍，而出现水肿、心力衰竭、高钾血症、低钠血症、代谢性酸中毒、氮质血症，且易发生感染等。

② 多尿期 若能度过少尿期，则尿量开始增加。但水及氮质代谢产物潴留依然显著，由于钾排出过快而发生低钾血症，有些犬、猫出现心力衰竭，后肢瘫痪等症状。患病犬、猫多死于该期，亦称危险期。耐过者，水肿开始消退，症状逐渐好转。

③ 恢复期 经过多尿期后，尿量逐渐恢复正常。但由于患病犬、猫体力消耗严重，表现肌肉无力、萎缩等。恢复期的长短，取决于肾实质病变的程度。重症者，肾小球滤过功能长期不能恢复，可转变为慢性肾衰。

(2) 实验室诊断

① 尿液检验 少尿期尿量少，尿比重初期高于 1.025，尿钠浓度高，尿中可见红细胞、白细胞、各种管型及蛋白质。多尿期尿比重降低，尿中可见白细胞。

② 血液检验 白细胞总数及中性粒细胞比例增高；血中肌酐、尿素氮、磷酸盐、钾含量升高；血清钠、氯及 CO_2 结合力降低。

③ 肾造影 急性肾衰时，造影剂排泄缓慢，根据肾显影情况可判断肾衰程度。肾显影慢，逐渐加深，表明肾小球滤过率低；显影快而不易消退，表明造影剂在间质及肾小管内积聚；显影极淡，表明肾小球滤过几乎停止。

④ 超声波检查 可确定肾后性梗阻。

⑤ 液体补充试验 给少尿的犬补液 200～1000ml 后，静脉注射速尿，若仍无尿或尿比重低，可认为急性肾功能衰竭。

【治疗处理】治疗原则：防止休克和脱水，及时补液，纠正酸中毒和减缓氮质血症。

(1) 少尿期治疗 治疗原发病并纠正高血钾和水钠潴留。

① 饮食疗法 给予高糖、低蛋白、富含维生素且易消化的食物。

② 补液、纠正高血钾及氮质血症 据红细胞压积和临床症状确定脱水程度及补液量。

若高钾血症严重，可静脉滴注等渗盐水或乳酸林格液；若伴酸中毒，可静脉注射碳酸氢钠。对有肾小管坏死的危险病例，纠正脱水后可用渗透性利尿剂，如20%甘露醇或20%葡萄糖溶液静脉注射，以减轻氮质血症。除补液外，尚可用10%葡萄糖溶液30ml加1IU胰岛素（按1ml/kg）静脉注射，或口服10%葡萄糖酸钙溶液以纠正高血钾。

③ 对症疗法　为防止发生败血症，可肌内注射氨苄青霉素。为防止休克，可肌内注射地塞米松。解除痉挛，可肌内注射氯丙嗪。当重金属中毒时，应尽早肌内注射二巯基丙醇。当尿路阻塞时，应设法排除阻塞。

（2）多尿期治疗　多尿期开始时，为尿毒症高峰，仍需按少尿期治疗，随尿量渐多，水肿消退，转入多尿期治疗。主要应适时补钾，并据尿量的1/3补液，使多尿期延长。血浆非蛋白氮下降后，增加食物中蛋白质的量。也可肌内注射丙酸睾丸素。

（3）恢复期　此期应注意营养，加强护理并适当锻炼使之早日康复。

二、慢性肾功能衰竭

慢性肾功能衰竭是由于功能性肾组织长期或严重丧失，承担肾功能的肾单位绝对数减少，不能维持机体环境的相对平衡所致，临床上以出现各种代谢紊乱为主要特征。慢性肾功能衰竭多由急性肾功能衰竭转化而来。无论何种疾病，只要引起肾小球滤过率下降，造成约75%肾单位进行性破坏，均会导致慢性肾功能衰竭。由于肾脏排泄和调节功能失常，蛋白分解产物积聚于血中，导致氮质血症，若无其他症状，称肾功能不全期；随血浆非蛋白氮积聚并出现酸碱平衡紊乱，即为尿毒症期，继而发生全身性疾病。

【诊断处理】

（1）临床症状　患病宠物食欲降低、体重减轻、被毛粗乱。多数表现为烦渴和尿液增加，并在晚上强迫排尿。晚期常见呕吐，排黑便，出现神经症状，如精神沉郁、虚弱、抽搐、震颤、摇头和癫痫发作等。本病根据临床发展过程，可分4期，见表9-1。

表 9-1　慢性肾功能衰竭分期及相关指标

病期		I期 （贮备能减少期）	II期 （代偿期）	III期 （氮质血症期）	IV期 （尿毒症期）
肾小球滤过率		＞50%	30%～50%	5%～30%	＜5%
尿量		正常	多尿	少尿	无尿
电解质	Na^+	正常	有时降低	多降低	降低
	K^+	正常	正常	有时降低	升高
	Ca^{2+}	正常	正常	降低	降低
	PO_4^{3-}	正常	正常	升高	升高
酸碱平衡		正常	正常	酸中毒	酸中毒
其他		血中肌酐及尿素氮轻度升高	轻度脱水、贫血、心力衰竭等	中至重度贫血、血中尿素氮可高达130mg/dl以上	呈现尿毒症临床症状，尤以神经症状和尿素氮升高明显，可高达2～2.5g/L

（2）身体检查　多数患病动物体温过低并有"尿毒症气味"口臭。出现氮质血症，口腔黏膜有浅溃疡。年轻患犬的下颌和上颌骨会出现肿胀及牙齿松动。触诊肾脏异常，小、硬、多块状等。多见高血压。

（3）实验室诊断

① 血液检查　血红蛋白减少性贫血、淋巴细胞减少、氮质血症、高磷酸盐血和代谢性

酸中毒、脂肪酶和淀粉酶升高 2.5～3 倍。

②尿液检查 等渗尿、蛋白尿和良性尿沉积物。

③放射线和超声波检查 肾脏的大小、形状和密度异常。

④肾组织活检 肾小球和肾小管有不同程度的萎缩。

【治疗处理】慢性肾功能衰竭的肾脏损害是不可逆的，故治疗原则为控制病程发展，恢复代偿，延长生命。

（1）加强护理 减少食物中的蛋白质，必要时给予高生物价蛋白质，如鸡蛋、瘦肉等，勿喂奶类及肉骨头等。食物总能量：幼犬及猫 $4.6 \times 10^5 J/kg$，成年犬、猫为 $2.9 \times 10^5 J/kg$。为促进消化和采食，还可加调味品。

（2）纠正水与电解质平衡紊乱 按脱水程度（见急性肾功能衰竭）予以补液，多给饮水。失钠多者可用 3％高渗盐水静脉滴注。有水肿及血压高者限制饮水和摄盐量。尿少时限制钾的摄入，而尿多者适当补钾。对慢性尿毒症并伴缺钙和肾性骨病者，给予维生素 D 和大剂量钙（碳酸钙口服，或用 10％葡萄糖酸钙静脉注射）。

（3）纠正酸中毒 用乳酸林格液静脉注射，或口服碳酸氢钠。并可用氢氧化铝凝胶制剂，以减少钙的丧失，阻止磷的吸收。

（4）对症治疗 有感染者给予抗生素；出现抽搐、昏迷等神经症状者，可直接向腹腔内注射苯巴比妥溶液（常规量减半），但禁用镁盐；为促进患病犬、猫恢复代偿，可用腹膜透析疗法。

第四节 尿 石 症

尿石症是犬泌尿系统（肾脏、输尿管、膀胱、尿道）出现结石的一种病症，又叫石淋症。膀胱结石是犬泌尿道结石中最易发生的一种，主要见于中老年犬。主要与饮水不足和食物中矿物质浓度过高以及尿液 pH 值改变等因素有关。单一性饲喂高蛋白食物有利于尿石的形成。

【诊断处理】

（1）临床症状 临床表现根据尿结石发生位置的不同而表现不同。患犬消瘦，被毛枯燥无光。肾结石会引起下腰区疼痛，拱背缩腹，血尿，但通常表现不明显。膀胱结石可引起下泌尿道炎症，出现血尿、尿频、排尿疼痛、尿淋漓；触摸腹部敏感，有时能触诊到膀胱中的结石，但多数情况触摸不到；结石一般为乳白色球状物，大小及数量不等，大的约蚕豆大，小的约粟粒大；触诊时，多发性膀胱结石能产生摩擦音，易诊断。尿道结石在膀胱积满尿时能引起痛性尿淋漓和间歇性尿失禁。猫会发生完全的尿道堵塞；插导尿管困难，有沙砾样感。

（2）实验室诊断

①X 光和超声波检查 泌尿道结石的位置、大小、数量等一般使用 X 光和超声波检查就能确诊。

②造影检查 包括静脉肾盂造影、膀胱造影和逆行性尿道造影诊断。

【治疗处理】

（1）对一天以上不排尿、膀胱充盈患犬应先行导尿，既可解决患犬临时痛苦，又可防膀胱破裂，还可根据尿中有无结石和脓汁作出诊断。方法是用最小号导尿管或一次性输液器针头端小胶管插入尿道导尿。如插入困难，可让助手一边用注射器推入生理盐水，一边插入，往往奏效。

（2）结石过大，不易排出和导出者应尽早采用手术治疗，行膀胱切开术、尿道切开术、尿道造瘘术等。

（3）辅助疗法

① 食物疗法　饲喂以米饭和动物性蛋白为主的酸性食物及低钙性食物，可防止磷酸铵氧化镁结石的形成。适当添加碳酸氢钠以碱化尿液，可抑制膀胱与尿道结石的形成。口服异嘌呤醇 4mg/kg，每天一次，可防止形成尿结石。

② 促进饮水与排尿　在饮食中加入适量的食盐，以增加犬的饮水量和排泄量，可根据犬体重的大小在食物中加入 0.5～10g 的食盐。

③ 溶石疗法　口服 D-青霉胺，可将结石变为可溶性物质。口服透明质酸钾复合剂，可防止尿石症的复发，并对尿石症有治疗作用。

第五节　尿路感染

犬经常发生尿路感染（UTI），猫相对少见，老年猫易发。犬、猫尿路感染多发生在下泌尿道。几乎所有的尿路感染均为上行性感染。细菌毒性超过宿主防御能力时就会发生尿路感染。宿主防御能力正常时，仅一些毒害性细菌能够繁殖移生，在宿主防御能力下降时，更多的机会性细菌也能繁殖移生。常见的病原菌有大肠杆菌、葡萄球菌、链球菌、肺炎克雷伯菌、铜绿假单胞菌等。

【诊断处理】

（1）症状及病变特点　UTI 主要表现为急性下泌尿道炎症：血尿、频尿、排尿困难和痛性尿淋漓。而多数感染为慢性且临床症状不明显，少见恶臭气味的尿液。对于急性 UTI 患病动物检查可见膀胱变小，膀胱壁变厚，触诊甚至疼痛。对于患有急性前列腺炎的雄性犬，直肠触诊检查前列腺会发生疼痛反应。急性肾盂肾炎会引起动物脊柱前弯症，按压身体背部和侧部表现有疼痛。只有急性肾盂肾炎、急性前列腺炎及严重的急性膀胱炎才会发生发热和白细胞增多。急性病例相对少见，多数动物 UTI 不表现发热，临床症状不明显。膀胱壁可能会轻微增厚但通常触诊时没有疼痛表现，尿通常有恶臭味并混浊。

（2）实验室诊断

① 尿液检查　尿沉积物中出现白细胞管型时可以诊断为肾盂肾炎；尿沉积物中出现一些真菌性物质时可怀疑真菌感染，但需通过真菌分离培养才可确诊。

② 超声波检查及造影检查可以检查到特征性的病变，但不能作为确诊的依据。

③ 病原的分离培养是确诊本病的好方法。

④ 注意与下泌尿道炎症（血尿和蛋白尿）、创伤、肿瘤、尿结石等疾病的区别。

【治疗处理】

（1）抗菌消炎　对于首次出现下泌尿道感染的动物，医生可根据经验使用对尿路细菌敏感的抗生素（表 9-2）。为防止产生耐药性，应对分离菌进行药物敏感性试验，筛选有效的抗生素进行治疗。对每一种抗生素进行最低抑菌浓度的试验（MIC），如果平均尿液中的抗生素浓度超过 MIC，药物会有明显作用。肾脏和前列腺感染，抗生素使用标准应根据药物血浆浓度来衡量，而不是尿液浓度。另外，甲氧苄氨嘧啶、强力霉素和恩诺沙星可有效穿透前列腺，可用于前列腺感染。随后进行尿液检查和尿液培养以确定药物疗效。

（2）口服碳酸氢钠或者柠檬酸钾。

（3）真菌感染可根据抗真菌药物的敏感性试验选择合适的药物治疗。两性霉素 B 可直接用来冲洗膀胱。口服氟胞嘧啶也有疗效，但会迅速导致真菌的耐药性。氟康唑是人类抗肾脏真菌感染的有效药物，其临床剂量为 200～400mg/天，兽医临床标准剂量尚未确定。

表 9-2　抗生素经验治疗下泌尿道感染

抗生素	大肠杆菌	葡萄球菌	奇异变形菌	链球菌	肺炎克雷伯菌
阿莫西林/克拉维酸	80%	>90%	80%	>90%	
氨苄西林					
头孢氨苄		0		>90%	
恩诺沙星		>90%		>90%	>90%
磺胺-奥美普林	>90%	>90%	>90%	>90%	>90%
磺胺甲氧嘧啶	80%	>90%	80%	>90%	

第六节　膀　胱　炎

膀胱为贮尿器官，可由泌尿道或生殖道途径而感染发炎。母犬多发。通常由细菌等病原微生物侵入尿道而致；使用导尿管不当或尿结石、外伤等也可引起机械性致病；另外，寒冷、湿热、刺激物质、急性传染病等也可继发该病。

【诊断处理】

（1）临床症状　可见排尿频繁和痛苦，血尿，混浊恶臭，排尿困难或呈点滴状排出。全身不适，体温升高，食欲减少或废绝。膀胱触诊，有疼痛的收缩反应。

（2）实验室诊断

① 尿检　尿液混浊，内有白细胞、红细胞，有腐败气味。尿液细菌培养以确定有无细菌感染，并同时进行药敏试验以筛选敏感药物。

② 血检　白细胞及中性粒细胞增加，核左移。

（3）鉴别诊断　为与尿石症出血区别，可肌内注射普鲁卡因青霉素 2 万单位/kg，连用3 天。如果血尿不止则为尿石症，如果减轻或停止则为膀胱炎。

【治疗处理】 可酌情选用如下治疗措施。

（1）抗生素治疗　常选药物为：硫酸庆大霉素口服或皮下注射；硫酸卡那霉素肌内注射；先锋霉素Ⅳ口服。若根据药敏试验结果选择敏感药物进行治疗，效果更好。

（2）冲洗膀胱　0.1%高锰酸钾水溶液或 300ml 左右的 3% 的硼酸水溶液，用导尿管灌入，10min 后从导尿管排出，进行冲洗。

（3）尿路消毒　乌洛托品，1 次 0.2～0.5g，配成 10% 溶液用于尿路消毒，每天 2～3 次。

（4）酸化尿液　口服氯化铵。

（5）口服维生素 C 以促进炎症黏膜的恢复。

（6）中药治疗　以清利湿热为原则。处方：黄柏 5g、知母 5g、栀子 5g、连翘 5g、金银花 5g、木通 5g、车前草 5g、瞿麦 3g、萹蓄 3g、滑石 10g、甘草 2g，水煎，取汁喂服，1 天1 剂，连服 2 剂。

第七节　膀　胱　破　裂

猫的膀胱破裂较常见，犬膀胱破裂的比较少见。尿路的阻塞性疾病，如尿道结石、肿瘤、前列腺炎和严重的尿路炎症常继发膀胱破裂；当膀胱充满时受到突发的外力冲击，如车辆撞击挤压、高空坠落、摔跌、打击等可引起膀胱破裂；异物刺伤，如导尿时用质地坚硬的导尿管插入过深，或者因骨盆骨折时骨折片刺入，也可引起膀胱穿孔性损伤；膀胱麻痹和膀胱颈痉挛，均可继发本病。

【诊断处理】

（1）病犬、猫暂时显得安静，无排尿现象，触诊膀胱空虚，大量尿液进入腹腔后，腹下部的腹围迅速增大，触诊时有波动感，有明显的流水音。

（2）腹腔穿刺，有大量已被稀释的尿液从针孔排出，一般呈黄色或红色，有尿臭味，尿素氮含量为血中浓度的 $5\sim10$ 倍。

（3）随着病情的发展，患病犬、猫精神沉郁，食欲废绝，眼结膜充血，体温升高，心率加快，呼吸困难，脱水，白细胞总数增高，最后死于腹膜炎和尿毒症。

（4）用 2%红汞溶液灭菌后从尿道注入膀胱内 $15\sim20mg$，然后腹腔穿刺，针孔处流出注入的红汞色时，即可确诊为膀胱破裂。

【治疗处理】

（1）治疗原则是及时修补膀胱的破裂口，控制全身感染和治疗腹膜炎、尿毒症，积极治疗导致犬、猫膀胱破裂的原发病。

（2）施行膀胱修补术是唯一有效的疗法。仰卧保定，采用"846"全身麻醉。为避免妨碍呼吸，可以伴随吸氧的同时进行腹腔穿刺减压。在脐与耻骨前缘的腹中线上做切口。打开腹腔后，缓慢排出尿液，以防突然减压引起休克。然后将膀胱拉出切口外，检查膀胱破裂口，用青霉素生理盐水溶液通过导管冲洗膀胱，除去尿路结石。然后，用肠线对破裂口进行两层缝合。缝合后膀胱复位，再用足量的温热青霉素生理盐水冲洗腹腔和内脏器官，然后向腹腔注入氨苄青霉素和地塞米松混合液，最后关闭腹腔，缝合腹壁创口，插入导尿管。

（3）术后使用抗生素控制感染，每天注意排尿情况，根据病情采取相应的对症治疗。

第八节　膀　胱　麻　痹

膀胱麻痹是支配膀胱的神经麻痹，肌肉失去收缩力，致使尿滞留的一种疾病。以不随意排尿，膀胱充满而无疼痛，没有尿意为主要特征。本病多为继发，常因荐部脊髓病，如炎症、挫伤、肿瘤等引起，有时可因脑疾病而引起。

【诊断处理】

（1）患病宠物常有腰部受损或脑病史。

（2）无尿意，尿液不自主地不断呈点状或线状流出。如膀胱平滑肌麻痹而括约肌不麻痹时，充满尿液，压迫膀胱，则大量排尿，停止压迫则尿液立即停止排除。

（3）腹外触摸膀胱无痛感。

【治疗处理】预防本病发生就是注意保护荐部和脑部不受损伤，治疗原则是消除病因，膀胱减压，恢复膀胱收缩力，控制膀胱炎。并积极治疗原发病。

（1）消除病因　脑和脊髓疾病引起的麻痹应治疗原发病；尿道阻塞引起的膀胱麻痹及时疏通尿道。

（2）人工排尿和膀胱按摩　每日人工排尿 2 次，注意消毒，防止继发感染，必要时可行膀胱穿刺法排尿，也可腹壁外按摩促其排尿，每日 2 次，每次 20min。腹壁按摩膀胱，是膀胱排空和恢复其收缩力的简易可行措施。

（3）恢复膀胱肌收缩力　使用脊髓兴奋剂硝酸士的宁，皮下注射，同时配合硫酸甲基新斯的明皮下注射。

（4）控制膀胱炎　可使用抗生素全身治疗，再配合尿道消毒剂和膀胱防腐消毒药进行膀胱冲洗。

（5）电针疗法　一极置于腰部百会穴，另一极置于会阴部后海穴，每日1～2次，每次20min，效果显著，与此同时，使用0.1％硝酸士的宁注射液，皮下注射，犬0.5～1ml，间隔4～5日注射1次，亦可于百会穴注射，以使神经兴奋，提高膀胱收缩力。

第九节　猫下泌尿道疾病

猫下泌尿道疾病是猫膀胱及尿道多种疾病的综合征，经常混合发生的疾病有尿石症、膀胱炎、尿道炎、尿道畸形等。以膀胱尿道黏膜炎症出血、血尿、排尿障碍、尿中有结石结晶为特征。公猫更易发生且症状典型。

【诊断处理】

（1）本病中的尿结石多为细沙状结晶，触诊膀胱及X光片检查不易检测。

（2）病猫出现排尿异常，经常去猫砂但不见尿液或仅见少量尿液，尿中带血。排尿障碍同时有排尿痛苦状。

（3）病猫经常舔舐尿道口，尿道口红肿，严重者粘连。

（4）膀胱穿刺可抽出暗红血尿。

（5）如发生尿闭，则易引起尿毒症而致呕吐、不食，出现全身症状。

【治疗处理】

（1）导尿管插入排出血尿，并以生理盐水冲洗膀胱。留置导尿管3～5天，每天冲洗一次。

（2）每天以葡萄糖生理盐水、林格氏液大量输液，以利尿促排泄。连续5～7天。

（3）抗菌消炎：可选用头孢曲松钠、氨苄西林等抗菌药。同时应用地塞米松。

（4）利尿通口服2～4周。

（5）5～7天治疗症状无明显改善者、导尿管无法插入者，可考虑做尿道造瘘手术。

（6）改变饮食，忌高矿物质饮食。可考虑改用专用处方猫粮。

（7）本病有很大因素是精神性的，因此避免引起猫的各种应激。

【复习思考题】

1. 急性肾小球肾炎的临床诊断要点及治疗思路是什么？
2. 急性肾功能衰竭的诊断要点及治疗原则是什么？
3. 简述尿石症形成的原因、膀胱结石的临床症状及手术治疗法。
4. 简述膀胱炎的特点及治疗措施。
5. 简述膀胱破裂的治疗措施。
6. 简述膀胱麻痹的治疗原则及方法。
7. 猫下泌尿道疾病包括哪些常见疾病？诊断主要依据是什么？如何治疗？

第十章　产科及生殖系统疾病

【学习目标】

了解临床上产科及生殖系统疾病的发病原因、致病机理，掌握常见产科疾病的诊断及治疗方法。

第一节　产科及生殖系统疾病一般诊治原则

产科及生殖系统疾病包括假孕、难产、流产、不孕症、阴道炎、子宫内膜炎、乳房炎、睾丸炎及前列腺疾病等，引起这类疾病的原因复杂，既有营养因素、管理因素，又有疾病因素、生理因素，有感染因素，也有非感染因素。由于致病因素的复杂性，从而导致临床症状的多样性，为疾病的诊断带来一定的难度。

【诊断处理】

（1）了解病犬、猫的生理情况、营养情况及饲养管理情况。

（2）了解病犬、猫的繁殖史，包括交配的雄性（雌性）犬、猫的一些情况。

（3）根据临床检查、搜集的临床症状，对症状进行综合分析，建立初步诊断。

（4）对于感染性繁殖疾病，可通过实验室进行病原微生物鉴定、血常规检查或精子活力检测等。

（5）可借助一些先进的仪器设备进行诊断。如 X 光机、B 超等。

【治疗处理】

（1）对于种犬、猫首先考虑是否有留种的价值。

（2）每一个产科病有其引起的特种原因，因此针对致病因素，要逐一排除，对症下药。

（3）对于妊娠期或哺乳期的犬、猫，用药时要考虑胎盘屏障等，防止药物对胎儿或幼仔的不良影响。

（4）先天性生理因素造成的繁殖障碍或已经造成器质性病变而需要手术的病犬、猫，应尽早安排手术，术后要预防感染。

（5）对于难产的犬、猫，应首先考虑保证母体的安全，其次考虑胎儿的安全。

（6）由病原微生物引起，而且有传染性的繁殖障碍性疾病，建议淘汰；对于名贵的品种，要隔离治疗。

第二节　假　　孕

假孕又称伪妊娠，是指未经配种或配种后未孕的母犬、猫出现腹部膨大、乳房发育等妊娠症状。临床上犬比猫多发，一般认为由于排卵后黄体持续分泌孕激素和少量雌激素使子宫内膜和乳房发育所致。

【诊断处理】

（1）有腹部膨大、乳房发育等怀孕症状。

（2）有母性行为，构巢及为其他犬、猫幼仔哺乳等行为。

（3）早期有呕吐，腹泻，后期有多食及阵痛等症状。

（4）根据配种史、腹部触诊、X线摄影及超声波发现子宫内有无胎儿即可诊断。

【治疗处理】

（1）轻症者可自愈，无需治疗。

（2）可给予睾酮制剂调节内分泌平衡，对精神异常兴奋的犬、猫可缓慢给予镇静剂。如甲基睾丸酮，犬内服日量为 10mg；己烯雌酚，肌内注射或内服，其剂量均为 0.2～0.5mg/次。

（3）对常发的母犬、猫，不适种用的可行子宫卵巢摘除术，从根本上杜绝假孕的发生。

第三节　难　产

难产是指犬、猫在正常分娩过程中不能将胎儿顺利产出体外的一种疾病。难产的原因有母体与胎儿两方面。母体性难产最常见的为硬产道即骨盆异常，如发育不全、骨折愈合等；软产道异常可见单角子宫、阴道狭窄或畸形等；母体营养不良及贫血使子宫收缩无力；母体过度肥胖或老龄使子宫收缩无力；分娩时子宫破裂、子宫扭转等。胎儿性难产常见因素有胎儿畸形发育、胎儿过大或胎位不正等因素。难产如处理不及时，可造成母体与胎儿的死亡。

【诊断处理】

（1）难产的诊断主要根据分娩时间判定，预产期已到或已过，出现分娩征兆。

（2）尿膜和羊膜破裂，尿水、羊水流出，母犬、猫频频努责，长时间不能产出胎儿。或产出部分胎儿后迟迟不能将剩下的胎儿产出。

（3）难产病犬、猫可由于产程过长痛苦鸣叫，精神不振，频频举尾排尿。

（4）用手指进行产道检查，分析确定难产的原因。

【治疗处理】

（1）对于产道扩张良好，胎位正常但是宫缩无力的情况可选择助产，助产时母犬、猫采取前高后低的保定姿势，同时可肌内注射缩宫素或配合母体努责，按压腹部给予人工加压将胎儿挤出或根据胎儿的方位选择合适的生产角度，顺势牵拉出胎儿。

（2）产道正常而胎位不正的可用手指或借助器械进行胎位矫正，将胎儿拉出。

（3）产道狭窄、胎儿过大、畸形、胎位不正原因造成的难产，催产、助产无效，羊水流失者，应及早采用剖宫产手术取出胎儿。

（4）临床上常因无为的助产或保守治疗引起胎儿死亡，甚至母犬的死亡，因此早期确定难产以及早期手术确定是成功的关键因素。

第四节　流　产

流产是指各种原因所致的妊娠中断，包括胚胎被母体吸收及产出死胎与未足月胎儿等。引起流产的原因有感染性与非感染性两大类。感染性因素主要见于某些传染病及寄生虫病如大肠杆菌、胎儿弧菌及流产布氏杆菌、弓形虫、犬猫血巴尔通体感染及某些病毒等感染。非感染因素多见于孕激素分泌不足、生殖器官疾病、胎盘结构或胎儿本身异常、母体营养不良或年龄过大、妊娠毒血症、外伤及饲养管理不善等。

【诊断处理】

（1）了解流产犬、猫的繁殖史，包括交配的雄性犬、猫的一些情况。

（2）了解流产犬、猫的疫苗接种及饲养管理情况。

（3）流产是在无任何先兆的情况下产出不足月胎儿，若为妊娠毒血症引起，母犬、猫有贫血症状。

（4）习惯性流产可见阴道血样分泌物持续5～6天。

（5）由于孕激素不足引起流产，若黄体形成不足于妊娠2～5周流产；黄体消退过早6～7周流产，7周以上流产多由胎盘功能不足所致。

（6）流产母猫常因口渴吃掉胎儿，除注意观察外，亦可经 X 线检查，发现母猫胃内见有胎儿骨骼确定。

（7）通过实验室检查，确定犬、猫是否感染某些传染病及寄生虫病。

【治疗处理】

（1）流产一般无保胎治疗价值。

（2）出现流产后，应及时促进胎儿排出，可肌内注射催产素，使用抗生素控制感染，查明原因，防止再次发生流产。

（3）如果该犬、猫已有过流产史，本次妊娠过程中有先兆流产迹象时，应及时安胎、保胎，可肌内注射黄体酮。

（4）流产需积极预防，妊娠期加强饲养管理，注意营养，避免剧烈运动，不与弓形虫阳性公犬、猫交配，做好防疫避免一些传染病等。

第五节　母犬、猫不孕症

母犬、猫不孕症是指母犬、母猫因生殖系统解剖结构或功能异常引起的暂时或永久性不能繁殖的病理状态。引起不孕的常见病因有生殖系统解剖结构异常，营养不良，营养过剩，衰老及其他方面的原因如环境变迁可造成气候性不孕，卵巢、子宫疾病等造成疾病性不孕等。

【诊断处理】

（1）母犬、猫在体成熟后，或分娩后超过产后正常发情时间仍不能配种受孕，或虽经过多次交配仍不能受孕。

（2）检查外生殖器、阴门及阴道可见细小而无法交配，子宫角极小或无分支，卵巢未发育，或有些只有一侧卵巢等，可诊断为先天性生殖系统异常性不孕。

（3）营养不良性不孕者表现为性周期紊乱，有些无特异症状，可结合病史及饲料分析进行诊断。

（4）临床上犬、猫有过度肥胖、行走缓慢等症状时，应通过详细询问犬、猫的年龄、饲养管理、营养等情况，从而判断是否为营养过剩或衰老性不孕。

（5）其他类型不孕　多为经产犬、猫，往往伴有流产、死胎等，需综合分析判断。如是否为人工授精技术不熟练、精液处理不当、生殖器官疾病等。

【治疗处理】

（1）对于生殖道异常的犬、猫不宜做种用。

（2）生殖器官发育不良的可用激素刺激生殖器官或与公犬、猫混养。犬可肌内注射孕马血清促性腺激素（PMSG）25～200IU，猫可每 8h 肌内注射环戊丙酸雌二醇 0.25～0.5mg。

（3）营养不良性不孕者可在确定缺乏物质后予以补充，加强饲养管理，饲喂营养全面的饲料，加强运动防止肥胖等，可恢复生殖功能。

（4）克服气候性不孕，注意引入种犬、猫时需在适当季节，最好安排在休情期以利其适应新环境。

（5）疾病性不孕者，先治疗原发病。

（6）若生殖器官已发生器质性变化者则不能恢复，建议淘汰。

第六节　公犬、猫不育症

公犬、猫不育症是指公犬、公猫不能授精或精子不能使卵子受精。临床上多见于睾丸发育不全、生殖系统疾病、营养不良及衰老等。睾丸发育不全除先天性隐睾外，还可见于辐射致伤；生殖系统疾病主要有睾丸炎、精囊炎、包皮过长及尿道炎；长期食饵单一或缺乏氨基酸、维生素及矿物质等影响精子生成，或营养过剩均可导致营养性不良；人工采精者使用过度或老龄可造成衰老性不育。

【诊断处理】

（1）不育症的诊断包括病史调查及全身检查、精液品质检查、睾丸活组织检查、激素检查、性行为观察等。

（2）不育的基本症状为性欲下降或阳痿，精液品质低劣，过度采精者无精子排出，并伴有原发病症状等。

（3）病犬、猫有正常的性欲，射精反射正常，但射出的精液无精子，见于睾丸或两侧附睾节段性发育不良。

（4）病犬、猫有正常的性欲，但精液中精子数目减少或精子数目虽然正常但活力极差或异常精子数很多等情况，属于低受精力不孕，要分析查找致病原因。

【治疗处理】

（1）对于不育的公犬、猫，确诊后主要治疗原发病和除去病因。

（2）先天发育不全者可考虑淘汰，必要时应用睾丸酮、孕马血清及性腺原激素治疗，睾丸酮 20～50mg，每 2～3 天肌内注射 1 次以促进性腺发育。

（3）对饲养管理造成的不育，可改善饲养管理，加强运动，供给营养充足、平衡的食物。

（4）对精液品质不良、阳痿等引起的不育，除加强饲养管理和针对病因采取相应措施外，尚可根据病情试用睾丸素、孕马血清促性腺激素或人绒毛膜促性腺激素等治疗。

第七节　阴　道　炎

阴道炎是指阴道黏膜的炎症，可分为原发性和继发性两种。原发性多发生于某些性成熟前的大型犬、猫，如德国牧羊犬、拳师犬等；继发性多见于成年犬、猫，诱因为发情过长、交配不洁、分娩时感染，以及继发于子宫、膀胱、尿道及尿道前庭感染。

【诊断处理】

（1）原发性阴道炎多为性成熟前犬、猫阴道持续流出大量脓性分泌物。

（2）性成熟犬、猫阴道流出炎性甚至脓性分泌物，病犬、猫常舔舐外阴，并有尿频与少尿症状，为继发性阴道炎。

（3）发情间期犬、猫表现正常，随后可见脓性分泌物，阴道黏膜充血肿胀，有黏稠分泌物，全身症状不明显。

（4）分泌物检验，可见大量脓细胞及上皮细胞，并有 β-溶血性链球菌和类大肠杆菌。

【治疗处理】

（1）原发性阴道炎可不用治疗，或口服 0.1% 三氧化铁等收敛剂，剂量为犬 0.06～0.3g/天，猫 0.03～0.2g/天，连服 2 周，耐过第一发情期可自愈。

（2）继发性阴道炎要分析引发炎症的原因，重点治疗原发病。

（3）继发性阴道炎要对症处理，可进行阴道冲洗，可用生理盐水、2% 碳酸氢钠溶液、

0.1%高锰酸钾、0.02%呋喃西林溶液，洗前麻醉，洗后注入抗生素或涂布药膏，如涂布碘甘油、磺胺软膏、青霉素软膏等。

（4）有全身症状者，肌内注射青霉素，同时使用乙烯雌酚，促进分泌物排出。

（5）由于交配引起的阴道炎，交配前2～4天给犬、猫口服氨苄青霉素或三甲氧苄氨嘧啶，至交配后4天停止。

第八节　阴 道 脱 出

阴道脱出是指阴道壁部分或全部脱出于阴门之外。本病病因复杂，遗传性阴道周壁组织无力、便秘、公母犬交配时公犬强行分离、育种动物间个体差异太大以及难产等均可引起本病的发生。另外，雌激素分泌过多（如动情期）及病理性雌激素过多（卵巢囊肿）也可发生阴道脱出。本病多发生于拳师犬和波士顿梗等短头品种犬。

【诊断处理】

（1）阴道部分脱出者，阴道周壁包括尿道乳头外翻，脱出于阴门。

（2）全阴道脱出者，子宫颈也外翻，呈"轮胎"形。

（3）在临床上如果发现阴道黏膜发绀、水肿、干燥，严重者出现损伤，表明阴道外翻时间长，要及时处理。

（4）一般无全身症状。

【治疗处理】

（1）轻度、部分阴道脱出，无需治疗，短期可自行恢复。

（2）阴道严重脱出者，经全身麻醉，局部用2%明矾溶液或3%硼酸溶液清洗后进行整复。

（3）黏膜严重水肿，难以整复者。可用手压迫组织或用高渗溶液（50%葡萄糖液）外敷，有助于减少肿胀。而后用手指或涂上润滑剂的塑料注射器活塞帮助整复。为方便整复，可做外阴切开术。阴道整复原位后，应插入导尿管（防止阴道水肿，尿反流到阴道内），阴门采用袋口法缝合加以固定，至肿胀消除后拆除。

（4）脱出的阴道因长期暴露在外，阴道严重出血、感染或坏死，必须采用阴道截除术。

（5）阴道截除术　先切开外阴，以暴露阴道和便于插入导尿管，然后环形切除1～2cm厚的外层黏膜，接着切除内层未内翻的黏膜。为减少出血，应采取部分阴道切除方法，待止血和缝合之后，再做另一部分的切除，直至全部切除为止。使用抗生素防止继发感染。

第九节　子宫内膜炎

子宫内膜炎是指子宫内黏膜及黏膜下层的炎症。按病程可分为急性和慢性两种。急性子宫内膜炎主要病因是分娩或难产时消毒不严的助产、产道损伤、子宫破裂、胎盘及死胎滞留。还可见于产后子宫恢复不良及长毛品种会阴不洁、过度交配或人工授精消毒不严所致，阴道炎上行感染也可诱发本病。而慢性子宫内膜炎除由急性转化外，也可见于休情期子宫内膜的囊状增生。

【诊断处理】

（1）主要病原菌有革兰阴性菌、大肠杆菌、链球菌和葡萄球菌等。

（2）急性子宫内膜炎的最初症状出现于分娩后12h至4天内，拒绝哺乳或伴发乳房炎，乳汁含有大量细菌。病犬、猫体温高达39.5℃以上，精神委顿，食欲不振或废绝，呕吐，腹泻，甚至脱水。阴道流出大量暗灰色或暗红色黏稠分泌物，伴有恶臭，细菌培养可见大肠杆菌等。腹部触诊可触知子宫松弛，继发腹膜炎时因疼痛而拒绝触诊。血液学检验，中性粒细胞轻度增多。

（3）怀疑有死胎残留者，可用 X 线检查。

（4）慢性子宫内膜炎的临床特征为全身症状不明显，阴道长期流出脓性黏液，未产母犬、猫发情不规则或受孕后 2～3 周内流产或死胎，经产犬、猫产仔数减少或发情征兆不明显，子宫体增大。

（5）发情期可自子宫颈采取黏液或收集子宫内容物进行细菌培养以确定诊断。

【治疗处理】

（1）使用抗生素或磺胺类药物进行全身治疗。配合静脉输液补充体液，纠正水、电解质平衡紊乱。

（2）对恶露不洁者，可用 0.1％雷佛奴尔溶液冲洗子宫，冲洗后注入抗生素，同时肌内注射催产素 5～10IU 或 1％的人造雌酚等，使子宫收缩加速内容物排出。

（3）对没有明显好转者，尽早切除子宫。

（4）慢性子宫内膜炎病例进行长期抗生素治疗，无效者摘除子宫及卵巢。

（5）对异常繁殖史犬、猫，产后 2～3 天内严密注视以防感染。治愈后 6 个月内禁止交配。

第十节　子宫蓄脓

子宫蓄脓是指子宫腔内积聚脓液。子宫蓄脓通常见于化脓性子宫内膜炎，也继发于急、慢性子宫内膜炎，化脓性乳房炎及其他部位化脓灶转移。按子宫颈开放与否可分为闭锁与开放两种类型，多见于犬，猫也时有发生。

【诊断处理】

（1）发病常在发情后期。

（2）患病犬、猫体温急剧上升，慢性积脓时体温无变化，食欲不振，呕吐脱水。

（3）闭锁型子宫蓄脓病例腹围增大，子宫角胀满，触诊可触及子宫，有波动感。

（4）开放型病例阴道流出大量灰黄色或红褐色脓液，无臭或有强烈腥臭味。

（5）血液学检验可发现病犬、猫的白细胞总数增多，中性粒细胞增多，核左移。

（6）X 线检查　X 线片显示子宫呈圆形、界限清楚并且密度中等的反射区。

（7）B 超检查　超声波图像显示，子宫内充满大量的液体。

【治疗处理】

（1）应用广谱抗生素进行全身治疗。

（2）对于早期轻度子宫蓄脓的犬，可先采用保守疗法，先注射己烯雌酚 0.1mg/kg，第二天开始注射缩宫素，每半小时注射一次，首次 1U/kg，第二次 2U/kg，第三次 1U/kg，隔日可再同样注射一次。同时注射抗生素，可选用拜有利（Baytril）5mg/kg，一日一次，连用 7 天。

（3）对开放型病例可进行子宫冲洗，然后再给予宫缩药以促进脓液排出。

（4）手术治疗　有吸入麻醉机的动物医院应选择吸入麻醉；无吸入麻醉机的应选择复合麻醉进行手术。手术台仰卧保定，腹下部剃毛消毒，切口定位于从脐孔向下 5～10cm。腹白线常规切开，打开腹腔。手指进入腹腔小心将膨大的子宫角取出于切口之外，分别将两侧的卵巢动静脉进行双重结扎，在结扎的交接部剪断，分离子宫阔韧带，在子宫体的部位三钳固定进行双重结扎，将子宫体连同子宫一同摘除。子宫体的断端用剪刀将黏膜剪除，用酒精纱布块擦净，最后将子宫体断端的浆膜肌层进行包埋缝合，送回腹腔，常规闭合腹腔。腹部用自制纱布绷带包扎。全身使用抗生素，连续应用 5～7 天，同时补液、补充营养和纠正酸碱平衡。

第十一节　产后子痫

产后子痫是一种以低钙血症和产后突发全身强直性痉挛为特征的代谢性疾病，亦称泌乳惊厥、产后搐搦症。多发于分娩后 2～4 周（早发型多发于分娩后 2～4 天）的产仔数多的小型母犬，中型母犬亦可发病。产后子痫的直接原因是分娩后大量的钙随乳汁排出又未及时补充，使血钙浓度急剧降低。

【诊断处理】

（1）病犬、猫处于泌乳期。

（2）典型症状为全身肌肉强直、痉挛、抽搐。开始运步蹒跚、后躯僵硬、步态失调，以后表现烦躁不安、到处乱跑、易惊恐、对外界刺激表现敏感。站立不稳，倒地抽搐，呼吸迫促，口不停开合并流白色泡沫。

（3）多有呕吐、心跳加快，体温升高明显。病犬、猫瞳孔散大或昏睡，若未及时治疗，反复发作以至死亡。

（4）临床上血钙检测，发现血钙水平降低（正常血钙值犬为 2.75mmol/L，猫为 1.75mmol/L），补钙后症状迅速减轻。

【治疗处理】

（1）补钙疗法　确诊后立即缓慢静脉注射 10％葡萄糖酸钙溶液，犬 10～30ml、猫 5～10ml，症状可迅速缓解，经 12h 后重复注射 1 次，多数病犬可康复，严重病犬重复注射 3～4 次亦可痊愈。若心律不齐者改服钙片，伴低血糖者同时静脉注射 50％葡萄糖溶液，并口服维生素 D（30IU/kg，连服 10 日）。

（2）镇静　补钙后症状无明显改善，可用戊巴比妥钠 20～30mg/kg，静脉注射。

（3）肾上腺皮质激素疗法　泼尼松 2mg/kg 口服或皮下注射，每日 2 次，至幼犬断乳为止。

（4）加强饲养管理　母犬发病后要与仔犬隔离，提早断乳，仔犬采用人工喂养。同时改善母犬的营养状态。

第十二节　胎衣不下

犬、猫分娩后，胎衣在正常时间内不能排出称为胎衣不下或胎衣滞留。犬产后排出胎衣的时间一般不超过 1～2h，胎衣不下以饲养管理不当、患生殖道疾病的舍饲犬多见。引起产后胎衣不下的原因主要与产后子宫收缩无力、怀孕期间胎盘发生炎症等有关。

【诊断处理】

（1）胎儿产出后，不见胎衣排出，病犬表现拱背、不断努责。

（2）小型犬触诊腹壁可感觉到子宫内有一个纺锤形的团块。

（3）犬在分娩的第二产程排出黑绿色液体，胎衣排出后很快转变为排出血红色液体，如果在产后 12h 内持续排出黑绿色液体，应怀疑发生胎衣不下。

（4）如果 12～24h 胎衣没有排出，就会发生急性子宫炎，出现中毒性全身症状。

【治疗处理】

（1）向子宫内灌注 20～30ml 的抗生素溶液。轻拉胎衣，检查胎衣能否脱落。

（2）全身肌内注射头孢类抗生素。

（3）为了促进子宫收缩，加快排出子宫内已分解的胎衣碎片和液体，先肌内注射乙烯雌酚，1h后肌内注射或皮下注射催产素。

（4）剥离胎衣。一手指进入病犬的阴道内探查，找到脐带后轻轻向外牵拉，可将胎衣取出。

（5）用包有纱布或药棉的镊子在阴道中旋转，将胎衣缠住取出。

（6）小型犬可将病犬前身提起加大腹腔压力，按摩腹壁，也可将胎衣排出，可间隔几小时重复一次。

（7）胎衣剥离完成后，用虹吸管将子宫内的腐败液体吸出，用冲洗液冲洗后投放抗菌防腐药物。

（8）以上方法无效时，进行剖宫手术，剥离胎衣。

第十三节 乳 房 炎

乳房炎又称乳腺炎，是犬、猫一个或多个乳头的炎症过程，主要发生于产后或假孕的犬、猫，可分为急性、慢性及囊泡性乳房炎。急性乳房炎多由于外伤和微生物侵入乳腺所引起，常见的病原菌有链球菌、葡萄球菌、大肠杆菌等。慢性乳房炎则为乳汁滞留刺激乳腺的结果。囊泡性乳房炎相似于慢性乳房炎，但乳腺增生可形成囊泡样肿物。

【诊断处理】

（1）急性乳房炎可出现发热、精神沉郁、食欲不振等全身症状。发炎部位温热、疼痛、乳房硬肿、压迫时有少量血样或水样分泌物流出，乳汁呈絮状，若为化脓菌感染，可挤出脓液并混有血丝。血液学检验，白细胞总数增多。

（2）慢性乳房炎全身症状不明显，一个或多个乳房变硬，强压亦可挤出水样分泌物。

（3）囊泡性乳房炎多发于老龄犬、猫，触诊变硬的乳房可触及增生囊泡。

（4）乳汁检查和细菌培养 白细胞数目＞3000个/μl可考虑本病，变性的中性粒细胞最常见；检测出某种病原微生物。

【治疗处理】

（1）发现乳房炎应立即隔离幼仔，及时治疗。

（2）按时清洗乳房并挤出乳汁，以缓解急性炎症的疼痛。

（3）挤净乳汁，通过乳头管向里注射冲洗液，反复冲洗后注入青霉素，按摩促进吸收。

（4）用普鲁卡因青霉素液在乳房基部进行封闭，每日1～2次。

（5）全身应用抗生素治疗。

（6）慢性、持续性乳腺感染最好采取乳腺切除。

第十四节 缺乳及无乳症

缺乳及无乳是指母犬、母猫乳量减少甚至泌乳或排乳停止而使仔犬、仔猫不能获乳。主要原因有母犬、母猫的饲养管理不良及营养低下（尤其怀孕期）；产后严重疾病，如子宫疾病、胃肠道疾病；乳房外伤、乳房炎；母犬、母猫过早繁育，乳房发育不全或母犬、母猫年龄太大，乳腺萎缩；母犬、母猫哺乳期受惊，饲料突然变更，气候突然变化；调节乳腺活动的激素分泌紊乱等。

【诊断处理】

（1）母犬、母猫乳房肿胀（有乳房炎时），或松软、缩小。

（2）仔犬、仔猫寻乳频繁，母犬、母猫屡屡躲让，不愿投乳。

（3）人工挤乳无乳汁排出。

【治疗处理】

（1）改善饲养管理，注意补充营养。

（2）消除致病因素，积极治疗乳房炎及其他疾病。

（3）对于紧张焦虑的母犬、猫应将其放入安静的环境中，注射氯丙嗪。

（4）施以药物催乳。

第十五节　乳　腺　肿　瘤

乳腺肿瘤主要来源于雌性动物的乳腺组织的分泌上皮、黏膜上皮，而间质上皮发生较少。乳腺肿瘤的组织类型很多，有良性肿瘤和恶性肿瘤之分。本病的发生率，母犬约为 0.2%，犬、猫没有明显的种间差异，平均发病年龄是 10～12 岁，公犬也偶有发生。病因可能与激素水平、高脂肪饮食等有关。

【诊断处理】

（1）患畜有一个或多个肿块，肿瘤大小变化不大，单侧或两侧的多个乳腺患病。

（2）肿块可能是相距较远的多个结节或一个或几个乳腺弥散性肿胀，其有或无炎症。

（3）如果有囊性管与肿瘤相连，则从乳头有分泌物排出。

（4）局部或远处有转移性乳腺癌，则临床症状复杂。

（5）怀疑乳腺癌，可做肿瘤组织病理学检查。

【治疗处理】

（1）良性肿瘤可手术切除，并对症治疗。

（2）恶性肿瘤建议淘汰。

第十六节　阴茎包皮疾病

一、嵌顿包茎

嵌顿包茎是指脱出的阴茎不能缩回到包皮腔内。临床上常见原因有：先天性因素、外伤导致包皮口狭小、异物或毛发等将阴茎勒于包皮外、慢性包皮龟头炎等。

【诊断处理】

（1）阴茎从包皮突出，充血肿胀。

（2）犬过度舔吮暴露在外的阴茎。

（3）外露的阴茎干燥或坏死。

（4）尿淋漓、尿血或尿闭。

【治疗处理】

（1）用 0.1% 的高锰酸钾溶液清洗患部、按摩暴露的阴茎，使其消肿。

（2）除去病因，使阴茎复位。可采取手术扩大过小的包皮口。

（3）用稀释的抗生素药液冲洗包皮，或用类固醇类软膏涂抹。

（4）如出现尿淋漓或尿闭，可人工导尿排出尿液。

二、包茎

包茎是指由于包皮开口过小而使阴茎不能伸出的。一般见于先天性包皮狭窄、撕裂性外伤等因素。

【诊断处理】

（1）临床观察到狭窄的包皮口。

（2）如对排尿无影响，幼犬可能无症状。

（3）阴茎不能伸出、包皮内有尿潴留。

（4）幼犬可能发生慢性龟头包皮炎。

【治疗处理】

（1）在阴茎头背侧切口扩大包皮口。

（2）术后检查包皮开口大小，检查阴茎能否自由伸出。

三、龟头包皮炎

龟头包皮炎是指阴茎和包皮黏膜的炎症。多由于包皮黏膜的常驻菌群过度繁殖和机体的正常防御机能减退所致，也继发于外伤、异物或阴茎淋巴细胞增生等。

【诊断处理】

（1）许多犬可能无临床症状。

（2）包皮内有脓性分泌物。

（3）患犬频繁摩擦或舔吮被感染部位。

（4）阴茎和包皮的临床外观检查，有炎性症状。

（5）对炎性部位的脱落表皮做细胞学检查，脓性分泌物中有变性的中性粒细胞。

【治疗处理】

（1）每天用0.1%的雷佛奴尔溶液或5%的洗必泰溶液冲洗有症状的患犬。

（2）包皮涂抹抗生素软膏，并全身应用抗生素治疗。

（3）每天挤出阴茎数次，防止粘连。

第十七节　隐　睾　症

隐睾症是指动物性成熟时睾丸没有下降至正常阴囊位置的一种病理状态。最常见的是单侧性隐睾。多见于纯种犬、猫，有明显遗传倾向。两侧性隐睾的病犬是不育的，单侧性隐睾的病犬的生育能力比正常动物低。

【诊断处理】

（1）犬的隐睾在3周龄以上较易诊断。

（2）阴囊内无或仅有一个睾丸。

（3）X线检查可见腹腔内有睾丸样实体。

（4）犬的睾丸提肌反射敏感度高，触摸睾丸能使其向腹股沟环回缩，易被误诊为隐睾。临床上可看能否将睾丸推拿降至阴囊进行判断。

【治疗处理】

（1）单侧隐睾的病犬、猫不宜留作种用。

（2）滞留于腹腔的睾丸易发生肿瘤，通常采取手术摘除。

第十八节　睾丸及附睾炎

睾丸及附睾炎是指睾丸和附睾的炎症状态。一般紧密相关，一个器官的炎症往往导致另一个器官的炎症。犬急性附睾炎最常见的病因是犬的布氏杆菌感染，咬伤或局部创伤也可引起炎症和继发感染，有些真菌可引起肉芽肿性睾丸炎和附睾炎。

【诊断处理】

（1）急性睾丸炎可见动物频繁舔舐阴囊睾丸部；动物敏感，有热、痛、肿胀症状；睾丸质地坚实，膜间有液体蓄积；出现全身症状，发热，厌食等。

（2）慢性肉芽肿性睾丸炎，睾丸肿大、坚实，但无疼痛反应。

（3）附睾炎时仔细触诊可发现正常的睾丸和肿大的附睾。

（4）精液检查见精液质量下降，畸形精子增多。

（5）血常规检查见白细胞增多。

（6）血清学　犬的布氏杆菌是否呈阳性。

【治疗处理】

（1）布氏杆菌阳性犬，或严重睾丸脓肿（坏死）病犬，应手术摘除睾丸。

（2）轻微炎症或价值较高的犬，给予大量的抗生素进行全身治疗并处理创伤。

（3）一侧性的睾丸、附睾炎，手术除去患侧的睾丸和附睾可使另一侧睾丸恢复繁殖能力。

（4）有疼痛者给予止痛，并给犬戴上项圈防止舔舐。

第十九节　前列腺炎

前列腺炎是前列腺的急性或慢性炎症。急性前列腺炎主要由链球菌、葡萄球菌、革兰阴性杆菌感染而引起，多经尿道或血行而感染。慢性前列腺炎多由急性转化而来。以犬发病较多。

【诊断处理】

（1）急性前列腺炎

① 发病较急，全身症状明显，有厌食、沉郁、发热、呕吐等症状。

② 由包皮向外排出分泌物，由于疼痛而运步僵拘。

③ 常伴有急性膀胱炎和尿道炎，病犬有频尿、痛尿、血尿等症状。

④ 触诊后腹部时，疼痛感局限于前列腺部。

⑤ 血细胞检查，白细胞增多，中性粒细胞增多，有时见核左移。

⑥ 尿液检查可见白细胞和细菌。

⑦ 腹部 X 线检查，见前列腺形态正常或边缘细节消失。

（2）慢性前列腺炎

① 多数情况下不出现与前列腺有关的症状。

② 可反复出现膀胱炎。

③ 病犬经常或间歇出现尿道滴液或血尿。

④ 公犬无繁殖能力，触诊前列腺无痛感。

⑤ 血细胞检查一般正常。

⑥ 检验前列腺分泌物对慢性前列腺炎的诊断有意义，可查出大量细菌。

⑦ 腹部 X 线检查可见结节状前列腺钙化灶。

【治疗处理】

（1）多数病例预后不良，传染病检查阳性的公犬迅速淘汰。

（2）根据药敏试验选用抗生素至少用药 28 天。如：青霉素 40 万～80 万单位，链霉素 50 万～100 万单位肌内注射，每天 2 次。

（3）慢性前列腺炎进行按摩，促进炎症消散，同时配合抗生素治疗，一般持续 6 周以上。

（4）治疗 1 周和 1 个月后应做前列腺分泌物检查，确保治疗效果。

第二十节　前列腺增生

前列腺增生是犬前列腺最常见的疾病，未去势的公犬 100％随年龄的增长，在组织学检查中发现有增生迹象，猫并不随年龄增长而出现前列腺增生。多数犬无临床症状，通常以囊肿性增生为多见。一般认为可能与内分泌失调有关。

【诊断处理】

（1）多发生于未去势的成年公犬，一般无临床症状。

（2）直肠指诊和腹部触诊可发现前列腺肿大。

（3）有时出现里急后重、便秘、尿频、尿急或排尿困难、膀胱弛缓等。

（4）病犬步样改变，后肢跛行，后躯纤弱。

（5）腹部 X 线片可确定轻度至中度前列腺肿大，表现为结肠向背侧移动，膀胱向前推移。

（6）超声检查时，如果腺体实质内出现空洞，则腺体出现广泛的强回声。

【治疗处理】

（1）只要出现临床异常现象就需要治疗。

（2）最有效的方法是去势，大多数的病犬在去势后两个月内，前列腺的体积即可缩小。

（3）如果不做去势，可使用小剂量的雌激素，能促进前列腺萎缩，但剂量应控制。

（4）良性的大的增生应使用手术方法摘除。

【复习思考题】

1. 什么是难产？如何治疗？

2. 引起流产的病因有哪些？临床上如何处理？

3. 引起不孕症的病因有哪些？如何治疗？

4. 子宫内膜炎的治疗方法有哪些？

5. 何为产后子痫？如何治疗？

6. 乳房炎的治疗方法有哪些？

7. 临床上怎样诊断睾丸炎？如何治疗？

8. 急性前列腺炎的诊断方法有哪些？临床上怎样治疗？

第十一章 神经系统疾病

【学习目标】

1. 了解神经系统疾病的概念及发病特点，熟悉常见疾病的发病原因与分类。

2. 理解、掌握神经系统疾病的诊断和治疗技术，学会运用本章知识鉴别诊断犬瘟热引起的脑炎和癫痫病、中毒性疾病和犬、猫中暑等疾病。

第一节 神经系统疾病一般诊治原则

【诊断处理】

(1) 鉴别诊断　神经系统疾病和其他疾病引起的神经症状可从以下方面鉴别诊断。

① 从精神状态方面进行诊断

a. 精神兴奋。是中枢神经系统功能亢进的结果。表现兴奋、惊恐、狂叫不安、顶撞墙壁等，多见于脑炎、狂犬病、日射病和热射病、急性铅中毒等。

b. 精神抑制。多是神经组织的代谢障碍所致，如各种热性病、脑水肿、脑损伤、贫血、脑炎、低血糖、低血钙、某些中毒等。

② 从运动功能方面进行诊断

a. 运动状态。圆圈运动多见于脑炎、脑脓肿、一侧性脑室积水等。盲目运动见于脑部炎症、狂犬病等。阵发性痉挛和强直性痉挛见于病毒或细菌感染性脑炎、药物中毒、代谢障碍（低钙血症）及循环障碍等。

b. 瘫痪。中枢性瘫痪多见于脑和脊髓的损伤，如细菌性、病毒性和中毒性脑炎、脑脊髓炎（产褥败血病、铅中毒）、犬瘟热等；外周性瘫痪见于脊髓外周神经受损，如坐骨神经麻痹等。

③ 从感觉功能和反射功能方面进行诊断

a. 感觉。浅部感觉减退或消失多见于周围神经受压迫，脊髓神经横断性损伤或脑病。深部感觉发生障碍时，多见于脑水肿、脑炎。

b. 反射。严重肝病和中毒，反射增强，见于破伤风、士的宁中毒、有机磷中毒、狂犬病等。反射减弱或消失见于意识丧失、麻醉、虚脱等。

(2) 神经系统疾病的发生多具有其特定条件　如脑震荡、脊髓损伤多有外伤接触史，中暑多在气候炎热条件下才能发生等。因此，诊断犬、猫神经系统疾病时，详细的病史调查有助于准确诊断。

(3) 预后　大多数神经系统疾病的预后较难判断，这要取决于神经损伤的部位、严重程度和病后护理情况等。

(4) 其他　传染病（尤其是犬瘟热）和中毒性疾病引起的神经症状在临床上较多见，确诊前首先要了解患犬的发病情况，排除此类疾病。

【治疗处理】

(1) 神经系统疾病越早治疗，疗效越好，尤其是对于一些突发性疾病如中暑、脊髓损伤等，尽量避免继发性疾病出现，减少对组织的损伤程度。

（2）神经系统因其特有的屏障功能而使药物的选择受限，许多药物因不能透过机体的某些屏障而使该类疾病的治愈率下降。因此，制定合理的用药方案和疗程就显得尤为重要。

（3）中药和针灸疗法可显著提高某些神经系统疾病的治愈率。对于腰椎病和脊髓损伤病例，可选择穴位和痛点封闭等方法加快痊愈；而对于癫痫和脑炎的治疗，在使用西药控制症状的同时，辅以中药以提高此类疾病的治愈率。

（4）保持环境安静，减少外界刺激，限制活动，注意保暖，增加易消化食物的供给，可提高神经系统疾病的治愈率。

第二节　脑　　炎

脑炎是指脑膜和脑实质的一种炎症性疾病。根据病灶的性质可分为化脓性脑炎和非化脓性脑炎两种，其中以非化脓性脑炎在临床上较为多见。本病多见于对神经系统有亲和力的嗜神经性病毒病，如狂犬病、伪狂犬病、犬瘟热等；也见于某些细菌感染如钩端螺旋体、李氏杆菌等；某些有毒化学物质中毒，如铅中毒；某些寄生虫移行至脑组织和创伤均可引发。

【诊断处理】

（1）详细的病史调查有助于作出合理正确的诊断。如疫苗接种情况、有无外伤史等。

（2）患犬与平时比较，有异常举动和表现。有时兴奋不安、狂躁，无目的奔走，甚至四肢抽搐、尖叫、共济失调；有时精神淡漠，反应迟钝，甚至昏迷。

（3）排除传染性因素如犬瘟热、狂犬病、寄生虫病引起的脑部症状，有助于准确诊断和合理用药。

（4）犬瘟热引起的脑炎症状与癫痫病在临床上较难鉴别，但犬瘟热性脑炎多伴有发热、食欲减退表现，而癫痫病多无此类表现；犬瘟热性脑炎引起的抽搐症状多是局部的、持续性的抽搐症状，而癫痫病多是全身的、阵发性的抽搐症状。

（5）脑脊液检验对本病诊断意义重大，但临床应用难度较大。

【治疗处理】

（1）对脑炎患犬应加强护理，保持安静，喂给易消化、营养丰富的流质或半流质食物。

（2）对症治疗过程中，首先应降低颅内压，防止脑水肿的发生，可静脉注射20％葡萄糖、20％甘露醇或25％山梨醇等。

（3）磺胺嘧啶钠对细菌引起的脑炎有一定作用，长期应用时应注意碱化尿液；青霉素类药物在脑膜受损，脑屏障功能降低时对细菌引起的脑炎有一定作用。

（4）脑炎过程中，若神经症状明显，可适当应用镇静药如安定、苯巴比妥钠等；对长期脑炎导致的心脏衰弱病例，可用樟脑、安钠咖等强心剂。

（5）脑炎引起的神经症状有可能无法治愈而终身存在。

第三节　脑震荡及脑挫伤

脑震荡是指由于外力作用，使大脑受到过度震荡，出现短暂的意识丧失；脑挫伤是指脑组织破损、出血和水肿，引起严重的神经功能减退或丧失的疾病。本病多与高空坠落、车撞、钝器打击、动物斗殴有关。

【诊断处理】

（1）患病宠物多有外伤病史。

（2）患病宠物出现不同程度的意识障碍，且呼吸、反射、运动出现异常。

（3）X线检查有助于确诊本病及判断脑损伤的严重程度。

【治疗处理】

（1）轻度脑震荡，仅有短暂意识障碍的可不予治疗，提供安静舒适的休息环境即可。

（2）对症治疗有助于提高本病的治愈率。降低颅内压可用高渗葡萄糖、甘露醇、山梨醇等；减轻脑水肿可静脉注射皮质类固醇类药物如地塞米松、泼尼松、甲基强的松龙等；对骚动不安患犬应酌情使用镇静剂。

（3）对于轻度脑挫伤病例，越早用药，疗效越好，病情严重时，多预后不良。

第四节 日射病与热射病

日射病是指宠物在炎热季节，头部受到日光直射，引起脑膜充血和脑实质急性病变，导致中枢神经系统功能严重障碍的现象。热射病是指在潮湿闷热的环境中，宠物体内积热过多引起严重的中枢神经系统功能紊乱现象。日射病和热射病在临床上统称为中暑。犬的汗腺不发达，对热的耐受性差，夏季长时间暴露于阳光下，日光直晒头部，使脑膜充血，导致日射病。由于环境温度过高，散热条件差，通风不良，体温急剧升高导致热射病。另外，伴有热性疾病，手术中长时间的气管插管，过度肥胖，心血管系统、泌尿系统疾病的宠物更易引发本病。

【诊断处理】

（1）患病宠物多集中于炎热的夏秋季节发病，且多与日光直射、闷热潮湿、气温过高的环境有接触史。

（2）患病宠物发病突然，体温急剧升高至 $41\sim42℃$，呼吸急促，心跳加快，末梢静脉怒张。有的精神沉郁，站立不稳，卧地不起。有的神志紊乱，兴奋不安，狂躁。随着病情的急剧恶化，出现心力衰竭，脉搏快而弱，静脉淤血，黏膜发绀。伴发肺充血和肺水肿时，张口伸舌，呼吸浅表，口鼻喷出白沫或血沫。有的突然倒地，肌肉痉挛、抽搐、昏迷乃至死亡。

（3）体质肥胖、长期躺卧而缺乏锻炼、心脏衰弱、饮水不足、被毛过长过密等均可促使本病发生。

【治疗处理】

（1）降温是治疗本病的关键。降温的速度对患病宠物预后影响巨大，降温时采用物理降温和药物降温相结合方法较好。

（2）对症治疗也十分重要。心力衰竭时及时强心补液，有酸中毒时及时纠酸，呼吸窘迫、昏迷时进行吸氧，全身肌肉痉挛可注射镇静剂氯丙嗪等。

（3）本病临床上易与中毒、肺水肿等病混淆。

（4）炎热的夏季要防暑降温，保持环境阴凉通风，供应充足饮水等。

（5）轻症病例，经合理治疗，很快好转，若并发脑出血、水肿等严重脑症状，多预后不良。

第五节 癫 痫

癫痫是一种反复发作的脑功能障碍性疾病，其特征是患犬、猫突然发作而出现短暂的意识不清、运动和感觉异常。根据病因可分为原发性癫痫和继发性癫痫；根据临床症状可分为大发作型、小发作型和局限性发作型癫痫。

【诊断处理】

（1）详细的病史调查有助于确诊本病。如是否曾经有类似情况及发作次数、时间间隔等。

（2）癫痫发作具有突然性、暂时性和反复性的特点。突然发病、不安、惊叫、倒地、四肢抽搐，持续几十秒、几分至十几分钟不等，症状消失而恢复常态，稍显疲惫，过一段时间又复发。

（3）临床上应注意与其他疾病引起的癫痫样症状相鉴别。如犬瘟热、脑炎等。

（4）癫痫发生的原因较为复杂，要作出明确的病因学诊断，需进行全面系统的临床检查。

【治疗处理】

（1）加强护理，让患病宠物安静躺卧，避免各种不良因素的刺激有助于减少癫痫发作次数和时间。

（2）大多数抗癫痫药物只能暂时控制发作，不能根治癫痫，且该类药物具有一定不良反应，用量不宜过大，疗程不宜过长。

（3）穴位注射药物治疗癫痫具有用药量小、效果可靠等优点。可用清开灵、安定于大椎、百会穴注射，同时配合抗癫痫药物口服。如癫安舒、扑癫酮等。

（4）癫痫有可能无法治愈而终身存在。

第六节　晕　车　症

晕车症是指犬、猫乘坐车、船、飞机等交通工具时，表现为流涎、烦躁、恶心、呕吐等临床症状的疾病。本病多由于受到持续颠簸振动，前庭器官的功能发生变化而引起。如果犬、猫在乘车过程中精神高度紧张或恐惧，则更易发生晕车症。

【诊断处理】

（1）有乘坐汽车、火车、船、飞机病史。

（2）频繁的流涎、呕吐，且在不乘坐车、船时无此类症状。

（3）本病易与中毒、传染病引起的流涎、呕吐混淆，临床上应予鉴别。

（4）有些犬、猫对自行车、拖拉机等交通工具也会出现晕车症状；有些犬、猫在健康时不晕车，而在患病时发生晕车症状，尤其是易引起呕吐的消化道、肝脏、肾脏疾病等，临床上应予注意。

【治疗处理】

（1）轻度晕车无须治疗，让犬、猫下车，给予适当的休息即可。

（2）重度晕车或必须让晕车患犬、猫乘车的，可适当给予晕车药如盐酸异丙嗪、苯海拉明等。

（3）因晕车导致严重脱水、酸碱失衡患犬、猫应进行必要的对症治疗。

第七节　脊　髓　损　伤

脊髓损伤是指在钝性外力作用下，导致脊髓组织的震荡、挫伤或压迫性损伤。临床上以脊髓节段性运动及感觉障碍或排粪、排尿障碍为特征。

【诊断处理】

（1）患病宠物多有外伤病史。

（2）脊髓损伤的部位、范围和程度不同而有不同的临床表现。如跛行、后肢瘫痪甚至知觉丧失等。

（3）X线检查有助于判断损伤的性质和程度，掌握预后情况。

【治疗处理】

（1）让患病宠物保持安静，避免活动，喂给易消化的流质食物。

（2）中轻度脊髓损伤时，用药时间越早，疗效越好。

（3）穴位注射和针灸疗法可获较好效果。可用氨苄青霉素、地塞米松、普鲁卡因进行痛点封闭以消炎消肿；止痛可用当归、安痛定混合肌内注射；营养神经可用维生素 B_1、维生素 B_{12} 混合肌内注射。

【复习思考题】

1. 如何鉴别诊断脑炎和癫痫病？
2. 如何有效提高中暑病犬的治愈率？
3. 脊髓损伤的临床症状有哪些？如何有效防治犬、猫脊髓损伤？
4. 怎样护理脑震荡或脑挫伤病犬？

第十二章 营养及代谢性疾病

【学习目标】

1. 了解营养及代谢性疾病对机体的影响。
2. 理解营养及代谢性疾病的发病特点，熟悉其概念、原因及分类。
3. 掌握营养及代谢性疾病的诊断和治疗技术。
4. 学会运用本章知识鉴别诊断犬、猫佝偻病和骨软病，低血糖和低血钙。

第一节 营养及代谢性疾病一般诊治原则

【诊断处理】

（1）多数营养代谢性疾病由饮食结构不合理引起，尤其是长期以动物肉、肝脏为主食的患病犬、猫。因此，确诊此类疾病时，首先要详细了解患犬的饮食情况，有无营养缺乏和少食偏食现象等。

（2）营养代谢类疾病的发病过程多是缓慢的，早期症状不明显，而且不同的营养代谢病症状相似，表现相同，这给此类疾病的确诊带来一定难度。

（3）多数患病犬、猫发展到一定程度时，有其特定的临床表现，如姿势的改变、皮肤色素的沉积或消退、异嗜等。但要区别于因外伤引起的姿势改变，年龄或激素问题引起的色素变化，肠道寄生虫和动物癖好引起的异嗜等。

（4）诊断营养代谢类疾病时，多数患病犬、猫无发热表现，甚至体温有下降可能。

（5）幼犬多发，尤其是生长发育迅速而营养又得不到充分满足的大、中型幼犬。

（6）多数营养代谢类疾病可使机体的抵抗力显著降低，从而诱发多种传染病，临床上应引起重视。

【治疗处理】

（1）改善饮食结构，防止偏食　平时饲喂以专业犬粮为主，尽量减少动物肉、肝脏的摄入量。对成年犬、猫而言，每天饲喂一次即可，并养成良好的饮食习惯。

（2）补充营养　对于由维生素、微量元素缺乏引起的代谢性疾病，短期内大量补充多种维生素和微量元素可有效改善临床症状。

（3）加强运动，多晒太阳　运动和晒太阳可增强机体的代谢功能，促进机体对营养物质的充分吸收，同时也可减少脂肪沉积，保持身体强健。

（4）驱虫健胃，防寒保暖　驱虫健胃可促进机体对食物的充分消化吸收，减少营养流失。防寒保暖，尤其对幼犬、猫而言，可增强其对某些营养代谢类疾病的耐受性，提高抗病能力。

第二节 低 血 糖 病

低血糖病是由多种原因引起的血糖浓度过低的综合征，临床上以肌肉痉挛、共济失调、意识障碍为特征。根据病程可分为暂时性和持久性低血糖。暂时性低血糖多发生于哺乳母犬、新生仔犬、超负荷工作犬和胰岛素使用过量等；持久性低血糖多发生于断奶前后的玩具犬和小型犬，以及继发于内脏器官的各种癌症，如胰腺癌、肝癌、肺癌等。

【诊断处理】

（1）本病多发于小型品种犬如吉娃娃犬、博美犬、玩具贵宾犬等。

（2）哺乳母犬和幼龄犬、猫表现神经症状，结合输糖补液后恢复正常可作出初步诊断。

（3）血糖测定有助于确诊本病。

（4）临床上本病易与低血钙混淆，但通过血糖、血钙测定可进行鉴别。

【治疗处理】

（1）先以高糖缓解低血糖，再用等渗糖盐水或能量合剂维持体质，最后注射能提高血浆胶体渗透压的血浆或白蛋白，避免持续补充高糖引起脱水甚至休克。

（2）对于幼龄犬低血糖，在输糖同时，应注意防寒保暖，防止体温下降。

（3）对于治愈的低血糖幼龄犬，为防止复发，可少量多次喂给高营养食物如营养膏等。

（4）注射糖皮质激素可提高机体对低血糖的耐受性，同时也可防止发生休克。

（5）长期低血糖，可导致大脑细胞的不可逆损伤；严重低血糖，可导致宠物的急性死亡。

（6）平时注意防寒保暖、供应营养充足的食物可有效防止低血糖的发生。

第三节　不耐乳糖症

不耐乳糖症是指犬、猫肠黏膜中的乳糖分解酶先天性不足或缺乏，导致食物中的乳糖不能被消化分解，直接进入下部肠道所引起的腹泻现象。不耐乳糖症是一种消化不良综合征，多发生于成年犬或犬断乳后，特别是长期不吃乳制品的犬。由于缺乏乳糖分解酶，食物中未被消化分解的乳糖进入下部肠道，使下部肠道形成高渗状态或乳糖异常发酵而导致腹泻。一般在食入牛奶或其他乳制品后数小时之内出现腹泻、肠音高朗或肠鸣音以及腹痛不安等症状。

【诊断处理】

（1）有牛奶或其他乳制品接触史。

（2）引起典型的腹泻症状，且停喂牛奶或乳制品后症状减轻或消失。

（3）本病应与其他疾病引起的腹泻鉴别，如肠炎、细小病毒病、寄生虫病等。

【治疗处理】

（1）立即停喂牛奶或其他乳制品，一般会自行恢复。对于从没喂过牛奶的犬、猫，要以少量多次的原则逐渐适应，不要一次性突然大量喂食牛奶或乳制品。

（2）多数犬、猫对牛奶或奶制品都有一定程度的不耐受性，临床上应注意。

（3）对于出现严重腹泻症状的犬、猫应对症治疗，防止继发感染。

第四节　痛　风

痛风是指机体内核酸蛋白质代谢障碍，产生大量尿酸并在血液中蓄积，导致关节囊、关节软骨、内脏和其他间质组织（肾小管和输尿管）中尿酸盐沉积。临床上主要表现为运动迟缓、跛行、四肢关节肿大，触诊疼痛，厌食、腹泻，有时出现神经症状，严重时瘫痪不起。

【诊断处理】

（1）存在痛风病发生的诱因，如长期饲喂动物肉、内脏，内服大量磺胺类药物，日粮中缺乏维生素和矿物质等情况。

（2）本病以 1～4 月龄大型犬多发，且表现为关节肿大、跛行、疼痛等典型症状。

（3）本病与关节炎、缺钙症相似，临床上应注意。

【治疗处理】

（1）均衡营养，保持良好的饮食习惯可有效预防本病发生。

（2）调整饮食结构，减少日粮中动物蛋白的喂量，增加维生素 A、B 族维生素和低蛋白食物喂量。

（3）止痛药安痛定、安乃近可缓解疼痛表现；磺胺类药物在使用过程中应注意碱化尿液。

第五节 肥 胖 症

肥胖症是由于脂肪代谢障碍引起的脂肪过度蓄积，是成年犬、猫较常见的一种脂肪过多性、营养性疾病。持续肥胖多可并发糖尿病、肝胆疾病及循环障碍等。

【诊断处理】

（1）根据视诊和触摸犬、猫肋骨，如果没有分明的层次感，或根本就摸不到肋骨，便是肥胖的明显表现。

（2）临床上应区别营养性肥胖和内分泌性肥胖，后者多有特征性脱毛、皮屑和皮肤色素沉积等变化。

【治疗处理】

（1）调整日粮组成，减少日粮中脂肪和碳水化合物的含量，给予高蛋白质食物，逐渐增加运动量等。

（2）多数肥胖症是由过食引起，这是饲养条件好的犬、猫最常见的营养性疾病。

（3）由内分泌失调引起的肥胖症近几年有上升趋势，临床上应引起重视；对于做过绝育手术的犬、猫要限制喂食，控制体重，防止肥胖。

第六节 佝 偻 病

佝偻病是指幼龄犬、猫在生长发育过程中，由于维生素 D 缺乏、钙磷不足或比例不当，而致软骨骨化障碍，骨钙化不全、钙盐不能正常沉积的一种营养性骨病。临床上以异嗜、生长缓慢、骨骼和关节变形为特征。根据病因可分为先天性佝偻病和后天性佝偻病。患先天性佝偻病的犬、猫出生后骨质软弱，肢体有异常弯曲，出生数天仍不能站立；后天性佝偻病往往被忽视，直至关节、肢体变形后才引起注意。患后天性佝偻病时，病初精神不振，食欲减退，消化不良，逐渐消瘦，生长缓慢；中期发生异嗜，喜舔食泥土、石块、垃圾等，表现腹泻和便秘等消化障碍。四肢关节疼痛，运动时四肢僵硬，屈伸不灵活，出现跛行或卧地不起等症状。

【诊断处理】

（1）有长期缺钙、维生素 D 病史，如长期吃肉、肝、光照不足、缺乏运动、寄生虫感染等。

（2）根据异嗜、关节肿胀、疼痛，骨骼变形等典型症状可作出初步诊断。

（3）血钙测定和 X 线检查有助于确诊本病。

【治疗处理】

（1）短时间静脉输钙可使病情很快缓解，但对于骨骼严重变形犬、猫，可能终身残疾。

（2）使用维丁胶性钙和维生素 D 注射液治疗本病时，偶有过敏反应发生，应予注意。

（3）治疗本病过程中，驱虫和健胃可提高疗效。

（4）平时应防止偏食，注意补钙，尤其要补充含有维生素D的有机钙质，有助于预防本病的发生。

第七节　骨　软　病

骨软病是指成年犬、猫由于钙缺乏导致骨质进行性脱钙，未钙化的骨基质过剩，引起骨质疏松的一种慢性骨营养不良性疾病。临床上以无外伤史、跛行、疼痛、骨骼变形为特征。

【诊断处理】

（1）根据异嗜和典型的跛行症状可作出初步诊断，X线检查有助于确诊本病。

（2）临床上应与髋关节发育不良、关节脱位、痛风相鉴别。

【治疗处理】

（1）加强营养，调整日粮中的钙磷比例，平时日粮中应补充钙质和优质蛋白质。

（2）多运动、多晒太阳有助于预防本病发生。

（3）及时驱虫和健胃可提高疗效。

第八节　碘　缺　乏　症

碘在动物体内主要存在于甲状腺中，是合成甲状腺素的主要成分，主要以甲状腺素的形式发挥其生理作用。临床上碘缺乏主要表现为生长发育缓慢，精神迟钝，嗜睡，被毛粗乱、无光，皮屑增多。严重碘缺乏可引起甲状腺肿大、吞咽困难，叫声异常，部分犬发生黏液性水肿。

【诊断处理】

（1）轻度碘缺乏时，诊断困难；严重时可根据甲状腺肿胀程度作出初步诊断。

（2）临床上典型碘缺乏症不多见，确诊需进行全面系统的检查。

（3）患犬脱毛，尤其是鼻梁部脱毛可作为诊断依据之一。

【治疗处理】

（1）调整日粮结构，增加日粮中碘含量，可有效治疗碘缺乏。

（2）碘在日粮中添加过量易引起重度碘中毒，临床上应予注意。

第九节　铁　缺　乏　症

铁缺乏症是指幼犬、猫在生长发育期由于铁需要量增加或食物中铁含量不足，导致机体发生贫血和生长发育缓慢的代谢性疾病。临床上主要表现为四肢无力、易疲劳、发懒，稍运动后则喘息不止，可视黏膜苍白甚至黄染，饮食欲下降等。

【诊断处理】

（1）多发生于生长发育迅速而又得不到及时营养补充的犬、猫，如断奶前后。

（2）根据持续的消瘦、贫血表现可作出初步诊断；红细胞的显微检查有助于确诊本病。

（3）临床上应与易导致机体贫血的疾病相鉴别，如寄生虫病等。

【治疗处理】

（1）加强犬、猫的饲养管理，保证其从母乳或食物中获取充足的铁。

（2）积极治疗犬、猫消化道疾病，及时驱虫可提高治疗效果。

（3）平时应注意日粮营养的全价性。

第十节　犬坏血病

犬坏血病又称巴洛综合征、维生素 C 缺乏症。是由于机体缺乏维生素 C，而使毛细血管壁通透性增强，引起全身，尤其是关节部位出血、肿胀、疼痛、跛行的疾病。临床上主要发生于 2～8 月龄的中、大型幼犬。

【诊断处理】

（1）本病多发生于生长发育迅速的中、大型幼犬。

（2）表现为不愿活动、跛行、长骨远端肿胀，大量补钙后无明显好转。

（3）本病极易与风湿症、骨软病相混淆。一般来说，风湿症在运动开始时出现跛行，而强行运动后症状减轻；骨软病多在大量补钙后症状减轻或消失，且多数出现骨骼变形症状。

（4）患病犬、猫年龄过小，多预后不良。

【治疗处理】

（1）调整日粮结构，增加维生素 C 的含量，平时多喂富含维生素 C 的水果等。

（2）充分休息，减少患病犬、猫运动量。

（3）一次大量静脉注射维生素 C 可有效缓解临床症状，应用时与地塞米松配合可增强疗效。

【复习思考题】

1. 犬、猫为何容易发生佝偻病？应如何防治？
2. 怎样有效防治幼犬、猫低血糖？
3. 犬骨软病和痛风在临床诊疗中如何鉴别？
4. 怎样有效防治犬、猫肥胖症？

第十三章 内分泌疾病

【学习目标】
　　熟知内分泌系统疾病发生的临床症状，能通过临床检查或其他辅助检查和化验对内分泌系统疾病进行诊断，并提出治疗原则或处理意见。

第一节　内分泌疾病一般诊治原则

　　内分泌疾病在犬、猫临床上已越来越被重视，老年犬、猫更多见。

【诊断处理】
　　（1）内分泌疾病是由内分泌腺功能异常引起，临床上主要表现为功能减退或功能亢进两种。
　　（2）内分泌疾病对机体的损害和表现的临床症状与患病内分泌腺所分泌的激素的生理功能直接相关。如胰岛素的功能是促进血糖利用、降低血糖浓度，功能减退就会引起高血糖，从而进一步引起糖尿病；甲状腺素是促进新陈代谢的，功能亢进会引起基础代谢水平提高；生长激素是促进机体生产发育的，功能亢进就会引起体形异常巨大，功能减退会引起"侏儒症"。
　　（3）内分泌疾病一般中老年犬、猫发生较多。
　　（4）内分泌疾病的确诊一般都需特殊诊断措施，如生化检测、影像诊断、同位素跟踪等。
　　【治疗处理】内分泌疾病的治疗首先要查明病因，有原发病的要首先治疗原发病。对于功能亢进的可根据情况给予药物、放射或手术摘除；对于功能减退者一般可给予药物替代治疗等。同时可以结合对症治疗。

第二节　幼犬垂体功能不全（侏儒症）

　　先天性垂体功能减退是因为生长激素分泌不足和综合性生长延迟引起的（垂体性侏儒症）。
　　该病发生较少，但是在很多品种犬都有发病报道。最常见于德国牧羊犬，是由于常染色体隐性遗传。在犬类，垂体性侏儒症常与若斯科氏囊囊肿紧密相关。若斯科氏囊囊肿引起垂体萎缩，导致垂体前叶激素分泌减少。在猫类也有报道垂体发育不全的病例，但较少见。

【诊断处理】
　　（1）临床表现　发病动物出生时正常，但一般断奶时表现生长受阻，生长激素分泌不足引起侏儒症，发病动物生长受阻程度各异，与垂体受损伤情况有关。某些病例有生长板闭合延迟和生长延迟的报道。
　　生长激素（GH）分泌正常的动物被毛生长也表现正常。在垂体性侏儒症患犬，被毛缠结在一起，呈羊毛样。并且被毛从躯干逐渐脱落。导致两侧对称性非瘙痒性脱毛。其他区域，例如头部和趾部被毛不脱落，患犬面部特征呈幼犬样。对猫类，被毛脱落不是先天性垂体机能减退的典型临床特征。GH 的分泌受影响最大，垂体前叶所控制的其他内分泌系统的功能正常或接近正常。但是，在严重病例，可能会继发甲状腺功能减退或肾上腺皮质功能减退。性腺如果受影响会导致雄性动物生殖器萎缩、雌性动物发情周期紊乱。

（2）实验室诊断　可以通过检测血清中生长激素的浓度来诊断先天性垂体功能减退。在某些情况下，健康犬的血清生长激素水平可能也会表现低浓度，检测时可以使用可乐宁和甲苯噻嗪做刺激试验，生长激素的浓度也可以通过检测胰岛素样生长因子（IGF-1）的浓度而间接测得，发生垂体侏儒症时，血清中 IGF-1 也很低。分别进行甲状腺功能试验和胰腺试验来评估甲状腺和胰腺的功能状态。

【治疗处理】犬 GH 还没有应用于临床治疗。但是牛、猪、人 GH 已经用于临床治疗。通常，在甲状腺功能减退发病过程中很难及时诊断，以致影响生长，患病犬、猫表现永久性侏儒症。在有些病例，使用 GH（0.1U/kg 皮下注射，每周 3 次，连续 4～6 周）可以促进被毛再生。但是使用外源性 GH 可以使动物产生抗体，而影响 GH 的进一步作用。GH 很贵，并且重复使用可以诱发糖尿病。使用孕激素，主要是孕酮和醋酸甲羟孕酮，刺激雌性垂体性侏儒症患犬乳腺分泌 GH，已经获得了一定成功，避免了动物产生针对 GH 的抗体。使用甲状腺激素防止继发性甲状腺功能减退。甲状腺激素方法在刺激甲状腺功能正常的垂体性侏儒症患犬被毛生长的尝试，获得了一定的成功。

第三节　尿　崩　症

尿崩症在犬、猫中可能是中枢性的，是由抗利尿激素（ADH）缺乏或肾脏对抗利尿激素的不应答所引起的疾病。尿崩症即为排尿量失去控制，呈崩溃性表现。

【诊断处理】

（1）病因

① 脑下垂体性尿崩症　由于某些因素（如肿瘤压迫、头部创伤等）使垂体分泌的抗利尿激素减少，造成尿液的大量排出。

② 肾源性尿崩症　主要是由于肾脏发生某些疾病后，肾小管重吸收障碍，致使尿液大量流出。

（2）临床表现与诊断

① 临诊表现为多尿、烦渴、渐进性消瘦。

② 尿比重降低。

③ 尿渗透压低于正常血浆渗透压。

④ 饮水每日每千克体重超过 100ml，排尿每日每千克体重超过 90ml，即可确立诊断。

【治疗处理】

（1）中枢性尿崩症的治疗可使用去氨加压素（一种合成的抗利尿剂激素的类似物）。

（2）肾源性尿崩症的治疗需治疗原发病。

第四节　甲状腺功能减退

甲状腺功能减退是指甲状腺激素合成和分泌不足，导致机体代谢速率下降。常见于犬，中老龄犬发病率最高，偶有大型犬和巨型犬在青年期发病。

【诊断处理】

（1）病因　下丘脑-垂体-甲状腺轴上任何部位的功能出现障碍均可导致甲状腺激素不足，主要以原发性和继发性为主。

在甲状腺功能减退的犬中，90%以上的临床病例是由于原发性甲状腺功能障碍（淋巴细胞性甲状腺炎或自发性甲状腺萎缩）所引起的。淋巴细胞性甲状腺炎的发病可能与免疫调节有关，以淋巴细胞、浆细胞、巨噬细胞弥散性浸润腺体，造成滤泡的渐进性坏死及纤维化。自发性甲状腺萎缩的发病与细胞介导免疫有关，是由包括体液（Ⅱ型）和细胞介导（Ⅳ型）的自身免疫过程所引起的甲状腺破坏，组织学特征是甲状腺实质消失，被脂肪组织所取代。此类疾病尤其多发于德国牧羊犬、金毛猎犬、秋田犬、杜宾犬、比格犬、拉布拉多犬及腊肠犬等。

继发性甲状腺功能减退最常见的病因是扩展性和占位性肿瘤引起的垂体促甲状腺细胞损伤，导致一种或多种垂体激素的缺乏。甲状腺肿瘤手术切除后导致甲状腺激素的缺乏。

（2）临床表现　甲状腺功能减退主要发生于4～10岁的犬，常见于大、中型犬，微、小型犬较为罕见。可见的皮肤症状多样，最初表现为被毛生长障碍、粗糙、无光泽、干燥，非瘙痒性双侧对称性脱毛，以腹侧和背侧躯干为主，仅剩余四肢毛发。脱毛处皮肤伴有色素沉着、增厚和皮温较正常部位低。耳部可能见到耵聍性耳炎引起的皮肤变厚和下垂。一些病例可能见到皮肤黏蛋白沉积症，头前部和面部易出现黏液性水肿，并导致皮肤外表浮肿、面部皮肤皱褶变厚、浮肿及上眼睑轻微下垂，使有些犬呈现出"悲情"状的面部表情。干性或油性脂溢性皮炎，患脂溢性皮炎的皮肤和耳部可能继发细菌、真菌感染，并出现瘙痒。

皮肤以外的症状有，患犬嗜睡、精神沉郁、体重增加但食欲并不增加、喜热怕寒，运动能力降低。

（3）实验室诊断　根据发病的特征和临床症状可怀疑该病，但确诊必须通过实验室检查。

血清生化检查：患犬血清中的总甲状腺素（TT_4）和游离甲状腺素（FT_4）含量减少，促甲状腺素（TSH）升高，50%～75%的病例出现胆固醇升高，10%～50%的病例出现肌酸激酶活性升高。

血常规（CBC）检查：有25%～30%的病例伴有轻度贫血。

【治疗处理】 一旦确诊为甲状腺功能减退，必须补充甲状腺素，可口服维甲素片，0.02mg/kg，每天2次。一般3～6周后症状就有明显的改善，连续用药8～16周症状稳定后每天1次，每次0.02mg/kg进行维持治疗。在治疗期间必须2～4周检测一次T_4的浓度，根据结果来调整药物的浓度。如果患犬同时伴有无心脏病、肾脏病或糖尿病等在补充左旋甲状腺素时必须慎重。

第五节　甲状腺功能亢进

甲状腺功能亢进简称甲亢，是指甲状腺激素分泌过多的一种内分泌疾病。最常见于6～20岁的老龄猫，犬也可能发生。

【诊断处理】

（1）甲状腺肿瘤是甲亢的主要原因。猫中多为甲状腺腺瘤，约70%病例是两侧性的；患犬1/3是腺瘤，2/3是腺癌。

（2）9岁以下的病猫很少出现临床症状，9岁以上的病猫的主要症状是消瘦和食欲旺盛。肠音增强，排粪次数增加，粪便变软。多尿，烦渴，不安，肌肉无力，震颤。心动过速，心律失常，有心杂音，常可继发充血性心力衰竭。心电图特征为窦性心动过速（2/3病例），

Ⅱ导联 R 波电压超过 0.9mV（1/3 病例），少数病例存在二度房室传导阻滞和束支传导阻滞。90%病猫在靠近喉的部位能触摸到肿大的甲状腺。

（3）病犬的症状与猫相似，主要为多尿，烦渴，食欲亢进，消瘦，心尖搏动增强，烦躁不安，易疲劳，体温升高。从咽到胸口触诊可摸到肿大的轮廓。

（4）根据发病的特征和临床症状可怀疑该病，但确诊必须通过实验室检查。

实验室检查可见血浆中甲状腺素（>40μg/L）和三碘甲腺原氨酸（>2000ng/L）浓度升高。

【治疗处理】

（1）抗甲状腺药物疗法　常用硫脲类药物，如丙硫氧嘧啶口服，犬 10mg/kg，猫 5mg/kg，每 8h 一次，连用数月。当症状明显改善，体重增加，心率减慢时，逐渐减少用量，直至病情稳定。应指出的是用药头 2 周少数病例会出现食欲减退、呕吐、嗜眠等副作用；2 周后有皮疹、面部肿胀、瘙痒和肝功能异常等不良反应。或用甲巯咪唑，猫用 5mg 口服，每天 3 次。

（2）手术疗法　多采用甲状腺不全切除术。手术前 2 周给予丙基硫氧嘧啶或甲巯咪唑（10~15mg，分 2~3 次口服）等抗甲状腺药物，以减少甲状腺充血和控制甲亢，便于手术。对于两侧甲状腺切除的病例，应在手术后给予左旋甲状腺素钠 0.05~0.1mg 口服，待恢复后逐渐减少用量。

（3）碘化钠或碘化钾口服，每次 1~2mg，每天一次，连用数天，可较好地抑制甲状腺分泌。

第六节　甲状旁腺功能减退

甲状旁腺功能减退是指甲状旁腺激素缺乏。本病多发生于小型犬，以 2~8 岁的母犬多发。哺乳期较为多见。

【诊断处理】

（1）本病主要由甲状旁腺肿瘤、手术切除、长期应用钙剂或维生素 D 等医源性原因造成甲状旁腺破坏或萎缩；也因甲状旁腺发育不全、甲状旁腺炎以及犬瘟热、镁缺乏症等。

（2）甲状旁腺功能低下的症状多半是起于低钙血症。病犬呈现局限性或全身性肌肉自发性收缩，并因此而引起体温升高、虚弱及疼痛。神经质、不安、精神兴奋或抑制，厌食、呕吐、腹痛、便秘、心动过速、同步性膈痉挛。后期，全身痉挛，喉喘鸣，且多死于喉痉挛。

（3）根据发病的特征和临床症状可怀疑该病，但确诊必须通过实验室检查。

【治疗处理】静脉注射 10%葡萄糖酸钙，0.5~1.0mg/kg，每天 2 次。重复用药时，应注意调整注射速度，监测血钙浓度。对慢性低钙血症，可口服碳酸钙或葡萄糖酸钙及维生素 D。钙剂内服剂量为 50~70mg/kg，分 3~4 次投服。维生素 D_2 0.01mg/kg，以后用量减半，每周用药 2~3 次。

第七节　甲状旁腺功能亢进

甲状旁腺功能亢进，分为原发性和继发性两种类型。

原发性甲状旁腺功能亢进，是由于甲状旁腺激素分泌过多，导致钙、磷代谢紊乱，临床上以骨质疏松、泌尿道结石或消化道溃疡为特征。由甲状腺瘤的增生、肥大或腺癌分泌过多甲状旁腺激素，肿瘤的出血、坏死时大量的甲状旁腺激素的释放而发生甲状旁腺功能亢进。

老龄犬多发。德国牧羊犬Ⅱ型多发性内分泌肿瘤，是其家族性甲状旁腺增生，可能系染色体隐性遗传类型。

继发性甲状旁腺功能亢进，是营养性继发性甲状旁腺功能亢进和肾性甲状旁腺功能亢进。营养性因素是由于长期缺乏矿物质和维生素（主要是钙、磷、维生素D）或是钙磷比例不当的食物而使血钙降低，引起甲状旁腺激素分泌过多，多发生于老年犬。肾源性因素是慢性肾功能不全，而使磷酸盐排泄障碍，血磷增加，血钙减少，刺激甲状旁腺分泌增加。常见于与肾脏功能衰竭有关的肾脏疾病，如慢性间质性肾炎、肾小球肾炎等。

【诊断处理】

（1）原发性甲状旁腺功能亢进主要表现为高钙血症：食欲不振，呕吐，便秘，心动过缓，心律不齐。精神沉郁，昏迷或癫痫发作，多尿，多饮，脱水，尿毒症，胃溃疡，异常心电图，心动过缓，Q-R间期延长，S-T段升高，室性节律障碍。因骨质疏松，易发生骨折、畸形，颜面骨肥大，脊柱变形，牙齿松动或脱落，跛行，体重减轻。

（2）继发性甲状旁腺功能亢进的临床特征表现是骨质疏松，多发性骨瘤和骨折，可见跛行和异常步态。初期，病犬不愿走路喜卧，步样强拘，四肢关节广泛性触痛，牙齿松动，咀嚼困难。四肢跛行的病理学基础是外环板破坏性吸收增加，腱附着部断裂，骨小梁断裂，而导致负重关节软骨碎裂。后期，骨骼变形明显，上下颌骨、两侧面脊上方肿胀变形，颜面变宽。肋骨肋软骨结合部肿大，爪向内侧偏斜。

（3）根据发病的特征和临床症状可怀疑该病，但确诊必须通过实验室检查。

① 原发性甲状旁腺功能亢进。实验室检查：持续性高钙血症，血清钙含量高至 $3.0\sim3.5mmol/L$。X线检查：骨密度降低（特别是上、下颌骨），骨质呈纤维状或虫蛀状，牙槽骨板吸收和骨囊肿形成。

② 继发性甲状旁腺功能亢进。X线检查：犬骨质疏松，软化，局部骨膜撕脱，韧带、腱撕裂或分裂，其骨病性质为骨软化症，或称为纸骨病。

【治疗处理】

（1）原发性甲状旁腺功能亢进的根治性治疗是手术切除甲状旁腺肿瘤。术后发生抽搐时，可以补给葡萄糖酸钙 $10\sim15ml$ 缓慢静脉注射。不宜手术时，可给予雌激素，抑制骨的吸收。对轻症犬可给予磷酸盐溶液（$0.081mol/L$ 磷酸二氢钠和 $0.019mol/L$ 磷酸二氢钾加在 1000ml 蒸馏水中配成），每次 200ml 静脉注射，每天 3 次。

（2）继发性甲状旁腺功能亢进如为营养性的，对生长迅速的青年犬给予钙、磷比例 1.2：1 的食物。肾源性的，关键是治疗原发性疾病，改善肾功能，同时适当降低日粮磷的含量而增加钙的含量。

第八节　胰岛素分泌过低（糖尿病）

糖尿病是由胰岛β细胞分泌功能降低，胰岛素绝对或相对不足引起的糖、蛋白质、脂肪代谢障碍的综合征。

【诊断处理】

（1）病因　通常认为遗传因素和环境因素以及两者之间的复杂的相互作用是糖尿病发生的主要原因。

① 食物性肥胖　长期摄食高热量食物和长期营养过剩，过度肥胖，从而导致可逆性胰岛素分泌减少。

② 激素异常　某些药物的应用与糖尿病的发生有着密切的联系。

a. 糖皮质激素和孕激素等的应用。类固醇能使肝脏糖异生作用加强，拮抗胰岛素，减少组织对葡萄糖的利用从而提高血糖水平，但多数情况下，停止用药后，糖尿症即恢复正常；孕激素也能引起可逆性糖尿症，猫尤其敏感。

b. 应用促肾上腺皮质激素、胰高血糖素、雌激素、肾上腺素等，也能诱发犬糖尿症。

c. 非类固醇药物（氯丙嗪、二苯乙内酰脲等）亦可引起高糖血症。

内源性肾上腺皮质激素分泌过多与犬糖尿病发生有较大关系，但猫很少发生。母犬发情时释放的雌激素和孕激素能降低胰岛素的作用，因此，母犬发情期间可出现糖尿症。

③ 胰岛 β 细胞损伤是糖尿病发生的主要原因，最常见的损伤原因是胰腺炎，其他还有外伤、手术损伤和肿瘤等。

④ 应激是另一种引起糖尿病的主要原因，包括创伤、感染、妊娠等。应激可使与胰岛素呈拮抗作用的激素，如皮质醇、胰高血糖素、生长激素和肾上腺素分泌功能增强，胰岛素分泌减少，从而血糖升高。

⑤ 遗传因素　遗传因素引起的犬、猫糖尿病，临床上并不多见。近年来对犬糖尿病流行病学研究发现，除有些品种犬，如德国牧羊犬、北京犬、可卡犬、柯利犬和拳师犬等家族性糖尿病少见外，凯恩梗和小多伯曼犬都具有家族性糖尿病，因此，遗传因素与某些品种犬糖尿病的发生有一定关系。

（2）临床表现

① 糖尿病典型症状是多尿、多饮、多食和体重减轻。有 50％糖尿病患犬由于高血糖导致白内障，使犬失明。

② 长期严重糖尿病可发展为糖尿病性酮症酸中毒，此时动物厌食，沉郁，不耐运动，呼吸急促，呕吐和腹泻，饮水减少或拒饮，呼出气体具有烂苹果味（丙酮味）。

（3）实验室检验　血糖升高达 8.4mmol/L 以上（正常 3.9～6.2mmol/L）；血液酸碱平衡失调，CO_2-CP 降低；尿糖呈强阳性，尿中丙酮检验阳性，尿比重升高达 1.060～1.068（正常为 1.015～1.045）。血浆中甘油三酯、胆固醇、脂蛋白、游离脂肪酸和乳糜微粒增多，呈现高脂血症。由于肝脂肪浸润，血清丙氨酸氨基转移酶和碱性磷酸酶活性增加，磺溴酞钠（BSP）滞留时间延长，血液尿素氮浓度升高。糖尿病常伴发感染，血检白细胞总数增多。

【治疗处理】

（1）纠正代谢紊乱，降低血糖

① 通常每日注射胰岛素以控制病情，常用胰岛素及其作用时间：中性鱼精蛋白锌胰岛素（NPH）是兽医上应用最广的胰岛素制剂（下文所提到的胰岛素均指这种药物），药效达到最高程度时，可使血糖浓度大幅度下降。犬的首次皮下注射剂量为 0.5～1IU/kg，猫为0.25IU/kg（猫对外源性胰岛素敏感）。

② 投服降血糖药，如氯磺丙脲 2～5mg/kg，每日 1 次，能直接刺激胰岛 β 细胞分泌胰岛素。口服降糖灵（0.21g/次，每日 3 次）或优福糖（0.2mg/kg，每日 1 次）可促进葡萄糖的利用。

（2）补充体液，纠正酸中毒

① 补充丢失的液体　补充液体最好是等渗溶液，如生理盐水、林格液，静脉输注。

② 补碱　糖尿病动物出现酮症酸中毒（经测定血浆碳酸氢根低于 12mmol/L）时，为了缓解酸中毒，宜用碳酸氢钠治疗。

③ 适时补钾　糖尿病酮症酸中毒时，血清钾浓度可能降低、正常或升高。

（3）加强护理　糖尿病动物一旦确诊后，应饲喂单糖或双糖比例小的耐消化食物，如含高纤维或低碳水化合物性食物。每日以 80％的肉和 20％的米饭按 25g/kg 的量分 3 次饲喂。治疗期间，运动宜减少，如果患犬活动量大，胰岛素剂量要适当减少。为防止脂肪肝，在食物中每日加入氯化胆碱 0.5～2.5g。

糖尿病对母犬、猫的发情和妊娠将产生不良影响，因此在病情处于稳定阶段时，宜将卵巢和子宫全部切除。

第九节　胰岛素分泌过多

胰岛素分泌过多又名胰岛素过剩症。本病是胰腺的胰岛 β 细胞瘤使胰岛素分泌过剩，血糖浓度降低而表现神经功能障碍的疾病。通常发生于 5 岁以上的犬，特别是老龄犬。拳狮犬发病率高。

【诊断处理】 轻症病犬表现不安，常常边走边叫。颜面肌肉痉挛，后肢无力，四处排粪、排尿。重症病犬恶心、呕吐、心跳加快，全身间歇性或强直性痉挛，神志不清，视力障碍、昏睡等。血浆胰岛素为 $54\mu IU/ml$ 以上（正常空腹时为 $20\mu IU/ml$），血糖 60g/L 以下。

诊断时要注意区别自发性低血糖症。

【治疗处理】

（1）胰岛素过剩症的治疗措施　可用 $10\% \sim 20\%$ 葡萄糖 $0.5 \sim 1g/kg$，快速静脉滴注（重症犬可用 50% 葡萄糖）；泼尼松 4mg/kg 或地塞米松 $0.5 \sim 2mg$ 肌内注射；长期口服苯妥英钠，10mg/kg，每日 1 次。

（2）高胰岛素血症的根本治疗是对释放胰岛素亢进的功能性腺肿（β 细胞瘤）行外科切除。

第十节　肾上腺皮质功能减退

肾上腺皮质功能减退是一种、多种或全部肾上腺皮质激素缺乏。而全部肾上腺皮质激素缺乏为多见。该病按病因分为原发性和继发性两种。原发性肾上腺皮质功能减退又称艾迪生病，以 $2 \sim 5$ 岁母犬多发，母犬发病率是公犬的 $3 \sim 4$ 倍。继发性肾上腺皮质功能减退是由促肾上腺皮质激素分泌减少所致，多不表现临床症状。

原发性肾上腺皮质功能减退，常见于钩端螺旋体病、传染性肝炎、犬瘟热等传染病，化脓性疾病如子宫积脓等，肿瘤转移，肾上腺皮质的淀粉样变性、出血、梗死、坏死等病变。近年来研究发现，75% 的病犬血中存在抗肾上腺皮质抗体，肾上腺皮质出现淋巴细胞浸润，表明该病的发生与自身免疫有关。

非典型的原发性肾上腺皮质功能减退有两种类型，一种为醛固酮过少，另一种为糖皮质激素缺乏。醛固酮过少，见于慢性肾小管间质性肾炎、18-羟化皮质酮脱氢酶缺乏、铅中毒等；糖皮质激素缺乏见于先天性肾上腺皮质增生所致的 11β-羟化酶或 17α-羟化酶和 21-羟化酶缺乏。

【诊断处理】

（1）急性型　表现为低血容量性休克，病犬虚脱、体重减轻、食欲减退、虚弱无力。

（2）慢性型　肌肉无力、精神沉郁、食欲减退、周期性呕吐、腹泻或便秘、体重减轻、多尿、多饮、脱水晕厥、兴奋不安、性欲减退、阳痿、持续性发情周期。心电图 T 波升高，尖锐，P 波振幅缩小或消失，P-R 间期延长，Q-T 间期延长，R 波振幅降低，QRS 波群增宽。实验室检查：低钠血症，血氨为 $14.3 \sim 71.4mmol/L$，尿钠升高，尿钾减少，代谢性酸中毒，代偿性呼吸性碱中毒，高磷血症和高钙血症。

（3）非典型原发性肾上腺皮质功能减退　与上述症状相似，肌肉无力，心传导异常，精神沉郁、脱水、高钾血症、肾前型氮质血症，低钠血症，尿钠升高，尿钾降低。

（4）根据发病的特征和临床症状可怀疑该病，但确诊必须通过实验室检查。

促肾上腺皮质激素兴奋试验：犬静脉注射促肾上腺皮质激素 0.25mg 后 1h，血清或血浆皮质醇含量小于 138mmol/L，可诊断为糖皮质激素缺乏。

【治疗处理】

（1）基本原则是纠正水、电解质、酸碱平衡紊乱，补给皮质类固醇激素。

（2）急性型　病情严重，陷于休克状态，应该及时抢救。葡萄糖生理盐水静脉注射，补充有效循环血量，补给糖皮质激素：琥珀酸钠皮质醇 10mg/kg。

（3）慢性型　饲喂食盐量多于正常犬，口服氯化钠 1～3g，连服 1 周。肌内注射琥珀酸钠皮质醇 11mg/kg，每日 3 次。肌内注射醋酸脱氧皮质酮 0.1mg/kg，每日 1 次，或皮下包埋。口服氢化可的松 0.5mg/kg，每日 2 次，连服 1 周，而后每日 1 次，每 3～4 周肌内注射脱氧皮质酮新戊酸酯 2.5mg/kg，至血清钠、钾恢复正常，呕吐停止，食欲恢复。

第十一节　肾上腺皮质功能亢进

肾上腺皮质功能亢进，又称为库兴综合征，是由于糖皮质激素长期过多引起的临床症候群。犬库兴综合征是兽医临床上比较多见的一种内分泌功能紊乱，多发生于 7～9 岁犬。

【诊断处理】

（1）病因　在正常情况下，肾上腺皮质只有在促肾上腺皮质激素（ACTH）作用下才分泌皮质醇，当皮质醇超过生理水平时，ACTH 分泌就停止。库兴综合征多是由于皮质醇或 ACTH 分泌失控引起：即肾上腺不受 ACTH 作用能自行分泌皮质醇，或皮质醇对 ACTH 分泌不能发挥正常的抑制作用。库兴氏综合征的产生原因有 4 种。

① 肾上腺皮质肿瘤能在无 ACTH 释放的情况下，自动分泌皮质醇，如皮质腺瘤和癌。肾上腺皮质肿瘤可占自发性库兴综合征的 7%～15%。

② 垂体性库兴综合征，即垂体肿瘤性功能异常，大量分泌 ACTH，使两侧肾上腺皮质增生，皮质醇分泌过多。这种垂体肿瘤生长缓慢，个体极小，尸体解剖时垂体外观正常，内含嗜碱性粒细胞腺瘤或厌色腺瘤，或两种腺瘤同时存在，占库兴综合征的 80% 以上。

③ 由于大量使用糖皮质激素或 ACTH 医治动物疾病引起。

④ 某些垂体新生瘤分泌 ACTH，促使肾上腺皮质大量分泌皮质醇，称为异位 ACTH 综合征，主要见于人。

（2）临床表现

① 犬库兴综合征所有的症状都与血液中糖皮质激素浓度升高有关。由于糖皮质激素升高发展过程缓慢，因此，通常需要 1～6 年时间，才能发现动物患了库兴综合征。

② 病犬最初表现烦渴、多尿和贪食，喝水量为正常犬的 2～10 倍，食量增大，爱偷食和偏嗜垃圾。腹部增大下垂呈壶腹状，躯干肥胖，肌肉松软，不爱跑跳和爬高活动，嗜眠，活动耐力降低。个别患犬发生肌肉强直。呼吸短而快，严重病例出现呼吸困难。

③ 库兴综合征与甲状腺、卵巢、睾丸和生长激素等内分泌功能紊乱一样，也出现内分泌性脱毛：对称性脱毛，以颈部、躯干、会阴和腹部明显，病情严重动物，全身被毛大部分脱光，只剩下头和四肢上部被毛。皮肤萎缩变薄呈纤细的砂纸样，容易形成皱褶。毛囊内充满角蛋白和碎片，颜色变黑，成为黑头粉刺。异常的毛皮和毛囊，抵抗力降低极易损伤感染，发生局限性或弥漫性脓皮病。颞部、背中线、颈部、腹下和腹股沟的真皮和皮下常有钙质沉着，称为异位钙质沉着。

④ 库兴综合征由于垂体促性腺激素释放减少，患病母犬发情周期延长或不发情，公犬睾丸萎缩。当出现肾上腺皮质增生或肿瘤时，产生过量雄激素，使母犬阴蒂增大。

（3）实验室检查

① 中性粒细胞和单核细胞增多，淋巴细胞和嗜酸性粒细胞减少。

② 血糖和血钠浓度升高，血尿素氮和血钾浓度降低，血浆皮质醇浓度通常升高。

③ 丙氨酸氨基转移酶和碱性磷酸酶活性升高，滞留时间延长。

④ 血浆胆固醇浓度升高，并出现高脂血症。

⑤ 患犬尿液稀薄，比重低于 1.007，但停止给水后，仍有浓缩尿能力。犬常伴发尿路感染，因此，进行尿中微生物培养和药敏试验，需用膀胱穿刺采集的尿液。

⑥ 腹部 X 线片可见肝脏肿大，腰椎骨质疏松，有时真皮和皮下有钙质沉着。胸部 X 线片可见气管环和支气管壁上有异位钙沉着，胸椎骨质疏松。

⑦ 进一步诊断需进行 CT 扫描、ACTH 激发试验或内源性 ACTH 激发试验。

【治疗处理】 库兴综合征治疗的主要目的是使血液中皮质醇降到正常水平。

如由肿瘤引起，应予切除；肿瘤切除后注意防止激素缺乏。由垂体或肾上腺皮质肿瘤引起的库兴综合征，可行垂体或肾上腺切除术，动物切除垂体后无 ACTH 分泌，切除肾上腺后，无糖皮质激素分泌，它们终生需要糖皮质激素治疗。

药物治疗可用氯苯二氯乙烷，主要用于治疗垂体性或肾上腺皮质增生性库兴综合征。治疗开始按 25mg/kg，口服，每日 2 次，直到动物每日需水量降到 60ml/kg 以下后，改为每 7～14 天给药 1 次，以防复发。此药对胃有刺激作用，用药 3～4 天后如出现食欲减少、呕吐等反应，可将药物分成少量多次服用或停止给药几天。也可用酮康唑，开始按 5mg/kg，每日 2 次，连用 7 天，然后按 10mg/kg，每日 2 次，连用 7～14 天，酮康唑能阻断肾上腺皮质合成和分泌皮质醇。也可试用放射治疗治疗肿瘤。

【复习思考题】

1. 糖尿病的发病原因是什么？
2. 甲状腺功能亢进有哪些临床表现？
3. 胰岛素分泌过多有哪些临床症状？如何治疗？
4. 肾上腺皮质功能亢进如何治疗？
5. 甲状旁腺功能亢进有哪些临床表现？如何诊断？
6. 尿崩症和糖尿病有什么区别？如何进行鉴别诊断？

第十四章 中毒性疾病

【学习目标】
1. 掌握中毒性疾病的一般诊治原则。
2. 掌握常见宠物中毒性疾病的发病原因、临床症状及治疗措施。

第一节 中毒的一般诊治原则

【诊断处理】
（1）中毒性疾病一般都能查出接触毒物的病史。
（2）中毒性疾病有群发的可能，但家养宠物中毒由于动物的分散性而较少见群发现象。
（3）中毒性疾病一般具有突然发病的性质，其突发性表现在以下两方面：发病一般较急；发病前动物健康无先兆。
（4）呕吐是消化道途径中毒后的常见一般症状，但中毒性疾病一般都有其特征症状。
（5）中毒性疾病的诊断主要依靠了解接触毒物的病史和特征症状，确诊一般均需做毒物分析检测。

【一般治疗措施】一般中毒性疾病，多呈突然急性发作，而且目前对多数毒物尚无特效的解毒药物，因此，采取一般治疗措施，对于缓解中毒症状，维持生命，从而使动物获得康复，具有极其重要的意义。

一、排除毒物

1. 排除消化道内毒物

（1）催吐　经口食入毒物尚不超过1～2h，毒物未被吸收或吸收不多时，应用催吐，使毒物连同胃内容物吐出体外。

（2）洗胃　经口食入毒物不久尚未吸收时，可采取洗胃措施。

（3）吸附毒物　经口食入毒物已超过1～2h，虽进入肠道但尚未完全吸收时，可服用活性炭（剂量为2～8g/kg，并以每克活性炭加水3～5ml，经胃导管灌注胃内）吸附毒物，以减少肠道吸收，半小时后再灌服缓泻剂（如硫酸钠1g/kg，加水配成5%～10%溶液）。

（4）灌肠　促进肠道内有毒物质的排除，选用灌肠法。液体选用温热（38～39℃）自来水、1%～2%小苏打水或肥皂水（敌百虫中毒禁用）、0.1%高锰酸钾溶液等灌肠。

（5）导泻　加速肠道内容物排出体外，以减少肠道对毒物的吸收。一般多用盐类泻药（如硫酸钠或硫酸镁1g/kg，配成5%～10%溶液口服或灌服），或选用润滑性泻药（石蜡油3～5ml/kg口服或植物油投服）。但对脂溶性毒物，不宜使用植物油（促进毒物吸收）。

2. 清除皮肤和黏膜上的毒物

对皮肤和黏膜上的毒物，应及时用冷水洗涤（为防止血管扩张，加速对毒物吸收，不宜用热水），洗涤愈早愈彻底愈好。

对不宜用水洗涤的毒物，可酌情使用酒精或油类物质迅速擦洗，并且边擦洗边用干毛巾擦净（因毒物溶解于酒精或油质后促进其吸收）。对已知毒物，最好选用具有中和或对抗作用的药物来清洗体表或黏膜的有毒物质。但注意选用洗涤药物时，不能使被清洗的毒物增加毒性，如敌百虫中毒时，严禁用碱性溶液清洗。

3. 加速毒物从体内排出

多数毒物通过肝脏代谢由肾脏排出，有的毒物通过肺或粪便等途径排出。保护肝脏，可给予葡萄糖（增加肝糖原和葡萄糖醛酸等，从而增强肝脏的解毒功能）。猫肝脏与犬不同，缺乏葡萄糖醛酸转移酶，因而某些化学物质不能及时与葡萄糖醛酸结合由肾排出，导致这些物质排泄缓慢，使其毒性增强。

投予利尿剂增加排尿量，以加速排毒。但必须在动物机体肾功能正常情况下方可投予利尿剂，如速尿（2～4mg/kg，肌内注射）或甘露醇（2g/kg，静脉注射）。此外，改变尿液pH值，可促使某些毒物排出。当中毒动物发生少尿或无尿，甚至肾功能衰竭时，可进行腹膜透析，从而使体内代谢产物或某些毒物通过透析液排出体外。

二、解毒药物

1. 常用一般解毒药物

（1）吸附剂 除氰化物毒物外，任何经口食入消化道的毒物，都可使用吸附剂解毒。使用吸附剂后配合泻下、洗胃、催吐，效果将会更好。常用吸附剂有：药用炭、木炭末等，剂量为1～3g/kg，一般配成2％～5％混悬液灌服，剂量可根据情况酌情加减。

（2）保护剂 常用黏浆剂和黏滑性保护剂（如蛋白水、牛乳、米汤和面粉糊等），不受剂量限制，对经口进入消化道内的毒物一般均可使用。应用黏浆剂时，首先用催吐剂或泻剂，以免使过多的毒物沉积于胃肠壁上不易清除，造成不良后果。黏浆剂可多次使用，但不宜同时或同其他药物混合使用。

（3）凝固剂 只能应用于铅、铜、汞、石炭酸等易被凝固剂所凝固的毒物。常用凝固剂有蛋白水、花生油、菜油和猪油等。应用凝固剂后，再灌服盐类泻剂将更为安全。

（4）中和剂 当毒物为已知酸性或碱性毒物时，使用中和剂是重要的解毒措施。常用弱酸性解毒剂有：食醋、酸奶、0.25％～0.5％稀盐酸和1.5％～3％稀醋酸等。弱碱性解毒剂有：氧化镁、石灰水上清液、小苏打水和肥皂水等。在用于灌肠或洗胃时，浓度可加大几倍，使之增强效果。

（5）氧化剂 氧化剂只能用于能被氧化的毒物，如生物碱、氰化物、无机磷、巴比妥类药物、砷化物等。有的毒物如有机磷中毒应用氧化剂后其毒性增强，故禁止使用。氧化剂常用于洗胃或口服以及深部灌肠。常用的氧化剂有：0.1％高锰酸钾和0.3％过氧化氢溶液等。前者有刺激性和腐蚀性，应用时注意药液的浓度；后者易产生气体，不宜用于腐蚀性毒物中毒。

（6）沉淀剂 使毒物沉淀，以减少毒性或延缓吸收而达到解毒目的。常用沉淀剂有：鞣酸、浓茶、稀碘酒和蛋白水等。主要用于砷、汞等重金属中毒，以及生物碱类中毒。

（7）拮抗剂 利用药物与药物间，药物与毒物间，甚至毒物与毒物间的相互拮抗作用来达到解毒目的。常见拮抗剂有：①阿托品、莨菪碱类拮抗毛果芸香碱、槟榔及其制剂、新斯的明等，阿托品还对有机磷、西维因、吗啡类药物和毒蕈碱等有一定的拮抗解毒作用；②水合氯醛、巴比妥类药物拮抗士的宁、美解眠等；③氯丙嗪、奋乃静拮抗盐酸苯海拉明等（对抗肌肉震颤）；④阿片、吗啡、杜冷丁和其他阿片类药物等拮抗麻黄碱、戊四氮、尼可刹米、安钠咖、回苏灵、山梗茶碱等；⑤巴比妥类药物、水合氯醛拮抗麻黄碱、苯丙胺、戊四氮、尼可刹米、山梗茶碱、安钠咖、美解眠等。

2. 特效解毒药

对中毒毒物具有特殊拮抗作用和解毒功能的药物称为特效解毒药。常用的有以下几种。

（1）美蓝　1‰美蓝溶液，剂量 0.5～1ml/kg，静脉注射，应用于氢氰酸中毒；剂量 0.1～0.2ml/kg，静脉注射，可解除亚硝酸盐、非那西丁、安替比林、硝基苯等中毒。

（2）解磷定、氯磷定、双复磷等　用于有机磷中毒，如配合阿托品使用，效果更佳。

（3）依地酸钙钠、青霉胺、二巯基丙醇、硫代硫酸钠等　主要用于铅、汞、砷等重金属和类金属中毒。

（4）葡萄糖醛酸内酯（肝泰乐）　是石炭酸、来苏儿、煤焦油等芳香族碳氢化合物中毒的特效解毒药，但主要用于犬而不宜应用于猫。

三、液体疗法及对症治疗

液体疗法在中毒病治疗中具有非常重要的意义。它为缓解中毒症状，抢救中毒动物生命赢得了时间。当前仍有许多毒物中毒后无特效解毒药，多通过对症治疗，增强机体的代谢和调节功能，降低毒性作用，从而获得康复。补充体液和能量、调节酸碱平衡、强心、利尿、止痛、中枢神经过度兴奋给予镇静药、过度抑制给予兴奋药，均是中毒治疗中不可忽视的重要措施。

第二节　有机磷中毒

有机磷杀虫药有上百种，用于植物和动物杀灭害虫，按毒性分为剧毒类：有对硫磷（1605）、内吸磷（1059）、甲拌磷（3911）、硫特普等。强毒类：有敌敌畏、甲基1059等。低毒类：有敌百虫、乐果、马拉硫磷（4049）等。犬、猫对有机磷杀虫药比其他动物敏感。

【诊断处理】

（1）有机磷杀虫药能经犬、猫消化道、呼吸道和皮肤进入体内，引起中毒。常见以下原因。

① 误食撒布有机磷杀虫药的食物，误饮撒布有药物的饮水，或舔舐沾有药物的用具和被毛或灭蝇纸。

② 误用配药用具做犬、猫食盆或饮水盆。

③ 滥用或误用于杀灭犬、猫体内外寄生虫，或将犬、猫留放在喷有药液的房间等。

（2）有机磷杀虫药中毒，主要表现为副交感神经过度兴奋，包括以下3种类型。

① 毒蕈碱样症状。唾液分泌增多，瞳孔缩小，呕吐，腹泻，尿频，腹痛，由于支气管收缩和分泌物增多引起呼吸困难。

② 烟碱样症状。肌肉无力或自发性收缩，引起肌肉震颤。

③ 中枢神经系统症状。表现神经质，兴奋，运动失调，惊恐，逐渐发展成惊厥或癫痫等。中毒症状多在毒物进入机体后几小时内出现，中毒轻重受毒物量多少和进入机体途径影响。急性严重中毒，表现呼吸困难，呼吸衰竭，最后死于呼吸麻痹。

（3）根据接触有机磷杀虫药史、临床症状、胃内容物毒物检验和血液胆碱酯酶活性降低即可诊断。

【治疗处理】

（1）避免犬、猫再接触有机磷杀虫药。

（2）口服中毒　未超过 2h，用催吐疗法（用阿朴吗啡或硫酸铜催吐，犬还可用碘酊）。也可口服石蜡油，减少毒物在肠道吸收，尽快排出体外。口服活性炭，吸附胃肠内毒物，然后随粪便排出。

（3）皮肤接触中毒　可用清洁水冲洗。

（4）药物治疗　解磷定或氯磷定或双复磷与阿托品联合疗法。硫酸阿托品，犬、猫 $0.2 \sim 1.5 mg/kg$（根据中毒程度确定剂量），皮下注射或静脉注射，每 $3 \sim 6h$ 1 次。解磷定或氯磷定 $20 \sim 50 mg/kg$，配成 10% 溶液，肌内注射或静脉注射，或双复磷 $15 \sim 20 mg/kg$，肌内注射或静脉注射。必要时应重复给药。

（5）对症治疗　中毒严重休克时，进行人工呼吸、吸氧等措施。呕吐、腹泻严重者需静脉输液治疗。

第三节　磷化锌中毒

磷化锌中毒是由于宠物食入含磷化锌的毒饵或吃了由于磷化锌中毒的昆虫类而引起的中毒性疾病。

【诊断处理】

（1）多于摄入毒物后 15min 至 4h 出现症状。呼吸急促，呼吸困难，厌食，昏迷。腹痛，呕吐物中带血为常见症状。有时出现尖叫、狂奔、共济失调。动物出现酸中毒、体温升高。中毒后期呼吸极度困难、挣扎，有时出现感觉过敏、痉挛，缺氧窒息而死。

（2）呕吐物或呼出气体有乙炔气味。

（3）确诊可取胃内容物进行检验。

【治疗处理】

（1）催吐　当发现犬磷化锌中毒后，立即用 1% 硫酸铜液每隔 $10 \sim 15min$，投服 $10 \sim 100ml$，至呕吐发生为止。至少服用 3 天。

（2）洗胃　用 $0.1\% \sim 0.5\%$ 硫酸铜或 0.04% 高锰酸钾或 $1\% \sim 3\%$ 过氧化氢反复洗胃至洗液无蒜味时为止。洗胃后，取 30g 硫酸钠溶于 200ml 水中灌服，以利排出余毒。或以 0.1% 高锰酸钾灌胃，还可灌服用牛奶搅匀的蛋清，作为刺激缓冲剂，它不仅有助于限制毒物的吸收，并可保护胃黏膜。

（3）药物治疗　为保护肝脏和促进磷化锌的排泄，适量静注 5% 和 50% 葡萄糖；为防凝血酶原的缺乏，适量注射维生素 K。出现黄疸或有肝受累的征象，可按急性肝炎治疗。腹痛和呕吐时可注射阿托品。肺部水肿、呼吸短促时用氨茶碱 0.25g 加 0.1% 普鲁卡因 $1 \sim 2ml$ 肌内注射。禁食动植物油类。

第四节　抗凝血鼠药中毒

抗凝血杀鼠药种类较多，一般用于杀灭鼠害的有：华法令（杀鼠灵）、敌鼠钠盐、溴敌隆（溴敌鼠）、杀鼠隆、克灭鼠、杀鼠迷、双杀鼠灵（敌害鼠）、氯敌鼠（氯鼠酮）等。以动物全身各个部位自发性大出血，创伤、手术或针扎后出血不止为特征。

【诊断处理】

（1）犬、猫中毒多发于如下情况：①犬、猫采食了凝血杀鼠药杀死的老鼠，发生二次中毒；②犬、猫误食了抗凝血杀鼠药；③用华法令等抗凝血药物，防治血栓性疾病，用药量大或用药时间过长，或者在用华法令时，同时应用能增强其毒性的保泰松、阿司匹林、广谱抗生素和氯丙嗪等。

（2）急性中毒，无任何症状表现而死亡。尸体剖检多见脑内、心包内、胸腹腔内有出血。

（3）亚急性中毒，从吃入毒物到引起动物死亡，一般需经 $2 \sim 4$ 天时间。中毒初期精神不振、厌食，稍后不愿活动，出现跛行，厌站喜卧，呼吸费力，眼结膜发白有出血点，齿龈、唇黏膜等出血，心搏快而失调。继续发展，表现共济失调、贫血、血肿、血便、眼前房出血、血尿、吐血和衄血等，最后痉挛、昏迷而死亡。死后尸检，全身器官组织呈现泛发性出血。实验室检验：凝血因子Ⅱ、Ⅶ、Ⅸ、Ⅹ减少，凝血时间延长。

（4）根据接触抗凝血杀鼠药史，广泛性出血症状，可初步作出诊断。确诊需检验血液的凝血时间、凝血酶原及香豆素含量。

【治疗处理】

（1）维生素 K 是治疗抗凝血杀鼠药中毒的特效药物，尤其是维生素 K_1，最初可用维生素 K_1，犬 5mg/kg，猫 5～25mg，加入葡萄糖或生理盐水中，缓慢静脉注射，也可肌内注射或皮下注射，每 12h 1 次，连用 2 次或 3 次。然后改为口服维生素 K，每日 5mg/kg，连用10～20 天。

（2）如果出血过多，应输血治疗，10～20ml/kg，开始稍快，后 1/2 速度应缓慢。另外，再配合一些支持疗法。

（3）已中毒的犬、猫，不能行手术或放血；皮下或胸腹腔的血液，如果不危及生命，可让其慢慢吸收。

（4）病愈恢复期，应加强饲养管理，多饲喂些有营养的食物，最好是犬、猫商品性食品。

第五节 氟 中 毒

有机氟化物是一类药效高、残留期长、使用方便的剧毒农药，主要有氟乙酸钠、氟乙酸胺和甘氟。

【诊断处理】

（1）犬、猫因误食有机氟化物拌混的灭鼠毒饵或中毒死鼠发生中毒。有机氟化物进入体内造成三羧酸循环中断，使 ATP 生成受阻，严重影响细胞呼吸。对犬、猫造成中枢神经系统毒害，从而引起相应的临床症状。犬的中毒剂量为每千克体重 50～200mg，猫的中毒剂量为每千克体重 300～500mg。因中毒剂量小，故犬、猫接触毒物后极易发生中毒，往往来不及治疗便死亡。

（2）患犬首先表现呕吐，精神亢奋，横冲直撞，喜钻暗处，体温多数正常，个别偏低，呼吸和心跳加快。随后出现神经症状，瞳孔散大，口吐白沫，牙关紧闭，间歇式抽搐，反射消失，四肢呈游泳状滑动，严重者强直痉挛，数分钟内即可死亡。根据患犬的发病情况和临床症状，即可作出初步诊断。患猫不时发出刺耳尖叫，四肢阵发性痉挛，尾毛竖起。瞳孔明显散大，对光反射丧失，四肢末梢发凉，体温常降低到 37℃以下，呼吸急促，心率加强，心律不齐。

（3）依据犬、猫误食灭鼠毒饵或死鼠的病史，结合各自的特殊症状，即可作出初步判断。必要时可将可疑鼠饵或呕吐物送检，或采血测定柠檬酸及氟含量有明显升高，可确诊。

【治疗处理】 对于中毒的解救，必须抢在症状出现前进行。可用 0.02％高锰酸钾液反复洗胃，之后投服氯化钙或葡萄糖酸钙 1～2g，再用硫酸钠适量加水投服，以加速毒物排出。解救中毒动物，首选解氟灵注射液肌内注射。首次剂量按每千克体重 0.2～0.4g，然后减半并每间隔 2h 注射。必要时可进行强心输液疗法，如 5％葡萄糖氯化钙每千克体重 40～50ml、10％葡萄糖酸钙 5～20ml、10％安钠咖 1～2ml 和维生素 C 0.1～0.5g 等，混合后静脉滴注。

第六节　变质食物中毒

变质食物中毒是指犬、猫采食变质食物后引起的中毒。

【诊断处理】

（1）温暖季节，所有食物，尤其是肉类、奶及其制品、蛋和鱼等富含营养和水分的食品，极易腐败变质。变质食物不再适合人类食用，用来饲喂犬、猫，便会引起中毒。变质食物引起中毒的毒素，包括肠毒素、内毒素和真菌毒素等。

（2）犬、猫采食变质食物后，一般 0.1～3h 就会发生呕吐，采食量少，呕吐完变质食物后便康复。严重中毒者，出现腹泻，便中带血，腹壁紧张，触压疼痛。随后肠蠕动变弱，肠内充气，腹围胀大，更有利于革兰阴性菌生长繁殖，释放内毒素，使病情进一步恶化，甚至发生内毒素性休克。内毒素中毒，体温常在采食后 2～24h 升高到 39℃ 以上，同时发生呕吐，腹泻、排水样便。腹部胀大，腹壁紧张，触压疼痛。毛细血管再充盈时间延长，心搏增快，脉搏变细弱，神志模糊，最后休克。实验室检验：白细胞和中性粒细胞减少，多形核细胞增多，血糖升高。

（3）尸体剖检可见胃肠炎。肝脏、肾和心混浊等。

【治疗处理】

（1）发病初期，呕吐有利于排出食入的变质食物，等呕吐完后，才可应用止吐药物，如止吐药盐酸苯海拉明，犬、猫肌内注射 0.5～2mg/kg，口服 2～5mg/kg，每天 2 次或 3 次。应用止吐药物同时，还应使用吸附剂或洗胃，如药用炭 10～20mg/kg，每天 3 次口服；白陶土 10～15mg/kg，每天 3 次口服。

（2）腹泻初期，不要止泻，等肠内容物基本排完了，才用止泻药物，如硫酸阿托品，犬每次 0.3～1mg，猫 0.05mg/kg，皮下注射或肌内注射。由于呕吐和腹泻所引起的脱水和酸碱平衡失调，需静脉输液，补充水分和电解质，调节酸碱平衡失调。在少尿或无尿时，输液中加入甘露醇 1～3g/kg。

（3）为防止肠道内细菌继续生长繁殖，产生毒素，应口服广谱抗生素，如庆大霉素或四环素。

（4）防止犬、猫休克，可应用皮质类固醇，如静脉注射或肌内注射地塞米松磷酸钠注射液，犬每次 0.25～1mg，猫每次 0.125～0.5mg，根据病情间隔 1～4h，可重复应用，或应用强的松及强的松龙。

预防此病的最好方法是犬、猫的食物应煮熟，不能久放。

第七节　食　盐　中　毒

日常生活中，宠物因食入含盐分较高的饲料或剩菜剩饭，表现为以消化功能紊乱和神经症状为主要特征的中毒性疾病。

【诊断处理】

（1）本病由宠物误食了含盐多的腌制食品或添加鱼粉所致。食盐中毒发生与否和宠物饮水量有着密切的关系，当动物摄入多量食盐制品时，如果充分地供给饮水，由于能促进食盐的排出，因而不易引起中毒；如果饮水不足或是剧烈运动、天气炎热等原因致使机体缺水则容易诱发中毒。

（2）病犬有近期采食高盐食物的病史，或有剧烈运动、呕吐、饮水不足等诱因存在。临床检查时出现兴奋不安、运动失调、全身肌肉痉挛等明显的神经症状，即可确诊。

【治疗处理】本病的治疗目前尚无特效药物，对初期和轻度中毒病犬，可采用排钠利尿、双价离子等渗溶液输液及对症治疗，早期发现就立即分次供给清水饮用，以降低胃中的食盐浓度；或用 0.1% 高锰酸钾水溶液洗胃，也可应用催吐剂催吐。

然后内服少量油类泻剂，促进胃肠内食盐的排出，避免再吸收。利用利尿剂以降低颅内压，缓解脑水肿。

（1）对症治疗　肌内注射硫酸阿托品 5～10mg 或盐酸氯丙嗪 5～15mg 解痉镇痛。10% 的葡萄糖酸钙溶液 50～100ml 或 10% 氯化钙溶液 10ml 加入到 150ml 的 10% 的葡萄糖注射液中静脉滴注，50～60 滴/min。

（2）对因治疗　10% 葡萄糖注射液 100ml 加 50% 的葡萄糖注射液 10～30ml 静脉注射，120～150 滴/min。10% 葡萄糖注射液 100ml 加维生素 B_1 100～300mg、维生素 C 0.5～1.5g、维生素 B_6 100～300mg、ATP 5～10mg、辅酶 A 等静脉注射，80 滴/min。

（3）预防　为了防止宠物犬发生食盐中毒，日粮中应该合理添加如咸肉、火腿和鱼粉等含盐量高的成分；在炎热的夏季或剧烈运动后应避免饲喂高盐食品，如饲喂，之后应给予足够的清水饮用。

第八节　磺胺类药中毒

磺胺类药物如用量过大或用法不当时，常可引起中毒。

【诊断处理】

（1）磺胺药用量过大或用法不当　犬每千克体重一次口服 880mg 即可引起中毒。磺胺类药物吸收后，如果剂量过大，一部分在肝脏乙酰化而变成乙酰磺胺。不仅无抗菌作用，还会产生不良后果。治疗用药时，不注意同碱性药物（小苏打）配伍，易在尿中形成结晶，主要在肾小管中形成结石，形成肾脏阻塞，并损害肾上皮细胞，使肾小管上皮细胞变性、坏死。该类药物还在体内与胆红素竞争和血浆蛋白结合，使血中游离胆红素升高，引起黄疸。还可以引起高铁血红蛋白尿。

（2）临床表现

① 急性毒性作用。多见于静脉注射磺胺药速度过快或剂量过大。主要表现急性神经症状，共济失调、肌无力、摇头、惊厥、痉挛性麻痹等。

② 慢性毒性作用。多见于大量或超过一周以上用药时。主要表现尿中有结晶，蛋白尿和血尿，肾绞痛，腰背弯曲，食欲不振，呕吐，便秘或腹泻。长期用药会引起甲状腺增生和功能减退。

③ 局部毒性作用。肌内注射用药后，可见注射部位炎性反应。其钠盐注射液对局部组织有很强的刺激性，静脉注射用药时，若不慎将药物漏出静脉，可引起周围组织蜂窝织炎或肿胀坏死。

【治疗处理】急性中毒的最好治疗方法是立即停止用药或减少用药剂量和用药次数，并采用对症疗法以缓和临床症状。

（1）多饮水，灌服 1%～5% 小苏打溶液或静脉注射 4%～5% 的碳酸氢钠溶液，使尿液呈碱性而不发生碱中毒为止。

（2）注射等渗葡萄糖，促进排泄。

（3）尿少时应静注高渗葡萄糖或甘露醇。

（4）发现高铁血红蛋白血症，应用维生素 C。

（5）采取必要的对症治疗。

第九节　氨基糖苷类抗生素中毒

氨基糖苷类抗生素的化学结构中含有氨基糖分子与非糖部分苷元结合而成的苷，对革兰阴性菌的抗菌能力较强。常用的有链霉素、卡那霉素、庆大霉素和新霉素。它们对前庭、听神经和肾脏均有不同程度的毒性。

【诊断处理】

（1）引发本类药物中毒多由于大剂量使用、长期用药；肾脏患有疾患发生药物蓄积；发生过敏反应。

（2）临床表现

① 链霉素和双氢链霉素。急性毒性反应多见于注射后 10min 即发生不安、运动失调、昏迷、意识丧失、痉挛、恶心、呕吐、大小便失禁、发绀、呼吸困难，最后呼吸抑制、心跳停止死亡。巴比妥麻醉的犬在苏醒期给予双氢链霉素可引起窒息死亡。

慢性毒性反应主要损害前庭神经和听神经，出现特殊姿势，行走不稳，听觉丧失，共济失调。损害肾脏可引起蛋白尿，管型尿。

过敏反应多在注射后 1～2min 发生，表现为皮疹、发热、血管神经性水肿、口炎、舌炎、突发呼吸困难、烦躁不安、肌肉震颤甚至休克。

② 新霉素。主要损害肾脏和听神经，对神经肌肉接头也有阻滞作用。犬每千克体重一次静注 10mg，可致呼吸麻痹死亡。口服对消化功能也有影响，吸收后还可能损害肾脏。

【治疗处理】

（1）立即皮下注射 0.1% 肾上腺素 0.1～1ml，5～10min 后，如不见好转可重复注射 1 次。

（2）用较大剂量的 10% 葡萄糖静注以促进药物排泄。

（3）如惊厥严重，则应用巴比妥类药物或安定。

（4）用氢化可的松 0.02～0.08g 加入葡萄糖中静注或肌注。

第十节　麻黄碱中毒

犬、猫口服麻黄素剂量过多时，可引起中毒。

【诊断处理】

（1）犬口服麻黄素超过正常剂量的 5～10 倍，即可引起中毒。

（2）主要表现为心跳加快，心率增强，兴奋不安，对刺激性敏感性增强。恶心呕吐、流涎、呼吸迫促，中毒严重者心室颤动，呼吸极度困难，惊厥，全身抽搐，最后呼吸与循环功能衰竭而死亡。

【治疗处理】

（1）经口服中毒者，立即采用温热清水洗胃，尽快排出胃内药物。

（2）应用盐酸氯丙嗪肌注或静注，剂量为每千克体重 1～2mg。

（3）对症治疗　呼吸困难时，应尽快输氧，心率紊乱、心室颤动，参照心脏急症的处理方法救治。

（4）予以补液，可用维生素 C、强心剂等。

第十一节　一氧化碳中毒

一氧化碳吸入体内，与血红蛋白结合形成碳氧血红蛋白，使血液的携氧功能障碍，造成机体急性低氧血症，临床出现呼吸循环和神经系统障碍，严重者因中毒死亡。

【诊断处理】

（1）病因　冬季多因在门窗密闭的室内放置无烟囱煤炉取暖，煤气流入室内；家庭所养犬、猫，将煤气管咬破使煤气泄漏而导致中毒。

（2）临床表现

① 轻度中毒　表现为无力，行走摇摆，恶心呕吐，离开中毒环境吸入新鲜空气后症状很快消失。

② 中度中毒　可见口腔黏膜、眼结膜、舌苔出现樱桃红色，间有震颤、神志不清，如抢救及时，吸入氧气或新鲜空气，可很快恢复。

③ 严重中毒　以上症状加重，突发昏倒，昏迷不醒，惊厥抽搐。可视黏膜苍白或青紫色，血液中一氧化碳浓度很高时，往往呼吸中枢麻痹，并于短时间内死亡。

【治疗处理】

（1）立即将病犬移至空气新鲜处，清除口鼻分泌物，保持呼吸道通畅。

（2）给氧　①中度中毒者，可用含有 5% CO_2 的氧吸入，以刺激呼吸中枢，增加呼吸量。②输血、换血。将血抽出后用 3% 双氧水每次 5～10ml，稀释成 0.3%～0.6% 静滴。

（3）应用细胞色素 C 15～30mg，25% 葡萄糖液 20ml，缓慢静注，每天 1～2 次。

（4）供给能量合剂，ATP 20mg，辅酶 A 50U，胰岛素 4U，25% 葡萄糖 40ml，静脉注射。

（5）防治脑水肿，减轻组织反应，静脉注射 20% 甘露醇。

（6）兴奋中枢神经，可选用可拉明 0.75g，洛贝林 9mg，加入 10% 葡萄糖液 500ml，静脉滴注。

（7）应用抗生素，青霉素 80 万单位、链霉素 0.5g 肌注，每天 2 次。

第十二节　洋葱和大葱中毒

洋葱和大葱属于百合科葱属植物，由于其具有特殊的刺激性和丰富的营养，尤其富含维生素 C，深得人们的喜爱。洋葱和大葱对人类无害，但犬、猫等动物食用后易引起中毒，主要表现为排红色或红棕色尿液，犬发病较多，猫少见。

【诊断处理】

（1）病因　犬吃洋葱后可引起中毒，是由于洋葱中含有一种有毒成分——正丙基二硫化物，这种物质不易被加热、烘干等因素所破坏，因此，不论是生洋葱、熟洋葱，还是烘干、晒干、脱水、粉碎的洋葱，均可造成犬中毒。犬洋葱中毒的机制是犬食入了洋葱以后，正丙基二硫化物影响了葡萄糖-6-磷酸脱氢酶的活性，机体没有足够的磷酸脱氢酶和谷胱甘肽来保护红细胞，结果造成红细胞内形成大量海恩茨小体（海恩茨小体是一种红细胞边缘的球状物）。含有海恩茨小体的红细胞生命周期缩短，过早破裂。如果大量红细胞破裂，即引起贫血，这种贫血称之为海恩茨小体贫血。红细胞破裂以后，血红蛋白溢出，透过肾小球滤出，即形成血红蛋白尿。

（2）在诊断上，根据患犬有食洋葱或大葱的病史和典型的临床症状（血红蛋白尿），且对因治疗后病情有明显的好转，基本可以确诊。必要时可结合常规检查、血液生化检查及尿液检查。

【治疗处理】此病治疗的关键是立即停止饲喂洋葱或大葱，同时给予大剂量的抗氧化剂，如维生素 E、维生素 C、硒制剂等。可以适当应用一定量的利尿剂，也可静脉滴注高糖溶液来调节代谢，以促进有毒产物的迅速排出。犬洋葱或大葱中毒时，犬的肝脏和肾脏均受到一定影响，因此也应该注意肝脏、肾脏的保护和治疗。对于贫血严重的病犬，输血具有较好的效果。

第十三节　蛇毒中毒

蛇毒中毒是犬、猫被毒蛇咬伤所致。世界上现有 3000 多种蛇类，其中毒蛇 650 多种，我国约有 160 种蛇，毒蛇 47 种，其中较常见并危害较大的毒蛇，主要有眼镜蛇科：眼镜蛇、眼镜王蛇、银环蛇、金环蛇。海蛇科：海蛇。蝰蛇科：蝰蛇、蝮蛇、五步蛇、竹叶青、龟壳花蛇等。毒蛇多分布在长江以南及东南沿海诸省，长江以北由于气候较冷，毒蛇相对较少，只有蝰蛇、蝮蛇、龟壳花蛇、菜花烙铁头等几种。

【诊断处理】

（1）病因　犬、猫为了狩猎、配种、觅食、玩耍或活动，常到野外、草地、森林等处，被毒蛇咬伤后引起中毒。毒蛇的生活有一定规律，在长江以南地区活动期为 4～11 月份，7～9 月份最活跃，不同毒蛇每天活动规律不同，以白天活动为主的有眼镜蛇和眼镜王蛇；白天晚上都有活动的有蝮蛇、五步蛇、竹叶青，它们在闷热天气活动更盛，五步蛇还喜欢在雷雨前后出来活动。最活跃的月份和爱活动的时间，也是犬、猫最易被咬伤的月份和时间。

（2）症状　犬、猫被毒蛇咬伤后，局部有 2 个特征性的毒牙穿刺孔。

① 神经毒中毒　咬伤局部一般无明显反应，只有眼镜蛇咬伤后，局部组织坏死和溃烂，不易愈合；临床表现为流涎或呕吐、声音嘶哑、牙关紧闭、吞咽困难、呼吸急迫、四肢无力、共济失调、全身震颤或痉挛等，严重中毒肢体瘫痪，惊厥后昏迷，心力衰竭，呼吸中枢麻痹而死亡。

② 血液毒中毒　咬伤局部红肿、发硬、灼热和剧痛，并不断扩延（向心性扩散）。局部淋巴结肿大有压痛。皮下出血，有时有水疱或血液，组织溃烂坏死；全身表现烦躁不安、呕吐及腹泻，黏膜和皮肤呈现广泛性出血，排尿减少或无尿，甚至血尿或蛋白尿。有溶血性黄疸和贫血，呼吸急迫，心律失常，有的犬、猫休克，严重者几小时内死亡。

③ 神经血液混合毒中毒　临床症状为两种蛇毒的综合，常死于呼吸肌麻痹的窒息或心力衰竭性休克。

（3）实验室检验　血清肌酸激酶活性增加，中毒越严重，活性增大得越明显。根据病史、咬伤局部、全身症状和肌酸激酶活性增加进行综合诊断。

【治疗处理】治疗原则：防止蛇毒扩散，排毒和解毒，配合对症治疗。

（1）防止蛇毒扩散　让被咬伤犬、猫安静。咬伤四肢时，立即在伤口上方 2～3cm 处缠束一止血带，防止带蛇毒的血液和淋巴回流，必要时 20min 松带 1～2min。

（2）冲洗伤口和扩创　可用清水、肥皂水、过氧化氢溶液或 0.1% 高锰酸钾溶液冲洗伤口，洗去蛇毒和污物。冲洗伤口后，用小刀或三棱针挑破伤口或扩创（将伤口周围组织切除），然后挤压排毒，再用 3% 过氧化氢溶液或 0.1% 高锰酸钾溶液冲洗伤口。在扩创的同时，可用 0.5% 普鲁卡因伤口局部封闭。

（3）解毒　早期可注射多价抗蛇毒血清，同时内服和外用南通蛇药片（季德生蛇药片）、上海蛇药，每日 4 次。

（4）对症疗法　可应用大剂量糖皮质激素（如强的松、地塞米松等），以增强抗蛇毒和抗休克作用；同时要应用咖啡因或樟脑等强心药物。必要时再静脉注射复方氯化钠、葡萄糖或葡萄糖酸钙等。

【复习思考题】

1. 中毒病的诊治原则有哪些？
2. 有机磷中毒的临床表现类型有哪些？如何进行解毒？
3. 磷化锌中毒的解救措施是什么？
4. 抗凝血鼠药中毒的解救方法是什么？
5. 简述氟中毒的临床症状及解毒措施。
6. 简述宠物变质食物中毒的表现及治疗措施。
7. 简述食盐中毒的治疗措施。
8. 简述犬磺胺类药物中毒的原因及治疗措施。
9. 简述犬洋葱和大葱中毒的原因及治疗措施。

第十五章 外科疾病

【学习目标】

掌握外科疾病的一般诊治原则，能够正确治疗蜂窝织炎、体表损伤、关节疾病和进行骨折的复位。

第一节 外科疾病的一般诊治原则

【诊断处理】 外科疾病根据病史和临床症状一般可以作出初步诊断，通过实验室检查和其他影像检查可确诊。一般的感染都有白细胞计数增加和核左移，但也有白细胞计数减少或增加不明显的，如革兰阴性杆菌感染和免疫功能低下时。B超、X线和CT检查等有助于诊断关节和骨折的各类等疾病。感染创进行病原培养和药敏试验，有助于正确选用抗生素。

【治疗处理】 损伤的治疗原则为积极抢救，控制休克，预防感染，促进伤口愈合和功能恢复。对于损伤的治疗，首先是解除威胁生命的因素，保持呼吸的通畅、血压的稳定和正常的血容量，为进一步治疗争取时间；接着在局部和全身两个层面进行治疗。

开放性损伤的治疗，治疗目的是清除细菌和异物，修整创口，促使创口早日愈合。

非开放性损伤的治疗原则为限制活动，制止淤血，镇痛消炎，促进肿胀的吸收，防止感染，加速组织的修复和促进功能的恢复。

全身治疗的原则为保持呼吸通畅，扩充血容量，抗感染，镇痛，补充电解质，调节酸碱平衡，进行营养和支持疗法。外科感染的治疗不能局限于应用抗生素和单一的外科手术，而要建立一个整体概念，即要消除外源性因素、切除感染源，同时要及早注意营养支持，充分调动机体的防御机能，提高病畜免疫力，对治疗外科疾病具有积极的意义。

第二节 蜂 窝 织 炎

蜂窝织炎是疏松结缔组织内发生的急性弥漫性化脓性炎症。犬、猫常发生于臀部、大腿等部位的皮下、黏膜下、筋膜下及肌肉间的蜂窝组织内，其特征是浆液性、化脓性和腐败性渗出液浸润，并伴有明显的全身症状。

【诊断处理】

（1）病原特征　引起蜂窝织炎的致病菌主要是溶血性链球菌、金黄色葡萄球菌和腐败菌。疏松结缔组织内误注或漏注刺激性强的药物和变质疫苗也能引起蜂窝织炎。犬、猫一般是由于相互抓咬引发原发性感染，也可继发于邻近组织或器官的疖、痈、淋巴结炎等化脓性感染直接或转移感染。

（2）病理特征　蜂窝织炎的发生，主要是由于病原菌在患部大量繁殖，产生毒素，造成组织的广泛损伤。感染初期首先发生急性浆液性渗出，其渗出液透明，后逐渐形成了化脓性浸润，形成化脓灶。炎症区域迅速沿疏松结缔组织向四周蔓延、扩散，导致所涉及的组织发生溶解，一方面是因为机体防卫能力降低，给病原菌的繁殖创造了条件，另一方面链球菌产生的透明质酸酶和激肽能加速结缔组织基质和纤维蛋白的溶解，有助于致病菌和毒素向周围组织扩散。所以扩散成为蜂窝织炎性脓肿，脓肿膜不完整，易破溃。

（3）症状特征

① 局部症状　蜂窝织炎病程发展迅速。主要表现为无明显界限的大面积肿胀，皮肤紧张，触之坚实，周围组织水肿。局部温度显著增高，疼痛剧烈和功能障碍。脓肿切开流出灰色血样脓汁。

② 全身症状　主要表现为病畜精神沉郁，体温升高 1～3℃，食欲不振并出现各系统（循环、呼吸及消化系统等）的功能紊乱。血液检查：白细胞总数升高，中性粒细胞总数下降，单核细胞总数升高。

【治疗处理】

（1）最初 24～48h 以内，局部可冷敷（10%鱼石脂酒精、90%酒精），以控制炎性渗出。同时用 0.5%盐酸普鲁卡因、青霉素溶液做病灶周围封闭。当炎性渗出已基本平息（病后3～4 天），可用上述溶液温敷来促进炎症产物的消散吸收。

（2）当局部肿胀和全身症状明显时，应立即进行手术切开。手术切开时应根据情况做局部或全身麻醉。切口必须有足够的长度和深度，并做引流。四肢应做多处切口，最好是纵切或斜切。仔细检查伤口内有无异物。伤口止血后可用中性盐类高渗溶液（50%硫酸镁、20%氯化钠）引流，使渗出液排出。在局部处理的同时，全身应用抗生素，配合应用肾上腺皮质激素，及时调节体内的酸碱平衡。

（3）当局部已形成脓肿，按脓肿进行处理。

第三节　体表损伤

一、创伤

组织或器官机械性开放性损伤称创伤，是临床上最常见的损伤，此时皮肤或黏膜的完整性被破坏，同时与其他组织断离或发生部分缺损。创伤一般是由创缘、创口、创壁、创底、创腔和创围等部分组成（图 15-1）。犬、猫均可发生。

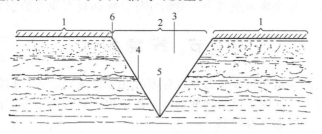

图 15-1　创伤的结构

1—创围；2—创口；3—创腔；4—创面；5—创底；6—创缘

【诊断处理】

（1）创伤的局部检查　检查创伤的部位、大小、形状、方向，创缘、创壁、创底的情况，创口裂开的程度，创内有无异物，创伤组织挫灭及出血和污染的程度等。创内有创液或脓汁流出时，要注意检查其性状和排出情况等。当创内已有肉芽组织形成的，要检查肉芽组织的数量、颜色、生长发育的情况等。

（2）局部症状　出血及组织液外流、组织断裂、创伤疼痛和功能障碍。

（3）全身症状　出现急性贫血、休克，甚至发生败血症。

根据病史和以上诊断和检查可以初步诊断。检查患病动物的血常规、尿常规、创伤脓汁涂片镜检等，有助于确诊。

【治疗处理】

（1）新鲜创处理　压迫或结扎等止血后，创围剪毛、清洗，然后用5％碘酊消毒。用生理盐水或0.1％新洁尔灭反复清洗创内，取出创内的组织碎片及异物。清理修整创缘，扩大创口，除去挫灭和变色组织。最后在创口内撒布磺胺类或抗生素药粉，如果创内处理干净，可以缝合，如果有厌氧菌或腐败性感染时，可进行开放性治疗。

（2）化脓创处理　创伤清净后，用3％双氧水冲洗创腔，清除脓汁、异物和坏死组织，创内可用魏氏流膏或碘仿蓖麻油，同时局部或全身使用磺胺类或抗生素抗感染。

（3）肉芽创的治疗　局部剪毛、清洗，用鱼肝油凡士林流膏、青霉素软膏等涂抹创面。赘生的肉芽可将其切除，然后用药。

二、挫伤

挫伤是机体在诸如棍棒打击、车辆冲撞、车轮碾压、跌倒或坠落时等钝性外力打击或冲撞下，造成的组织非开放性损伤。其受伤的组织或器官可能是皮肤、皮下组织、肌肉、血管等。

【诊断处理】

（1）局部症状　局部皮肤出现轻微的致伤痕迹，如被毛凌乱或脱离，有擦伤等；患部有血斑、血液浸润、肿胀、疼痛和功能障碍；肿胀部增温，呈坚实感，有弹性；创围常伴有弥散性水肿。所引起的疼痛是由于神经末梢受损或渗出液压迫所致，一般挫伤疼痛为瞬时性。

（2）全身症状　挫伤发生在不同的部位，出现不同的功能障碍：挫伤发生于头部，出现意识障碍；发生于肌肉、骨及关节，影响运动功能；发生于胸部，影响呼吸功能；发生于腹部，形成腹壁疝、内出血等影响全身功能；发生于腰、荐部，发生后躯瘫痪；发生于四肢，出现跛行。

【治疗处理】本病的治疗原则是制止溢血，消炎镇痛，促进肿胀的吸收，防止感染，加速组织修复。病初局部冷敷，也可涂布复方醋酸铅散等减轻疼痛和肿胀。经过2天后改用温热疗法、红外线照射，或采用病灶周围普鲁卡因封闭疗法。局部涂擦刺激性药物，如樟脑酒精、樟脑软膏或5％鱼石脂软膏等。并发感染时，按外科感染治疗。

三、血肿

血肿是局部组织在各种外力作用下，血管破裂，溢出的血液分布到周围组织而形成的充满血液的腔洞。

【诊断处理】

（1）病原特征　多因钝性物体的冲撞、刺创、咬创、火器创或采血不当、非开放性骨折等发生血肿。犬的血肿经常发生于耳根、颈部、股部。猫的血肿常发生于耳根。

（2）症状特征　受伤后迅速肿胀、局限性波动、富有弹性，局部不痛、无热。4～5天后由于血液凝固并渗出纤维素，触诊时肿胀周围呈坚实感，局部增温并有捻发音，中央部有波动。穿刺时有血液流出。如伴发感染，可见淋巴结肿大和体温升高等全身症状。

（3）鉴别诊断　应与脓肿、疝、蜂窝织炎和肿瘤等病进行鉴别诊断。

【治疗处理】

（1）血肿形成初期立即装压迫绷带，在患部涂2％～5％碘酊，全身注射止血药物。

（2）中期如形成小血肿，穿刺排出血液；如血肿较大，切开皮肤，清除凝血块及破碎组织。如发现继续出血，可行结扎止血，用生理盐水清洗创腔后，撒布青霉素粉剂，再缝合创口或开放治疗。

四、冻伤

机体长时间暴露在低温环境下所发生的组织损伤称为冻伤，最常见于耳、尾、阴囊、阴茎和四肢等部位。

【诊断处理】根据病史和以下临床特征即可诊断。

（1）轻度冻伤　皮肤浅层冻伤，局部浮肿，呈紫蓝色，疼痛轻，几天后局部反应可消失，常不被发现。

（2）中度冻伤　皮肤全层冻伤，呈弥漫性水肿，以后出现水疱，水疱自溃后，形成愈合迟缓的溃疡。

（3）重度冻伤　皮肤及皮下组织发生坏死，严重时可波及到肌肉和骨骼，坏死组织愈合较迟缓，且易发生化脓性感染。

【治疗处理】治疗原则是消除寒冷作用，促进冻伤处的血液和淋巴循环，使冻伤组织复温，并防止感染。

复温治疗：将冻伤处放入 20～40℃ 温水中浸泡或逐渐提高室内温度。对轻度冻伤可在患处涂抹碘甘油、樟脑油或进行按摩疗法。对中度冻伤局部可用 5% 龙胆紫或 5% 碘酒涂擦并包扎酒精绷带或行开放疗法，为防止感染应用抗生素治疗。对重度冻伤切除坏死组织，清洗创面，涂布促进肉芽组织生长和全身使用抗菌的药物以防感染。发现冻伤可以热敷，但决不可用火烤，手术后要保护创面，不可让动物乱舔。

五、烧伤

烧伤是一切超生理耐受范围的高温固体、液体、气体及腐蚀性化学物质等作用于动物体表组织所引起的损伤。

【诊断处理】根据病史和以下临床特征即可诊断。

（1）轻度烧伤　亦称 1 度烧伤，皮肤表皮层出现损伤，皮肤红肿，但大小水疱的形成并不常见，一般 7 天可自行愈合且不留瘢痕。

（2）中度烧伤　烧伤皮肤的表皮和部分真皮，常见皮肤和皮下弥漫性水肿，有的形成小水疱并脱痂，所以又叫水泡性烧伤。

（3）重度烧伤　烧伤皮肤的全层，组织和皮肤可能完全失去活力，损伤能及深层组织，皮肤脱落，并可见大片皮肤脱落的部位不断有血清流出或渗出，导致大量蛋白质和体液丢失；组织蛋白凝固，血管栓塞，形成焦痂；大面积烧伤引起大量血浆丢失，可能导致休克。烧伤后常见有感染，心、肝和肺功能受到损伤。

【治疗处理】

（1）首先迅速将动物移离烧伤现场，再以冰水冷敷创面，而后用温肥皂水冲洗烧伤创面。同时要及时止痛（常用吗啡、氯丙嗪等）、输液强心、补给营养等。用头孢曲松钠等抗生素预防感染。

（2）然后再做局部清创。一度烧伤伤面经清洗后，不必用药，保持干燥，即可自行痊愈。二度烧伤创面可用 5%～10% 高锰酸钾液连涂 3～4 次，使创面结痂；也可用 5% 鞣酸或 3% 龙胆紫等涂布，如无感染可持续使用直到痊愈。

刚发生烧伤时，切勿使动物剧烈运动，防止扩大创面，使病情恶化。对于烧伤引起的休克、肾功能障碍、贫血及呼吸紊乱有必要进行治疗，如果烧伤严重，烧伤面积超过全身的50％，应考虑对动物实施安乐死。

第四节　关节疾病

一、化脓性关节炎

化脓性关节炎（感染性关节炎、脓毒性关节炎）是指由于细菌感染而引起的关节化脓性炎症。本病主要发生于犬，猫少见。治疗目的是消灭关节内细菌和消除各种破坏关节软骨的酶和纤维蛋白碎片。

【诊断处理】

（1）根据局部和全身症状、关节注射或手术介入等病史可作出初步诊断。

（2）实验室检查对于诊断化脓性关节炎起着非常重要的作用，常用的有关节滑液分析、X线检查和关节液的细菌培养。早期X片显示关节渗出和软组织肿胀。后期变化包括骨溶解、骨膜新骨形成、关节表面不规则、关节软骨硬化和关节脱位。

【治疗处理】

（1）病初关节穿刺，在关节穿刺抽出脓汁后，注入灭菌生理盐水，使关节囊膨胀，维持10～15min后再抽出生理盐水和渗出液，然后向关节腔内注入有效抗生素，每日一次。抗生素用药4～6周或者临床症状消失后至少2周。但也有人认为局部应用抗生素会加重滑膜炎和软骨的破坏。

（2）对于术后关节感染72h及更长、应用其他方法（如针穿刺）治疗后无效或关节透创需清创的应立即切开关节引流。切开关节囊，用灭菌生理盐水冲洗关节腔。安置两根引流管于关节腔内，一根用于灌注生理盐水，另一根用于灌洗液的排出。术后，每日冲洗1次。待关节化脓消除后，及时按常规闭合关节囊和皮肤。手术处理后，使用抗生素，每天创口处理直到不再有脓抽出，活动关节。抗生素应当持续应用4～6周。在可以承受全部体重前，用绷带或夹板固定关节以保护软骨，促进愈合。绷带去除后，动物可以慢慢地恢复运动能力。

二、关节脱位

关节脱位是指关节因受机械外力、病理性作用引起骨间关节面失去正常的对合。如关节完全失去正常对合，称全脱位，反之称不全脱位。犬、猫最常发生髋关节、髌骨脱位；肘关节、肩关节也发生；腕关节、跗关节、寰枕关节及下颌关节发生较少。

【诊断处理】全身各部的关节均有脱位的可能，但以四肢肘膝以上关节为多见，虽然症状表现不完全相同，但有基本相同的体征。主要有以下几个方面。①关节变形：改变原来解剖学上的隆起与凹陷；②异常固定：因关节错位，加之肌肉和韧带异常牵引，使关节固定在非正常位置；③关节肿胀：严重外伤时，周围软组织受损，关节出血、炎症、疼痛及肿胀；④姿势改变：脱位关节下方姿势改变，如内收、外展、屈曲或伸展等；⑤机能障碍：由于关节异常变位、疼痛，运动时患肢出现跛行。

根据临床症状和X线检查可确定关节脱位的部位、脱位的程度以及组织损伤的情况。但应注意与骨折相鉴别。

【治疗处理】

(1) 治疗原则和方法　以整复、固定和功能恢复为原则。包括保守治疗和手术治疗两种。为减少肌肉、韧带的张力和疼痛，使整复手术顺利进行应全身麻醉，可用速眠新（846合剂），0.06～0.1ml/kg 或舒泰 5～7mg/kg，肌内注射，必要时可静脉注射丙泊酚 0.5mg/kg，做维持麻醉；阿托品 0.02～0.04mg/kg，皮下注射，作麻醉前给药。

① 保守疗法　对不全脱或轻度全脱位，应尽早采用闭合性整复与固定。一般将动物侧卧保定，患肢在上，整复者必须懂得局部解剖知识，对比对侧正常的关节，采用牵拉、按揉、内旋、外展、伸屈等方法，使关节复位。并选择夹板绷带、可塑型绷带（包括石膏绷带）。

② 手术疗法　对中度或严重的关节全脱位和慢性不全脱位的病例，多采用开放性整复与固定。根据不同的关节脱位，使用不同的手术径路。通过牵引、旋转患肢，伸屈和按压关节或利用杠杆原理，使关节复位。根据脱位性质，选择髓内针、钢针和钢丝等进行内固定，有的韧带断裂，尽可能缝合固定，并配合外固定以加强内固定。

有些关节脱位，如先天性髌骨脱位，可通过关节矫形术，恢复关节功能。整复后一周后应让患病动物适当运动，以利于患肢的功能恢复。

(2) 注意事项　关节脱位的小动物常因肥胖、体重和活泼等因素保守疗法无效时，应及时采用开放性整复与固定，以利于患病动物的康复。

三、关节扭伤

关节突然间过度伸展、屈曲或扭转引起的急性关节损伤叫关节扭伤。损伤程度不同，可能引起关节囊、关节韧带、固定关节的肌腱剧伸或撕裂、关节软骨损伤及关节内骨折。犬、猫均可发生。

【诊断处理】

(1) 根据临床症状可作出初步诊断。动物表现为突然跛行，急性关节肿胀、热痛，他动患病关节时疼痛加剧或者表现关节固定不稳。关节腔穿刺正常或穿出过量渗出液，有时有积血、软骨碎片等。转为慢性后可继发关节囊、关节韧带纤维化，关节僵硬。可继发变应性关节疾病。

犬、猫膝关节扭伤常引起十字韧带断裂、半月板撕裂或侧韧带断裂，关节固定不稳。跗关节扭伤常引起侧韧带撕裂。

(2) 进行 X 线检查以鉴别有无撕裂性骨折、关节内骨折。

【治疗处理】 早期对患部可用冷水或冰块冷敷，包扎压迫绷带制止渗出或出血，可用维生素 K_1 液或止血敏进行止血，也可缓慢静脉注射 10%葡萄糖酸钙注射液。急性期过后改为热敷，涂擦刺激剂或软膏，促进炎症吸收和消散。疼痛剧烈时服用止痛消炎药，镇痛可用安乃近或痛立定液（进口）；消炎可用氢化泼尼松液，必要时可配用抗生素。

患病动物早期可减少活动，3～5 日后应适当运动，促进康复。治疗过程中应注意动静结合，有些严重的关节扭伤，特别是伴关节骨折病例应及时开放治疗，以免留下后遗症。

四、髋关节脱位

髋关节脱位是指股骨头与髋关节窝脱离，为犬、猫最常见的关节脱位。多因骨盆部受到间接暴力所致。犬髋关节发育异常也可发生髋关节脱位。多数为髋关节前、上方脱位，仅

10％为下方或后方脱位。

【诊断处理】

（1）有明显的外伤史，如被汽车撞伤、跌倒等，动物患肢不能负重。

（2）动物侧卧保定，患肢在上。检查者站在动物背后，一手紧贴脊椎，其拇指抵压大转子与坐骨结节间的凹陷处，另一手抓住膝关节，并向外旋转。如拇指不被移动，则表明股骨头前方脱位。另一种方法即为动物仰卧或侧卧位保定，两后肢向后牵引，如前方脱位，患肢短于健肢；如下方脱位，患肢则长于健肢。直肠检查，可在闭孔内触摸到股骨头。

（3）确诊需施X线检查。另外，X线检查可了解脱位方位、股骨头骨折、骨盆其他部位骨折和髋关节发育异常等情况。

【治疗处理】髋关节脱位需进行手术治疗。如果髋关节还未完全脱位，圆韧带尚未断裂，可以用骨钳牵引大转子，使股骨头脱离髋臼，利于组织剪进入关节内剪断圆韧带。股骨头脱位后，转动患肢使股骨头向上，进行骨切开。在股骨颈和股骨干骺端连接处确定骨切除线。为保证骨切开的准确度，沿骨切除线预先连续钻三个或三个以上的孔，用骨凿和骨锤来切断股骨颈，也可用振动骨锯切断。

股骨头和股骨颈被切去后，要看股骨颈的断面切得是否整齐，是否还有股骨颈残留。用咬骨钳和骨锉进行修整，剪去断端的毛边。

缝合关节囊，如果可能，缝合髋臼上方的臀深肌。术后软组织如臀深肌插入在股骨颈断面和髋臼之间时有利于腿部功能的恢复。闭合创口时，常规缝合股二头肌和臀深肌、阔筋膜张肌、皮下组织和皮肤。

术后给予抗生素和镇痛药，加强营养，术部可适当包扎。术后3～5天要限制动物的运动，但每天应该对病犬的髋关节进行两到三次的被动屈伸。之后可适当运动。拆除缝合线以后，应当鼓励其跑动和游泳。

五、退行性关节病

退行性关节病又称骨关节病，是可动关节一种慢性非炎性疾病。特征为关节软骨退行病变、关节缘和关节韧带骨质增生，引起关节疼痛、僵硬、畸形和功能障碍等。老年犬、猫多发。

【诊断处理】

（1）根据病史和临床症状可进行初步诊断　病犬不愿跳高、赛跑、行走、狩猎；关节难支撑，免负体重，行走出现跛行，关节不灵活；卧或坐后难站起，抚摸患部动物痛叫或咬人；气温突然改变或变冷疼痛加重，或大运动量活动使疼痛加剧。

（2）X线检查和关节穿刺进行确诊　X线片显示关节周围矿物质沉积、关节缘有骨疣、关节腔变小、软骨下骨硬化、骨膜骨增生、软骨下溶解和囊肿形成（稀少）等。关节液增多，黏稠度减少、变色，白细胞增加。

【治疗处理】

（1）给予适当的运动，促进关节润滑和营养的吸收，但如果运动过量，反而会引起进一步损害。

（2）严重病例可用皮质类固醇、抗炎药物如保泰松、阿司匹林以减轻疼痛，但药物治疗虽能使动物减轻症状，但不能终止关节变性过程。患病动物应置于温暖、干燥的地方，急性疼痛者可用冷敷疗法。

六、髋关节发育异常

髋关节发育异常是以髋臼变浅、股骨头不全脱位、跛行、疼痛、肌萎缩为特征的一种疾病。本病是一种多种病因（遗传和环境应激因素）所致的复合性疾病。本病多发生于大型品种的幼犬和生长快的幼犬（如德国牧羊犬、纽芬兰犬和英国塞特犬等）。

【诊断处理】

（1）借助病史和临床检查可初步诊断本病　病犬一般在5～12个月龄间出现不愿运动、不同程度的疼痛、突然跛行、起立困难、弓背或身体左右摇摆和出现"急跳"步态。多数病例出现明显的一侧或两侧髋关节周围肌肉萎缩、被毛粗乱。有些因关节疼痛明显而出现食欲减退、精神不振等全身症状。个别动物体温升高，但呼吸、脉搏、大小便及常规化验均无异常。

（2）X线摄影确诊　动物深度镇静或全麻后仰卧位保定，两后肢向后牵引、内旋，使两膝髌骨朝上。选择适当的底片，使最后2腰椎和膝关节完全摄入。其X线诊断特点为股骨头中央部分向髋臼前缘或被缘移位，形成不全脱位，后者取决于髋臼的深浅。一般来说，病程越长，髋臼变浅和不全脱位程度越重，并渐而继发退行性关节病和全脱位。应注意，临床症状通常和X线片显示的不一致。

【治疗处理】

（1）早期髋关节发育异常的犬只强制休息，关在笼内让其蹲着，两后肢屈曲外展，减少髋关节压力和磨损，防止不全脱位进一步发展。也可用阿司匹林、保泰松等镇痛消炎剂减轻疼痛。

（2）本病保守疗法难持久见效，临床上可用手术疗法。手术疗法有三类。一类为矫正骨畸形，进而矫正关节的吻合性。这类手术有骨盆切开术，髋臼固定术，股骨旋转切开术，股骨内翻切开术。一类为髋关节切除术或置换术，手术有股骨颈切除术，髋关节全置换术。另一类为解除疼痛的手术，有耻骨肌切开和切除术两种。

七、类风湿关节病

类风湿关节病是一种严重的、慢性进行性多发性关节炎。它属一种炎症疾病，对关节软骨有很强的作用，故又称侵蚀性免疫介导性关节病。其特征是关节慢性、两侧对称性、侵蚀性损伤。多发生于8月龄至9岁（平均4岁）的小型犬和玩赏犬。

【诊断处理】

（1）根据临床症状和发病过程可初步诊断　本病初期症状一般表现为关节肿胀和不定型跛行，并伴有厌食、沉郁等全身症状。持续几天症状才减轻，反复发作。后期关节软骨进一步遭受侵蚀，不全脱位或全脱位。

（2）X线检查和实验室类风湿因子试验检查有助于本病的诊断　早期X线片可见关节周围软组织肿胀、关节囊膨胀，因有积液，关节间隙增宽（动物患肢全负重情况下进行拍摄最佳）。后期继发退行性关节病，整体骨密度下降，不规则边缘。类风湿因子试验已用于本病的诊断，发病动物20%～70%出现阳性结果；血液分析可见白细胞增多，中性粒细胞比例增加。

【治疗处理】 目前尚无特效药物，只能对症治疗，缓解疼痛、控制炎症和改善关节的功能。轻微病例，常用药为阿司匹林等非类固醇消炎药和类固醇消炎药；顽固性病例，可选用细胞毒药物免疫抑制剂和糖皮质激素联合使用；其他治疗方法包括减轻体重、病情发作时休息、轻度活动（游泳最佳）、滑膜切开术和关节固定等。但滑膜切开和关节固定只有在1个或 2 个关节受累时适用。

第五节　骨　　折

当外力超过骨所能忍受的极限应力应变时，外力作用部位的骨或骨软骨的完整性完全或不完全断裂称为骨折（图 15-2），骨折时伴有不同程度的周围软组织的损伤。临床上以机能障碍、变形、出血、肿胀和疼痛为特征。

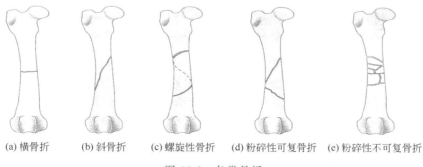

(a) 横骨折　　(b) 斜骨折　　(c) 螺旋性骨折　　(d) 粉碎性可复骨折　　(e) 粉碎性不可复骨折

图 15-2　各类骨折

【诊断处理】根据病史及临床症状，一般不难诊断。X 线检查对了解骨折的形状、方位、骨折后愈合情况及鉴别其他骨骼疾病起很大作用。为确诊和选择最佳骨固定术，至少取正、侧两个方位的 X 线摄影，必要时，应拍摄健侧相应位置作对照。

（1）骨折段发生移位，如成角移位、侧方移位等变形；骨折后做负重运动或被动运动时，出现弯曲、摆动等异常活动；移动骨折两断端，有摩擦感，发出碰击音。

（2）骨折发生一天或数小时后局部肿胀，一般肿胀 7～10 日，同时伴有软组织损伤，肌肉失去固定支架作用，活动能力部分和全部丧失，自动或被动运动时，犬、猫不安、痛叫、局部敏感及顽抗。

【治疗处理】根据骨折治疗要求，骨折可划分三种损伤程度。重度骨折包括头颅、脊椎骨折和开放性骨折，应立即整复，保护受伤组织和正常生理功能；中度骨折包括关节面或骨骺、臂骨、骨盆及阴茎骨骨折，应尽早治疗，否则病情加重，功能异常；轻度骨折包括长骨干闭合性骨折、肩胛骨骨折、柳条肢骨折等，不要求早整复。

（1）急救　当发生骨折后，首先应使犬、猫安静，如果有出血，应立即包扎止血，如膝关节以下和桡骨中、下部骨折，可用报纸等材料作夹板临时固定。动物出现休克症状，应及时输液，补充血容量。若发现其他危及生命的损伤如气胸和脊柱损伤等，应采取相应急救措施。动物疼痛剧烈和兴奋，可应用镇静剂，然后尽快送动物医院治疗。

（2）整复与固定　根据骨折的严重程度，选择适宜的整复固定时间。对于中轻度骨折手术应在骨折 1～2 日、肿胀减轻后进行。但手术不宜过迟，否则血肿机化，骨痂形成，造成术时严重出血、术野模糊、继发感染。

① 股骨骨折　股骨颈骨折（图 15-3）时，切开皮肤，钝性分离肌肉，前后牵引股外直肌和股直肌，暴露髋关节囊。然后切开关节囊，露出断的股骨头和股骨颈。股骨颈复位后，大型犬多选用粗纹螺钉或压缩装置的螺钉固定；小型犬可选用至少 3 根钢针固定，或钢针与螺钉结合使用。

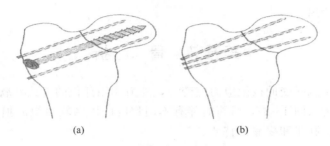

图 15-3　股骨颈骨折的修复
(a) 在 2 根基尔希纳针之间用一个加压螺钉进行固定;
(b) 使用基尔希纳针采用三角形固定的方式进行固定

　　股骨干骨折（图 15-4）时，在股骨干前外侧的大转子与髂骨之间，切开皮肤，分离肌肉，显露股骨干。沿股骨干前、后缘分离股直肌和外展肌，使其充分游离，暴露骨折部位，清除凝血块和碎骨片。股骨干骨折一般选择接骨板和髓内固定，接骨板应与股骨干等长，髓内针可以用正行或逆行的方式安置于股骨。正行安置方式：将髓内针固定于股骨内。将髓内针从稍偏背内侧的位置刺入转子窝。将髓内针顺着骨皮质向远端前行，并将其固定在远端背侧的骨节处。逆行安置方式：用力使髓内针的针柄贴近邻近碎片的背内侧皮层滑动，在转子窝内能处于更靠外侧的位置。

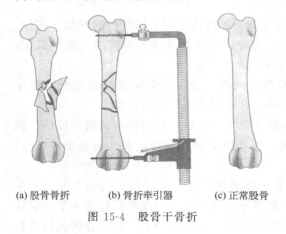

(a) 股骨骨折　　(b) 骨折牵引器　　(c) 正常股骨
图 15-4　股骨干骨折

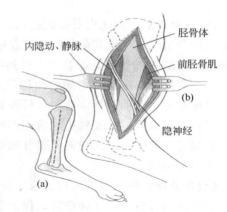

图 15-5　胫腓骨骨折的修复
(a) 在胫骨前内侧径路做皮肤切口，需延伸胫骨切口长度;
(b) 分离筋膜，避免伤及内侧跨过
胫骨骨干中部至远端 1/3 处的隐静脉和神经

　　股骨远端骨折时，其切口径路同股骨干骨折。其切口可向下延伸至膝关节。股四头肌止腱和髌骨向内移，暴露其髁端。内固定系用髓内针或钢针固定，仅髁端斜骨折可选长螺钉固定。

　　② 胫腓骨骨折　胫腓骨骨干骨折时，在后肢小腿前内侧做一个平行于胫骨脊的皮肤切口，并扩大切口，长度接近整个胫骨长度，继续分离筋膜，避开内侧跨过（胫骨骨干中部至远端 1/3 处）的神经和隐静脉（图 15-5），即可暴露骨折断端。根据骨折损伤程度，可选接骨板或髓内针固定。动物体型大，且未调教好的，推荐使用接骨板，通常放在宽而平的胫骨内侧面。

　　胫腓骨近端骨折时，以髌骨水平线为中心，在其前外侧接近髌骨中央 5cm 处切开皮肤，向胫骨脊下方延伸。分离肤下组织，暴露筋膜表层和股二头肌近端及外侧韧带远端。在筋膜近端作一切口，并且让切口穿过筋膜和外侧韧带远端。在距髌骨约 1cm 处切开关节囊，沿着髌骨腱和髌骨近端继续切开。然后朝着腓肠豆方向沿着股外侧肌的边缘切开肌肉层，移开髌骨内侧，暴露骨骨折处。根据骨折程度，可以选择钢丝、钢针或骨螺钉固定。

胫骨前内侧径路向远端延伸，直到暴露内侧髁，切开外侧髁的皮肤后分离周围组织，即可暴露骨折断端。远侧髁的固定，可以采用张力钢丝带和骨螺钉进行。

③ 肩胛骨骨折　如关节面保持完整或关节角度未发生明显的变化，可采用保守疗法，将患肢屈曲悬吊治疗。需开放性内固定者，于肩胛冈皮肤做纵形切口，止于肩胛冈的筋膜，向前翻折。如肩胛颈骨折时，应切除肩峰，以便三角肌的肩峰头向远端牵引，再分别向前向后翻折冈上肌和冈下肌，如必要可切除此两肌的止腱，用接骨板固定。肩胛上神经位于肩胛颈的外侧，刚好在肩峰的远端，分离时注意保护该神经。如关节面同时发生骨折，应切开关节囊，可采用螺钉和钢针固定。

④ 臂骨骨折　近端骨干骨折，可经臂内侧自臂中部向其远端纵形切开皮肤，避开血管，分离出臂骨。充分分离臂骨周围组织，使其断端完全游离。简单的横骨折或短斜骨折可用髓内针固定；长的斜骨折，除用髓内针外，应附加钢丝固定。多发性或开放性骨折，可选用 Kirschner 夹固定，钢针从臂骨前外侧钻入。

⑤ 桡尺骨骨折　稳定性桡尺骨骨折，适宜用闭合性复位和外固定。采用牵引、对抗牵引或手指矫正等，使其复位，可用夹板（如压舌板、竹片）、石膏绷带或托马斯夹等进行外固定。对于不稳定性骨折或难以闭合整复者，可实行开放性复位固定。手术路径沿桡骨前内侧缘纵形切开皮肤，分离皮下组织后暴露出桡骨断端。可用接骨板或髓内针（小犬或猫）内固定。由于桡骨较直，其两末端完全被两关节覆盖，不像其他长骨易从一末端钻入，故髓内针可从远端皮质或直接经两断端插入脊髓腔，但后者术后髓内针不能取出。桡尺骨双骨折，一般仅固定桡骨即可，尺骨不必再固定。

⑥ 前脚骨骨折　掌骨骨折比腕骨骨折更常见，多发生第 2、第 5 掌基部骨折。小犬或猫可用夹板外固定，大型犬需切开复位和内固定。多用钢针，也可用接骨板固定。1～2 枚掌骨干（不是中间两枚）骨折时，用夹板外固定即可。但 3 枚以上掌骨骨折时，需切开复位，并用髓内针固定。掌指关节屈曲，髓内针自掌骨远端关节面钻入掌骨基部，针的远端向外弯曲后截短。

犬、猫是活动型动物，术后应放入笼内 2 周禁止走动，2 周后自由活动。外固定拆除时间应根据 X 线检查骨愈合情况而定，一般为 6～7 周。内固定物如接骨板和髓内针的拆除视动物年龄而定。3 个月龄以下，拆除时间为术后 4 周；3～6 月龄为 2～3 个月；6～12 月龄为 3～5 个月；1 岁以上为 5～14 个月时拆除。为促使骨折愈合，饲料中可加喂乳酸钙、碳酸钙。幼犬、猫可补充维生素 A、维生素 D，必要时静脉注射葡萄糖酸钙、维生素胶性钙等。

术后，尤其开放性骨折，局部和全身炎症反应甚重，全身应用广谱抗生素、肾上腺皮质激素、类固醇类药物。注射破伤风抗毒素；如食欲不振、脱水应进行输液等支持疗法；对术后局部严重感染或严重骨髓炎的病例，应采用截肢术。

【复习思考题】

1. 外科疾病的诊治原则是什么？
2. 血肿、脓肿、肿瘤和蜂窝织炎如何进行鉴别诊断？
3. 骨折的治疗原则是什么？

第十六章 皮 肤 病

【学习目标】
1. 熟悉犬、猫皮肤病的发病原因及临床表现类型。
2. 掌握犬、猫皮肤病的治疗与预防措施。

第一节 皮肤病一般诊治原则

犬、猫皮肤病种类繁多，主要包括以下几种。

(1) 细菌性皮肤病 以细菌感染为主。

(2) 真菌性皮肤病 皮肤真菌感染引起的。

(3) 外寄生虫性皮肤病 由跳蚤、疥螨、蠕形螨、耳螨、虱子、蜱等引起。

(4) 营养代谢性皮肤病 由营养缺乏和代谢紊乱引起。

(5) 内分泌性皮肤病 由内分泌紊乱引起。

(6) 过敏性皮肤病 由变态反应引起。

最常见的是外寄生虫性和真菌性皮肤病。

【诊断处理】

(1) 皮肤病的症状无外乎皮肤潮红、粗糙、疹块、红斑、脓包、溃疡、皮屑、脱毛、瘙痒、色素沉着等。从症状上较难区别为何种皮肤病，而且皮肤病往往几种合并发病，诊断与治疗时应注意不要漏诊漏治。

(2) 诊断时首先通过视诊检查皮肤症状和病变，结合病史调查和季节等因素大致确认皮肤病的种类。冬天一般较少发生螨虫等外寄生虫感染，有洗浴后毛发不吹干习惯的较多感染真菌。

(3) 目前临床上较方便做确认的实验室检查包括螨虫的刮片镜检、真菌的伍氏灯检查等。营养代谢性、内分泌性皮肤病的确诊检查临床应用受限，一般应根据其他情况及治疗诊断的结果加以综合判断。

【治疗处理】

(1) 皮肤病的治疗应以综合治疗为原则，一般均应同时考虑抗寄生虫、抗真菌、抗菌消炎以防继发感染（尤其是在皮肤有溃疡时）、抗过敏等措施。对于怀疑为营养代谢性皮肤病应补充维生素、微量元素等营养，对于内分泌性皮肤病应注意治疗原发病。

(2) 皮肤病的治疗还应注意"立体"治疗，即体内、体表、环境要同时用药方能取得满意效果。

(3) 皮肤病一般都较顽固，疗程较长，容易复发，要注意巩固治疗。

第二节 脂溢性皮炎

犬的脂溢性皮炎是皮肤脂质代谢紊乱的疾病。常见于杜伯曼犬、可卡犬、德国牧羊犬和沙皮犬等品种。

【诊断处理】

（1）病因

① 原发性因素　有先天性和代谢性因素。先天性因素与遗传有关。代谢性因素有甲状腺功能减退，生殖腺功能异常，食物中缺乏蛋白质，脂质吸收不良，胰、肠、肝等功能障碍引起的脂质代谢异常等。

② 继发性因素　有体表寄生虫寄生、脓皮症、皮肤真菌病、过敏性鼻炎、落叶状天疱疮、菌状息肉症、淋巴细胞恶性肿瘤等。

（2）症状

① 原发性　患犬根据症状不同，可分为干性型、油性型和皮炎型3种。a. 干性型：皮肤干燥，被毛中散有灰白色或银色干鳞屑，脱毛轻，呈疏毛状态。多见于杜伯曼犬、牧羊犬。b. 油性型：皮脂腺发达的尾根部皮肤与被毛含有多量油脂或黏附着黄褐色的油脂块，外耳道有多量耳垢，有的发生外耳炎。c. 皮炎型：患犬表现为瘙痒、红斑、鳞屑和严重脱毛，明显形成痂皮。

② 继发性脂溢性皮炎　患部不局限于皮脂腺发达的部位，应注意原发病灶对皮肤的损害，如蚤过敏性皮炎的病灶见于腰和荐部。真菌病在面部，耳廓及四肢末端。

（3）实验室检查　有胃肠功能紊乱症状的患犬，可检查食物中的脂肪酸含量和血清，患犬磷脂明显升高。食物和血脂无异常时，应检查甲状腺功能。直接测定 T_3 和 T_4 值。也可投予甲状腺激素（TSH），而甲状腺功能减退的犬则升高不明显。此外，可检查肝功能和粪便脂肪率。继发性患病的确定，应检查体外寄生虫，菌状息肉症可通过活组织检查确诊，落叶状天疱疮的特征是病灶有多量鳞屑。

【治疗处理】可选用肾上腺皮质激素，如泼尼松龙按每千克体重 $0.2 \sim 2mg$，或地塞米松每千克体重 $0.15 \sim 0.25mg$，皮下注射或口服。也可外用泼尼松龙喷雾。也可选用患部涂布止痒剂和角质软化剂，如 $0.5\% \sim 10\%$ 鱼石脂、松馏油等。也可用 2.5% 硫化硒洗液，对患部或体表每周清洗一次。

对先天性和营养性脂质缺乏犬，日常食物中添加玉米油或花生油及猪油、牛肉、鸡肉等，注射维生素A、维生素D。对激素所致者，可投予甲状腺粉 $0.1 \sim 0.3mg$，每日3次，到 T_4 值正常为止。若连续用药6周后，皮肤仍无好转，要停止用药。

第三节　皮肤过敏

皮肤过敏是某些特异性抗原刺激机体所引起的一种免疫反应，发病无季节性，各种年龄犬都可能发病。

【诊断处理】

（1）皮肤过敏在临床上更多的是一种症状，往往伴随于其他皮肤病的发病过程中。

（2）急性过敏反应常发生在口服或注射药物或食入某些敏感的蛋白质后立即出现脸部、四肢红肿、全身丘疹、瘙痒，有些严重的还会出现呼吸急促甚至休克死亡。

（3）慢性过敏反应，可表现为全身起红疱、丘疹、瘙痒、皮肤掉毛，有些还伴有慢性耳炎（耳内红肿、渗出）及呕吐、腹泻症状。临床上皮肤过敏症主要以慢性过敏或局部性反应为主，主要原因有：①外寄生虫，如蚤、虱、蜱的口器、唾液、排泄物过敏；②皮肤螨虫过敏；③外界接触性过敏，如尘埃、花粉、植物、化纤织物，有的甚至浴液过敏；④食物过敏。

【治疗处理】可口服或注射糖皮质激素和抗组胺药物治疗。如扑尔敏每千克体重 0.2～0.8mg，3 次/天，口服。如果是继发症状，需积极治疗原发病。

第四节　犬脓皮症

脓皮病一般分为原发性和继发性两种。临床上根据发病部位分为浅层脓皮病和深层脓皮病。根据发病面积可分为局部的和全身性脓皮病。

【诊断处理】

（1）病因　犬皮肤不洁、毛囊口被污物堵塞、局部皮肤过度摩擦以及引起皮脂腺功能障碍等因素都可以引起脓皮病的发生。而引起脓皮病的主要致病菌有金黄色葡萄球菌、表皮葡萄球菌、链球菌、化脓性棒状杆菌、大肠杆菌、铜绿假单胞菌和奇异变形杆菌。以北京犬、大麦町犬、德国牧羊犬、大丹犬、腊肠犬等品种多见。

代谢性疾病、免疫缺陷、内分泌失调或各种变态反应也可引起脓皮病。皮肤干燥、裂伤、创伤、烧伤或皮炎等均易发生本病。

（2）症状　犬的脓皮病比较常见。一般以幼犬脓皮病和成年犬继发性脓皮病为主。

幼犬的脓皮病以 9 月龄内的犬多发。病变主要出现在前后肢内侧的无毛处，常被误认为是螨虫感染。成年犬的脓皮病根据病损的深浅，可分为表层脓皮病、浅层脓皮病和深层脓皮病。发病部位不确定，以口唇部、眼睑和鼻部为主，因跳蚤或者螨虫感染引起细菌继发感染的犬，其病变部位以背部、腹下部最多；大型犬的四肢外侧（深部脓皮病）脓痂多，比较顽固。病变处皮肤出现脓疱疹、小脓疱和脓性分泌物，皮肤皲裂、毛囊炎和干性脓皮病等症状。应注意毛囊崩解的角化碎屑可助长异物性肉芽肿反应的发生，病灶会阻碍抗生素穿透到深层的脓皮病病灶，影响药效。

【治疗处理】

（1）病变部用药消炎配合全身用药治疗是脓皮病治疗的基本原则。

继发性脓皮病感染的病例，治疗原发病是必需的。全身和局部应用抗生素时，应当注意抗生素的使用方法、剂量和次数，可用红霉素、林可霉素、三甲氧苄氨嘧啶（TMP）、头孢菌素、利福平和恩诺沙星等药物治疗。

（2）犬的浅层脓皮病，使用抗菌性香波有助于确保药效，外用洗液可以选择洗必泰溶液、复方碘仿溶液等。全身应用抗生素可以选择先锋类、克林霉素、林可霉素和磺胺类药物等。

（3）深部脓皮病的治疗用药疗程长，药物剂量大，对于顽固性病例应当根据药敏试验结果选择抗生素。如头孢拉定、头孢唑啉钠。

（4）治疗再发性脓皮病时，可使用抗菌性香波、免疫调节剂治疗和扩大抗菌范畴。在治疗的同时，注意补充维生素和微量元素，提高机体免疫力。

第五节　真菌性皮炎（癣）

本病俗称犬癣，是犬最常见的皮肤病之一，由皮肤条件性致病真菌所致。主要有 3 种致病菌。犬属小孢子菌，长期存在于犬体，只产生轻微的炎症，犬约 50% 的癣菌病是该菌所致；石膏状小孢子菌，是一种嗜土壤真菌，温暖的气候偶然引起犬的癣菌病；须小孢子菌，主要引起犬继发性癣菌病，老鼠是主要的带菌者。

【诊断处理】

（1）本病为接触性感染，幼龄、衰老、瘦弱和免疫缺陷犬易感，典型症状为脱毛，在皮肤上出现圆形或不规则的秃斑，覆以灰白色鳞屑，以头、颈和四肢较为常见，严重时可以连成一片，波及体表大部分。由于其病变的多样性，极易与其他皮肤病混淆。

（2）显微镜检查 可刮取患部鳞屑、断毛或痂皮置于载玻片上，滴加10%～20%KOH溶液后在酒精灯上微热，待样本软化透明后置于显微镜下观察，发现真菌菌丝和分生孢子即可确诊。

（3）伍德灯检查 是用该灯在暗室里照射患部被毛、皮屑或皮肤缺损区，多数病例的真菌感染部位出现荧光。

（4）真菌培养 必要时可做真菌培养进一步鉴定。

【治疗处理】治疗主要是局部涂药和全身性用药。全身性用药可选用灰黄霉素、两性霉素；局部用药有克霉唑、酮康唑、癣净、达克宁、孚琪等，还可用消炎杀癣浴液以及一些中药浴液等。真菌的治疗还应注意防止扩散和传染给其他动物；坚持用药，防止复发，在皮肤表面症状完全恢复后仍需用药1～2周；注意环境消毒。注意孕犬忌服灰黄霉素，因可能造成胎儿畸形。

第六节 湿 疹

湿疹是皮肤的表皮细胞对致敏物质所引起的一种炎症反应。其特点是患部皮肤出现红斑、血疹、水疱、糜烂、结痂和鳞屑等损害。伴有热、痛、痒等症状。春、夏季多发。

【诊断处理】

（1）病因

① 外界因素 因皮肤不洁，污垢蓄积在被毛，使皮肤受到直接的刺激。

② 内在因素 因消化道疾病，肠道腐败分解的产物被机体吸收、摄入致敏食物、某些抗原等均可引起机体的变态反应，也有因潮湿、日光、药物等引起的变态反应。营养失调、维生素缺乏、代谢紊乱等是诱发湿疹的主要因素。

（2）症状 按病程和皮肤损伤可分为急性和慢性湿疹两种。

急性湿疹多开始于耳下、颈部、背脊、腹外侧和肩部。病初在患部呈较小的圆形的疹面，经1～2天融汇成手掌大或更大的疹面。疹面界限明显，呈橙黄色或红色，边缘有新鲜血疹和小水疱。再外侧为一较暗的红色圈。在疹面中央有一层黄绿色的薄痂，分泌浆液性至脓性渗出物。动物表现疼痛和极痒，由于搔、擦、舔、爪的机械刺激，炎症向真皮深部、皮下蔓延。皮肤肿胀，如不及时正确地处理，极易发生脓疮或脓肿。

慢性湿疹常发生背部、鼻、颊、眼眶等部位，犬尤易发生鼻梁湿疹。慢性湿疹表现被毛稀，皮肤出现不一致增厚而皱起、剧痒，病程较长。发生在鼻镜时，在鼻镜一侧或两侧出现无毛、无燥、呈灰色颗粒状的疹。腕部和蹠部的慢性疱疹主要表现为痒和形成鳞屑。阴囊、包皮或阴门湿疹可出现水疱、发痒。趾间湿疹开始形成水疱，以后流水、疼痛，病程较长。也有在耳廓和外耳道发生湿疹的。

【治疗处理】治疗原则为除去病因、脱敏、消炎等。

（1）除去病因 保持皮肤清洁和干净。动物舍内通风良好、阳光充足、清洁和干燥。经常运动，及时治疗发生的疾病。

（2）脱敏止痒 口服或注射盐酸异丙嗪（每千克体重0.2～1.0mg）或盐酸苯海拉明（口服，每千克体重2～4mg；注射，每千克体重5～50mg）。

（3）消除炎症 根据湿疹的不同时期，采用不同的治疗方法。急性期无渗出时，剪去被毛，用炉甘石洗剂（炉甘石 15.0g、氧化锌 5.0g、甘油 5.0ml、水加至 100.0ml），或用麻油和石灰水等量混合涂于患部。有糜烂渗出时，小面积者可用皮质类固醇软膏，也可选用生理盐水、3％硼酸液冷湿敷。当渗液减少后，可外用氧化锌滑石粉（1∶1）、碘仿鞣酸粉（1∶9）或 20％～40％氧化锌油等。慢性湿疹者，一般选用焦油类药较好，如煤焦油软膏、5％糠馏油等。也可用含有抗生素的皮质类固醇软膏。

（4）预防　保持环境清洁卫生，干燥通风，避免化学物质刺激皮肤，杜绝外寄生虫、跳蚤、虱、蜱感染。

第七节　荨　麻　疹

荨麻疹是由皮肤、黏膜小血管扩张和通透性增加而导致的一种局限性水肿反应。

【诊断处理】皮肤突然出现瘙痒或界限明显的丘疹。先发生在颜面部、眼圈周围、嘴角，后发生在背部、颈部、股内侧，严重者在可视黏膜（如口腔、结膜、直肠、阴道黏膜）亦有发生。丘疹多在 1～2 天内消退。也有转为慢性的，持续数周或数月后消退。部分病犬伴有不同程度的呼吸促迫、心跳加快、体温升高、胃肠紊乱、呕吐等全身症状。

【治疗处理】应尽快查明病因，并予以对症治疗。

（1）脱敏疗法　使用抗组胺药物，盐酸苯海拉明注射液每千克体重 2～4ml，肌内注射，每天 2 次。扑尔敏按每次 4～8mg 口服，2 次/天。皮肤瘙痒者可选用泼尼松每千克体重 0.5～2mg 或地塞米松每千克体重 0.10～0.25mg，肌内注射，每天 2 次。为了制止渗出，可用 10％葡萄糖酸钙 10～30ml，5％维生素 C 5～20ml，分别静脉注射，每天 1 次。有哮喘者可选用阿托品每千克体重 0.05mg、地塞米松每千克体重 0.10～0.25mg，肌内注射。局部皮肤可涂擦抗组胺软膏或皮质类固醇类软膏，如肤轻松、维肤康软膏等，均具有止痒作用。

（2）中药疗法　清热解毒、祛风止痒。

处方 1：金银花（双花）5g、蒲公英 5g、生地黄 4g、连翘 4g、黄芩 3g、栀子 3g、蝉蜕5g、苦参 4g、防风 3g。水煎，犬 1 次内服。

处方 2：麻黄 4g、杏仁 3g、甘石膏 10g、防风 3g、甘草 3g。水煎，犬 1 次内服。

第八节　脱　毛　症

脱毛症是动物局部或者全身被毛出现非正常脱落的症状。

【诊断处理】

（1）脱毛症分为先天性和后天性两种。先天性见于遗传；后天性脱毛症多继发于全身性疾病如神经性疾病、内分泌疾病（甲状腺和垂体失调，睾丸和卵巢功能障碍）、发热性疾病（肺炎或传染病等）、营养障碍、中毒性疾病和某些恶病质等，外界刺激也可引起脱毛症。

局部性脱毛多因局部皮肤摩擦、连续使用刺激过大的化学物质等因素造成的。局部皮肤摩擦导致被毛脱落常见于皮褶多的犬（如沙皮犬），或者脖套不适引起颈部脱毛。除了日常少见的强刺激剂引起的接触性脱毛外，犬的洗发不合理引起的脱毛更多，许多养犬者将人的洗发香波（呈碱性）使用于犬（中性皮肤）或者洗澡次数过勤，是造成宠物犬不同程度脱毛不可忽视的原因。

（2）脱毛症因病因的不同，症状有差异。因被毛护理不良引起的脱毛主要是毛发稀少，外寄生虫感染、细菌性脓皮病过程中以红疹、脓疹等症状为主，内分泌失调时呈对称性脱毛，真菌性皮肤病时皮肤皮屑、鳞屑较多，呈片状脱毛或者断毛。

（3）脱毛症主要根据临床症状配合实验室检查进行确诊。实验室检查包括：皮肤刮取样镜检、细菌或者真菌的培养与药敏实验、局部活组织检查、血清中激素的分析等。

【治疗处理】

（1）治疗原则　对脱毛部位以除去鳞屑，刺激毛根和扩张皮肤毛细血管，使毛囊营养供给充足，促进被毛再生为原则。

（2）根据不同诱因引发的病症要采取不同的治疗措施。

对内分泌性的脱毛症采用激素疗法，泼尼松 2mg/kg 皮下注射，使用雄性激素或去势，卵巢功能不全者可摘除卵巢和子宫；因甲状腺功能减退所致的脱毛，可内服甲状腺制剂，2 片/天，逐渐增至 6～10 片/天。

中毒性脱毛除采取针对性治疗外，可投予胱氨酸、蛋氨酸。对于癣菌病的治疗首选药物是灰黄霉素，每日剂量按 15mg/kg，喂饲高脂肪食物以促进肠道吸收，局部可涂擦克霉唑等抗菌制剂，也可以用伊维菌素、敌百虫、废柴油机油或雄黄粉等治疗。虱病用伊维菌素、敌百虫、双甲脒或灭虱精等杀灭虱和虱卵。秃毛癣的治疗可以内服灰黄霉素，同时外涂克霉唑软膏或达克宁软膏来治疗。钩虫病可用左旋咪唑、阿维菌素来驱虫。B 族维生素缺乏引起的脱毛通过补充复合维生素 B 制剂就可以治愈。

（3）中药疗法　蔓荆子 9g，威灵仙 9g，何首乌 9g，玄参 9g，苦参 6g，煎汤灌服，每日 1 剂，连服 5 剂。

（4）预防

① 犬脱毛症的症状明显，关键是正确辨明病因，问诊对诊治本病很重要，尤其要问清病初症状和曾经用药情况，一定要根据临床症状配合实验室检查加以诊断，避免武断下结论。治疗原发病，同时对症治疗，必要时可以内服复合维生素 B、胱氨酸和多维片等皮肤营养剂辅助治疗。

② 犬舍应设在宽敞、干燥、通风的环境中，定期消毒，杀灭病原微生物，保持犬的体表清洁，防止与病犬接触感染。每天梳刷犬毛，这样不仅可除去脱落的被毛污垢和灰尘，促进血液循环，增强皮肤抵抗力，而且还可及时发现脱毛进行诊治。

③ 加强犬的营养，提供富含蛋白质、维生素的饲料，如全价犬饲料。也可添加瘦肉、煮熟的蛋黄等，少喂富含糖、盐、淀粉等的食物。保证犬有一定的日照时间，吸收紫外线，并且经常运动，使其长出健康的毛发。

第九节　犬自咬症

犬自咬症是以自咬躯体的某一部位，造成皮肤破损为特征，自咬程度严重的可继发感染而死亡。本病无明显的季节性，但春秋两季发病率略高。

【诊断处理】多发生于工作犬，病因比较复杂，常见的原因有肛门腺炎、螨病、真菌性皮炎以及微量元素硒缺乏等。由于皮炎、瘙痒的部位发生于尾根、肛门、后躯、耳根等抓挠不到的部位，常导致犬自咬尾尖原地转圈，并不时发现"喔喔"叫声，呈表面极强的凶猛性和攻击性。尾类处脱毛、破溃、出血、结痂，也有的犬咬尾根、臀部或腹侧面被毛致残缺不全，个别病犬将全身毛咬断。患犬散放或在牵引时不出现自咬现象。

【治疗处理】主要治疗原发病，以控制犬的兴奋亢进及攻击性为主。采取镇静、外伤处理的方法可收到一定效果。同时加强饲养管理，使犬安静，减少或避免外界刺激。主人要带犬多活动，满足其易动心理，分散犬的精力，可逐渐克服习惯性自咬。

第十节　趾间囊肿

趾间囊肿是犬趾间的一种慢性炎症损害，临床上并不表现囊肿，实际是以肉芽肿为特征的多形性小结节，故又称趾间脓皮病、趾间肉芽肿等。本病发病率约为 1.6%，发病年龄平均为 2.5 岁。常见于德国牧羊犬等。前肢第 3、第 4 趾间为最常发部位。

【诊断处理】

（1）病因　病因复杂，包括毛囊细菌感染、皮脂腺阻塞或其他过敏反应、接触性变态反应、异物（如被毛、草芒、种子、砂粒等）、免疫缺陷、免疫复合病等。最常见细菌为金黄色葡萄球菌，也有 β 溶血性链球菌、大肠杆菌等。

（2）症状　发病初期表现为小丘疹，后来逐渐发展为结节，直径均为 1~2cm，呈紫红色、闪亮和波动。挤压可破溃，流出血样渗出物。在 1 个或几个脚上，可发生 1 个或多个结节。由异物引起的通常在 1 个前脚单个发生，而细菌感染的结节常多个发生。局部疼痛，跛行，并常舔咬患部。

【治疗处理】

（1）对于异物性囊肿，应将异物除去，然后采用脚热浴疗法，每次 15~20min，每日 3~4 次，持续 1~2 周，炎症可消除。如此法无效，可手术切除。因细菌感染的囊肿，应全身应用敏感的抗生素，但其剂量要大，治疗时间要长。也可将病变组织切除，敷以抗生素敷料，几日后，再每日用防腐剂进行浸泡或清洗，或用葡萄球菌苗和类毒素治疗。

（2）对于慢性趾间囊肿保守疗法无效时，需采用患趾蹼全切除术。患肢无菌准备和肢端扎止血带后，切开趾间蹼背、腹面及其邻近趾的皮肤，然后将趾间蹼全切除。切除的病变组织需进一步作组织病理学检查。电烙和结扎止血，用细的可吸收线结节闭合两趾间空隙，以防死腔形成。将两趾间皮肤创缘对齐，用非吸收线结节缝合。缝合后，两邻近趾缝合在一起，无趾间蹼。术后，患肢应包扎，防止舔咬和肿胀，其邻近两趾用腹带缠绕在一起，以减少负重时缝线的张力。术后 10 天拆除缝线。

第十一节　嗜酸性肉芽肿综合征

本病是一组侵害犬、猫的疾病，病因尚不十分清楚。

【诊断处理】

（1）猫的嗜酸性肉芽肿综合征包括 3 种情况。

① 嗜酸性溃疡是一种不痛、不痒、界限明显的红斑性溃疡。主要出现在上唇。组织学检查表明是溃疡性皮炎，主要有中性粒细胞、浆细胞和单核细胞浸润。

② 嗜酸性斑是界限明显的红斑性凸起，瘙痒。多见于大腿的中间部位。组织学检查表明是弥散性嗜酸性粒细胞性皮炎，细胞内和细胞间的水肿明显，表皮内水泡中含有嗜酸性粒细胞。

③ 线状肉芽肿表现为界限清楚、线状结构的凸起，呈黄色至粉红色不等，主要出现在后肢的尾侧面；组织学检查表明在线状胶原纤维周围有肉芽肿性炎症反应；当病变出现在口腔时，病变组织及周围有嗜酸性粒细胞浸润。

（2）犬嗜酸性肉芽肿与猫线状肉芽肿相似，病变组织出现胶原变性，周围有肉芽肿和嗜酸性粒细胞浸润；如果病变出现在口腔，则表现为溃疡或者增生性团块，偶见斑块或结节；

出现在唇及身体的其他部位时呈丘疹样。从发病率上看，西伯利亚犬更易感。

【治疗处理】

（1）对于猫，应该首先调查过敏性疾病，在病因不能确定时，按照每千克体重0.8mg的剂量，每2周肌内注射一次醋酸甲基氢化泼尼松，2～3次为一个疗程；也可以按照每千克体重4mg的剂量，口服氟羟泼尼松龙片1～3天；对于复发的病例，每6天注射一次醋酸氢化泼尼松。

（2）病犬的治疗可以口服泼尼松或者泼尼松龙，有些复发的病犬需要每2天口服一次低剂量的皮质类固醇。

第十二节　猫种马尾病

本病是发生于繁殖期公猫的内分泌性疾病，由于雄激素分泌过盛，使尾部出现痤疮，并且可能继发细菌感染。笼养猫或是自我梳理毛发习惯很差的猫发病率较高，未去势公猫同样更易发病。

【诊断处理】

（1）繁殖期公猫的整个尾背部皮脂腺和顶浆腺分泌旺盛，在尾背部出现黑头粉刺，可发展成为毛囊炎、疖、痈，甚至蜂窝织炎，皮肤溃烂并向周围结缔组织扩散。

（2）通常依据病史、临床表现和排除其他疾病确定。另结合皮肤组织病理学检查可见皮脂腺增生。

【治疗处理】尾部剪毛后，用70％的酒精涂擦黑头粉刺发生的部位，将黑头粉刺挤出，涂布抗生素软膏，尾部用绷带包扎或者不包扎。如果出现皮下蜂窝织炎。先用3％的双氧水溶液清洗患部，再用生理盐水冲洗干净，然后局部涂布抗生素软膏，全身应用抗生素。考虑到此类型的公猫在几年之内均有复发性，手术摘除睾丸是较好的治疗措施。

【复习思考题】

1. 过敏性皮炎的临床表现与治疗措施是什么？
2. 简述脂溢性皮炎的临床类型与治疗措施。
3. 犬脓皮症的表现类型有哪些？如何处理？
4. 简述犬真菌性皮炎的发病原因及治疗措施。
5. 湿疹的临床类型有哪些？如何进行治疗？
6. 荨麻疹的临床症状有哪些？如何进行治疗？
7. 脱毛症的发病原因有哪些？如何进行治疗？
8. 趾间囊肿的临床症状有哪些？如何进行治疗？
9. 嗜酸性肉芽肿综合征的类型有哪些？如何进行治疗？

第十七章 其他疾病

【学习目标】

了解各种疾病的发病原因；掌握各种疾病，尤其是各种眼病及耳病的诊断要点及治疗方法。

所有的动物都具有结构和功能不同的感觉器官来适应环境，特殊的感官如视觉、听觉、味觉、嗅觉是中枢神经系统的延续，就视觉和听觉而言，犬、猫眼病及耳病为常见病，尤其是犬。犬、猫眼病可分为三大类：与附属结构有关的眼病（结膜炎、角膜炎、瞬膜突出症、眼睑内翻、眼睑外翻等）、与眼球结构有关的眼病（眼球突出、虹膜睫状体炎、角膜溃疡、白内障、青光眼、眼色素层炎、眼球损伤等）、与视网膜和中枢神经有关的眼病（渐进性视网膜萎缩等）。耳病有：外耳炎、耳廓血肿、中耳炎和内耳炎。这里重点介绍犬、猫几个常见的、多发的眼病以及外耳炎。

第一节 结 膜 炎

结膜是覆在眼睑内面和眼球表面（除角膜外）薄而透明的膜，由睑结膜、结膜穹窿及球结膜构成。结膜炎即是眼睑结膜或眼球结膜表层和实质发生炎症的一种常见眼病。中兽医称之为肝经风热，又称火眼。临床上以结膜充血、水肿、眼分泌物增多为主要特征。引起犬或猫结膜炎的原因很多，主要有以下几种情况。①物理因素：光、热等刺激，灰尘、脏水溅入眼内，外伤等；②化学因素：酸碱液、消毒液、各类体外驱虫药、清洗剂等的刺激；③生物因素：病毒（犬瘟热、传染性肝炎等）、寄生虫及邻近组织的炎症和维生素A缺乏等。

【诊断处理】

（1）患犬或患猫表现眼结膜充血，角膜潮红，羞明（怕光），流泪。

（2）随后发展变成眼睑肿胀疼痛，常见犬或猫用爪抓眼部。

（3）眼分泌物增多，初期较稀，呈黄白色；后变成脓性，以至上下眼睑常被粘在一起而造成眼裂狭窄或闭锁。

（4）患犬或患猫精神沉郁，喜卧。

（5）当发生慢性滤泡性结膜炎（沙眼）时，结膜表面形成乳头或滤泡，肿胀不明显，缺乏光泽。

（6）干性球结膜炎时，眼睑痉挛。

（7）化脓性结膜炎时，眼睑皮肤发生湿疹，发痒，病程长可出现角膜混浊。

（8）眼分泌物检查：急性期中性粒细胞增多，慢性期淋巴细胞和浆细胞增多。

（9）衣原体感染时，结膜上皮细胞内可见包涵体。

（10）支原体感染时，姬姆萨染色可见与结膜上皮细胞的原生质膜紧密相接的球菌或球杆菌样的嗜碱性小体。

【治疗处理】 治疗原则主要是消炎，继发性结膜炎首先应进行病因治疗。中兽医治疗原则为泄热息风，清肝明目。

（1）局部治疗

① 急性结膜炎用 3％硼酸或 0.1％利凡诺洗眼、冷敷，涂布消炎软膏，疼痛严重时，可用 2％可卡因滴眼。

② 慢性结膜炎可进行热敷，用硫酸锌或硝酸银点眼。形成滤泡的可用硫酸铜结晶烧烙。

③ 由犬瘟热、传染性肝炎引起的结膜炎，应在治疗原发病的基础上选择氯霉素眼药水或环丙沙星眼药水点眼。

④ 支原体或衣原体感染时，也可选择氯霉素眼药水。

⑤ 细菌性感染时，可依据药敏试验结果来选择高敏的抗生素眼药水点眼。

⑥ 真菌性结膜炎可用两性霉素 B 结膜下注射。

⑦ 对物理性和化学性因素引起的结膜炎，首先应清除眼内异物：采用生理盐水、1％明矾溶液或 2％硼酸水溶液反复冲洗患眼，然后采用氯霉素眼药水点眼，结膜未损伤时，还可在结膜囊内涂布 0.05％氟美松眼膏，对化脓性结膜炎采用金霉素眼膏点眼。

⑧ 过敏性结膜炎时，应除去致敏原，用硫柳汞或硫酸锌点眼，并根据具体情况选择抗生素进行治疗。

⑨ 顽固性化脓性结膜炎，应用 1％碘仿眼膏涂布，同时用普鲁卡因青霉素作眼球后封闭。

（2）全身治疗　可选择青霉素、链霉素、地塞米松等抗菌消炎药物肌内注射。

（3）中药治疗

① 清肝明目　处方：酒胆草 8g，酒黄连、酒黄芩、酒栀子、泽泻、生地黄各 6g，木通、车前子、杭菊花、柴胡各 4g，蝉蜕 2g（另包，后下）。水煎服。1 天 1 剂，连用 1～3 天。

② 对急性结膜炎可采用"釜底抽薪"法治疗，即以通大便来泄实热的治疗方法。处方：芒硝 10g（另包）、黄芩 10g、栀子 10g、柴胡 10g、羌活 3g、甘草 3g，上药除芒硝外，加水 250ml，煎煮 30min 取汁，用药汁溶解芒硝后内服，日服 2 剂，连用 1～3 天。

（4）自家血上下眼睑注射　助手用双手按压病犬或病猫头部，个别烈性犬或猫可先用"846"或氯胺酮麻醉后保定。在犬或猫前肢的前外侧静脉或后肢外侧的小隐静脉处剪毛消毒，取 7 号头皮针针头，根据犬和猫体大小、眼疾情况，适量抽取静脉血 10～20ml，随即加入青霉素 20 万单位、1％普鲁卡因 3ml、地塞米松 5～20mg，混匀。用左手拇指、食指和中指先后捏起犬或猫的上、下眼睑，右手持注射器（装 9 号采血针头），手指固定，进针深度 0.2～0.5cm，徐缓分别注入自家血。若两侧眼疾，可用同法治疗另一侧眼部。一般经 1～3 次可治愈。

第二节　角　膜　炎

角膜位于眼球前面，光滑透明，是眼透光及屈光装置的重要组成部分。角膜炎是指眼角膜表层或深层的炎症，以角膜充血、混浊、溃疡、斑翳为主要特征。角膜炎与结膜炎常合并发生。多因外力因素（如刺伤、擦伤、打伤等），眼邻近组织病变的蔓延（如结膜炎治疗不及时，可转发角膜炎），某些传染病、寄生虫病过程中并发等而发生。

【诊断处理】

（1）一般结膜炎具有的症状，角膜炎也同时可见。

（2）羞明，流泪。

（3）角膜混浊呈淡蓝色、灰白色，弥漫性混浊常从角膜边缘开始，逐渐漫延至中央。

（4）角膜周围血管充血，角膜上皮肿胀，角膜面粗糙不平，透明度减退。

（5）严重者角膜穿孔，眼房水流出，虹膜被冲出而导致虹膜脱出、虹膜与角膜粘连，瞳孔缩小。

（6）外伤性角膜炎还可见角膜损伤，严重者有角膜穿孔、眼房液外流，日久出现斑翳。

（7）应用荧光素点眼，染成绿色者为受损组织。

【治疗处理】原则是去除病因，控制感染，促进炎症吸收，减少瘢痕形成。

（1）首先用 2%～3% 硼酸溶液反复冲洗角膜，除去异物和分泌物。然后向结膜囊内滴入氢化可的松溶液，配合滴入 0.5% 普鲁卡因溶液，用金霉素眼药膏或氯霉素眼药水点眼。

（2）由酸引起的角膜炎应用 3% 的碳酸氢钠液中和；碱烧伤所至的角膜炎应用 1% 的醋酸液点眼。主要冲洗结膜囊和瞬膜内面，直至 pH 值为中性为止。

（3）因眼睑内翻或倒睫所致时，要进行手术矫正。

（4）角膜混浊形成云翳的，可配合 5% 阿托品滴入结膜囊内，每日 1 次，直至瞳孔散大，应用维生素 B_2、肌苷、普罗碘铵、眼明等注射液促进角膜混浊消退。为促进角膜混浊物吸收，可向眼睑内吹入等量混合的甘汞和乳糖粉少许，每日 1～2 次。

（5）为防止虹膜粘连，可用 1% 硫酸阿托品点眼，或将阿托品软膏涂布于结膜囊内。

（6）干性角膜炎可口服维生素 A、维生素 B、维生素 C、维生素 D。

（7）角膜溃疡者，先用稀碘酊与金霉素眼膏交替滴眼与涂抹，或用乙酰半胱氨酸稀释液点眼控制炎症的发展；用 1% 阿托品点眼防止虹膜炎；用维生素 B_2 点眼以促进角膜代谢，并辅助治疗血管增生、角膜混浊；对久治不愈的角膜溃疡，可大剂量静脉注射维生素 C。

（8）为防止角膜进一步感染化脓，可在球结膜下注射 10 万～15 万单位多黏菌素。

（9）配合全身治疗，如肌内注射硫酸庆大霉素等。

（10）可采用自家血液疗法　具体操作方法：用 5ml 注射器吸取病犬或病猫前或后肢静脉血液 0.5～1ml（不加抗凝剂），然后将血液迅速注射到病侧眼睑皮下，隔日 1 次，共注射 3 次，一般经 3～4 天可愈。

（11）眼底封闭疗法　将 2%～3% 盐酸普鲁卡因 5～10ml、青霉素 40 万～80 万单位、地塞米松磷酸钠 1ml（5mg），充分混合后，用 7 号针头在犬左右颞窝（相当于太阳穴）作眼底封闭注射，间隔 4～5 天重复 1 次。并用 1% 硫酸阿托品和 1% 地塞米松磷酸钠混合液点眼。每日 2～3 次。一般经 3～5 天可愈。或者：地塞米松 2mg、硫酸庆大-小诺霉素 8 万单位、2% 普鲁卡因溶液 2～5ml，混合，太阳穴（颞窝中）注射或滴眼。

（12）中药拨云散　冰片 10g，硼砂 10g，炉甘石 50g，朱砂 5g，研为极细末，过筛，装瓶备用，取少许吹入患眼，每天 2 次，连用 3～5 天。

（13）鼻泪管冲洗　本病的发生若与鼻泪管阻塞有关，则应首先检查病犬的鼻泪管是否通畅。用 4 号钝圆针头消毒后，插入患眼内眦眼缘处的泪孔，注入灭菌生理盐水 10ml，观察是否有液体从鼻腔的鼻泪管开口排出或病犬出现吞咽动作，如有则证明病犬鼻泪管畅通，若无液体流出，则应进行鼻泪管冲洗，方法是于泪孔用力反复注入抗生素生理盐水，直至将鼻泪管内的阻塞物清除。若此法无效，则应采用手术疗法疏通鼻泪管。

第三节　白　内　障

晶状体或晶状体前囊的混浊称为白内障。临床上白内障分为真性和假性两种。真性白内障是晶状体固有物质及其囊的混浊。假性白内障是晶状体外表覆盖着不透明的物质，如纤维素、后粘连时虹膜的色素等。

【诊断处理】

（1）临床症状

① 病初晶状体混浊时视力正常。

② 当晶状体失去透明性时，瞳孔变为蓝白色或灰色，具有珍珠样光泽，视力降低或消失。

③ 严重者晶状体皱缩变小、凹凸不平，可发生自然脱位。

（2）检眼镜检查

① 当继发青光眼时，可见眼底模糊，晶状体吸水和膨胀。

② 病后期，晶状体变硬，失去多余的水分，看不到眼底。

（3）烛光映像试验　晶状体前囊像清晰，而后囊像消失。

【治疗处理】

（1）目前一般的药物治疗尚难以治疗本病，可用白内停、障眼明等药物控制白内障的发展。

（2）对晶状体周围部分透明的犬，通过散瞳可改善视力。

（3）手术法摘除晶状体　对白内障病犬无手术的禁忌证（如眼压过高或过低，前色素层炎症，视网膜变性或萎缩），视力丧失不能代偿，及白内障达到成熟期可施行外科手术，常用白内障囊外摘除术。

第四节　青　光　眼

又称绿内障，是眼内压调整功能发生障碍使眼压异常升高而导致视功能障碍并伴有视网膜形态学变化的疾病，因瞳孔多少带有青绿色而命名为青光眼。本病是一种发病迅速、危害性大、随时导致失明的常见疑难眼疾。硬毛犬和西班牙长耳犬易患此病。本病主要是由于眼内压调整功能发生障碍使眼内压间断性或持续性升高的水平超过了眼球所能耐受的程度而给眼球各部组织和视功能带来损害，导致视神经萎缩、视野缩小及视力减退、失明。青光眼属双眼性病变，可双眼同时发病，或一眼发病后继发双眼失明。

【诊断处理】

（1）眼压升高，眼球增大，向外突出，眼痛，瞳孔散大或固定，角膜混浊或出现白色曲线。

（2）球结膜、巩膜充血，虹膜和晶状体前突，眼前房变浅，房角变窄。

（3）视神经乳头萎缩、凹陷，视网膜萎缩，视力减退或消失。

（4）应用Schiotz眼压计测定眼压，患犬、猫眼压增大。

【治疗处理】

（1）降低眼压　口服乙酰唑胺、50%甘油，投药前10～20min肌注氯丙嗪以控制呕吐。如果眼压持续不降时，用20%甘露醇静脉注射。

（2）前房角不全闭合时，用2%毛果芸香碱点眼；眼房角闭塞时，应使用抑制房水产生的药物，如β-受体阻断剂噻吗心安。

（3）手术治疗　上述方法无效时，尽早施行虹膜切除术进行治疗。

第五节　眼　球　脱　出

本病是眼球从眼眶内不完全脱出的一种眼病。小型犬多为相互打架吠咬所致。

【诊断处理】

（1）眼睑表现有不同程度的肿胀，有结膜炎，角膜稍干、混浊。

（2）眼球从眼眶内部分脱出，脱出程度不同，其症状也各异。

（3）眼部流有少量血液，疼痛不安，有的表现发抖，食欲减少或拒食。

【治疗处理】

（1）以整复疗法为主，结合对症护理　病犬采取胸卧位，头稍向上抬起。采用眼神经传导麻醉（用2%普鲁卡因4～8ml，在病眼的外眼角贴近眶骨处进针，以45°的角度斜向插入，至针尖抵达对侧的眶骨处即可，然后注射药液，边注射边拔针管，慢慢地将药液注入到眼球后方，以达到麻醉）；也可采用结膜局部麻醉，或者采用肌注"846"合剂行全身麻醉。注射药后10min左右，见犬眼球无任何反应时，便可整复。首先将脱出的眼球用生理盐水轻轻冲洗干净，然后将灭菌湿纱布放在脱出的眼球顶端，将大拇指压在眼球纱布上，以均一的压力轻缓地向眼眶内压迫整复，至脱出眼球完全复位为止，而后用一小块灭菌纱布涂上氯霉素或红霉素眼膏放在眼球上，最后将上下眼睑用褥式缝合（1针）即可，以防脱出。小纱布块的两端在眼眶之外。术后肌内注射青霉素，同时在露出纱布的两端滴氯霉素眼药水，以使药液渗入到眼球周边，起消炎及湿润作用。术后第4天拆去眼睑上的缝线，取下纱布块，眼球则不见脱出，此时再继续用氯霉素眼药水滴眼2～3天。病犬将逐渐恢复正常，有的可完全恢复视力，但也有视力减退或失明的。

（2）简易整复术　用一根线从眼内角和眼外角各做纽扣状缝合线，然后边收紧缝合线边将脱出眼球向眶内压入，直至完全复位后缝合。缝合后连续点眼药水，直至拆线。

第六节　瞬膜突出症

本病又叫第三眼睑腺突出、瞬膜腺肥大，为第三眼睑腺软组织块突出于眼内角的眼球面，呈扁平粉红色或深红色，似樱桃悬于眼内角故又名"樱桃眼"。所有品种的犬均有发生，3～12月龄的犬多发。据资料报道，该病占犬外科病的23%左右。多因第三眼睑（瞬膜）肥大、增生，腺体附着韧带（腺体与眼周或第三眼睑软骨的结缔组织）先天发育不良或组织缺陷所致。

【诊断处理】

（1）单眼或双眼发病，或两眼先后发病。

（2）可见软组织突出于眼内侧，瞬膜长期暴露在外，呈粉红色或深红色。

（3）腺体充血、肿胀，泪溢。

（4）瞬膜外翻或内翻，瞬膜出现肿瘤。

（5）继发结膜炎、角膜炎，有浆液性、黏液性或脓性分泌物。

【治疗处理】 根治方法为手术疗法。

（1）轻度瞬膜肥大可用抗生素及地塞米松点眼，如不消退则可手术摘除。

（2）手术切除第三眼睑腺体增生物　保定确实，局部麻醉（也可不麻醉）后，用一柄弯曲细齿止血钳将腺组织根部钳紧，用手术刀片或钝头弯剪刀沿止血钳切除腺组织，将0.1%肾上腺素滴于切口部或轻微烧烙止血，然后松开止血钳，用镊子夹住切口观察片刻，待不出血便可松开镊子，术后用抗生素及肾上腺皮质激素类眼药水点眼，持续7天。此法操作简便，复诊率低，成功率几乎高达100%，但由于第三眼睑腺可提供部分的泪液，当其他泪腺损伤时，它的切除可导致干性角膜结膜炎。

（3）手术将腺体缝合到巩膜层　该法能保留腺体，但是操作复杂，在外巩膜层缝针时，不慎有可能损伤眼球；另外，将腺体强迫压进去，术后有少数犬第三眼睑腺会再次突出，因而复诊率高。因此，在此就不叙述了。

（4）瞬膜外翻或内翻时，则应摘除瞬膜软骨。

第七节　虹膜睫状体炎

虹膜睫状体炎，为犬常见眼科疾病，即犬的色素层炎，又称蓝眼病。属一种超敏变态反应病，常见于多种全身感染性疾病，如传染性肝炎病毒、犬腺病毒或犬瘟热病毒等的感染，也有因注射犬弱毒疫苗后得者，也有外伤性结膜炎继发者，如眼球被硬性异物击伤并发此症。本病的发生无年龄、性别、品种之分，以小型犬多见。

【诊断处理】

（1）以虹膜和眼房液的病理变化为特征，呈单侧或双侧发生。

（2）初期角膜水肿，眼房液混浊而造成灰蓝色眼外观，羞明流泪，眼睑痉挛，瘙痒，前肢抓眼；随后角膜出现不同程度混浊，边缘新生血管呈毛刷状，虹膜充血肿胀，在角膜后出现灰白色或棕褐色的絮状蛋白沉淀物，视力减退。

（3）因眼压升高、角膜隆起或溃烂，造成眼房液流出，严重影响视力，有些具有反复性。

【治疗处理】以消炎、抑制免疫反应为主，配合抗犬病血清以治本，早期治疗效果最佳。

（1）对于症状轻的病例，应用青霉素和地塞米松滴眼，很快可得到恢复。

（2）严重病例，应用青霉素和地塞米松或用普鲁卡因青霉素行球结膜注射，同时配合3%硼酸洗眼，间隔氯霉素眼药水滴眼，均可取得满意疗效。若同时应用抗犬病五联（或六联）血清，效果更好。

（3）中药治疗　以泻肝火、利湿热、养阴血为治则。处方：黄连须12g、柴胡10g、丹参10g、车前子5g、当归5g、枸杞子5g、生甘草3g，水煎45min后取药汁，候温灌服，每天1剂，连用5～7天。

第八节　眼睑内翻

该病特点是犬眼睑的自然状态改变，睑缘向眼球侧翻转，大型长毛犬常患此病。慢性结膜炎；异物刺入结膜囊内，如睫毛和眼睑皮毛刺激角膜和结膜，导致角膜炎或结膜炎；第三眼睑切除术；眼睑损伤等都可引起本病。

【诊断处理】

（1）病犬不断流泪，眼睑皮肤湿润，结膜充血，角膜层有新生血管形成，严重时角膜发生混浊。

（2）检查眼睑缘失去自然状态，而向眼球侧翻转。

【治疗处理】

（1）首先清除引起本病的因素。病犬保定，将普鲁卡因溶液滴入眼睑内或对眼周皮肤做浸润麻醉，轻者可以恢复原状。

（2）在治疗原发病的同时，可将眼裂1/3处做暂时性缝合，消除内翻和睫毛对眼结膜、眼角膜的刺激。

（3）对顽固性眼睑内翻，可施行手术矫正。首先肌内注射"846"合剂进行全身麻醉，然后距睑缘0.3～0.5cm处，切除一块椭圆形皮肤条，其长短与内翻睑缘相当，宽度以恰好将内翻的眼睑得以矫正为宜。用细丝线结节缝合切口。术后将氯霉素眼药水滴入眼结膜囊内，配合滴入醋酸氢化可的松眼药水，疗效更佳。

第九节　睑　外　翻

睑缘离开眼球、睑结膜向外露的异常状态，称为睑外翻，以下眼睑外翻多见。与先天性的遗传因素有关，如圣伯纳、巴结度、美系可卡、马士题夫、藏獒和哈巴犬常见。另外，一些生理性因素如疲劳、因年老而眼睑皮肤松弛等，病理性因素如眼睑手术、眼睑炎、神经麻痹等均可引起本病发生。

【诊断处理】

（1）睑外翻、流泪及结膜皱襞中积聚渗出物。

（2）睑结膜长期暴露在外引起结膜充血、炎症、角膜干燥及粗糙等。

（3）并可继发色素性角膜炎，影响视力。

【治疗处理】

（1）应用氯霉素、环丙沙星等抗生素眼药水滴眼。

（2）药物治疗无效者，可施行手术疗法：距睑外翻下缘 2～3mm 处切一 V 形切口，并从其尖端向上分离皮瓣，用镊子将皮瓣提起，然后从尖端向上做 Y 形缝合。

第十节　外耳炎、中耳炎和内耳炎

外耳炎即外耳道的炎症，为犬和猫的多发病，特别是潮湿阴雨、天气炎热时多发。洗浴时，或淋雨、游泳时，水液浸入；抓搔、摩擦引起感染；耳廓附近的皮肤湿疹蔓延；体外寄生虫（如疥螨）叮咬；过敏性皮炎等都可引发外耳炎。另外，犬或猫还会发生中耳炎和内耳炎，多由外耳炎继发所致，其症状和治法也基本相似。

【诊断处理】

（1）外耳炎

① 患犬或患猫不安，瘙痒，摇头，头部歪斜。

② 颈部僵硬，表现痛苦，拒绝按压耳部。

③ 耳部皮肤潮红，耳道内有黄色、巧克力、深棕色脂状分泌物，恶臭。

④ 慢性病犬或病猫，出现皮肤增厚，听觉减退。

（2）中耳炎

① 精神沉郁，发热，耳根部疼痛，头歪向患侧，听力减弱，咽部充血、淤血，扁桃体肿大。

② 检耳镜检查，可见鼓膜穿孔，流出黄色油脂状恶臭分泌物或脓汁。

（3）内耳炎

① 体温升高，恶心，呕吐，头颈外斜，向患侧转圈，姿势异常，疼痛，眼球震颤。

② 检耳镜检查，可见鼓室变色或凸起。

③ X 线检查，可见鼓膜腔内贮留液体。

【治疗处理】

（1）首先要查出发病原因，除去致病因子。

（2）局部处理　可用双氧水溶液将耳道中的分泌物洗出，或用镊子取药棉球清洁耳道，再涂抹抗生素软膏和强的松类软膏或敷上氧化锌糊剂；插管至鼓膜，用生理盐水冲洗，然后注入氯霉素液或环丙沙星滴耳液。化脓性中耳炎可用硼酸甘油滴耳液滴耳。

（3）全身治疗　尤其是体温升高患犬、猫，要用抗生素抗菌消炎，如口服红霉素、氯霉素、利君沙、头孢拉定等。如果抗生素效果不明显，可应用地塞米松皮下注射。

（4）对外耳炎和中耳炎还可采用如下中药治疗：枯矾、血余炭、黄柏各等份，共研极细末，装瓶防潮备用。患犬或患猫保定后，将患耳内脓汁用酒精棉球擦干净，然后用纸筒将药粉吹入耳内，每日 2 次，一般 2～3 天可治愈。

第十一节　耳壳血肿

由于刺激、外伤、犬爪搔抓等造成外耳廓突然出现紫色、富有弹性和波动感的肿胀物，称为耳壳血肿。

【诊断处理】

（1）耳部出现紫色肿胀，富有弹性和波动感，穿刺可排出血液。

（2）时间长者体温升高，食欲减退。

（3）感染时形成脓肿。

【治疗处理】

（1）正在出血的血肿可应用止血药物止血，如止血敏、安络血、维生素 K、氨甲苯酸等。

（2）形成血肿的，早期应采用血液抽出法。局部清洗、剪毛、消毒后，应用灭菌注射器于波动最明显处刺入血肿，吸出残存的血液，然后用灭菌生理盐水冲洗血肿腔，消毒，用纱布包扎，若仍有渗出物，则可尝试引流。

（3）血肿切开缝合法　可沿血肿长轴做与血肿等长的直线切开，可以血肿中心点为中心做 X 形交叉切开，还可纵向切开。然后清洗血肿腔，腔内滴氨苄青霉素，缝合创缘。

第十二节　椎间盘疾病

椎间盘是脊椎骨椎体间的连结，是由纤维软骨构成的圆盘，外周为纤维环。椎间盘疾病是由于椎间盘发生异常变化（如变形、突出等）所引起的一类疾病，是犬和猫常见的一种外科病。在生理状态下，椎间盘随年龄的增长而发生持续性的渐进性的退变，退变的椎间盘在某些因素（例如长期以动物肝脏为食物，偏食，引起钙磷比例失调，造成缺钙）的作用下，会发生纤维环破裂及髓核脱出，从而对脊髓或神经根造成伤害而致病。

【诊断处理】

（1）以后躯感觉和运动障碍为主。

（2）多为突然发病，表现弓背，拘腹，不愿走动，后肢站立时间短暂或不能站立，行走难，尾下垂，甚至后躯瘫痪，排粪、排尿困难或失禁。

（3）触压腰背部有疼痛反应。

（4）X 光检查　主要影像为椎间隙狭窄或椎间隙出现明显的钙化灶，以及椎间孔影像模糊等。

【治疗处理】

（1）科学合理地饲喂，防止偏食，控制饲喂肝脏量是预防本病发生的一项重要措施。

（2）对一般轻微病例，应立足于适当休息，补给营养，排除积粪和积尿。

（3）若疼痛严重，可给予水杨酸钠片、泼尼松口服，三磷酸腺苷二钠皮下注射，维生素 B_1 皮下注射。

（4）热水浴、远红外线、超声波、磁疗等也有一定疗效。

（5）对于病程较短（1 周至 1 个月以内）的病例，可采用中兽医的针刺（白针）加水针疗法。取身柱、悬枢、命门、百会、尾根为主穴，尾尖、后三里、后跟、涌泉为副穴，进针深度 0.5～3.5cm，留针 20～30min 间隔 4～7 天针刺 1 次。在白针起针后进行水针，选取悬枢、命门、百会 3 穴，每穴注射下列药物：维生素 D_1 注射液 0.2ml，维生素 B_{12} 注射液 0.1ml，安痛定 0.1ml，2%盐酸普鲁卡因注射液 0.1ml，上药混合后 1 次穴位注射，每 4～7 天注射 1 次。

（6）维丁胶性钙注射液 1ml，皮下注射，每周 1 次。

（7）每天对病犬或病猫腰背部及后肢肌肉进行约 30min 按摩，以防肌肉萎缩。

第十三节　变态反应性皮炎

变态反应性皮炎又称吸入抗原性变态反应，它是一种与遗传及反应素（主要是 IgE）有关的自发变态反应性慢性进行性皮肤病。花粉、真菌及舍内尘埃等有害抗原通过吸入、食入或穿透皮肤进入犬体内而致病。母犬比公犬多发，1～3 岁犬多发。

【诊断处理】

（1）患犬全身瘙痒，眼周、胸腹部，尤其是腋下及腹股沟区域的皮肤出现苔藓样红斑，严重时连成片，背部毛根处出现红色结节。

（2）患部大量脱毛及银白色皮屑。

（3）内眼角有脓性分泌物，外耳道红肿、结痂。

（4）安静状态下，时常抓耳舔足，并用前足摩擦脸部。

（5）精神、食欲及二便基本正常。

【治疗处理】

（1）避开可能引起抗原性变态反应的物品，如在周围环境花粉飘飞时关闭门窗等。

（2）治疗可用抗过敏药物，炎症严重时可酌情增加抗菌消炎类药物，如地塞米松肌内注射、强的松龙片口服，再配合头孢唑啉钠（先锋霉素类药）肌内注射。

第十四节　休　　克

休克是指动物受到多种致病因素作用，使微循环的有效血液灌流量不足而引起的各组织器官缺血、缺氧、代谢障碍和细胞损伤的一种全身反应性综合征。临床上分为：创伤性休克、失血性休克、中毒性休克、过敏性休克。

【诊断处理】

（1）初期兴奋不安，心动过速，呼吸加快，结膜发绀，体温升高，尿量减少，无意识排便。

（2）随后精神沉郁，脉搏增数而细弱，黏膜苍白，四肢厥冷，肌肉颤抖，呼吸困难，食欲废绝，视觉、听觉及其他刺激反应消失，瞳孔散大，体温下降，呈昏睡状。

【治疗处理】

（1）输血、输氧、补液、给予能量合剂、肾上腺素、尼可刹米，以补充血容量，改善血液循环。

（2）静脉注射碳酸氢钠，以纠正酸中毒。

（3）给予广谱抗菌药或磺胺类药物，以防止继发感染。

（4）加强护理，保持安静，消除致病因素，积极治疗原发病。

第十五节　败　血　症

败血症是由病原微生物及其毒素进入犬血液而引起的全身症状。营养不良、营养障碍或饲养环境不良等造成的机体免疫力下降与该病发生有很大关系。

【诊断处理】

（1）成年犬体温 40℃ 以上，食欲不振，呼吸及脉搏数加快。

（2）重症犬少尿、昏睡、衰弱、体温降低，最后因虚弱和休克死亡。

（3）口腔黏膜、眼结膜和皮肤常见点状出血。

（4）仔犬发病后体重迅速减轻，来不及治疗，4～5h 内死亡，死前明显脱水。

（5）大肠杆菌引起的仔犬最急性型败血症，因迅速死亡而常不见病变。

（6）血液、尿及呼吸道拭子培养可鉴定病原。

【治疗处理】

（1）低分子右旋糖酐静脉滴注。

（2）乳酸林格液、碳酸氢钠及 5% 葡萄糖混合液静脉输入。

（3）内毒素性休克时，用地塞米松静脉滴注。

（4）为防止弥漫性血管内凝血，肝素静脉注射或皮下注射。

（5）大量投入有效的抗生素，如硫酸卡那霉素或氨苄青霉素钠静脉注射，或通过药敏试验选择有效的抗生素。抗生素疗法应持续用药 48h。

【复习思考题】

1. 结膜炎及角膜炎的发病原因是什么？
2. 简述结膜炎及角膜炎的治疗原则及治疗措施。
3. 简述白内障与青光眼的区别。
4. 简述眼球脱出的手术疗法。
5. 简述瞬膜突出症的诊断要点及根治方法。
6. 简述眼睑内翻与眼睑外翻的区别及其矫正法。
7. 简述耳炎的类型及治疗措施。
8. 简述耳壳血肿的临床表现及处理方法。
9. 简述变态反应性皮炎的发病原因及临床表现。
10. 简述休克的类型及治疗方案。

第十八章　其他宠物的疾病

【学习目标】

了解观赏鱼与观赏鸟常见疾病的诊断与防治方法。

第一节　观赏鱼疾病

一、皮肤发炎充血病

皮肤发炎充血病又称赤皮病（Red-skin disease）。病原为荧光假单胞菌（*Pseudomonas fluorescens*），属假单胞菌科。

【诊断处理】

（1）流行病学特点

① 在我国各养鱼地区，一年四季都有流行，以春末夏初最突出，尤其是在捕捞、运输后。发病往往与鱼体受伤有关，是条件性致病菌。鱼的体表完整无损时病原菌无法侵入鱼的皮肤。因放养、捕捞、体表寄生大量寄生虫及冬季冻伤等原因造成鱼体受伤后，易发生赤皮病。

② 该病主要危害草鱼、青鱼、鲤鱼、团头鲂等多种淡水鱼类。

（2）症状及病变特点　病鱼行动缓慢，反应迟钝，衰弱，离群独游于水面。体表局部或大面积出血、发炎，鳞片脱落，特别是鱼体两侧和腹部最为明显。鳍充血，尾部烂掉，形成"蛀鳍"。鱼的上、下颚及鳃盖部分充血，呈块状红斑。有时鳃盖烂去一块，呈小圆窗状，出现"开天窗"。在鳞片脱离和鳍条腐烂处往往出现水霉寄生，加重病势。发病几天后就会死亡。

（3）诊断

① 根据外表症状即可诊断。本病病原菌不能侵入健康鱼的皮肤，因此病鱼有受伤史，这点对诊断具有重要意义。

② 注意该病与疖疮病相区别，疖疮病的初期体表也充血、发炎，鳞片脱落，但局限在小范围内，且红肿部位高出体表。

【治疗处理】

（1）治疗原则及方法

① 用漂白粉1～1.2mg/L或三氯异氰尿酸0.4～0.5mg/L全池泼洒。

② 全池泼洒五倍子，使池水成2～4mg/L浓度。

③ 每100kg鱼，每天用鱼复康A型250g拌饵投喂2次，连喂3～6天。

④ 每100kg鱼，每天用磺胺-2,6-二甲氧嘧啶10～20g拌饵投喂2次，连喂3～6天，第一天用量加倍。

（2）注意事项　加强饲养管理，在扦捕、运输、放养等操作中避免损伤鱼身体；鱼种放养前先用0.0005%～0.001%漂白粉浸洗半小时左右。

（3）预防

① 彻底清塘。

② 选择优质健康鱼种，尽量避免鱼体受伤。

③ 下塘前用 10mg/L 的漂白粉或 2％～4％的食盐水药浴 5～20min。

④ 加强饲养管理，保持良好水质，增强鱼体抵抗力。

⑤ 发病季节，每月全池遍洒生石灰 1～2 次，每次用量为 15～20mg/L。

二、烂鳃病

烂鳃病是由柱状屈挠杆菌、柱状嗜纤维菌等细菌引起的一种传染迅速，病程长，比较常见的鱼病。危害多种淡水鱼类，疾病严重时可引起病鱼大量死亡，是一种危害严重的鱼病。

【诊断处理】

（1）流行病学特点

① 该病在水温 15℃ 以上开始发生和流行。发病时间在南方为 4～10 月份，在北方为5～9 月份，7～8 月份为发病高峰期。

② 危害品种主要有草鱼、青鱼、鳊鱼、白鲢。目前虾、蟹鳃病也很严重。

（2）症状及病变特点　病鱼体色发黑，尤其是头部，江浙渔民称为"乌头瘟"。病鱼独自在池边或浮于水面慢慢游动，反应迟钝，呼吸困难，食欲减退，病情严重时，离群独游水面，不吃食，对外界刺激失去反应。鳃丝末端腐烂、充血，有时被成块的污物和泥土黏着。严重时鳃丝被侵蚀成柱状，鳃骨外露发白，鳃盖骨内外层同时被腐蚀时远看呈空洞状，南方称为"开天窗"。发病虾、蟹鳃丝被侵蚀，呼吸受阻。病虾常游到浅水处俯伏不动。病蟹上岸不肯下水，不吃食，不脱壳，或脱壳不遂而死亡，常与肝脏病、肠炎病等并发，发病率在50％左右，死亡率 30％～40％。

（3）实验室诊断

① 眼观鱼体发黑，鳃丝肿胀，黏液增多，鳃丝末端腐烂缺损，软骨外露。

② 取鳃上淡黄色黏液，或剪取少量病灶处鳃丝放在载玻片上，加上 2～3 滴无菌水（或清水），盖上盖玻片，放置 20～30min 后，在显微镜下见有大量细长、滑行的杆菌，有些菌体一端固着，另一端呈描弧状缓慢往复摆动。有些菌体聚集成堆，从寄生的组织向外突出，形成圆柱状像仙人球或仙人柱一样的"柱子"，也有的"柱子"呈珊瑚状及星状。

③ 有条件的可采用酶免疫测定法，以病鱼鳃上的淡黄色黏液进行涂片，丙酮固定，加特异抗血清（兔抗鱼害黏细菌的抗血清）反应，然后显色、脱水、透明、封片，在显微镜下见有棕色细长杆菌，即为阳性反应，可确诊为细菌性烂鳃病。

【治疗处理】

（1）治疗原则及方法　疾病早期，仅外泼消毒药即可治愈；疾病严重时，则外泼消毒药与内服药饵相结合，才能取得良好的治疗效果。

① 外用药　任选下列一种，外泼 1～3 次。

a. 漂白粉（含有效氯30％）。每立方米水体放 1～1.2g。先将漂白粉溶于水，滤去残渣后在全池均匀泼洒。

b. 漂粉精（含有效氯60％）。每立方米水体放 0.5～0.6g。

c. 二氯异氰尿酸钠（含有效氯60％）。每立方米水体放 0.5～0.6g。

d. 三氯异氰尿酸（含有效氯85％）。每立方米水体放 0.4～0.5g。

e. 五倍子。每立方米水体放 2～4g，先将五倍子磨碎，后用开水浸泡。

② 内服药

a. 每千克饲料中加复方新诺明 2～3g 搅拌均匀后，制成水中稳定性好的颗粒饲料投喂，连喂 3～5 天，每天上下午各投喂 1 次。

b. 每千克饲料中加鱼用肠炎灵 3～4g 拌饲，制成水中稳定性好的颗粒药饲投喂，连喂 3～6 天，每天投喂两次。

（2）注意事项　前期养殖预防较好，没有出现鱼病，后期由于忽视预防，使鱼生病，造成不必要的损失。

（3）预防

① 彻底清塘。

② 选择优质健壮鱼种　鱼种下塘前每立方米水体加 10g 漂白粉，或 5g 漂粉精，或 5g 二氯异氰尿酸钠，或 15～20g 高锰酸钾，药浴 15～30min；或用 2%～4% 食盐水溶液药浴 5～20min。

③ 合理的放养密度及搭配比例，加强饲养管理，保持水质优良，投喂优质饲料，增强鱼体抵抗力。

④ 在发病季节，每月全池遍洒生石灰 1～2 次，使池水的 pH 值保持在 8 左右（用药量视水的 pH 值而定，一般为每立方米水体放生石灰 15～20g）。

⑤ 发病季节，在池塘周围每周泼洒消毒药 1～2 次，消毒食场，用量视食场的大小及水深而定，一般泼漂白粉 250～500g；如泼漂粉精、二氯异氰尿酸钠、三氯异氰尿酸，则用药量为漂白粉的一半。

三、白头白嘴病

白头白嘴病是由一种黏细菌感染引起的一种暴发性疾病，发病极快，传染迅速，一日之间可全部死亡。此菌为好气生长，最适宜温度为 25℃，最适宜 pH 值为 7.2 左右，pH 值在 6.0～8.5 都能生长。

【诊断处理】

（1）流行病学特点

① 此病流行季节性比较明显，一般在每年的 5～7 月流行。青鱼苗、草鱼苗、鲢鱼苗、鳙鱼苗和初期夏花草鱼种，均可发生此病，但以对夏花草鱼危害大。

② 此病的发生与水质不洁、天然饵料不足、放养密度过大、没有及时分养等因素有关。鱼苗下池 1 星期左右就可发生此病。鱼苗下池后饲养一段时间（15～20 天），如不及时分池就有发生此病的危险。

（2）症状及病变特点　发病时，病鱼的额部和嘴部周围的细胞坏死，色素消失而呈现白色，病变部位发生溃烂，有时带有灰白色绒毛状物，因而呈现"白头白嘴"症状。在水面游动之病鱼，症状尤为明显。当病鱼离水后，症状就不显著。严重的病鱼，病灶部位发生溃烂，个别病鱼头部出现充血现象，有时还表现白皮、白尾、烂尾、烂鳃或全身多黏液等病变反应。病鱼一般体瘦、发黑，呼吸加快，食欲不振，游动缓慢，不断地浮出水面，不久即死亡。

（3）实验室诊断

① 病鱼有气无力地浮游在下风近岸水面，对人、声反应迟钝，可见明显的白头白嘴症状，若把病鱼拿出水面，白头白嘴症状又不甚明显。

② 有似黏细菌的病原菌，通常只感染鱼苗和夏花草鱼种。刮下病鱼嘴周围病灶的皮肤放在载玻片上，加 2～3 滴清洁水，压上盖玻片，在显微镜下观察，除看到大量的离散崩溃的细胞、黏液、红细胞外，还有群集成堆、左右摆动和少数滑行的黏细菌。

③ 注意与车轮虫病和钩介幼虫病相区别。从病鱼的外表看来，这两种病也可能显白头白嘴，有一定程度的相似，但病原体不同，危害程度的差别也很大。车轮虫病和钩介幼虫病来势不如白头白嘴病凶猛，死亡率也没有那么高。

【治疗处理】

（1）治疗原则及方法

① 将 2～4mg/L 浓度的五倍子捣烂，用热水浸泡，连渣带汁全池泼洒。

② 每 666.7m² 用生石灰 15～20kg，和水调匀，全池泼洒。

③ 病鱼池泼洒呋喃唑酮，每 1m³ 水用 0.07g。

（2）注意事项　此病的发生与水质不洁、天然饵料不足、放养密度过大、没有及时分养等因素有关。因此在该病流行季节，应经常保持水质清洁，应有充足的适口饵料，并及时分养，这样此病就有可能减少或者不发生。

（3）预防

① 彻底清塘消毒，不投放未经发酵的肥料。

② 鱼苗放养的密度要适中，及时分池饲养，保证鱼苗有充足适口的饵料。

③ 用 1mg/L 的漂白粉全池泼洒。

四、打印病

打印病又称腐皮病，是由嗜水气单胞菌引起的。近年来，已发展成重要的常见多发病，对鱼危害较严重，各养鱼地区均有此病出现。嗜水气单胞菌为革兰染色阴性短杆菌，适宜温度在 28℃ 左右，65℃ 半小时致死，pH 3～11 中均能生长。

【诊断处理】

（1）流行病学特点

① 本病终年可见，但以夏秋季较易发病，28～32℃ 为其流行高峰期。

② 本病主要危害鲢鱼、鳙鱼、泥鳅和胭脂鱼等，同池草鱼也可感染，各年龄段的鱼均可发病。病鱼感染后，往往拖延较长时间不愈，严重影响生长发育和繁殖，花鲢、白鲢感染率有的可高达 80%。

③ 一般认为此病的发生与操作受伤有关，特别是家鱼人工繁殖操作有很大影响，池水污浊亦有影响。

（2）症状及病变特点　病灶主要发生在背鳍和腹鳍以后的躯干部分；其次是腹部两侧；少数发生在鱼体前部，这与背鳍以后的躯干部分易于受伤有关。患病部位先是出现圆形、椭圆形的红斑，好似在鱼体表加盖红色印章，故叫打印病；随后病灶中间的鳞片脱落，坏死的表皮腐烂，露出白色真皮；病灶内周缘部位的鳞片埋入已坏死表皮内，外周缘鳞片疏松，皮肤充血发炎，形成鲜明的轮廓，随着病情的发展，病灶的直径逐渐扩大、深度加深，形成溃疡，严重时甚至露出骨骼或内脏，病鱼游动缓慢，食欲减退，终因衰竭而死。

（3）实验室诊断　根据病鱼特定部位出现的特殊病灶诊断，注意与疖疮病区别。鱼种及成鱼患打印病时通常仅有一个病灶，其他部位的外表未见异常，鳞片也不脱落。患病鱼的种类限于鲢鱼、鳙鱼、草鱼等。

【治疗处理】

（1）治疗原则及方法

① 外用药同烂鳃病。

② 注射金霉素，每千克鱼用 5000U。

③ 四环素软膏涂抹患处。

（2）预防

① 饲养过程中经常换水，保持水质清新，并注意勿使鱼体受伤。

② 发现病情时，及时用 1% 呋喃西林涂抹患处，并用 10～20mg/L 浓度的呋喃西林浸泡鱼体。

③ 用 10mg/L 浓度的呋喃唑酮浸泡鱼体。

④ 用漂白粉遍洒，使饲养水体中药物终浓度达到 1mg/L。注意池水洁净，避免寄生虫的侵袭，谨慎操作勿使鱼体受伤，均可减少此病发生。

五、水霉病

水霉病（Saprolegniasis）又称白毛病、肤霉病。这种病主要是由水霉和绵霉等霉菌附生在鱼体表引起，对成鱼和鱼卵都有危害，是一种继发性鱼病。世界各国都有发生。水霉菌广泛存在于世界各地的淡水或半咸水水域及潮湿土壤中，于死亡的有机物上腐生，为一种常在的霉菌，主要有水霉目（Saprolegniales）、霜霉目（Peronosporales）及水节霉目（Leptomitales）等，又以水霉菌（Saprolegnia）最为常见，于 10～15℃时最适合生长，25℃以上时水中的游孢子（Zoospore）繁殖力减弱，较不易感染，于鳟鱼几乎全年皆可发生。

【诊断处理】

（1）流行病学特点

① 发病季节多为早春和晚秋，特别在早春的危害较大，且主要发生在鱼苗放养阶段。

② 水霉病主要危害草鱼、青鱼、鲢鱼、鳙鱼、鲫鱼等淡水鱼类。

③ 水霉病的发生主要因为紧迫造成的二次感染，鱼只因拥挤、移动或其他不良环境因素的影响，造成体表组织受伤，水中的水霉病游孢子即伺机附着，于坏死组织上开始发芽形成菌丝，菌丝除寄生于坏死组织外，尚可漫延侵入附近的正常组织，分泌消化酶分解周围组织，进而贯穿真皮深入肌肉，使皮肤与肌肉坏死崩解。表层的菌丝则向外延伸，形成如棉絮状的覆盖物，并于末端形成孢子囊，放出游孢子到水中，经由水而传播各处。

（2）症状及病变特点

① 疾病初期，肉眼看不出病鱼有什么异常，当肉眼能看出时，菌丝不仅已在鱼体伤口处侵入，而且已向外长出外菌丝，似灰白色的棉毛状，由于霉菌能分泌大量蛋白质，分解酶来分解鱼体组织，使鱼体受刺激后，体表分泌大量黏液，使病鱼急躁不安，将身体与其他固体物摩擦，鱼体损伤更严重，水霉也繁殖更快，病重的鱼，游动缓慢，最后衰弱死亡。

② 在鱼卵孵化过程中，水霉病是常见病，内菌丝侵入卵膜内，卵膜外丛生大量外菌丝，被寄生的鱼卵因外菌丝呈放射球状，故称"太阳籽"。

（3）实验室诊断

① 观察体表棉絮状的覆盖物。

② 病变部压片，以显微镜检查时，可观察到水霉病的菌丝及孢子囊等。

③ 霉菌种类的判别需经培养及鉴定。

【治疗处理】

（1）治疗原则及方法

① 用 3% 的食盐水浸泡病鱼，每天一次，每次 5～10min。

② 用 2mg/kg 高锰酸钾溶液加 5% 食盐水浸泡 20～30min，每天一次。

③ 用浓度为 1～2mg/kg 的孔雀石绿溶液浸洗病鱼 20～30min，每天 2 次。

④ 把病鱼浸泡在浓度为 5mg/kg 的呋喃西林溶液里，直至痊愈。

⑤ 发生细菌性混合感染时需配合抗生素治疗。

⑥ 亚甲蓝以 2mg/kg 浓度添加于水池内，次日再添加一次效果更好。无需及时换水等药效分解水色自会变淡。3 天后可以考虑适当换水。

（2）预防

① 鱼体水霉病的预防

a. 除去池底过多淤泥，并用 200mg/L 生石灰或 20mg/L 漂白粉消毒。

b. 加强饲养管理，提高鱼体抵抗力，尽量避免鱼体受伤。

c. 亲鱼在人工繁殖时受伤后，可在伤处涂抹 10% 高锰酸钾水溶液等，受伤严重时则需肌内注射或腹腔注射链霉素 5 万～10 万单位/kg 鱼。或用五倍子煎汁全池泼洒，使池水浓度为 2～3mg/L。

② 鱼卵水霉病的预防

a. 加强亲鱼培育，提高鱼卵受精率，选择晴朗天气进行繁殖。

b. 鱼巢洗净后进行煮沸消毒（棕榈皮做的鱼巢），或用盐、漂白粉等药物消毒（聚草、金鱼藻等做的鱼巢）。

c. 产卵池及孵化用具进行清洗消毒。

d. 采用淋水孵化，可减少水霉病的发生。

e. 鱼巢上黏附的鱼卵不能过多，以免压在下面的鱼卵因得不到足够氧气而窒息死亡，感染水霉后再进一步危及健康的鱼卵。

六、卵甲藻病

卵甲藻病又称打粉病、白鳞病。是一种嗜酸性卵甲藻寄生鱼体表而引起的一种传染性鱼病。嗜酸性卵甲藻是一种适合生活在酸性水质中的浮游植物。身体呈肾脏形，体外有一层透明的玻璃纤维壁，体内充满淀粉粒和色素体，中央有一圆形的核。嗜酸性卵甲藻用纵分裂法形成裸甲子，在水中自由活动，碰到鱼类就附着于鱼体上，开始过寄生生活，发育为嗜酸性卵甲藻。池塘水呈酸性（pH 5～6.5），水温 22～32℃ 的条件，最适合它的生长繁殖。

【诊断处理】

（1）流行病学特点

① 主要危害金鱼，春末至秋季最严重。发病时水温 22～32℃，池水酸碱度为 5～6.5，流行于广东、广西、福建、江西等省份。此病常见于高密度养殖的池塘。

② 金鱼放养太密，缺乏动物性活饵料，病情更加严重。

（2）症状及病变特点　病原体寄生于鱼类体表、鳃部。病鱼初期体表黏液增多，背鳍、尾鳍及体表出现白点，白点逐渐蔓延至尾柄、头部和鳃内，鳃丝肿胀。骤看与小瓜虫病的症状相似，仔细观察，可见白点之间有红色血点。显微镜检查白点，卵甲藻是不会动的，与小瓜虫有明显的区别。后期病鱼呆浮水面，或在水中群集成团，身上白点连接成片重叠，就像囊了一层白粉，故又称"打粉病"。"粉块"脱落处溃烂发炎，常与水霉病、细菌性疾病并发。最后病鱼瘦弱而大量死亡。

（3）实验室诊断　依据症状可作出诊断，但初期应与小瓜虫病区别，后者病鱼体表小白点间无明显红色充血斑点。如若确诊，嗜酸性卵甲藻须用显微镜观察，其形态为肾脏形。

【治疗处理】

（1）治疗原则及方法

① 清除池中过多的淤泥，用生石灰 125kg/亩彻底清塘。

② 定期泼洒有益微生物，保持良好水质；饲料的营养要全面，定期投喂营养添加剂，以提高鱼体的抗病力。

（2）预防

① 流行病季节，每 15 天泼洒生石灰（使用浓度 20g/m³），保持池水酸碱度在 7.3 以上。

② 全池泼洒硫酸铜、硫酸亚铁（5：2）合剂，每立方水用 0.7g。

七、鱼波豆虫病

鱼波豆虫病是由漂游鱼波豆虫引起的鱼病。鱼波豆虫是侵袭皮肤和鳃的寄生虫，虫体侧面观呈卵形或椭圆形，腹面观呈汤匙形。腹面有 1 条纵口沟，从口沟端长出 2 条大致等长的鞭毛。圆形胞核位于虫体中部，胞核后有 1 个伸缩胞。此病在全国各地均有发现，多半出现在面积小、水质较脏的池塘和水族缸中。

【诊断处理】

（1）流行病学特点

① 漂游鱼波豆虫的适宜繁殖水温为 12～20℃，因此大部分地区流行于春、秋两季。该病若发生在 2 龄以上鱼，则不会引起死亡。

② 青鱼、草鱼、鲢鱼、鳙鱼、鲤鱼、鲫鱼、金鱼等都可感染，主要危害小鱼，可在数天内突然大批死亡。2 龄鱼也常大量感染，对鱼的生长发育有一定影响，而患病的亲鱼，则可把病传给同池孵化的鱼苗。

（2）症状及病变特点 鱼波豆虫是侵袭皮肤和鳃的寄生虫，当皮肤上大量寄生时用肉眼仔细观察，可辨认出暗淡的小斑点。皮肤上形成一层蓝灰色黏液，被鱼波豆虫穿透的表皮细胞坏死，细菌和水霉菌容易侵入，引起溃疡。感染的鳃小片上皮细胞坏死、脱落，使鳃丧失了正常功能，鱼呼吸困难。病鱼丧失食欲，游泳迟钝，鳍条折叠，漂浮水面，不久便死亡。

（3）实验室诊断 显微镜下可见的原生动物鞭毛虫，通常有两根鞭毛。要清楚地看到它需要用 300 倍放大率的显微镜。

【治疗处理】

（1）治疗原则及方法

① 加热是最简单的治疗方法。鱼波豆虫在 25℃时感到不舒服，在 30℃时死亡。如果有可能在不伤害到鱼类的情况下，可以把水温升到 30℃，保持几个小时，以除掉寄生虫。但是，如果鱼娇嫩的鳃膜遭受严重的感染，这样做可能有危险。

② 把鱼放入 3% 的盐溶液中浸泡，直到鱼蜷缩起来（然后迅速把鱼放回到它们自己的水族箱里）；用 1% 的盐溶液洗浴 20min；或者使用一种新型抗寄生虫制剂。

③ 病鱼池每立方米水体用 0.7g 硫酸铜与硫酸亚铁合剂（5∶2）全池遍洒。

（2）注意事项

① 感染发生时，如果不做治疗，几天之内鱼就可能死亡。

② 治疗之后，把鱼转移到一个干净的、消过毒的、装有新鲜水的容器里，确保鱼不过度拥挤。

（3）预防

① 越冬前增加动物性饵料的投喂量，增强金鱼在越冬期的抗病能力。

② 对进入越冬之前的金鱼，用 7.0mg/L 的硫酸铜水溶液药浴 15～30min，避免将鱼波豆虫带入越冬期。

③ 流行季节可以每亩水面每米水深用苦楝树枝叶 26～38kg，分成几捆沤水或用打浆机打成浆，全池泼洒预防。

八、碘泡虫病

碘泡虫病是由多种碘泡虫寄生而引起的。鲮鱼、鲤鱼碘泡虫病多为野鲤碘泡虫和佛山碘泡虫寄生引起的，鲫鱼、黄颡鱼碘泡虫病多是由鲫碘泡虫、圆形碘泡虫和歧囊碘泡虫引起的鱼病。碘泡虫的形态大同小异，如野鲤碘泡虫为长卵形，前端有两个瓶状极囊，内有螺旋形极丝，细胞质内有两个胚核和一个明显的嗜碘泡。

【诊断处理】

(1) 流行病学特点　鲮鱼碘泡虫病多发生在鲮鱼的鱼苗、鱼种阶段，鲫鱼、鲤鱼、黄颡鱼等碘泡虫病在全国各地都有流行，并有日趋严重的趋势，有的可引起病鱼大批死亡。

(2) 症状及病变特点　鲮鱼、鲤鱼碘泡虫病常在体表出现大量乳白色瘤状胞囊，鲫鱼碘泡虫病在鲫鱼的吻部及鳍条上分布着大大小小的乳白色圆形胞囊，黄颡鱼碘泡虫病的胞囊分布在各鳍条的末端，白色胞囊大小不等或重叠起来呈灰白色。患碘泡虫病的病鱼，鱼体消瘦，特别是各种胞囊让人望而生畏，使鱼失去商品价值。

(3) 实验室诊断　必须用显微镜进行检查诊断。同时要注意，少量寄生尤其是寄生在非重要器官时，一般不会引起病鱼死亡，需检查病鱼是否还患有其他病。

【治疗处理】

(1) 治疗原则及方法

① 鳃、皮肤及肠内有碘泡虫寄生时，全池遍洒晶体敌百虫，每立方米水体投放 0.5～0.7g，隔 1～2 天投 1 次，连泼 3 次。

② 有寄生在肠道内的碘泡虫时，在每千克饲料中加晶体敌百虫 1g 或盐酸左旋咪唑 0.1～0.2g，连喂 5～7 天，同时外泼晶体敌百虫。

(2) 注意事项　鳜鱼、鲈鱼、白鲳、欧洲鳗等不能用敌百虫治疗。

(3) 预防　每亩水面用 125kg 生石灰彻底清塘，可以防止此病发生。

九、小瓜虫病

小瓜虫病又称白点病，为多子小瓜虫寄生而引起的。多子小瓜虫是一类体型比较大的纤毛虫。成虫期虫体球形，尾毛消失，全身纤毛均匀。幼虫长卵形，全身有等长的纤毛，后端有一根尾毛。当幼虫感染了寄主后，就钻进皮肤或鳃的上皮组织，把身体包在由寄主分泌的小囊胞内，在胞内生长发育，变为成虫。

【诊断处理】

(1) 流行病学特点　此病多在初冬、春末和梅雨季节发生，尤其在缺乏光照、低温、缺乏活饵的情况下容易流行。小瓜虫的适宜水温为 15～25℃。

(2) 症状及病变特点

① 观赏鱼因小瓜虫寄生而发病的病例较为普遍。鱼体感染初期，胸、背、尾鳍和体表皮肤均有白点分布，此时病鱼照常觅食活动，几天后白点布满全身，鱼体失去活动能力，常呈呆滞状，浮于水面，游动迟钝，食欲不振，体质消瘦，皮肤伴有出血点，有时左右摆动，并在水族箱壁、水草、砂石旁侧身迅速游动蹭痒，游泳逐渐失去平衡。

② 病程一般 5～10 天。传染速度极快，若治疗不及时，短时间内可造成大批死亡。

(3) 实验室诊断　确诊以镜检虫体的存在和寄生虫数量为依据。

【治疗处理】

(1) 治疗原则及方法

① 因小瓜虫不耐高温的弱点，提高水温，再配备药物治疗，通常治愈率可达90%以上。若治疗及时，治愈率可达 100%。

② 发病鱼塘，每亩水面每米水深用辣椒粉 210g、生姜干片 100g，煎成 25kg 溶液，全池泼洒，每天 1 次，连泼 2 天。每立方米水体用亚甲蓝 2g 化水全池泼洒，每隔 3 天泼洒一次，连泼 3 次。

(2) 预防

① 放鱼前对养殖水体进行严格消毒。对小型养殖水体，如鱼缸、水族箱等刷洗干净后，用 5% 食盐水溶液浸泡 24～48h，再用清水冲洗干净后放鱼；对较大型养殖水体，如水泥池、

土池则要用生石灰彻底清塘消毒，每平方米用生石灰 2kg，待 pH 值达到 8 左右后再放鱼。

② 对较大型养殖水体，在饲养期间，每半个月泼洒一次生石灰，使池水呈 20mg/kg；每月泼洒一次食盐水溶液，使池水呈 5mg/kg。

③ 对较大养殖水体，每个月全池泼洒一次干辣椒粉、姜末，分别使池水呈 1.5 mg/kg、1mg/kg。使用前先将辣椒、姜加水煮沸 30min，冷却后加水稀释全池泼洒。

十、三代虫病

三代虫病是由三代虫属中的一些种类寄生而引起的鱼病。三代虫寄生于鱼的体表及鳃上，分布很广，其中以湖北和广东较严重。三代虫的外形和运动状况类似于指环虫，主要的区别是：三代虫的头端仅分成两叶，无眼点；后固着器伞形，其中有一对锚形中央大钩和八对伞形排列的边缘小钩。虫体中部为角质交配囊，内含 1 弯曲的大刺和若干小刺。最明显的是虫体中已有子代胚胎，子代胚胞中又已孕育有第三代胚胎，称为三代虫。由于三代虫具有胎生的特点，子代产出后，可在原寄主体表寄生，也可移离原寄主侵袭其他寄主。

【诊断处理】

（1）流行病学特点

① 三代虫的繁殖适温为 20℃左右，所以该病主要发生在春秋季及初夏；越冬后期，由于鱼的体质较差，所以也常发生三代虫病引起死亡。

② 该病在我国各养鱼地区都有发生。三代虫的种类较多，有 40 多种。危害鲢鱼、鳙鱼、草鱼、青鱼、鲫鱼、鲤鱼、团头鲂、鲇鱼、金鱼等多种淡水鱼，尤以对鱼苗、鱼种及观赏性鱼类的危害为大，大量寄生时，常引起病鱼大批死亡；但当饲养管理不善、水质恶劣时，2 龄以上的大鱼也因患此病而死，甚至全池死光。

（2）症状及病变特点　三代虫主要寄生在鳃及皮肤、鳍上，有时在口腔、鼻孔中也有寄生。疾病早期没有明显症状，严重时据报道，每平方厘米有 500 个虫寄生，每条鱼上有 12 万多个三代虫寄生，鳃组织及皮肤严重受损，有出血点，病鱼焦躁不安，鳃及皮肤上有大量黏液，最后病鱼游动缓慢，呼吸困难而死。

（3）实验室诊断　剪取鳃丝或刮取体表黏液用显微镜检查。

【治疗处理】

（1）治疗原则及方法

① 用 90% 晶体敌百虫全池遍洒，水温 20～30℃时，每立方米池水用药 0.2～0.5g，防治效果较好。

② 用含 2.5% 敌百虫粉剂全池遍洒，每立方米池水用药 1～2g。

③ 用晶体敌百虫与面碱合剂全池遍洒，晶体敌百虫与面碱的比例为 1：0.6，每立方米水用药 0.1～0.24g，防治三代虫效果也很好。

（2）预防

① 彻底清塘。

② 加强饲养管理，保持水质优良，提高鱼体抵抗力。

③ 鱼种下塘前，在每立方米水体放高锰酸钾 15～20g，药浴 15～30min。

十一、指环虫病

指环虫病是指由扁形动物指环虫引起的一种寄生虫性鳃病。我国饲养鱼类中常见的指环虫有鳃片指环虫、鳙指环虫、鲢指环虫和鲩鳃指环虫等。

【诊断处理】

（1）流行病学特点

① 主要靠虫卵及幼虫传播，卵的发育速度、卵的发育率、指环虫产卵的速度和水温都有很密切的关系，适宜温度为 20～25℃，多流行于春末夏初。

② 指环虫病在全国各地均有发生，危害各种淡水鱼，对鲢鱼、鳙鱼、草鱼危害最大。指环虫广泛寄生于鱼类，特别是鳃，感染率高，大量寄生可引起苗种的大批死亡。

（2）症状及病变特点　指环虫少量寄生时没有明显症状，大量寄生时，可引起鳃丝肿胀、贫血，呈花鳃状，鳃上有大量黏液，病鱼呼吸困难，游动缓慢而死。指环虫在鳃丝的任何部位都可以寄生，并可在鳃上爬动，引起鳃组织损伤，严重时鳃小片坏死、解体一大片，附近的软骨组织也发生变性、淡染。

（3）实验室诊断　用显微镜检查鳃的临时压片，当发现有大量指环虫寄生时，即可确定为指环虫病。

【治疗处理】

（1）治疗原则及方法

① 用晶体敌百虫 0.3～0.7mg/L 全池遍洒。

② 用晶体敌百虫、面碱（1∶0.6）合剂全池遍洒，使池水成为 0.1～0.3mg/L 浓度。

（2）预防

① 鱼池放养前用生石灰彻底清塘消毒。

② 鱼种下塘前，用 5mg/L 的晶体敌百虫与面碱（1∶0.6）合剂或 15～20mg/L 的高锰酸钾溶液浸洗鱼体 15～30min。

十二、白内障病

白内障病病原主要有湖北复口吸虫（*Diplostomum hupehensis*）、倪氏复口吸虫（*D. niedashui*）、匙形复口吸虫。

【诊断处理】

（1）流行病学特点

① 此病流行于 5～8 月份，8 月份以后一般表现为白内障症状。

② 该病是一种危害较大的世界性鱼病。在我国华中、华东和西南等省份较为流行，许多经济鱼类都可受其危害。其中危害最为严重的为鲢鱼、鳙鱼鱼种，发病率高，病鱼死亡率可高达 60% 以上。

（2）症状及病变特点　此病在鱼种阶段能引起大量死亡。病鱼在水面作跳跃式的游泳、挣扎，继而游动缓慢。有时头向下，尾朝上失去平衡，或者病鱼上下往返，急剧游动，在水中翻身。病鱼除运动失调外，最显著的病变为头部充血。当尾蚴移行至血管和心脏时，可造成血液循环障碍。若从鳃部钻入的尾蚴数量很多，可立即引起鱼类死亡。如入侵的数量较少，则随着病鱼一同生长，出现病鱼眼晶状体混浊，呈现白内障症状。部分鱼有晶状体脱落和瞎眼现象。

（3）实验室诊断

① 根据症状可作出初步诊断。

② 挖出病鱼眼睛，放在载玻片上，用剪刀剪破后取出晶状体，剥下胶质，加 1 滴清水，用显微镜检查，可以看到游离于水中的蠕动的白色粟米状虫体便可确诊。

【治疗处理】

（1）治疗原则及方法　无有效方法，投喂二丁基氧化锡药饵，每千克鱼 0.25g，连续投喂 5 天，有一定疗效。

（2）预防　目前只能从切断复殖吸虫的生活史中的某一个环节着手，如驱除水鸟，消灭虫卵、毛蚴和中间宿主——椎实螺等，以达到预防的目的。

① 每亩水面，水深 1m，施放生石灰 100～150kg 或茶饼 50kg，用以清塘。

② 硫酸铜全池遍洒，使池水成 0.7×10^{-6} 浓度，以杀死椎实螺，隔天再重复泼洒 1 次。

③ 已养鱼的池中发现有椎实螺，可在傍晚将扎成把的苦草放入池中诱捕中间宿主，于第二天清晨把苦草把捞出。如池中已有该病原时，应同时全池泼洒晶体敌百虫，以杀死水中的尾蚴。

十三、四钩虫病

四钩虫病是由粟色四钩虫（*Tetraonchus awakurai*）和突吻四钩（*Tetraonchus oncorhyuchi*）引起的鱼寄生虫病。由幼虫传播。

【诊断处理】

（1）流行病学特点

① 主要危害暹罗斗鱼、蓝三星、叉尾斗鱼、圆尾斗鱼等鲈形目的淡水热带鱼，幼鱼抗病力弱，引起大量死亡，水温 25℃时四钩虫大量繁殖。

② 该病流行于日本的北海道等地。尤其使用河道水养殖易发病，发病稚鱼易死亡。

（2）症状及病变特点　四钩虫寄生在鳃上，用四个锚钩和许多边缘小钩钩在鳃组织中，破坏鳃组织。初期病状不明显，后期鳃部稍有肿胀，其他与指环虫相似。

（3）实验室诊断　取少量鳃制作水封片显微镜观察发现大量四钩虫可确诊。

【治疗处理】

（1）治疗原则和预防方法　与防治指环虫病相同。

（2）注意事项　四钩虫形如指环虫，但肠管呈棒状，无分支，2 对锚钩，1 根支持棒，1 对扇形支持棒，8 对边缘小钩，凭这些特征可与指环虫区分。

第二节　观赏鸟疾病

一、新城疫

新城疫是由新城疫病毒（NDV）引起的一种禽类急性、高度接触性传染病。该病发病急、致死率高，对养禽业的发展构成严重威胁，因此被国际兽疫局定为 A 类烈性传染病。本病又称为新城鸡瘟、亚洲鸡瘟、伪鸡瘟等。本病主要通过呼吸道、消化道和眼结膜传播，也可经外伤、交配传染和垂直传播。受感染的鸟，在症状出现前 24h，即可通过口、鼻分泌物及粪便排出病毒。NDV 能够凝集所有两栖类、爬行类、禽类及小鼠、豚鼠的红细胞，对消毒剂、日光及高温的抵抗力不强。

【诊断处理】

（1）流行病学特点

① 本病一年四季均可发生，但以冬春季发生较多，尤其是春节前后流行频繁。

② 在自然条件下，本病发生于火鸡、珍珠鸡、山鸡、鹌鹑、鸽子、鹅、鸵鸟、孔雀、观赏鸟等。各种年龄的易感鸟都可感染发病，但以幼鸟最易感。自然发病的鸟种增多成为流行病学上的新特点之一。本病毒也能感染人，引起急性结膜炎、头痛、发热等症状，病程通常为 5 天至 3 周。

③ 本病的传染来源主要是病鸟和带毒鸟，也可以由其他的鸟类以及被病毒污染的物品用具、非易感动物和人传播病原。某些观赏鸟（如虎皮鹦鹉）对本病有相当抵抗力，常呈隐性或慢性感染，成为重要的病毒携带者和散播者。

（2）症状及病变特点

① 急性型 突然发病，常无症状而迅速死亡，多见于流行初期的幼鸟。

② 亚急性型 病鸟体温升高，精神沉郁，眼半闭，呈嗜睡状态，食欲减退，垂头缩颈，翅膀下垂，状似昏睡，咳嗽，呼吸困难，有黏液性鼻漏，常伸头、张口呼吸，鸣叫异常，发出"咯咯"的喘鸣声，口角流出黏液，粪便稀薄，呈黄绿色或黄白色。有的病鸟还出现神经症状。死亡率极高。

③ 慢性型 慢性型多由急性型转变而来，初期症状与急性型相似，不久后逐渐减轻；但同时出现神经症状，站立不稳，头颈向一侧扭转，动作失调，反复发作，最终瘫痪。病死率不高。

（3）实验室诊断

① 根据发病情况和临床症状作出初步诊断，必要时结合剖检来分析。剖检有时可见气管黏膜充血、出血，胃肠淋巴组织水肿、出血和坏死，泄殖腔黏膜出现纽扣样溃疡。血凝抑制抗体的检测有助于生前诊断。

② 有些鸟患新城疫病时，多表现暂时性下痢，眼、鼻分泌物增多，或仅见一侧翅下垂、腿麻痹或颈扭曲等神经症状，此时剖检通常缺乏病变依据。要进行病原的分离和鉴定来确诊此病。

③ 确诊要进行病毒分离和鉴定，也可通过血清学诊断来判定。例如，病毒中和试验、ELISA、免疫荧光、琼脂双扩散试验、神经氨酸酶抑制试验等。但迄今为止，血凝抑制（HI）试验仍不失为一种快速、准确的传统实验室手段。

【治疗处理】

（1）治疗原则及方法

① 抗病毒疗法 高免血清和高免蛋黄液对此病有相当的治疗和预防作用。非特异性疗法主要是增强机体抗病力，如干扰素等。

② 抗菌消炎 主要是应用阿米卡星、头孢曲松钠、阿奇霉素等以控制呼吸道和消化道的继发感染，如大肠杆菌感染。

③ 对症治疗 消化道症状严重者需补液、平衡电解质。可服用祛痰、止咳药物，如甘草等。

（2）注意事项 病鸟用过的笼具、用具、水罐和食罐要彻底清洗、消毒。发病鸟要与其他健康鸟隔离，认真处理死鸟。新买入的鸟必须先隔离观察2周，确定无病后才能合群。

（3）预防

① 预防此病最好的方法是免疫接种，按防疫程序定期使用新城疫疫苗预防接种：10日龄鸟用新城疫Ⅳ系疫苗点眼、滴鼻，30日龄鸟用新城疫Ⅳ系疫苗点眼、滴鼻或饮水；也可使用免疫增强剂——复方黄芪冲剂饮水，连用3～4天，效果较好。

② 预防本病应加强饲养管理，保证供给全价饲料，供给清洁的饮用水，平时可以饲喂一些笼养鸟繁殖预混料和营养添加剂。建立严格的卫生、防疫制度，定期用84消毒剂、百毒杀、二氯异氰尿酸钠等消毒，以杀灭新城疫病毒。

二、痘病

痘病是由痘病毒引起的一种接触性传染病，引发本病的病原是痘病毒科的多种病毒，最少有4种病毒型，如鸽痘病毒、鹦鹉痘病毒、金丝雀痘病毒和芙蓉鸟痘病毒等。一般说来，不同的痘病毒，其宿主不同。多种野生禽类较易感染本病，鸟类中有大约20个科的60多种鸟都能自然感染，如金丝雀、麻雀、燕雀、鸽、椋鸟等常发生痘疹。病毒通常存在于病禽落下的皮屑、粪便以及随喷嚏和咳嗽等排出的排出物中。上述污物到达健康鸟的皮肤和黏膜的缺损时，可引起发病。另外，吸血虫有传播此病的作用，蚊子的带毒时间可达10～30天。

禽痘病毒对外界环境的抵抗力相当强。在上皮细胞屑中的病毒，虽然完全干燥和被直射日光作用数周，但还不致被杀死；加热至 60℃ 需经 3h 才被杀死，在 −15℃ 以下的环境中可保持活力多年。

【诊断处理】

（1）流行病学特点　本病发病季节主要是夏季和秋季，此时发病的绝大多数为皮肤型。冬季发病的较少，常为黏膜型。

（2）症状及病变特点　潜伏期为 4～8 天，通常分为皮肤型、黏膜型、混合型，偶有败血型。

① 皮肤型　此病以头部皮肤多发，有时见于腿、泄殖腔和翅内侧，形成一种特殊的痘疹。起初出现麸皮样覆盖物，继而形成灰白色小结，很快增大，略发黄，相互融合，如不发生继发感染，最后变为棕黑色痘痂，经 20～30 天脱落。病鸟食欲减退，精神不振，可见下痢，严重者高度衰弱，可在 1 周内死亡。此病一般发生在夏季和秋季。

② 黏膜型　也称白喉型，病鸟起初流鼻液，有的流泪，2～3 天后在口腔和咽喉黏膜上出现灰黄色小斑点，很快扩展，形成假膜，有时甚至在眶下窦、气管和食管的黏膜表面出现假膜，如用镊子撕去，则露出溃疡灶。病鸟全身症状明显，采食与呼吸发生障碍，眶下窦肿胀，食欲不振，甚至废食，最后可死于窒息。此病通常在冬季发生。

③ 混合型　在同一病鸟身上同时出现上述两种类型的症状和病变，皮肤和黏膜均被侵害。此时病情更为严重，全身症状更为明显，致死率较高。

④ 败血型　较为少见。

（3）实验室诊断　皮肤型禽痘病例不难作出诊断，观其外表便可得知。黏膜型禽痘病例则要注意与白色念珠菌病、毛滴虫病和维生素 A 缺乏症等鉴别。确诊要进行痘病毒的分离培养和作种属的鉴定。

【治疗处理】

（1）治疗原则及方法

① 此病至今无特效的治疗药物，一般进行隔离和对症治疗。对于黏膜型痘也可用镊子剥离，然后用人用的"喉症散"（或喉症丸 1～3 粒，口服），取少许吹于病灶，每日 2 次，或用碘甘油或鱼肝油涂擦，以减少窒息死亡。

② 对症治疗　皮肤型痘疹在用消毒剂冲洗后，剥除痘痂，涂上碘酊、紫药水或蛋白银软膏。黏膜型的痘痂（假膜）经小心剥离后，宜用碘甘油涂布。眼部的病灶要先挤出干酪样的物质，再用 2% 硼酸溶液洗净，最后滴一两滴 5% 的蛋白银液。全身症状明显者，在局部治疗的同时，要口服抗生素、维生素 A 和维生素 C 等药物，用来缓解临床症状。

③ 抗菌消炎　防止继发感染，可以通过饮水或直接口服氯霉素、氨苄青霉素或其他抗生素类药物。也可在饲料里拌药，每千克饲料可加土霉素 2g，连用 5～7 天，防止继发感染。

（2）注意事项

① 加强日常饲养管理，搞好环境卫生工作，做好防蚊工作。新购入的鸟，要经过隔离观察 2 周，发现无异常情况后再合群。

② 在治疗中剥脱的痘痂、假膜和干酪样物质等要集中烧毁，以防继发感染。

（3）预防　此病可尝试用鸡痘疫苗预防。用消毒过的钢笔尖蘸取疫苗，在鸡翅内侧无血管处皮下刺种 1～2 针。刺种后 3～4 天，刺种部位微现红肿、水疱及结痂，2～3 周痂块脱落，免疫期 5 个月。

三、传染性喉气管炎

传染性喉气管炎是由传染性喉气管炎病毒（ILTV）引起的一种急性呼吸道传染病。主要传染途径是上呼吸道和眼内感染。自然感染的途径主要是上呼吸道和眼结膜，亦可经消化道感染。康复后的鸟带病毒，是主要的传染源。ILTV 主要存在于病鸟的气管及其渗出物中，被病毒污染的垫料、饮水、饲料、用具、笼具可成为传播媒介。ILTV 对外界抵抗力不强，对乙醚、氯仿等脂溶剂、热及各种消毒剂均敏感。

【诊断处理】

（1）流行病学特点

① 本病一年四季均可发生，但可能是由于该病毒在室温下存活时间较短，故夏季较少发生，多流行于秋季、冬季和春季。

② 笼内养鸟过多、通风不良、维生素缺乏、寄生虫感染等，都可诱发和促使本病发生。

（2）症状及病变特点　传染性喉气管炎在临床上可分为喉气管型和结膜型，由于病型不同，所呈现的症状亦不完全一样。

① 喉气管型　是高度致病性病毒株引起的，其特征：病鸟精神委靡，食欲不振，呼吸困难，抬头伸颈，头低垂或向一侧弯曲，眼睛和鼻孔中聚有少量分泌物，张口呼吸，喘气，喷出带血的黏液或凝固的血液，并发出响亮的喘鸣声，表情极为痛苦，有时蹲下，身体就随着一呼一吸而呈波浪式的起伏；咳嗽或摇头时，咳出血痰，血痰常附着于墙壁、水槽、食槽或鸟笼上，若喉头、气管被血液或纤维蛋白凝块堵塞，病鸟会窒息死亡，死亡时多呈仰卧姿势。病程为 10～14 天。

② 结膜型　是低致病性病毒株引起的，其特征为眼结膜炎，眼结膜红肿，1～2 日后流眼泪，眼分泌物从浆液性到脓性，最后导致失明，眶下窦肿胀。

③ 临诊症状较为典型，张口呼吸、喘气、有啰音，咳嗽时可咳出带血的黏液。有头向前向上吸气姿势，咳出含有血液的分泌物是本病的特征。剖检死鸟时，主要表现为气管黏膜出血性炎症病变，气管内有时还可见到数量不等的血凝块。

【治疗处理】

（1）治疗原则及方法

① 抗病毒疗法　中药六神丸。连用 7 天，疗效显著。一旦产生了免疫力，病鸟即能迅速恢复。

② 抗菌消炎　疾病发生后，在饲料里或饮水中加螺旋霉素或氟哌酸、头孢、庆大霉素等以防止细菌继发性感染。

③ 对症治疗　可试用樟脑水肌注，缓解呼吸困难。还可以结合祛痰、止咳等措施。

④ 呼吸困难的鸟，用镊子除去嘴里的干酪样物。病鸟分泌物多时，可用硫酸阿托品。呼吸道出血将云南白药放入食物中填塞入口。

⑤ 增加维生素 A、维生素 C 和复合维生素或维生素 B_1、维生素 B_2 等，降低发病率，增加机体抗病力。对病鸟要加强护理，注意保暖、通风。

（2）注意事项　平时要注意环境卫生，经常消毒，本病毒的抵抗力很弱，对一般消毒剂都敏感，如 3% 来苏儿或 1% 苛性钠溶液 1min 即可杀灭。

（3）预防　接种疫苗可以较为有效地预防本病。弱毒疫苗的最佳接种途径是点眼，但可引起轻度的结膜炎且可导致暂时的盲眼。

四、禽流感

鸟流感（Avian influenza，AI）又称禽流感，是由 A 型流感病毒（Avian influenza virus type A）引起的感染综合征。流感病毒的基因组极易发生变异，其中以编码 HA 的基因的突变率最高，其次为 NA 基因。迄今已知有 16 种 HA 和 10 种 NA，不同的 HA 和 NA 之间可能发生不同形式的随机组合，从而构成许多不同亚型。鸟流感病毒可分为高致病性和低致病性两种。鸟感染高致病性鸟流感病毒的致死率高达 80%～90% 以上。感染鸟从呼吸道、结膜和粪便中排出病毒，因此可能的传播方式有感染鸟和易感鸟的直接接触和包括气溶胶或暴露于病毒污染的间接接触两种。对热抵抗力不强。

【诊断处理】

（1）流行病学特点

① 本病一年四季均能发生，但冬、春季节多发，夏、秋季节零星发生。

② 现已证实鸟流感病毒广泛分布于世界范围内的许多家禽，包括鸡、火鸡、珍珠鸡、石鸡、鹧鸪、鸵鸟、鸭、雉、鹌鹑、鸽、鹅和野禽（燕鸥、天鹅、鹭、海鸠、海鹦和鸥等）。其中，鸟流感对家养的鸡和火鸡危害最为严重。近几年来，感染鸭也出现大批死亡。

③ 气候突变、冷刺激、饲料中营养物质缺乏均能促进该病的发生。本病能否垂直传播，现在还没有充分的证据证实，但当雌鸟感染后，鸡蛋的内部和表面可存在病毒。人工感染雌鸟，在感染后 3～4 天几乎所产的全部蛋都含有病毒。

（2）症状及病变特点　该病的潜伏期较短，一般为 4～5 天。因感染鸟的品种、日龄、性别、环境因素、病毒的毒力不同，病鸟的症状各异，轻重不一。

① 最急性型　由高致病力流感病毒引起，病鸟不出现前驱症状，发病后死亡，死亡率可达 90%～100%。

② 急性型　为目前世界上常见的一种病型。病鸟表现为突然发病，体温升高，可达 42℃以上。精神沉郁，头肿，眼睑周围浮肿，冠和肉髯肿胀、出血甚至坏死，冠发紫。采食量急剧下降。病鸟呼吸困难、咳嗽、打喷嚏，张口呼吸，突然尖叫。眼肿胀、流泪，初期流浆液性带泡沫的眼泪，后期流黄白色脓性分泌物，眼睑肿胀，两眼突出。肉髯增厚变硬，向两侧开张，呈"金鱼头"状。也有的出现抽搐、头颈后扭、运动失调、瘫痪等神经症状。

③ 最急性死亡的病鸟常无眼观变化　急性者可见头部和颜面浮肿，鸡冠、肉髯肿大 3 倍以上。皮下有黄色胶样浸润、出血，胸、腹部脂肪有紫红色出血斑。心包积水，心外膜有点状或条纹状坏死，心肌软化。病鸟腿部肌肉出血，有出血点或出血斑。消化道变化表现为腺胃乳头水肿、出血，肌胃角质层下出血，肌胃与腺胃交界处呈带状或环状出血；十二指肠、盲肠、扁桃体、泄殖腔充血、出血。肝、脾、肾淤血、肿大，有白色小块坏死。呼吸道有大量炎性分泌物或黄白色干酪样坏死。胸腺萎缩，有程度不同的点状、斑状出血。法氏囊萎缩或黄色水肿、充血、出血。雌鸟卵泡充血、出血，卵黄液变稀薄，严重者卵泡破裂，卵黄散落到腹腔中，形成卵黄性腹膜炎，腹腔中充满稀薄的卵黄。输卵管水肿、充血，内有浆液性、黏液性或干酪样物质。雄鸟睾丸变性、坏死。

（3）实验室诊断

① 常用血凝抑制试验。分离病毒做血凝抑制试验，禽流感抗血清能抑制禽流感病毒的血凝作用，ND 抗血清则不能，反之亦然。在病毒分离和鉴定的同时，还要作病原的致病性试验，以确定所分离毒株是强毒株还是非致病株或低致病株（IVPI）。

② 此外。也可用 AGP、ELISA、RT-PCR 等方法诊断。

【治疗处理】

（1）治疗原则及方法　在严格隔离的条件下治疗，以减少损失。治疗可采用以下方法。

① 使用抗病毒药物，如病毒唑或病毒灵，0.01%～0.05%，饮水，连用 5～7 天；也可用板蓝根，每只 2g/天，大青叶，每只 3g/天，粉碎后拌料，配合防治。

② 使用抗菌药物，如环丙沙星或培氟沙星等，0.005%，饮水，连用 5～7 天，以防止大肠杆菌、支原体等继发感染和混合感染。

（2）注意事项　该病属法定的畜禽一类传染病，危害极大，故一旦暴发，确诊后应坚决彻底销毁疫点的禽只及有关物品，执行严格的封锁、隔离和无害化处理措施。严禁外来人员及车辆进入疫区。禽群、鸟群处理后，饲养场要全面清扫、清洗、消毒，空舍至少3个月。

（3）预防　鸟流感发病急，死亡快，一旦发生损失较大，应重视对该病的预防。

① 加强饲养管理　严格执行生物安全措施，加强禽场、鸟场的防疫管理，饲养场门口要设消毒池，谢绝参观，严禁外人进入禽舍，工作人员出入要更换消毒过的胶靴、工作服，用具、器材、车辆要定时消毒。禽舍的消毒可选用二氯异氰尿酸钠或二氧化氯以强力喷雾器做喷洒消毒。粪便、垫料及各种污物要集中做无害化处理；消灭场内的蝇蛆、老鼠、野鸟等各种传播媒介。建立严格的检疫制度，种蛋、雏禽、雏鸟等产品的调入，要经过兽医检疫；新进的雏禽、雏鸟应隔离饲养一定时期，确定无病者方可入群饲养；严禁从疫区或可疑地区引进禽类、鸟类或禽制品。加强饲养管理，避免寒冷、长途运输、拥挤、通风不良等因素的影响，增强其抵抗力。

② 免疫预防　鸟流感病毒的血清型多且易发生变异，给疫苗的研制带来很大困难。目前预防鸟流感还没有理想的疫苗，现有的疫苗有弱毒疫苗、灭活油乳剂疫苗和病毒载体疫苗，接种疫苗后能产生一定的保护作用，但使用弱毒疫苗具有突变为高致病性鸟流感病毒的危险，而灭活疫苗的免疫保护效果差、成本高，而且这些疫苗的应用还会影响鸟流感疫情监测，鉴于此不推荐使用疫苗。

目前尚在研制中的疫苗还有DNA疫苗，它是将血凝素抗原基因克隆于DNA表达载体上，给动物注射后，DNA在体细胞内表达出抗原蛋白，从而产生免疫效果，这是一种安全且易长期保存的疫苗。

五、马立克病

马立克病又称传染性肿瘤病。它是由马立克病毒（MDV）引起的一种淋巴组织肿瘤样增生性疾病，以外周神经及多种组织器官中发生肿瘤性多形态淋巴样细胞浸润为特征。MDV在病鸟体内以不完全病毒和完全病毒的形式存在。不完全病毒对外界环境的抵抗力较弱，而完全病毒具有较厚的囊膜，对外界环境的抵抗力较强。有囊膜的完全病毒自病鸟羽囊内排出，随皮屑、羽毛上的灰尘及脱落羽毛散播，飞扬在空气中，主要由呼吸道侵入其他鸟体内，也能伴随饲料、饮水由消化道入侵体内。病鸟的粪便和口、鼻分泌物也具有一定的传染力。

【诊断处理】

（1）流行病学特点　本病主要感染鸟、禽类，哺乳动物不会被感染。对刚出壳的幼鸟有明显的致病力。本病一年四季均可发生，无明显季节性。

（2）症状及病变特点　本病可分为4种类型：神经型、内脏型、眼型、皮肤型，有时也可混合发生。

① 神经型　又称麻痹型。主要是由于淋巴样细胞增生侵害和外周神经的侵害，破坏坐骨神经、翼神经、颈部迷走神经和视神经等外周神经，而引起这些神经支配的一些器官和组织，如腿、翼、颈、眼的一侧性不全麻痹。当坐骨神经受损时病鸟一侧腿发生不全或完全麻痹，站立不稳，两腿前后伸展，呈"劈叉"姿势，为典型症状。当臂神经受损时，翅膀下垂；支配颈部肌肉的神经受损时病鸟低头或斜颈；迷走神经受损时鸟嗉囊麻痹或膨大，食物不能下行。一般病鸟精神尚好，虽有食欲，但往往由于出现神经症状、不能正常进食、饮水而导致衰竭，最后死亡。病鸟受损害神经（常见于腰荐神经、坐骨神经）的横纹消失，坐骨神经等外周神经出现灰白色肿瘤病灶，呈结节性或弥漫性分布，之后变成灰色或黄色，或增粗、水肿，比正常的大2~3倍，有时更大，多侵害一侧神经，有时双侧神经均受侵害。

② 内脏型　常侵害幼鸟，死亡率高，鸟主要表现为精神委靡，食欲减退，羽毛松乱，眼结膜苍白，下痢、黄白色或黄绿色。迅速消瘦，脱水、昏迷，最后死亡。内脏多种器官出

现肿瘤，肿瘤多呈结节性，为圆形或近似圆形，数量不一，大小不等，略凸出于脏器表面，灰白色，切面呈脂肪样。常侵害的脏器有肝脏、脾脏、肾脏、心脏、肺脏等。个别病例肝脏上不具有结节性肿瘤，但肝脏异常肿大，肝小叶结构消失，表面呈粗糙或颗粒性外观。性腺肿瘤比较常见，甚至整个卵巢被肿瘤组织代替，呈菜花样肿大，一般情况下法氏囊不见肉眼可见变化或可见萎缩。

③ 眼型　又称灰眼病。一只眼或双眼被淋巴样肿瘤细胞浸润，表现瞳孔缩小，严重时仅有针尖大小；虹膜边缘不整齐，呈环状或斑点状，颜色由正常的橘红色变为弥漫性的灰白色，呈"鱼眼状"。眼底肿瘤增大时，瞳孔变为不规则或偏离虹膜中心，轻者表现对光反射迟钝，重者对光反射消失，最终失明。

④ 皮肤型　皮肤也常常受到侵害，临床表现为：皮肤上的毛囊被增殖性或肿瘤性淋巴细胞浸润，患部毛囊周围的皮肤凸起、毛囊根部肿大、粗糙，呈颗粒状。当肌肉被浸润时，形成灰白色肿瘤结节状隆起，大多数在胸肌、腿肌和翼肌出现。病灶增大时可形成肿瘤。

（3）实验室诊断　要注意与白血病相鉴别，确诊有赖于作进一步的病理组织学检查。

【治疗处理】

（1）本病无特效药物。预防本病以接种疫苗为上策。

（2）平时要注意消毒杀菌，饲料中适量加些维生素，防止感染其他疾病。

（3）一旦确诊为本病的病鸟，应立即淘汰，并进行焚烧或深埋，鸟笼、鸟舍及用具作严格彻底的消毒。

六、禽霍乱

本病是由多杀性巴氏杆菌的禽型菌株引起的，是各种禽类的一种急性传染病。此病菌在自然界分布很广，主要通过呼吸道、消化道及皮肤创伤传染。病鸟的尸体、粪便、分泌物和被污染的笼具、饲料和饮水等是主要的传染源。

【诊断处理】 此病的特征是：急性型一般呈败血症和剧烈下痢为多，慢性型多发生肉髯水肿和关节炎。诊断时要根据发病情况、临床症状和剖检病变来分析。

（1）流行病学特点

① 本病发病季节不明显，但以夏末秋初为最多，尤其在潮湿地区容易发生。

② 蛋白质及矿物质饲料的缺乏、感冒等皆可成为发生本病的诱因。昆虫也可能成为传染的媒介。

（2）症状及病变特点　自然病例潜伏期一般为 2～9 天。因感染菌株的毒力和鸟体抵抗力的不同，其临床症状有较大的差异。

① 最急性的病例几乎完全看不到症状就突然死亡。

② 大多数病例为急性症状，主要表现为精神不振，羽毛松乱，缩颈闭眼，弓背，头藏于翅下，不爱走动，离群呆立；常有剧烈腹泻，粪便灰黄色或绿色，肛门周围羽毛沾有稀粪；食欲不振，口渴喜饮水；呼吸加快，鼻腔内分泌物增多，呼吸时嘴张开，有时带"咯、咯、咯"的声音。其特征性病变是全身内部的黏膜和浆膜有斑状出血，心包液增多，肝脏肿大，密布大小较为一致的针尖状灰白色坏死点，脾脏肿大、淤血，有出血性或伪膜性肠炎现象。一般病程 1～3 天。

慢性者逐渐消瘦，精神委顿，贫血；关节炎炎症常局限于腿或翼关节以及腱鞘处，少数病例的病变可局限于耳部或头部，引起歪颈；有时可见鼻窦肿大，鼻分泌物增多；有的发生浆液性结膜炎和咽喉炎；有的持续腹泻；病程可达数周甚至数月。

【治疗处理】

（1）治疗原则及方法　为了保证疗效，可以根据用药史和药敏试验的结果选用最为敏感的药物。

成鸟每只肌注青霉素 0.5 万～1 万国际单位，效果不好时，可用金霉素每只每次 10～20mg 口服。喹乙醇制剂每千克饲料加 4g，连用 5 天；每千克饲料加土霉素 2g，连用 5 天；用磺胺噻唑按 0.5%～1% 的比例混入饲料中，连用 5 天。

（2）注意事项　本病的急性病例应注意与新城疫、副伤寒、中毒等有类似症状的疾病相区别；慢性病例常与慢性呼吸道疾病、大肠杆菌病、葡萄球菌病等合并或互为继发感染，诊断要慎重。

（3）预防　本病的病原对外界环境的抵抗力不强，容易被普通的消毒药、阳光、干燥或加热而杀灭。所以搞好环境卫生工作，定期消毒，是预防本病的必要措施。除了常规的综合性措施外，必要时可进行菌苗接种或菌苗接种结合药物预防，这样会收到良好的效果。

七、禽白痢

鸟白痢（Pullorosis）是由鸟白痢沙门菌引起的鸟的传染病。本菌为两端稍圆、细长的革兰阴性杆菌，常单个存在。本病可经蛋垂直传播，也可水平传播。在外界环境中有一定的抵抗力，常用消毒药可将其杀死。

【诊断处理】

（1）流行病学特点

① 多种鸟对本病均有易感性，鸡、火鸡、鸭、雏鹅、珠鸡、野鸡、鹌鹑、麻雀、欧洲莺和鸽对本病有易感性。

② 2～3 周龄以内的雏鸟发病率和病死率最高，呈流行性。随着日龄的增加，鸟的抵抗力也增强。成年鸟感染常呈慢性或隐性经过。

（2）症状及病变特点　本病在雏鸟和成年鸟中所表现的症状和经过有显著的差异。

① 雏鸟　潜伏期 4～5 天，故出壳后感染的雏鸟，多在孵出后几天才出现明显症状。发病雏鸟呈最急性者，无症状迅速死亡。稍缓者表现精神委顿，绒毛松乱，两翼下垂，缩头颈，闭眼昏睡，不愿走动，拥挤在一起。病初食欲减少，而后停食，多数出现软嗉症状。同时腹泻，排稀薄如糨糊状粪便，肛门周围绒毛被粪便污染，有的因粪便干结封住肛门周围，影响排粪。由于肛门周围炎症引起疼痛，故常发生尖锐的叫声。最后因呼吸困难及心力衰竭而死亡。有的病雏出现眼盲或跛行。病程短的 1 天，一般为 4～7 天，20 日龄以上的雏鸡病程较长，3 周龄以上发病的极少死亡。耐过鸡生长发育不良，成为慢性患者或带菌者。

② 成年鸟　成年鸟的鸡白痢多呈慢性经过或隐性感染，一般不见明显的临床症状。有的鸟表现冠萎缩，有的表现为冠逐渐变小，发绀。病鸟有时下痢、生产能力下降。极少数病鸟表现精神委顿，头、翅下垂，腹泻，排白色稀粪，产卵停止。有的感染鸡因卵黄囊炎引起腹膜炎，腹膜增生而呈"垂腹"现象，有时成年鸟可呈急性发病。

③ 发病后很快死亡的雏鸟，病变不明显；肝肿大，充血或有条纹状出血。其他脏器充血。卵黄囊变化不大。病期延长者卵黄吸收不良，其内容物色黄，如油脂状或干酪样。心肌、肺、肝、盲肠、大肠及肌胃肌肉中有坏死灶或结节。有些病例有心外膜炎，肝有点状出血及坏死点。胆囊肿大。脾有时肿大。肾充血或贫血，输尿管充满尿酸盐而扩张。盲肠中有干酪样物堵塞肠腔，有时还混有血液，肠壁增厚，常有腹膜炎。在上述器官病变中，以肝的病变最为常见，其次为肺、心、肌胃及盲肠的病变。几日龄的病雏死亡，可见出血性肺炎，稍大的病雏，肺可见灰黄色结节和灰色肝变。

④ 成年鸟慢性带菌的雌鸟，最常见的病变为卵子变形、变色，质地改变，以及卵子呈

囊状。有腹膜炎，伴以急性或慢性心包炎。受害的卵子常呈油脂状或干酪样，卵黄膜增厚，变性的卵子可仍附着在卵巢上，常有长短粗细不一的卵蒂（柄状物）与卵巢相连，脱落的卵子深藏在腹腔的脂肪性组织内。有些卵自输卵管逆行而坠入腹腔，有些则阻塞在输卵管内，引起广泛的腹膜炎及腹腔脏器粘连。心脏变化稍轻，但常有心包炎，其严重程度与病程长短有关。轻者只见心包膜透明度较差，含有微混的心包液。重者心包膜变厚而不透明，逐渐粘连，心包液显著增多。在腹腔脂肪中或肌胃及肠壁上有时发现琥珀色干酪样小囊包。

⑤ 成年雄鸟的病变，常局限于睾丸及输精管。睾丸极度萎缩，同时出现小脓肿。输精管管腔增大，内充满稠密的均质渗出物。

（3）实验室诊断

① 依据本病在不同年龄鸟中发生的特点以及病死鸟的主要病理变化，不难作出初步诊断。

② 只有在鸟白痢沙门菌分离和鉴定之后，才能做出对鸟白痢的确切诊断。

【治疗处理】

（1）治疗原则及方法

① 抗生素类药物　磺胺类以磺胺嘧啶、磺胺甲基嘧啶和磺胺二甲基嘧啶为首选药，在饲料中添加不超过 0.5%，饮水中可用 0.1%～0.2%，连续使用 5 天后，停药 3 天，再继续使用 2～3 次。呋喃类药物首选药为呋喃唑酮，在饲料中添加 0.01%～0.04%，连喂 1 周；或饮水，0.02%～0.03%，使用 1 周，停药 3～5 天再继续使用。对鸟白痢均有较好的效果。其他抗菌药物如金霉素、土霉素、四环素、庆大霉素、卡那霉素、氟哌酸等均较有效。常用 0.1%氯霉素拌料、0.01%～0.02%氟哌酸拌料，投服 5～6 天；或庆大霉素针剂饮水，雏鸡每天上下午各一次，每次用量 1000～1500IU，连饮 4 天，可收到较好的治疗效果。不可长时间使用一种药物，也不可以加大药物剂量。应考虑到有效药物可以在一定时间内交替、轮换使用，药物剂量要合理，治疗要有一定的疗程。

② 微生物制剂　常用的有促菌生、调痢生、乳酸菌等，在用这些药物的同时及其前后 4～5 天禁用抗菌药物。促菌生，每只鸟每次 0.1 亿个菌，每天 1 次，连用 3 天，效果甚好。剂型：片剂，每片 0.5g，含 2 亿个菌；胶囊，每粒 0.25g，含 1 亿个菌。这些微生物制剂的效果多数情况下相当或优于化学药物。

③ 中草药方剂

a. 白头翁、白术、茯苓各等份，共研细末，每只幼雏每日 0.1～0.3g，中雏每日 0.3～0.5g，拌入饲料，连喂 10 天，治疗雏鸟白痢疗效很好，病鸟在 3～5 天内病情得到控制而痊愈。

b. 黄连、黄芩、苦参、金银花、白头翁、陈皮各等份，共研细末，拌匀，按每只雏鸟每日 0.3g 拌料，防治雏鸟白痢的效果优于抗生素。

c. 蒲公英、甘草粉碎后，以 10：3 的比例混匀，按 2%添加于雏鸟日粮中，出雏后连喂 3 周，预防雏鸟白痢的效果显著。

d. 白头翁、蒲公英、葛根、乌梅各 40g，黄芩、金银花、黄柏、甘草各 30g，粉碎混匀，按 15%添加于雏鸟日粮中，预防雏鸟白痢效果很好。

（2）预防

① 加强育雏管理，育雏室经常保持清洁干燥，温度要维持恒定，垫草勤晒勤换，雏鸟不能过分拥挤，饲料要配合适当，防止雏鸟发生啄癖，饲槽和饮水器防止被鸟粪污染。

② 注意常规消毒，鸟舍及一切用具要经常清洗消毒，搞好鸟舍的环境卫生。

③ 执行定期检疫，定期对种鸟检疫是消灭带菌者、净化鸟白痢的最有效措施。

④ 对新购进的鸟，应选用合适的药物进行预防，有助于控制发病。

⑤ 发病后要立即隔离、封锁和治疗，尽快扑灭传染源。

八、结核病

禽类的结核病是一种慢性接触性传染病，结核分枝杆菌是本病的病原。结核分枝杆菌有牛型、人型和鸟型3个主型，危害鸟类的主要是鸟分枝杆菌，但笼养鸟和其他观赏鸟的结核病也常由人型结核分枝杆菌所引起。自然感染常是由于吞入病禽的排泄物或有结核病变的脏器而经消化道感染的，也可经口腔黏膜和皮肤创伤感染。并可由病母鸟所产的蛋传染给幼鸟。对外界因素的抵抗力强，特别是对干燥的抵抗力尤为强大。对热、紫外线敏感。

【诊断处理】

（1）流行病学特点

① 各品种不同年龄的鸟类都可感染。因为，病程发展缓慢，早期无明显症状，故老龄鸟发现较多。

② 气候、运输工具等可促使本病的发生和发展。

（2）症状及病变特点

① 鸟结核病临床症状以进行性消瘦、实质器官形成结核性肉芽肿和干酪样坏死灶为特征。潜伏期长达2～10个月，病程发展慢，病鸟表现精神不振，衰弱，食欲变化不明显，但体重下降，胸肌萎缩，皮下脂肪消失，以致胸骨隆突如刀，弯曲变形，喙和鼻瘤颜色变淡。母鸟产蛋减少或停止。

② 随着病程的延长，可见病鸟全身羽毛粗乱；在骨关节发生结核时，则可出现一侧性跛行，呈麻雀跃式步态，翅膀麻痹；肠结核时，则可出现顽固性下痢，大便呈灰黄色。死后剖检可见肝脾明显肿大。

（3）实验室诊断　根据上述症状，若发现可疑病鸟，应尽早用禽型结核菌素检验。

方法如下：在鸟的一侧眼睑内，注射0.03～0.05ml的禽型结核菌素。注射后48h以内，注射部位出现水肿，眼睑增厚，流泪，而另一只眼为正常者，可判定为阳性反应。

另外，也可将禽型结核菌素0.03ml注入被检鸟的一侧大腿的皮内，48h可见注射部位较另一侧对应部位增厚4～5倍，即为阳性。48h过后，肿胀即渐渐消失，通常在5天之内全部消失。

【治疗处理】

（1）治疗原则及方法　本病治疗价值不大，但若为珍贵观赏鸟，可用5万国际单位青霉素1次肌内注射，每日2次，连续5天；或用卡那霉素5万国际单位1次注射，1天2次，5天为1个疗程。若二者交替使用则效果更好。

（2）注意事项　病鸟食欲正常，进行性消瘦，下痢，结合特征性病变通常可以作出诊断，但一定要注意与伪结核病、肿瘤等有类似病变的疾病相区别。确诊除了以上提到的生前作结核菌素试验外，用快速凝集试验和酶联免疫吸附试验等血清学方法也有助于本病的确诊，还可以通过进行病原的分离鉴定来确诊。

（3）预防

① 发现病鸟必须立即隔离、淘汰，烧毁或深埋；对鸟舍和用具彻底清洗消毒，可采用福尔马林熏蒸消毒或用漂白粉溶液浸泡消毒。

② 建议每半年对鸟群进行一次禽型结核菌素检疫，发现阳性病鸟，立即隔离、淘汰，同时进行大消毒。

九、丹毒病

丹毒病是由猪丹毒杆菌（也有称由红斑丹毒丝菌）引起的一种败血性疾病，它是一种猪、禽、人互相传染的传染病。此细菌可长期存活于被污染的土壤中，通过污染的饲料、饮水、用具等经消化道感染，也可通过蝇、蚊叮咬由破损的黏膜、皮肤而感染。若鸟场邻近的猪场或鸡场等发生丹毒病，就有可能传染给鸟，引起急性败血症而死亡。

【诊断处理】

（1）流行病学特点

① 红斑丹毒丝菌可长期存活于被污染的土壤中。因此，本病无季节性。

② 鸭、火鸡、鸡、鹅、鹌鹑以及其他的游戏类鸟儿等易感染。

（2）症状及病变特点

① 本病常突然发生，病程较短，大多数病鸟于数小时至十多个小时内死亡。病情稍缓者表现为精神极度沉郁，体温升高可达 43.5℃，呼吸困难，厌食，少毛部位的皮肤可见大块红色充血条状斑。有的拉黄绿色稀便，并可能出现关节肿大，站立不稳的现象。

② 急性病例剖检病变以广泛性出血为最大特征，即在全身皮肤及皮下结缔组织、胸膜、腿部肌肉、浆膜、肝、脾、肺、胃肠黏膜、心包膜和心外膜等处均见出血点；有的肝表面可见灰白色坏死点；严重卡他性肠炎，肠管内有大量黏液。急性病例常见关节炎，关节囊内有纤维素性渗出物，有的还有心内膜炎。

（3）实验室诊断

① 本病仅凭临床症状和剖检病变较难作出诊断，容易与禽霍乱等相混淆，要注意鉴别。

② 做病原的分离鉴定及动物发病试验，有助于本病的确诊；荧光抗体技术也有利于本病的诊断。

【治疗处理】

（1）治疗原则及方法

① 治疗丹毒病用青霉素效果最好。每只鸟每天 5 万～10 万国际单位肌内注射，分两次用药，连用 3 天。

② 另外，也可用红霉素、金霉素、四环素等。磺胺类药物对本病无效。

（2）预防

① 预防本病应避免鸟舍与猪圈、鸡舍等在一起，饲养人员应避免进入发生过动物丹毒病的地区；加强饲养管理，保持鸟舍的环境卫生，一旦发现病鸟，立即隔离治疗，同时对鸟舍、环境、饲槽等用具彻底清洁消毒。

② 消毒可用 1%～2% 的烧碱、3% 的克辽林、1% 的漂白粉、1% 的苏打水等。必要时可试用灭活疫苗进行免疫接种。

十、支原体病

本病又称慢性呼吸道病（霉形体肺炎），病原是支原体。本病可经过接触传染，也可由尘埃和飞沫传染。此外，经由蛋的传染是促使本病代代相传的主要原因。

【诊断处理】

（1）流行病学特点

① 此病以冬季流行最为严重。

② 寄生虫病、长途运输、卫生不良、通风不好、饲料变质等皆可诱发本病。

（2）症状及病变特点

① 本病的潜伏期为 10～21 天，病程很长，主要呈慢性经过。

② 典型症状主要发生于幼龄鸟，若无并发症，则先是上呼吸道发炎继而出现浆液性、黏液性鼻漏，表现为鼻窦结膜炎和气管炎。随着病程发展则出现呼吸困难、咳嗽等症状。炎症蔓延到下呼吸道时，症状更加明显，呼吸时出现啰音，食欲不振，生长停滞。

（3）实验室诊断　本病与曲霉菌病的临床症状有类似之处，但它的病程长，病情发展缓慢，据此可以作出临床诊断。要确诊最好做病原的分离鉴定。

【治疗处理】

（1）治疗原则及方法　本病用链霉素及四环素类抗生素治疗有良好效果。但链霉素对幼龄鸟有毒性作用，应严格注意用量，每千克饮水加 80 万国际单位，连用 5～7 天。复方泰乐菌素，每千克饮水加 2g，连用 5 天。螺旋霉素也有相当疗效。在使用抗生素时，应考虑轮换或联合使用，防止产生抗药性。

（2）注意事项　本病原支原体对链霉素、四环素和复方泰乐菌素敏感，但对新霉素、多黏菌素、磺胺类药等有抵抗力。选择治疗药物时要注意。

（3）预防　支原体对外界环境抵抗力不强，离体后会迅速失去活力，一般消毒药均能迅速将其杀死，所以预防本病的重要措施是加强饲养管理，搞好环境卫生，定期消毒杀菌。

十一、衣原体病

衣原体病是由鹦鹉衣原体引起的一种接触性传染病。自然情况下，鹦鹉感染率较高，且可通过鹦鹉传染给人。鹦鹉衣原体随病禽、鸟的粪便、泪液、口腔和咽喉的黏液等分泌物排出体外，健康鸟通过摄取已被污染的食物和饮水而感染，也可通过吸血昆虫叮咬或呼吸道吸入而发病，还可经皮肤伤口感染。幼龄鸟一般较成年鸟易感染。衣原体对理化因素的抵抗力不强，对热较敏感。

【诊断处理】

（1）流行病学特点

① 鹦鹉热衣原体的宿主范围十分广泛，各种家禽及至少有 100 种以上的鸟均可感染此病。鸽是衣原体最常见的宿主。鸡一般对鹦鹉热衣原体具有较强的抵抗力。

② 一般来说，幼龄鸟比成年鸟易感，易出现临床症状，死亡率也高。

（2）症状及病变特点

① 本病在临床症状上可从急性、亚急性到慢性。鸟感染此病后表现为精神沉郁，食欲不振或拒食，下痢，早期粪便呈水样，颜色为绿色或灰色，中期粪便量减少，黏稠，呈黑色或绿色，常污染羽毛。到后期粪便为大量水样。有的眼、鼻发炎，典型症状可见一侧或两侧眼结膜发炎，眼睑增厚，流出大量清水样分泌物，以后变为黏稠的甚至脓性分泌物。重者可致眼球萎缩以至失明。鼻腔也发生浆液性或脓性炎症，呼吸困难，呼吸音粗，病情严重的可引起肺炎及气囊炎，此时可听见"咕咕"的呼吸音，有时还可见颈和两翅发生麻痹性瘫痪。常蹲着不动，最后因衰竭而死亡。

② 剖检的典型病变是胸腹腔和内脏器官的浆膜、气囊膜的纤维素性炎症，表面常有纤维素性渗出物被覆，其中以纤维素性心包炎、肝周炎和气囊炎最为常见。实质器官肿大、变色和灶性坏死，还有肠炎。

（3）实验室诊断　沙门菌病、巴氏杆菌病、霉形体病、大肠杆菌病及禽流感等疫病在临床症状和病理变化上与衣原体病容易混淆，应进行鉴别。

本病的诊断必须进行病原体的分离和鉴定，必要时进行动物接种和血清学试验。

【治疗处理】

（1）治疗原则及方法

① 已经确诊为鹦鹉热的病鸟应淘汰，连同鸟的排泄物一起深埋或焚烧掉，数量大的应严格隔离治疗，鸟舍和用具须用福尔马林、碱水、漂白粉或石灰乳消毒。被污染的饲料要销毁。鸟卵也应彻底消毒。以免传染给健康鸟和人。

② 对笼具、食具等进行严格消毒。

③ 对于特别珍贵的鸟可以在严格隔离的条件下进行药物治疗，衣原体对青霉素和四环素类抗生素敏感，其中以金霉素的治疗效果最好，可肌注或混料口服。

（2）注意事项　因为抗生素对衣原体仅有抑制而无杀灭作用，因而疗程应适当延长。

（3）预防

① 防止衣原体传入，引进新鸟时要先隔离饲养至少 3 个月。

② 发生衣原体病时要采取果断措施，淘汰病鸟，对笼具、食具、水具和环境进行彻底清理和消毒。如果要引进新鸟在原来的环境下饲养，最好过一段时间再引进。

③ 预防本病要尽量减少或消除环境中的各种应激因素，注意搞好清洁卫生，鸟舍要通风保温。控制一切可能的传染源是预防本病的最主要措施。

十二、鸟曲霉菌病

鸟曲霉菌病（Avian aspergillosis）见于多种禽类、鸟类和哺乳动物。主要病原为半知菌亚门曲霉菌属中的烟曲霉，次为黄曲霉。此外，黑曲霉、土曲霉等也有不同程度的致病性，偶尔也可分离到青曲霉、毛霉等。霉菌在常温下能存活很长时间，在温暖、潮湿的适宜条件下 24～30h 即产生孢子。孢子对外界环境理化因素的抵抗力很强。

【诊断处理】

（1）流行病学特点

① 曲霉菌对鸡、鸭、鹅、火鸡、鹌鹑、鸽及多种鸟类（野鸟、动物园的观赏鸟等）均有易感性，以幼鸟易感性最高，特别是 20 日龄以内的雏鸟呈急性暴发和群发性，而成年鸟常常散发。

② 鸟类常因通过接触发霉饲料和垫料经呼吸道或消化道而感染。潮湿的鸟舍及不洁的用具、梅雨季节等均能使曲霉菌增殖。

（2）症状及病变特点

① 急性病程 2～7 天死亡，慢性的可延至数周。急性者可见病鸟呈抑郁状态，多卧伏、拒食，对外界反应淡漠。病程稍长，可见呼吸困难，伸颈张口，细听可闻及气管啰音。有的表现神经症状，如摇头、头颈不随意屈曲、共济失调、脊柱变形和两腿麻痹。病原侵害眼时，结膜充血、眼肿、眼睑封闭，下睑有干酪样物，严重者失明。

② 病理变化或为局限性，或为全身性，取决于侵入途径和侵入部位。

病变以侵害肺部为主，典型病例均可在肺部发现粟粒大至黄豆大的黄白色或灰白色结节，结节的硬度似橡皮样或软骨样，切开见有层次的结构，中心为干酪样坏死组织，内含大量菌丝体，外层为类似肉芽组织的炎性反应层，并含有巨细胞。

除肺外，气管和气囊也能见到结节，并可能有肉眼可见的菌丝体，成绒球状。其他器官如胸腔、腹腔、肝、肠浆膜等处有时亦可见到。有的病例呈局灶性或弥漫性肺炎变化。

（3）实验室诊断

① 根据流行病学、症状和剖检可作出初步诊断，确诊则需进行微生物学检查。

② 取病理组织（结节中心的菌丝体最好）少许，置载玻片上，加生理盐水 1～2 滴，用针拉碎病料，加盖玻片后镜检，可见菌丝体和孢子。也可接种于马铃薯培养基或其他真菌培养基，生长后进行检查鉴定。

【治疗处理】

（1）治疗原则及方法

① 本病一般采用局部处理和全身治疗相结合的原则进行治疗。可在饮水中加入 0.05% 的硫酸铜，让病鸟饮用，连饮 1 周。同时可给病鸟服用土霉素或制霉菌素，制霉菌素用量：每次每只鸟 1 万～2 万国际单位，日服 2 次。大群鸟治疗可将制霉菌素按每千克饲料50 万～

100万国际单位拌入饲料中，连喂1～3周。

②局部治疗　可用制霉菌素软膏涂搽病变部位。对于附有干酪样伪膜处的病变，应先用1%的明矾水洗去病灶处的干酪状物，用摄子细心地将其清除，然后涂搽碘甘油或撒少量青霉素粉或青霉素油剂。嗉囊有病变时，可以用注射器注入数毫升2%的硼酸溶液进行消毒。

（2）预防

①不使用发霉的垫料和饲料是预防本病的关键措施。

②育雏室保持清洁、干燥；防止使用发霉垫料，垫料要经常翻晒和更换，特别是阴雨季节，更应翻晒防止霉菌生长；育雏室每日温差不要过大，按雏鸟日龄逐步降温；合理通风换气，减少育雏室空气中的霉菌孢子；保持室内环境及用物的干燥、清洁，饲槽和饮水器具经常清洗，控制孵化室的卫生，防止雏鸟的霉菌感染；育雏室清扫干净，用甲醛液熏蒸消毒和0.3%过氧乙酸消毒后，再进雏饲养。

十三、鹅口疮

鹅口疮是鸟及其他家禽的一种较为常见的真菌性传染病，又称为霉菌性口炎。此病主要由白色念珠菌引起，其他种类的真菌有时也能引起本病。在正常情况下，许多鸟类的消化道内都有本菌存在，当机体衰弱或消化道的正常菌群发生改变时，病原即能侵入黏膜并产生病变。另外，易感鸟也能通过摄食本菌而引发此病，本病主要通过消化道感染。

【诊断处理】

（1）流行病学特点

①几乎所有鸟类和各种年龄的鸟都可以感染此病，但以15～40日龄的幼鸟多见。

②鸟舍潮湿、饲料霉变、营养不良、环境不清洁常诱发本病，过度使用抗菌药物也会促发本病。

（2）症状及病变特点

①病鸟精神委靡，羽毛松散，厌食，下痢。嗉囊臌胀，触诊犹如软面团，倒提病鸟或挤压嗉囊时，常有带着强烈酸臭气味的气体和内容物从口中流出。掰开其喙可见口腔、咽喉部表面出现灰白色斑块。口腔黏膜处的病变常形成黄色的干酪样附着物，呈典型的"鹅口疮"变化。

②剖检可见口腔、咽喉、食管和嗉囊的黏膜出现灶性或弥漫性增厚，表面有白色或黄褐色白喉样伪膜或斑块。类似的病变有时也见于前胃和肌胃。眼角和口周有皮肤病损。

（3）实验室诊断　本病的诊断并不困难，根据临床症状和剖检病变能作出临床诊断。如果要进一步确诊，可以用棉拭子取病鸟的分泌物分离并鉴定病原。

【治疗处理】

（1）治疗原则及方法

①本病一般采用局部处理和全身治疗相结合的原则进行治疗。可在饮水中加入0.05%的硫酸铜，让病鸟饮用，连饮1周。同时可给病鸟服用土霉素或制霉菌素，制霉菌素用量：每次每只鸟1万～2万国际单位，日服2次。大群鸟治疗：每千克饲料拌入制霉菌素50万～100万国际单位，连喂1～3周。

②局部治疗　可用制霉菌素软膏涂搽病变部位。对于附有干酪样伪膜处的病变，应先用1%的明矾水洗去病灶处的干酪状物，用摄子细心地将其清除，然后涂搽碘甘油或撒少量青霉素粉或青霉素油剂。嗉囊有病变时，可以用注射器注入数毫升2%的硼酸溶液进行消毒。

（2）预防

　　① 预防本病首先应注意饲养管理，加强对饲料和饮水的卫生管理工作，保证饮水卫生，严防饲料受潮发霉，保持鸟舍干燥、清洁。

　　② 消除各种应激，避免过度或滥用抗菌药物，同时注意对其他各种疾病的预防。

【复习思考题】

1. 简述观赏鱼常见病的诊断要点及防治方法。
2. 简述观赏鸟常见病的诊断要点及防治方法。

实训项目及指导

项目一　犬、猫的接近与保定

【实训目的】

通过实训掌握犬、猫常用临床诊断技术，会根据不同犬、猫特点和诊治需要选择应用适当的保定方法，并进行临床一般检查与系统检查。

【实训材料】

1. 动物　犬、猫。

2. 器材　保定绷带、犬口笼、保定绳、犬夹、犬颈枷、体壁保定支架、诊疗台、猫保定袋、猫保定架、猫颈枷、注射器、叩诊器、听诊器、温度计等。

【实训内容】

1. 犬的保定

（1）扎口保定法

① 长嘴犬绷带扎口保定法。如图 2-1，用绷带在鼻背部中间打一活结，套在犬嘴后颜面部，并在下颌间隙系紧。然后将绷带两面游离端沿下颌拉向耳后，在颈背侧枕部收紧打结。

② 短嘴犬扎口保定法。用绷带在鼻背部中间打一活结，套在犬嘴后颜面部，于下颌间隙处收紧。将其两游离端向后拉至耳后枕部打一个结，将长的游离绷带经额部引至鼻背侧穿过绷带圈，再返转至耳后与另一游离端收紧打结。

（2）口笼保定法　根据犬体大小选用适宜的口笼给犬套上，将其带子绕过耳后并扣牢。

（3）徒手犬头保定法　保定者站于犬侧方，面向犬头，两手从犬头后部两侧伸向其面部。两拇指朝上贴于鼻背侧，其余手指抵于下颌，合拢握紧犬嘴。

（4）颈枷保定法　颈枷又称伊丽莎白颈圈，有圆盘形和圆筒形两种。如图 2-3，根据犬头形及颈粗细，选择使用。

2. 猫的保定

（1）布卷裹保定法　将帆布或人造革缝制的保定布铺在诊疗台上。保定者抓起猫肩背部皮肤放在保定布近端 1/4 处，按压猫体使之伏卧。随即提起近端帆布覆盖猫体，并顺势连布带猫向外翻滚，将猫卷裹系紧。

（2）扎口保定法　方法与短嘴犬扎口保定相同。

项目二　犬、猫口服喂药

【实训目的】

学会犬水剂、丸剂、粉剂药物的口服喂药法和犬、猫胃导管投药法。

【实训材料】

实训动物、14 号导尿管、一次性注射器、喂药器、长柄镊子、各种剂型药物等。

【实训内容】

1. 水剂喂服　以拔去针头的一次性注射器吸取药液，左手轻扶犬头颈背部，右手将注射器从犬口裂右侧上下唇之间伸入至牙齿，慢慢注入，犬自会吞咽，如图 3-2。猫用此法比犬困难些，需保定确实。

2. 丸剂喂服　术者左手轻抚犬头颈背部，右手手掌托住犬下巴，拇指与食指、中指分别于两侧颊部深入上下齿槽间以打开口腔，并使口腔开口朝向上方，助手用长镊子或喂药器将药丸送到近咽部，合上犬下巴使其吞咽，如图 3-1。送药如果太浅往往不能吞咽。猫用此法打开口腔较危险。

3. 粉剂喂药　用以上方法打开犬口腔，助手将药粉置于一方纸中央并对折后将药粉倒入犬口腔，合上下巴待其吞咽，亦可用水剂喂服法再喂些许饮水以助犬吞服。此法同样难以用于猫。

4. 猫胃内注入　用 14 号导尿管作为胃导管，配以开口器。灌胃时，将猫保定好，把开口器放入上下两颚之间，猫自然会咬住开口器；术者用左手抓住猫嘴，稍加用力即可固定开口器。然后右手取胃导管，由开口器中央小孔插入，导管经口沿颌后壁慢慢送入食管内。用一羽毛在导管口看有无随猫呼吸而摆动现象，确定已进入胃内后，即在导管口连接装有药液的注射器，将药慢慢灌入胃内。

5. 犬胃内注入　将犬拉上采血台，将头固定好，嘴用纱袋绑住。术者用左手抓住犬嘴，右手取胃导管并用温水湿润后，中指将犬右侧嘴角轻轻翻开，摸到最后一对大白齿后的空隙，中指固定在这空隙下，然后用右手拇指和食指将胃导管插入此空隙，并顺食管方向慢慢送入，确定导管在胃内后即可灌药。注意一次灌药量不宜超过 200ml，否则会引起犬恶心呕吐。

项目三　犬、猫皮下注射和肌内注射

【实训目的】

学会并熟练掌握犬、猫皮下、肌内注射法，掌握皮下与肌内注射的适用药物。

【实训材料】

实训动物，必要保定器械，一次性注射器，生理盐水，酒精棉。

【实训内容】

1. 皮下注射

（1）根据实训用犬、猫个体的习性选择恰当的保定方法。

（2）吸取药液　吸引药液时，先将安瓿封口端用酒精棉消毒，并同时检查药品名称及质量，注意有无变质、混浊，而后打去顶端，再将连接针头的注射器插入安瓿的药液中，慢慢拉出针筒活塞吸引药液，吸完后排出气泡，而后用酒精棉包好针头。

（3）注射方法　左手中指和拇指捏起注射部位的皮肤，同时以食指尖下压使其呈皱褶陷窝，右手持连接针头的注射器，从皱褶基部的陷窝处刺入皮下 2～3cm，此时如感觉针尖无抵抗，且能自由拨动时，左手把持针头结合部，右手推压针筒活塞，即可注射药液。

（4）如需注射大量药液时，应分点注射。注完后，左手持酒精棉按住刺入点，右手拔出针头，局部消毒。

2. 肌内注射

（1）注射部位　臀部或股内侧；但应避开大血管及神经的径路。

（2）吸取药液　吸引药液时，先将安瓿封口端用酒精棉消毒，并同时检查药品名称及质量，注意有无变质、混浊，而后打去顶端，再将连接针头的注射器插入安瓿的药液中，慢慢拉出针筒活塞吸引药液，吸完后排出气泡，而后用酒精棉包好针头。

（3）注射方法　左手的拇指与食指轻压注射局部，右手如执笔式持注射器，使针头与皮肤垂直，迅速刺入肌肉内 2～4cm，而后用左手拇、食指把住针头结合部，以食指指节顶在皮肤上，再用右手抽动针筒活塞，确认无回血时，即可注入药液，注射完毕用左手持酒精棉球压迫针孔部，迅速拔出针头。

【适应证】

由于肌肉内血管丰富，药液注入肌肉内吸收较快，其次肌肉内的感觉神经较少，故疼痛轻微。所以一般刺激性较强和较难吸收的药液、进行血管内注射有副作用的药液、油剂和乳剂等不能进行血管内注射的药液均采用肌内注射。为了使药液被缓慢吸收，持续发挥作用，也应用肌内注射。

【注意事项】

1. 针体刺入深度，一般只刺入 2/3，不宜全部刺入，以防针体折断。

2. 对强刺激性药物，如水合氯醛、钙制剂、浓盐水等，不能肌内注射。

3. 注射针尖如接触神经时，则动物骚动不安，应变换方向，再注射药液。

4. 一旦针体折断，应立即拔出。如不能拔出，先将病畜保定好，行局部麻醉后，迅速切开注射部位，用小镊子或钳子拔出折断的针体。

5. 刺激性较强的药品、皮下难以吸收的油剂类药品不能做皮下注射。皮下补液时，药液须加温后分点注射。注后应轻度按摩或进行温敷，以促进吸收。

项目四　犬、猫静脉注射及输液

【实训目的】

通过实训掌握犬、猫静脉注射及输液法。

【实训材料】

一次性注射器（5ml、10ml）、75％酒精棉球、结扎用橡胶管、一次性静脉输液用吊桶（带输液管）、头皮针、留置针、0.9％生理盐水、剪毛剪、纸胶布、保定架等。

【适应证】

静脉内注射主要应用于大量的输液、输血；以治疗为目的急需速效的药物（如急救、强心等）；注射刺激性较强的药物或皮下、肌肉不能注射的药物等。

【实训内容】

注射部位：多从后肢外侧小隐静脉或前肢皮下头静脉注射。

1. 输液器准备　于吊桶内注入生理盐水 100ml 左右，按压马菲管使管内贮满一半药液，打开调速阀使输液管空气排空。

2. 注射部位准备　于注射部位上游结扎阻断血流，使静脉怒张。然后剪毛、酒精棉消毒。

3. 进针　头皮针沿静脉走向进针，见回血通畅即解开结扎胶带，打开调速阀，观察滴速是否正常，如滴速过慢则应检查针头是否在血管内（回血检查法）。

4. 固定　用透气胶带固定针头，固定时防止针头移动刺破静脉。留置针固定时应防滑脱，并迅速安装肝素帽，注入 1％肝素 0.3～0.5ml 防凝固。

5. 检查回血　关闭调速阀，按压输液胶管看是否回血通畅，回血通畅说明操作成功。

6. 留置针的应用

（1）留置针进针见回血后只需将软管推入静脉内，然后用胶带固定后方可拔去针芯，并迅速安装肝素帽。

（2）向肝素帽内注入 1％肝素 0.3～0.5ml 防凝固，将头皮针插入肝素帽内，打开调速阀输液。

（3）用胶带对留置针再进行可靠的固定，输液完成后再向肝素帽内注入肝素防凝固。

【注意事项】

1. 严格遵守无菌操作规程，对所有注射用具及注射部位，均应严密消毒。

2. 进针时要注意检查针头是否畅通，当反复刺入时，常被组织块或血凝块堵塞，应随时更换针头。

3. 进针时要看清脉管径路，明确注射部位，一针见血，防止乱刺，以免引起局部血肿或静脉炎。

4. 混合注入多种药液时，应注意配伍禁忌，油类制剂不能作静脉内注射。

5. 大量输液时，注射速度不宜过快，以每分钟 20~40ml 为宜。冬天药液要加温至动物体温程度。

6. 输液过程中，要经常注意动物表现，如有骚动、出汗、气喘、肌肉震颤等征象时，应及时停止注射；当发现液体输入突然过慢或停止以及注射局部明显肿胀时，应检查回血。

项目五　犬、猫血液的采集

【实训目的】

掌握犬、猫采血的部位和方法。

【实训材料】

实训用动物、一次性注射器、输液用头皮针、抗凝剂等。

【实训内容】

1. 采血部位　犬、猫静脉采血部位有前臂皮下静脉、颈静脉、股静脉或跗返静脉等。体型较大的犬可选前臂皮下静脉和跗返静脉。猫还可用股静脉，而幼猫多用颈静脉。

2. 采血操作　一般应将注射器连接静脉输液用头皮针，更利于操作。基本方法是压迫或结扎采血部位上游静脉使其怒张，消毒后进针采取。

3. 注意事项　犬、猫都是小型动物，其静脉细小。为保护静脉的完整性，静脉采血时，必须尽可能少损伤血管。

对于观赏动物或已麻醉动物，可以不剃毛穿刺。但对长毛病畜，仔细地剃毛有助于辨认血管，皮肤清洗、消毒。如果被毛没有剪掉，应将其拨开消毒后扎针。

项目六　犬、猫粪、尿样的采集

【实训目的】

学会犬、猫粪、尿样品采集法。

【实训材料】

实训用动物，棉签，导尿管，注射器。

【实训内容】

1. 犬、猫粪样采集　一般用棉签于犬、猫直肠内采取粪样。

2. 犬、猫尿样采集　临床上常用导尿管收集尿液化验，膀胱穿刺采集尿样应尽量避免。

项目七　犬、猫导尿

【实训目的】

熟练掌握公犬导尿术，会母犬导尿和猫导尿术。

【实训材料】

实训用公母犬、猫，犬、猫各种规格导尿管若干，舒泰等麻醉药。

【实训内容】

导尿是指用人工的方法诱导动物排尿或用导尿管将尿液排除。临床上常用导尿法收集尿液化验、排尿，也可进行膀胱冲洗或给药。

1. 公犬导尿　犬侧卧保定，两后肢前方转位，暴露腹底部，长腿犬也可站立保定。助手一手将阴茎包皮向后退缩，一手在阴囊前方将阴茎向前推。使阴茎龟头露出。用低刺激性消毒药（1%新洁尔灭）清洗尿道外口。选择适宜导尿管，并将其前端2～3cm涂以润滑剂。操作者（戴乳胶手套）一手固定阴茎龟头，一手持导尿管从尿道口慢慢插入尿道内或用止血钳夹持导尿管徐徐推进。导尿管通过坐骨弓尿道弯曲部时常发生困难，可用手指按压会阴部皮肤或稍退回导尿管调整其方位重新插入。一旦通过坐骨弓阴茎弯曲部，导尿管易进入膀胱。尿液流出，并连接20ml注射器抽吸。抽吸完毕，注入抗生素溶液于膀胱内，拔出导尿管。

2. 母犬导尿　术前备好导尿管（人用橡胶导尿管或金属、塑料的导尿管）、注射器、润滑剂、照明光源、0.1%新洁尔灭溶液、2%盐酸利多卡因、收集尿液的容器。

犬站立保定，先用0.1%新洁尔灭溶液清洗阴门，然后将2%利多卡因溶液滴入阴道内进行表面麻醉。操作者戴灭菌乳胶手套，将导尿管顶端涂灭菌润滑剂。一手食指伸入阴道，沿尿生殖前庭底壁向前触摸尿道结节（其后方为尿道外口），另一手持导尿管插入阴门内，在食指的引导下，向前下方缓缓插入尿道外口直至进入膀胱内。对于去势母犬，采用上述导尿法（又称盲目导尿法），其导尿管难插入尿道外口。故动物应仰卧保定，两后肢前方转位。用附有光源的阴道开口器或鼻孔开张器打开阴道，观察尿道结节和尿道外口，再插入导尿管。用注射器抽吸或自动放出尿液。导尿完毕向膀胱内注入抗生素药液，然后拔出导尿管，解除保定。

3. 公猫导尿　先肌内注射氯胺酮使猫镇静；动物仰卧保定，两后肢前方转位。尿道外口周围清洗消毒。操作者将阴茎鞘向后推，拉出阴茎，在尿道外口周围喷洒1%盐酸地卡因溶液。选择适宜的灭菌导尿管，其末端涂布润滑剂，经尿道外口插入，渐渐向膀胱内推进。导尿管应与脊柱平行插入，用力要均匀，不可强行通过尿道。如尿道内有尿石阻塞，可先向尿道内注射生理盐水或稀醋酸3～5ml，冲洗尿道内凝结物，确保导尿管通过。导尿管一旦进入膀胱，即有尿液流出。导尿完毕向膀胱内注入抗生素溶液，然后拔出导尿管。

4. 母猫导尿　母猫的保定与麻醉方法同母犬。导尿前，用0.1%新洁尔灭溶液清洗阴唇，用1%盐酸地卡因溶液喷洒尿生殖前庭和阴道黏膜。将猫尾拉向一侧，助手捏住阴唇并向后拉。操作者一手持导尿管，沿阴道底壁前伸，另一手食指伸入阴道触摸尿道结节，引导导尿管插入尿道内。

【注意事项】

1. 所用物品必须严格灭菌，并按无菌操作进行，以预防尿路感染。

2. 选择光滑和粗细适宜的导尿管，插管动作要轻柔。防止粗暴操作，以免损伤尿道及膀胱壁。

3. 插入导尿管时前端宜涂润滑剂，以防损伤尿道黏膜。

4. 对膀胱高度膨胀且又极度虚弱的病犬、猫，导尿不宜过快，导尿量不宜过多，以防腹压突然降低引起虚弱，或膀胱突然减压引起黏膜充血，发生血尿。

项目八　犬、猫子宫冲洗

【实训目的】

学会子宫冲洗术，了解子宫冲洗的意义。

【实训材料】

实训用母犬、猫，导尿管（可作子宫冲洗管），60ml注射器，各型开膣器、颈管钳子、颈管扩张棒。冲洗药液可选用温生理盐水、5%～10%葡萄糖、0.1%雷佛奴尔及0.1%～0.5%高锰酸钾等溶液，还可用抗生素及磺胺类制剂。

【实训内容】

1. 适应证　子宫冲洗用于治疗子宫内膜炎和子宫蓄脓，排出子宫内的分泌物及脓液，促进黏膜修复，尽快恢复生殖功能。

2. 操作过程　先充分洗净外阴部，而后插入开膣器开张阴道，即可用洗涤器冲洗阴道。先用颈管钳子钳住子宫外口左侧下壁，拉向阴唇附近。然后依次应用由细到粗的颈管扩张棒，插入颈管使之扩张，再插入子宫冲洗管，通过直肠检查确认子宫冲洗管已插入子宫角内之后，用手固定好颈管钳子与子宫冲洗管，然后将大号注射器连接在子宫冲洗管上，将药液注入子宫内，边注入边排除（另一侧子宫角也同样冲洗），直至排出液透明为止。

【注意事项】

1. 操作过程要认真，防止粗暴，特别是在子宫冲洗管插入子宫内时，须谨慎缓慢以免造成子宫壁穿孔。

2. 不要应用强刺激性及腐蚀性的药液冲洗。量不宜过大，一般500～1000ml即可。冲洗完后，应尽量排净子宫内残留的洗涤液。

项目九　犬、猫灌肠

【实训目的】

掌握浅部灌肠与深部灌肠的方法与临床意义。

【实训材料】

实训用动物，导管（可用导尿管替代），大号注射器，冲洗液。

【实训内容】

根据灌肠目的不同，灌肠法可分为浅部灌肠法和深部灌肠法两种。

1. 浅部灌肠法

(1) 临床意义　浅部灌肠法是将药液灌入直肠内。常在宠物有采食障碍或咽下困难、食欲废绝时，进行人工营养；直肠或结肠炎症时，灌入消炎剂；病犬、猫兴奋不安时，灌入镇静剂；排除直肠内积粪时使用。

(2) 冲洗液　浅部灌肠用的药液量，每次30～50ml。灌肠溶液根据用途而定，一般用1%温盐水、林格液、甘油、0.1%高锰酸钾溶液、2%硼酸溶液、葡萄糖溶液等。

(3) 操作　灌肠时，将动物站立保定好，助手把尾拉向一侧。术者一手提盛有药液的药瓶，另一手将导管徐徐插入肛门5～10cm，连接抽满药液的大号注射器，使药液注入直肠内。灌肠后使动物保持安静，以免引起排粪动作而将药液排出。对以人工营养、消炎和镇静为目的的灌肠，在灌肠前应先把直肠内的宿粪取出。

2. 深部灌肠法

(1) 临床意义　此法适用于治疗肠套叠、结肠便秘、排出胃内毒物和异物。

(2) 操作　对动物施以站立或侧卧保定，并呈前低后高姿势。助手把尾拉向一侧。术者将导管徐徐插入肛门8～10cm，连接大号注射器，使药液注入直肠内。先灌入少量药液软化直肠内积粪，待排净积粪后再大量灌入药液。灌入量根据动物个体大小而定，一般幼犬80～100ml，成年犬100～500ml，药液温度以35℃为宜。

【注意事项】

1. 直肠内存有宿粪时，按直肠检查要领取出宿粪，再进行灌肠。

2. 避免粗暴操作，以免损伤肠黏膜或造成肠穿孔。

3. 溶液注入后由于排泄反射，易被排出，应用手压迫尾根和肛门，或于注入溶液的同时，用手指刺激肛门周围，也可通过按摩腹部减少排出。

项目十　自动血相仪与生化仪的使用

【实训目的】

了解自动血相仪和生化仪的结构、功能、操作过程及养护注意事项。了解检测指标的临床意义。

【实训材料】

自动血相仪，自动生化仪，抗凝血样，血清样品，检测用试剂。

【实训内容】

1. 自动血相仪　目前自动血相仪在医院的使用已相当普及，主要使用的是二分类、三分类和五分类的血细胞分析仪。血细胞分析仪可在很短的时间内计数细胞，克服了手工法计数的固有误差，有测定参数多、分析速度快、结果准确、重复性好、性能相对稳定等特点，为疾病的诊断、治疗及预后提供了重要依据。以迈瑞公司的 BC-2800Vet 为例，简要说明其操作过程。

(1) 开机工作

① 首先检查试剂是否充足，有无过期；试剂管路有无弯折；废液是否清空。

② 打开电源，仪器初始化过程持续 $4 \sim 7 \mathrm{min}$ 后，进入"计数"界面。

(2) 全血样本计数

① 菜单键，进入"动物"界面，选择动物类型，按菜单键，进入"计数"界面。

② 在"计数"界面下，按模式键设置为"全血"。

③ 用 K_2-EDTA 作抗凝剂制备抗凝血样本（K_2-EDTA 用量为 $1.5 \sim 2.2 \mathrm{mg/ml}$ 血）。

④ 将采样针放入混匀后的抗凝血样本中。

⑤ 按"计数"键吸取样本后自动进行计数。分析结果稍后将在屏幕显示。

(3) 预稀释样本计数

① 按菜单键，进入"动物"界面，选择动物类型，按菜单键，进入"计数"界面。

② 在"计数"界面下，按模式键设置为"预稀释"。

③ 按稀释液键和计数键，从采样针排出 $1.6 \mathrm{ml}$ 稀释液于样品杯中。

④ 采集 $20 \mu l$ 末梢血，立即与稀释液混匀，放置 $5 \mathrm{min}$。再次混匀，将采样针放入稀释后的样品杯中。

⑤ 按"计数"键吸取样本进行样本计数。分析结果稍后将在屏幕显示。

(4) 关机　按菜单键，进入关机界面，按照提示进行操作。确认关机后，关闭分析仪开关。

(5) 注意事项

① 环境要求　室内温度保持在 $15 \sim 30 \, ℃$，防尘；电源要稳定，最好配稳压器。电源线要接地。

② 故障处理　若分析仪出现 RBC 或 WBC 堵孔报警，分析仪会自动排堵。若屏幕报警显示消除，说明排堵成功；否则需手动排堵。

③ 日常维护　每两月用蒸馏水清洗溶血剂组件，注意防止污染；定期对采样针位置校

正；若每天进行正常开关机，应每星期进行一次探头清洁液浸泡操作；若24h不关机，每天进行一次E-Z清洗液浸泡操作。

2. **自动生化仪** 用于检测、分析生命化学物质的仪器，给临床上对疾病的诊断、治疗和预后及健康状态提供信息依据。以爱德士全自动生化分析仪为例。

测试原理：爱德士全自动生化分析仪吸头吸入一定量的待检样本后，自动将 $10\mu l$ 的样本逐一加在每个小格内的试纸上，样本与试剂发生生化反应后，出现渐进的颜色变化，仪器在6个波长范围内根据不同的检测项目而采用终点法或速率法对颜色及强度进行检测并将这些检测值转换成最终的结果。

检测样本：血浆或血清，只需0.5ml全血即可用于12项生化检测。

检测数量及时间：用吸头吸一次样品，可在6min内自动完成一个样本的12项检测。一次检测的项目数量在1～12个之间可任意选择。

特点：①操作简单快速，易于掌握；②需血量少，只需0.5ml全血即可完成血液生化的全套12项分析；③内建不同年龄、不同物种特异性参考值，方便结果判读；④灵活的检测方案，一次可进行一个样本的1～12项检测，22项检测自由组合，合适检测的不同需要。

项目十一　X光摄片与洗片

【实训目的】
会进行装片、摄片、洗片操作，了解拍摄参数制订的原则。

【实训材料】
X光机、X光胶片、暗盒、洗影液、定影液及暗房等设施。

【实训内容】
1. **X线机操作程序** 为了充分发挥X线机的设计效能，拍出较满意的X线片，必须掌握所用X线机的特性。为了保证机器安全及延长其使用寿命，还必须严格按照操作规程使用X线机，才能保证工作的顺利进行。X线机的种类繁多，但主要工作原理相同，控制台的各种调节器也基本相似。每部机器都要按其操作规程进行工作。X线机的一般操作步骤如下。

（1）闭合外接电源总开关。

（2）将X线管交换开关或按键调至需用的台次位置。

（3）根据检查方式进行技术选择，如是否用滤线器、点片等。

（4）接通机器电源，调节电源调节器，使电源电压指示针在标准位置上（指向220V），让机器预热一定时间。

（5）根据摄片位置、被照动物的情况调节管电压、管电流和曝光时间。

（6）摆好动物被摄位置后，再检查机器各个调节是否正确，然后按动曝光限时器。

（7）X线机使用完毕后，将各调节器调至最低位，关闭机器电源，断开线路电源。

2. **胶片装卸** 预先取好与X胶片尺寸一致的暗盒置于工作台上，松开固定弹簧，在暗室中打开暗盒。然后从已启封的胶片盒内取出一张胶片放入暗盒内。确保胶片四周已在暗盒内，并紧闭暗盒后，则可送去X线投照。已经投照过的暗盒，送回暗室。在暗室中开启暗盒，轻拍暗盒使X线胶片脱离增感屏，以手指捏住胶片一角轻轻提出。注意勿用手指向暗盒内挖取或以手触及胶片中心部分，以免胶片或增减屏受污损。胶片取出后，送入自动冲片机。如人工冲洗，则将胶片夹在洗片架上。

3. **胶片冲洗**

（1）显影　显影温度为18～25℃，显影时间为2～6min（显影时间和室温、显影液的温度、显影液的新旧等相关）。显影时一手拿起显影筒盖，另一手把夹好胶片的洗片架放入显影桶的药液内，上下移动数次再放好，把盖盖回。显影完毕即可取出。如无把握，可在显影2～3min后取出在红灯下短暂观察一次。发现曝光过度或曝光不足时，及时调整显影时间予以补救。

（2）洗影　显影完毕后取出胶片，将多余的药液滴回显影桶内，在洗影桶内的清水中上下移动数次（或用缓慢流动清水冲洗胶片两面片刻）。

（3）定影　定影温度为18～25℃，定影时间为1～2min。取出已洗影的胶片，滴去多余的清水，放入定影桶内加盖定影。

（4）冲影　定影完毕后，取出胶片，将多余的药液滴回定影筒内，放入冲洗池内用缓慢流动清水冲洗1min。

（5）干燥　冲洗完毕的胶片，取出后置于晾片架上晾干，或在胶片干燥箱内干燥。胶片干燥后，从洗片架中取下并装入封套，登记后送交阅片、诊断、保存。

4. 显影剂及定影剂

（1）显影剂配方　取50℃温水800ml，加入甲基对氨基酚3.5g、无水亚硫酸钠60g、对苯二酚9g、无水碳酸钠40g、溴化钾3.5g，按顺序溶解后，加水至1000ml。

（2）定影剂配方　取50℃温水600ml，加入硫代硫酸钠240g、无水亚硫酸钠15g、99%冰醋酸14ml、硼酸7.5g、钾矾15g，按顺序溶解后，加水至1000ml。

项目十二　B超腹部探查

【实训目的】

了解B超仪的结构、功能。知道B超仪的操作程序及基本影像判读。

【实训材料】

B超仪。

【实训内容】

超声诊断技术近来在兽医临床上备受重视，其对机体安全无害，并可显示被检部位或脏器的断面图像，对实质器官和液体成像好，适用于肿瘤、结石、妊娠、肠套叠、子宫积液、腹壁疝、心血管评估、肠道内异物等的检查，提高了诊断的准确性。

1. B超诊断仪的操作程序

（1）开机　探头插入主机插座上，并锁定。接上插头，启动电源开关。

（2）动物的准备　将动物保定，被检部位剪毛或剃毛，涂上适量耦合剂，探头与皮肤紧密接触，但不得用力挤压。

（3）扫查　适当移动探头位置和调整探头方向，在观察图像过程中寻找和确定最佳探测位置和角度，此时显示的是被测部位的截面图。调节亮度、对比度、近远场增益，以得到满意图像为止，然后立即冻结。

（4）记录　图像存储、编辑、打印。

（5）结束后关机，并切断电源。

2. 妊娠检查　犬于25～34天、35～44天、47～56天用3.0MHz线阵探头测量母犬孕囊的直径分别为23～30mm、25～49mm、46～89mm，胎盘为均质弱回声结构。猫在配种后11～14天用7.5MHz扇扫探头探查到孕囊即可诊断妊娠。

3. 繁殖疾病的诊断

（1）子宫积液　腹部横向扫描时，腹腔后部或中部出现充满液体、大小不等的圆形或管状或不规则形结构；腹腔内无回声暗区或呈雪花样回声图像。

（2）子宫蓄脓　在膀胱与直肠间有一囊状或管状弱回声区，边界为次强回声带，轮廓不清楚。

4. 结石症诊断

（1）胆石症　结石呈强回声结构，出现强的声影。改变动物身姿，结石可发生移位。

（2）肾结石　可检出大于0.5cm的肾结石，能查出X线不能显示结石密度的肾结石病，肾实质回声强度增加并有声影存在。

（3）膀胱结石　膀胱内无回声区域中有致密的强回声光点或光团，且光团或光点后方伴有声影，膀胱壁增厚。

5. 胃肠疾病的诊断

（1）胃肠内异物　高密度物质如骨头、石子、果核等呈强回声结构，伴有声影；中密度如泡沫塑料、胶塞等呈次回声结构；低密度如棉线、塑料袋等呈弱回声结构。

（2）肠套叠　横切时，肠套叠呈多层靶样声像图，并伴有临近部位液体蓄积，出现暗区。套叠前段出现积液，呈现暗区。

（3）肿瘤　平滑肌瘤、淋巴肉瘤呈分离、均质圆形回声结构。

（4）腹腔积液　呈广泛的无回声区，其中有游离的、不同断面的强回声肠管反射，并在无回声区内游动。

项目十三　犬 的 立 耳

【实训目的】

掌握立耳的目的、立耳的适用年龄及适用犬种，会进行立耳手术。

【实训材料】

实训用犬（尽量选择适合立耳的品种和年龄），伊丽莎白项圈，立耳支撑材料，外科手术之器械和材料。

【实训内容】

在教师示范和指导下分组、分工进行手术，术后负责护理和观察。

剪耳时，保留的部分越短越容易竖立，但不美观，所以做到既美观又保证立耳成功，这需要经验。成年犬犬立耳不会成功，且不易止血。手术后要用支撑物固定残耳，使其保持直立状态至少两周，并使用项圈免遭抓挠。

具体操作方法参照第三章第二节之"二、犬立耳术"。

项目十四　犬 的 断 尾

【实训目的】

掌握断尾适用犬种，会进行初生犬断尾和以后各龄犬的断尾。

【实训材料】

实训用犬（初生犬、成年犬或半成年犬），外科手术器械和材料。

【实训内容】

在教师示范和指导下分组、分工进行手术，术后负责护理和观察。

初生犬断尾是伤害最小的，出血也少，但要注意保留尾根的长度，避免长毛犬长大后尾根隐藏于毛中而不见。

犬越大断尾出血越严重，故对成年或半成年犬在截断尾巴前一定要可靠结扎血管。

具体操作方法参照第三章第二节之"三、犬断尾术"。

项目十五　犬的消声

【实训目的】

了解经口腔和经腹侧喉室切除声带的优劣，会以两种途径切除声带。

【实训材料】

实训用犬，外科手术器械及材料（最好有高频电刀）。

【实训内容】

在教师示范和指导下分组、分工进行手术，术后负责护理和观察。

本手术成功的关键是干净去除声带，否则消声不彻底或逐渐恢复发声；其次是可靠止血，建议使用高频电刀切除声带，如无高频电刀，应将切口灼烫。

具体操作方法参照第三章第二节之"六、犬消声术"。

项目十六　犬、猫的去势

【实训目的】

掌握犬、猫去势术操作，会根据不同体型动物恰当止血，会处理隐睾动物。

【实训材料】

不同体型、大小的公犬及公猫，外科手术器械和材料。

【实训内容】

在教师示范和指导下分组、分工进行手术，术后负责护理和观察。

本手术要注意阴囊切口要尽量小，一般小型犬、猫不必缝合。结扎血管一定要可靠，这是手术成败的关键，对于体型较大的犬，应将总鞘膜贯穿结扎后再行切断，否则出血较多。

具体操作方法参照第三章第二节之"七、犬、猫去势术"。

项目十七　犬、猫子宫卵巢的摘除

【实训目的】

掌握腹腔切开术及子宫卵巢摘除术。了解本手术的临床意义。

【实训材料】

适龄母犬、母猫，外科手术器械及材料。

【实训内容】

分组、分工手术，教师示范和临场指导。严格按照外科手术要求，重点指导和训练腹腔内寻找和确认子宫、结扎子宫阔韧带的关键步骤。子宫角（卵巢）端可靠结扎子宫阔韧带以分离子宫是手术成败的关键。

具体操作步骤参照第三章第二节之"九、犬、猫卵巢子宫摘除术"。

项目十八　犬、猫膀胱的切开

【实训目的】

掌握公、母犬腹腔切开术，会进行膀胱切开及缝合。了解膀胱切开的临床意义。

【实训材料】

实训用犬、猫（要求有公犬与母犬），外科手术器械及材料。

【实训内容】

严格按照外科手术要求，在教师示范及临场指导下分组、分工训练。注意公犬腹腔切开与母犬的不同、膀胱充盈时的处理、膀胱切开部位及正确缝合。

具体操作步骤可参考第三章第二节之"十一、犬、猫膀胱切开术"。

常见病例分析

以下常见病例分析仅供教师参考，教师可以根据自己的临床经验增加病例、调整或修正辨析。

1. 某京巴犬，母，两岁，主诉近日常出现呕吐，食欲明显下降，且精神沉郁，体温41℃，阴道有带有血液和脓液的分泌物排出，兽医诊断为子宫内膜炎，立即行子宫卵巢切除术，同时证明诊断无误。术后每天皮下注射头孢拉定1g，第三天该犬死亡。

【问】

① 该犬死亡兽医是否应负一定责任？为什么？

② 如何处理更恰当？

【辨析】

① 兽医应对该犬死亡负责。因为该犬全身症状严重，体温过高，不宜手术。

② 首先应给该犬以大剂量抗生素＋葡萄糖生理盐水输液，必要时再输以甲硝唑等，连续几日，直至体温正常、全身症状好转方可手术。术后应继续输液3天，应用抗生素5～7天。

2. 一巴哥犬，5月龄，已购入两月，未免疫。主诉该犬泻痢已3天，今发现便中带血并有腥臭味，有食欲，精神好，体温39℃，兽医诊断为肠炎，配以抗菌止泻药，两天后该犬痊愈。

【问】

① 兽医诊断是否有误？你认为是何病？还应采取什么手段补充诊断？

② 该犬为何能痊愈？

③ 你认为该如何治疗才是正确的？

【辨析】

① 该诊断处理有不妥之处。该犬感染细小病毒可能性极大，因为有便血并带腥臭味，且为幼犬，未曾免疫。应以CPV胶体金快速诊断试纸作检测。

② 该犬在未应用细小病毒病治疗的条件下康复，主要原因是该犬已5月龄，抗病力相对比两、三月龄新购犬强，就品种而言，巴哥犬的抵抗力也较强，而且症状不典型、不严重，未出现呕吐，容易耐过。肠炎的治疗措施一定程度上也帮助该犬耐过。

③ 根据该犬情况，以CPV单克隆抗体或免疫血清肌内注射，连用3天，配合抗菌消炎、止血、止吐等措施。输液必要性虽不大，但仍可应用。

3. 一博美犬，主诉自购入起已两星期，一直很活泼，昨日晚上洗过澡，今早该犬精神不佳，流泪，流鼻涕，清水样。体温39.8℃，兽医诊断为上呼吸道感染，给予抗菌消炎药，几天后该犬康复，主人登门致谢，认为兽医医德好，没把小病当大病治。

【问】

① 你认为该兽医处理恰当吗？为什么？

② 你认为如何处理这种情况较为妥当？

【辨析】

① 该兽医的处理不恰当。因为该犬是新购幼犬，正处于传染病的高发期，以上情况看似普通上呼吸道感染，但很有可能是传染病，尤其是犬瘟热的早期，"洗澡"这个诱因不但普通感冒容易诱发，同样也易诱发犬瘟热。这样处理很容易漏诊且延误治疗时机。

② 作犬瘟热测试，如阳性则与主人沟通后积极按犬瘟热治疗措施治疗。如阴性也应在与主人沟通后使用犬瘟热单克隆抗体或免疫血清，因为快速检测方法检测率不是100%，及

早应用抗体是治疗犬瘟热的关键措施，延迟应用将大大降低治愈率，况且，抗体的应用又能有效防止该犬在易发期感染犬瘟热病毒。

4. 某犬，两岁，公。主诉近日发现该犬排尿时姿势异常，常蹲伏排尿。一次排尿量少，但排尿次数明显增多，有时见有尿血。兽医检查后发现该犬精神尚好，体温、呼吸、心率无异常。腹后部触诊有硬块状物，导尿管插入有困难，但能插入膀胱。

【问】

① 该犬为何病？

② 需采取何确诊措施？

③ 如何处理？

【辨析】

① 该犬初诊应为尿石症。

② 应作 X 光拍片，确认膀胱和尿道中有无结石存在。

③ 如仅为膀胱结石而尿道无结石，行膀胱切开术取出结石。如尿道有结石，应先以导尿管连接 60ml 注射器努力将尿道结石冲入膀胱，切开膀胱后一并取出。如冲洗不成功，则应再做尿道切开术取出结石。

也可以采用溶石排石的措施，但疗程较长，并需主人积极、耐心配合。希尔斯处方犬粮加溶石排石效果较理想。

5. 一博美犬，6 月龄，精神很好，食欲正常，两个月前接种过七联疫苗。主诉最近 3 日该犬频繁咳嗽，夜间尤甚，主人已无法安眠，并经常伴有呕吐症状，但没有任何呕吐物，也没有痰液，主人怀疑是犬食骨头后被卡在咽喉。粪、尿正常，体温正常，犬瘟热测试阴性。

【问】

① 该犬为何病？

② 咽喉部 X 光摄片的必要性有多大？为什么？

③ 治疗原则是什么？

④ 有无必要输液？

⑤ 有无必要应用犬瘟热免疫血清？为什么？

【辨析】

① 应为传染性支气管炎。

② 不大。尽管有食入骨头的病史，但该犬食欲正常，如咽喉部触诊无敏感，则异物卡住咽喉的可能性基本没有。

③ 治疗原则如下。

抗菌消炎：本病是由细菌和病毒合并感染引起的，需选择敏感抗生素。

祛痰：本病之频咳与干呕症状是由于咽喉有黏稠分泌物，病犬试图清除而引起的。应用化痰药使其变稀薄而容易排除，症状就会明显缓解。

抗病毒：使用多联免疫血清以对抗可能存在之病毒。亦可用干扰素等广谱抗病毒药物。

静养、少运动，否则易引起咳嗽加剧。

④ 输液必要性不大，因为无全身症状。如病情发展到全身症状明显，精神、食欲明显受影响，再可输液支持。

⑤ 有必要使用犬瘟热免疫血清。因为本病感染之病毒中就有可能存在犬瘟热病毒，尽管检测阴性，但不能保证少量病毒的存在，况且随着病情发展也有可能被犬瘟热病毒感染，一次免疫接种不能保护犬免受犬瘟热病毒感染。此时使用犬瘟热抗体，正是保护患犬免受该病毒感染的最有效方法。

6. 一日本尖嘴幼犬，两月，刚从市场购得三日。出现腹泻，粪稀薄、色黄。无呕吐，尚有食欲，精神还好。体温 39℃，粪臭味不重。无其他可查症状。CDV、CPV、CCV 测试均为阴性。

【问】

① 该犬患有何病？

② 应该采用何种可靠方法治疗？

【提示】

① 该病为肠炎。

② 该犬尚有食欲无呕吐，可以喂服庆大霉素或复方庆大霉素，也可以喂服磺胺脒。但是要同时注射多联免疫血清连续 3 天，因为幼犬极易感染 CDV、CPV、CCV 等病毒，应用免疫血清可以避免该犬感染传染病。

7. 泰迪犬，主诉从昨日刚从外地犬场购入，据犬场老板说该犬刚两月龄。今早出现便稀软、不食、呕吐 1 次，宠物医生检查该犬两眼有黏性分泌物，体温 40℃。并做了传染病检测。

【问】

① 如检测犬瘟热病毒阳性，应该如何正确处理病犬？

② 如犬瘟热病毒阴性、犬细小病毒阳性，应该如何正确处理病犬？

③ 如犬瘟热病毒、犬细小病毒均阴性、犬冠状病毒阳性，应该如何正确处理病犬？

④ 如犬瘟热病毒、犬细小病毒、犬细小病毒均阴性，应该如何正确处理病犬？

【提示】

① 该年龄犬感染犬瘟热病毒，基本无治愈可能，可建议安乐死。

② 该年龄犬感染细小病毒，治愈率极低，可以建议安乐死，但在充分沟通后主人愿意救治的情况下可以治疗。需明确告知主人有心肌炎型可能，会导致治疗过程中突然死亡。

③ 应积极治疗，应用含抗冠状病毒抗体的免疫血清，抗菌消炎，必要时输液。

④ 应积极治疗。输液、抗菌消炎，同时应用多联免疫血清（原因同上题 2）。

8. 王某一家三口手忙脚乱把一京巴成年犬送入诊所，此时该犬正全身抽搐、口吐白沫、呼吸促迫。

【问】

① 假定病犬为母犬，此时，宠物医生常规应该问诊的第一个问题是什么？

② 假定病犬为母犬，宠物医生得到怎样的答案便可基本确认该犬患产后痉挛？

③ 假定病犬为母犬，如确认产后痉挛，该病犬体温最有可能的是以下三选项中的哪项？

A. 39.3℃　　　　B. 41℃　　　　C. 43℃

④ 假定病犬为公犬，据上述症状应该推测可能患有何种疾病？

【提示】

① 首先问：是否处于哺乳期？

② 正在哺乳期。

③ B

④ 中毒、癫痫、犬瘟热等。

9. 主人携一泰迪犬来就诊，告知宠物医生该犬已两天基本不食、有呕吐。

【问】

① 宠物医生首先应向主人问诊哪些问题？

② 如该犬为两月龄，刚购入一周，应首先做什么检测？

③ 如该犬为两岁母犬，免疫可靠，未生育，CDV、CPV、CCV 检测均阴性，腹壁紧张，应首先进行哪些检查？

【提示】

① 年龄及免疫状况。

② CDV、CPV、CCV 检测。

③ 可首先往子宫内膜炎方向检查。

10. 京巴犬，两岁，幼时在本诊所免疫三次，一年后又免疫一次。主诉最近该犬经常有咳嗽和鼻汁，鼻汁有时浆液性、有时黏液性，呼吸音粗重，运动后更加明显，食欲一直没影响，便正常，但就诊前一天起食欲有下降，体温39.4℃。

【问】

如何进行诊断处理和治疗？

【提示】

该犬免疫可靠，可基本排除传染病（尤其是犬瘟热的可能）。从临床表现看，为呼吸系统感染，可基本定位于支气管炎，可排除严重之肺部感染。

治疗应选择敏感抗生素予以抗菌消炎、祛痰镇咳。必要时可以输液，但量不必大，滴速不要过快，并应用葡萄糖酸钙制止渗出。

11. 西施犬，母，两岁，未生育。于幼犬时免疫两次，以后未曾免疫。主诉于一周前食欲不振，时有呕吐，最近两日食欲废绝，呕吐频繁，一天可见五、六次，拱背。粪便烂、色深，体温39.6℃。

【问】

如何对该犬进行临床检查及诊断？

【提示】

此题适合课堂练习，教师可诱导学生提出问题和检查措施，由教师给予检查结果，再由学生提出进一步检查手段，最终学生做出诊断。此题可有多种诊断结果，其最终结果可因教师给出的检查结果不同而不同。此类型题原始已知条件越少，越能充分发挥。

12. 成年公猫，主人最近常见该猫舔舐生殖器，并发现有尿频与血尿。

【问】

如何对该猫诊断与治疗？

【提示】

该情况基本属于猫下泌尿道综合征。可先插入导尿管并留置3～5天，抽出带血尿液并注入生理盐水冲洗，每天可冲一次。同时输液，抗菌消炎，应用地塞米松，同时口服利尿通至少一月。

拔去导尿管后如仍排尿困难，或短期内又复发，应考虑做尿道造瘘术。

如食欲已废绝，精神状态差，血液生化指标提示肾功能已有衰竭，则预后慎重。

13. 一金毛犬，犬名阿黄，三月龄，购入一月。王医生值班时前来就诊，诊断为犬细小病毒感染，住院治疗，犬主顾先生交了住院押金500元。三天后孙医生值班时阿黄死亡，计全部治疗费600元。

【问】

请代孙医生拟一手机短信通知犬主顾先生。

（此类题意在锻炼学生与客户的沟通能力）

【提示】

尊敬的顾先生你好！

我很遗憾地通知你阿黄已于今日上午故世。三月领的幼犬罹患细小病毒病其治愈率较低，目前兽医界尚无更有效之治疗手段，我们已经尽力，但还是未能挽留你爱犬的生命，再次表示遗憾。如先生欲与爱犬见最后一面请速来本医院，如不忍再见请速告知我们，我们将把阿黄遗体包装后存入冰箱，按动物遗体处理规定我们将择日送化制站火化。阿黄治疗费用总共600元，代办火化费用为200元，尚欠100元我们决定予以免除。望先生清理阿黄生前遗物并予以消毒，欲重新购犬请在三月以后，并希望你于购犬当日与我们联系，我们会给以你幼犬饲养与防病的专业建议，帮助顺利养护一健康幼犬。

再次对阿黄救治未成表示遗憾。

附 录

附录一 犬、猫常用生理参数

项 目	参 考 值	
	犬	猫
寿命	10~20 岁.最长 26 年	8~20 岁.最长 30 年
性成熟	雄性 10~12 月龄	雄性 7~9 月龄
	雌性 7~9 月龄	雌性 5~8 月龄
初情期(出生后)	6~12 个月	6~8 个月
繁殖适龄期限	1~2 岁	10~12 个月
繁殖期	6 年	6 年
发情周期类型	一次发情	春秋两季发情数次
发情持续时间	4~13 天	3~10 天
排卵时间	发情后 2~3 天	多在交配刺激后 24h
妊娠期	58~63 天	58~63 天
产仔数	1~20 只	3~6 只
新生仔体重	200~500g	90~130g
哺乳期	50~60 天	45~60 天
体温(股内侧)	37.5~39.0℃	38.0~39.0℃
每分钟呼吸数	10~30 次	20~30 次
每分钟脉搏	(成年)68~80 次	(成年)120~140 次
	(幼龄)80~120 次	(幼龄)168 次
血压	收缩压 112mmHg	收缩压 120mmHg
	舒张压 56mmHg	舒张压 75mmHg
每分钟心率	70~120 次	120~140 次

血液生理项目和单位	参 考 值	
	犬	猫
红细胞(RBC)/($\times 10^{12}$ 个/L)	5.5~8.5	5.0~10.0
血细胞比容(HCT)/(L/L)	0.37~0.55	0.24~0.45
血红蛋白(HGB)/(g/L)	120~180	80~150
平均红细胞容积(MCV)/$\times 10^{-15}$L	60~77	39~55
平均红细胞血红蛋白(MCH)/$\times 10^{12}$g	19.5~24.5	13.0~17.0
平均红细胞血红蛋白浓度(MCHC)/(g/dl)	32~36	30~36
白细胞(WBC)/($\times 10^9$ 个/L)	6.00~17.00	5.50~19.50
叶状中性粒细胞(Seg neutr)/%	60~77	35~75
杆状中性粒细胞(Band neutr)/%	0~3	0~3
单核细胞(Mon)/%	3~10	0~4
淋巴细胞(Lym)/%	12~30	20~55
嗜酸性粒细胞(Eos)/%	2~10	0~12
嗜碱性粒细胞(Bas)/%	少见	少见
血小板(P)/%	200~900	300~700

血液生化项目和单位	参 考 值	
	犬	猫
总蛋白(TP)/(g/L)	54~78	58~78
白蛋白(ALB)/(g/L)	24~38	26~41
丙氨酸氨基转移酶(ALT)/(30° CU/L)	4~66	1~64
天冬氨酸氨基转移酶(AST)/(30° CU/L)	8~38	0~20

血液生化项目和单位	参 考 值	
	犬	猫
碱性磷酸酶(ALP)/(30° CU/L)	0~80	2.2~37.8
肌酸激酶(CK-NAC)/(30° CU/L)	8~60	50~100
乳酸脱氢酶(LDH)/(30° CU/L)	100	63~273
淀粉酶(Amy)/(30° CU/L)	185~700	502~1843
脂肪酶(Lipase)/(30° CU/L)	0~258	0~143
γ-谷氨酰转移酶(GGT)/(30° CU/L)	1.2~6.4	1.3~5.1
葡萄糖(GLU)/(mmol/L)	3.3~6.7	3.9~7.5
总胆红素(T. Bili)/(μmol/L)	2~15	2~10
直接胆红素(D. Bili)/(μmol/L)	2~5	0~2
尿素氮(BUN)/(mmol/L)	1.8~10.4	5.4~13.6
肌酐(CRE)/(μmol/L)	60~110	62~190
胆固醇(CHOL)/(mmol/L)	3.9~7.8	1.9~6.9
甲状腺素(T_4)/(μg/mL)	10~40	15~20
Ca/(mmol/L)	2.57~2.97	2.09~2.74
P/(mmol/L)	0.81~1.87	1.23~2.07
Cl/(mmol/L)	104~116	110~123
Na/(mmol/L)	138~156	147~156
K/(mmol/L)	3.8~5.8	3.8~4.6
Mg/(mmol/L)	0.79~1.06	0.62~1.03
碳酸氢盐(HCO_3^-)/(mmol/L)	18~24	17~24

尿液生化项目和单位	参 考 值	
	犬	猫
颜色	淡黄色	淡黄色
外观	透明	透明
日尿量/(ml/kg)	24~40	22~30
密度/(g/mm³)	1.015~1.045	1.045~1.060
pH 值	5.0~7.0	5.0~7.0

附录二　犬、猫常用药物的用法用量

药物类别	常用药物	主要作用	用量	用法
抗生素类药	青霉素 G 钠	抗革兰阳性菌及少数阴性菌	5 万单位/kg	肌注或静滴,2 次/日
	氨苄青霉素钠	抗革兰阳性菌及阴性菌	25~40mg/kg	肌注或静滴,2 次/日
	头孢氨苄	对革兰阳性菌及大肠杆菌作用较强	25~50mg/kg	肌注或静滴,2 次/日
	头孢唑啉钠	抗革兰阳性菌及阴性菌	25~50mg/kg	肌注或静滴,2 次/日
	头孢拉啶	抗革兰阳性菌及阴性菌,低毒高效	25~50mg/kg	肌注或静滴,2 次/日
	红霉素	主要用于革兰阳性菌感染	10~20mg/kg	口服或静滴,2 次/日
	洁霉素	主要用于革兰阳性菌感染	10~20mg/kg	肌注或静滴,2 次/日
	卡那霉素	广谱抗生素	2 万~3 万单位/kg	肌注,2 次/日
	庆大霉素	广谱抗生素	0.5 万单位/kg	肌注,2 次/日
	四环素	广谱抗生素	20~30mg/kg	肌注或静滴,2 次/日
	土霉素	广谱抗生素	25~40mg/kg	口服,2 次/日
	氯霉素	广谱抗生素	20~30mg/kg	肌注或静滴,2 次/日

续表

药物类别	常用药物	主要作用	用量	用法
磺胺类药	磺胺嘧啶（SD）	对大多数革兰阳性菌及阴性菌有抑制作用	50～80mg/kg	口服或静注，2次/日
	磺胺二甲氧嘧啶（SDM）	长效磺胺药，抗菌谱同SD	25～50mg/kg	口服，1次/日
	磺胺-5-甲氧嘧啶（SDM）	同SD，抗菌作用更强	50mg/kg	口服，1次/日
	增效联磺片（SDM-TMP）	同SMD	50mg/kg	口服，2次/日
	复方新诺明（SMZ+TMP）	同SD，抗菌作用更强	25～50mg/kg	口服，2次/日
呋喃类及其他抗真菌药	呋喃妥因	多用于泌尿系统感染	10mg/kg	口服，2次/日
	痢特灵	多用于肠道炎症	10mg/kg	口服，2次/日
	吡哌酸（PPA）	用于泌尿系统感染、肠炎	30mg/kg	口服，2次/日
	氟哌酸	用于泌尿系统感染、肠炎	20mg/kg	口服2次/日
	黄连素	多用于肠炎	15mg/kg	口服，2次/日
	灰黄连素	用于各类皮肤真菌病	15mg/kg	口服，2次/日
	制霉菌素	用于各种真菌感染	10万单位/kg	口服，3次/日
	斯皮仁诺	用于各种真菌感染	50mg/kg	口服，1次/日
	两性霉素B	用于各种真菌感染	10mg/kg	静滴，1次/2日
	克霉唑	多外用，用于皮肤真菌病		外用
	达克宁软膏	外用，用于皮肤真菌病		外用
驱虫药	左旋咪唑	驱肠道线虫	10mg/kg	口服，1次/日，连服3日
	丙硫苯咪唑	驱肠道线虫	10～20mg/kg	口服，1次/日，连服3日
	氯硝柳胺（灭绦灵）	驱绦虫	100mg/kg	口服，1次/日，2～3周后再服1次
	吡喹酮	驱吸虫、绦虫	5～10mg/kg	口服1次，5日后再服1次
	乙胺嗪（海群生）	驱丝虫	50mg/kg	口服，1次/日
	伊维菌素（Ivomec）	广谱驱虫药	1%浓度 0.05ml/kg	皮下注射，1次/7日
	阿维菌素	广谱驱虫药	0.1～0.2mg/kg	口服，1次/7日
全麻药及局麻药	846复合麻醉剂（速眠新）	全身麻醉药	0.04～0.2ml/kg	肌注
	盐酸氯胺酮	全身麻醉药	10～30mg/kg	肌注
	硫贲妥钠	短效麻醉剂	15～20mg/kg	静注
	复方噻胺酮	全身麻醉剂	5mg/kg	肌注
	戊巴比妥钠	全身麻醉剂	20～35mg/kg 2～4mg/kg	静注 口服

药物类别	常用药物	主要作用	用量	用法
全麻药及局麻药	水合氯醛	全身麻醉剂	0.08~0.1mg/kg	静注
	乙醚	全身吸入麻醉剂	3%浓度	吸入麻醉
	氟烷	全身麻醉剂	3%浓度	吸入麻醉
	甲氧氟烷	全身麻醉剂	3%浓度	吸入麻醉
	普鲁卡因	局部麻醉、传导麻醉	0.25%~0.5%浓度	浸润麻醉
	利多卡因	表面麻醉	2%浓度 1%~2%浓度 0.25%~0.5%浓度	传导麻醉 表面麻醉 浸润麻醉
镇静及抗惊厥药	盐酸二甲苯胺噻唑(静松灵)	镇静、肌松	1.5~2mg/kg	肌注
	盐酸氯丙嗪(冬眠灵)	镇静	3mg/kg 2~3mg/kg 0.5~1.0mg/kg	口服 肌注 静注
	芬太尼	安定	0.02~0.04mg/kg	肌注或静注
	苯巴比妥	镇静、抗惊厥	0.2mg/kg	肌注
	苯妥英钠	镇静、抗癫痫	0.1~0.2g/次 5~10mg/kg	口服 肌注
	抗癫灵	抗癫痫	30mg/kg	口服,1次/日
	扑癫酮	抗癫痫	10mg/kg	口服,2次/日
解热镇痛及抗风湿药	阿司匹林(乙酰水杨酸)	退热	30mg/kg	口服,2次/日
	安痛定	止痛,退热	0.1ml/kg	肌注,2次/日
	安乃近	止痛,退热	5~10mg/kg	肌注
	骨宁	抗炎镇痛	0.2ml/kg	肌注,1次/日
	柴胡注射液	退热	0.2ml/kg	肌注,2次/日
	保泰松	止痛	10~30mg/kg	口服,1次/日
	炎痛静	消炎,退热,止痛	2~3mg/kg	口服,2次/日
	炎痛喜康	抗炎,镇痛,抗风湿	1mg/kg	口服,1次/日
	布洛芬	抗炎,镇痛,解热,抗风湿	6~10mg/kg	口服,2次/日
中枢神经兴奋药	苯甲酸钠咖啡因(安钠咖)	兴奋呼吸中枢	0.2~0.5g 20mg/kg	口服 肌注或静注
	尼克刹米	兴奋呼吸中枢	20mg/kg	肌注或静注
	回苏灵	用于麻醉过量,促进苏醒	0.8mg/kg	肌注或静注
	硝酸士的宁	中枢神经兴奋药	0.1mg/kg	皮下注射
拟胆碱药	毛果芸香碱	兴奋胆碱受体,收缩平滑肌,用于肠道弛缓及肠道麻痹。青光眼	10~20mg/kg 1%溶液	皮下注射 点眼
	新斯的明	用于重症肌无力,肠麻痹	0.03mg/kg	皮下注射或肌内注射,1~2次/日

药物类别	常用药物	主要作用	用量	用法
抗胆碱药	阿托品	解除平滑肌痉挛,抑制腺体分泌,用于有机磷中毒,麻醉前给药,散瞳及止吐止泻	0.01mg/kg	口服,1～2次/日
	颠茄	作用同阿托品,但药效较弱	0.5～1mg/kg	口服,2次/日
	东莨菪碱	抑制腺体分泌作用较强,用于镇静、麻醉前给药、有机磷中毒	0.1mg/kg	口服,1～2次/日
强心药	盐酸肾上腺素	抢救过敏性休克及心脏骤停	0.05mg/kg	皮下注射或肌内注射,心内注射
	去甲肾上腺素	用于各种休克	0.1mg/kg	混入5%葡萄糖液中静脉滴注
	多巴胺	用于各种休克	1mg/kg	混入5%葡萄糖液中缓慢静脉滴注
	洋地黄	强心	5mg/kg	口服
	毒毛旋花子苷K	强心	0.01mg/kg	混入5%葡萄糖液中缓慢静脉滴注
	毛花苷C(西地兰)	用于急性心力衰竭	0.05mg/kg	口服
抗心律失常药	普拉洛尔(心得宁)	用于心律失常	0.3～0.6mg/kg	口服,3次/日
	心得安	用于心律失常	1～2mg/kg	口服,3次/日
	戊脉安	用于心律失常,心动过速	4～6mg/kg	口服,3次/日
	利血平	用于心律失常	0.015mg/kg 0.005～0.01mg/kg	口服,2次/日 肌注、静注,2次/日
	卡马西平	用于心律失常	5～8mg/kg	口服,3次/日
	奎尼丁	用于心律失常	10～20mg/kg	口服、肌注,3次/日
健胃与助消化药	龙胆酊	用于消化不良,消化系统疾病恢复期	1～5ml/次	口服,3次/日
	复方龙胆酊	用于消化不良,消化系统疾病恢复期	1～5ml/次	口服,3次/日
	胃蛋白酶	用于消化不良	0.1～0.5mg/次	口服,3次/日
	乳酶生	用于消化不良	30mg/kg	口服,3次/日
	多酶片	用于消化不良	10～50mg/kg	口服,3次/日
	复合维生素B	用于消化不良,B族维生素缺乏症	5～10mg/次	口服,1次/日
泻药	果导片	促进肠蠕动	3mg/kg	口服,2～3次/日
	甘油(50%)	润滑肠道、软化粪便	2～10ml/kg	灌肠
	开塞露	刺激直肠,引起排便	2～10ml/kg	灌肠
	肥皂水	刺激直肠,引起排便	2～10ml/kg	灌肠
	液体石蜡	润滑肠道	10～30ml/次	口服、灌肠

药物类别	常用药物	主要作用	用量	用法
止泻药	鞣酸蛋白	收敛止泻	25～50mg/kg	口服，3 次/日
	药用炭	吸附收敛作用	0.3～0.5g/次	口服，3 次/日
	思密达	保护胃肠黏膜	1～3g/次	口服，3 次/日
	次硝酸铋	保护胃肠黏膜	30 mg/kg	口服，3 次/日
止咳祛痰平喘药	氯化铵	用于干咳	30～50mg/kg	口服，2 次/日
	碘化钾	祛痰	0.2～1g/次	口服，3 次/日
	蛇胆川贝液	止咳平喘	5～10ml/次	口服，3 次/日
	咳必清	镇咳	1～2mg/kg	口服，2 次/日
	磷酸可待因	镇咳	1～2mg/kg	口服，3 次/日
	复方甘草片	润肺止咳	30mg/kg	口服，2 次/日
	咳平	镇咳	1～2mg/kg	口服，2 次/日
	氨茶碱	解除支气管平滑肌痉挛	5～10mg/kg	口服，2 次/日
	喘定	解除支气管平滑肌痉挛	10mg/kg	口服，2 次/日
利尿药脱水药	呋喃苯胺酸（速尿）	各种原因造成的水肿	1～3mg/kg	口服，2 次/日；肌注，1 次/日
	氢氯噻嗪（双氢克尿塞）	心性、肾性水肿	2～4mg/kg	口服，2 次/日
	汞撒利	心性、肝性水肿	5mg/kg	肌注，1 次/周
	甘露醇	用于治疗脑水肿	1～2g/kg	静注
	50%葡萄糖	用于治疗脑水肿	1～4ml/kg	静注
激素类药	氢化可的松	抗炎、抗过敏、抗毒素、抗过敏	1～2mg/kg	静滴，1 次/日
	醋酸可的松（可的松）	抗炎、抗过敏、抗毒素、抗过敏	0.2～0.4mg/kg 2～4mg/kg	肌注，2 次/日 口服，2 次/日
	醋酸泼尼松（强的松）	作用同可的松，抗炎作用更强	0.5mg/kg	口服，2 次/日
	地塞米松	抗炎、抗过敏、抗毒素、抗过敏	0.5～1mg/kg	口服、肌注、静滴，2 次/日
	醋酸肤氢松软膏	用于治疗各种皮肤病	0.025%膏剂	外用
性激素类药	己烯雌酚（乙烯雌酚）	用于子宫内膜炎、胎衣不下，催情	0.1mg/kg	口服，1 次/日；肌注，1 次/日
	雌二醇	用于子宫出血，退奶	0.2mg/kg	肌注，1 次/日
	黄体酮（孕酮）	保胎	0.1mg/kg	肌注，1 次/3 日
	甲睾酮	促进雄性器官发育，对抗雌激素，抑制发情	1～2mg/kg	口服，1 次/日
	丙酸睾酮	作用同甲睾酮，功效更强，作用时间更持久	2～5mg/kg	肌注，2 次/周
	三合激素	促进发情	0.1mg/kg	1 次/日
	缩宫素（催产素）	促进子宫收缩	5～30IU/次	肌注、静注

续表

药物类别	常用药物	主要作用	用量	用法
解毒药	解磷定	胆碱酯酶复活剂,用于有机磷中毒的解毒	40mg/kg	静滴
	氯磷定	胆碱酯酶复活剂,用于有机磷中毒的解毒	15～30mg/kg	静滴
	解氟灵	用于氟乙酰胺中毒	100mg/kg	肌注
	硫代硫酸钠	用于氰化物中毒	1.5mg/kg	静注,1次/日
	亚甲蓝	是氧化还原剂,小剂量用于亚硝酸盐中毒解毒;大剂量用于氰化物中毒的解毒	1%浓度 0.1～1ml/kg	静滴
	二巯基丁二酸钠	用于汞、锑、铅、砷、镉、铜的中毒的解毒	25mg/kg	肌注、静注,2次/日
	阿托品	用于有机磷中毒的解毒	0.1mg/kg	肌注,1～2次/日
抗过敏药	扑尔敏	用于各种过敏性疾病	0.3mg/kg	口服、肌注,2次/日
	盐酸苯海拉明	有抗组胺作用,用于各种过敏性疾病	1～2mg/kg	口服、肌注,2次/日
	葡萄糖酸钙	用于过敏性疾病	0.1～0.2g/kg	静注,1次/日
止血药	酚磺乙胺(止血敏)	止血药,可使血小板增加,缩短凝血时间	25mg/kg	手术前后肌注
	凝血质	可促使凝血酶原转变为凝血酶	0.5mg/kg	肌注,2次/日
	维生素 K_1	参与凝血酶原的合成	0.5mg/kg	肌注,2次/日
	维生素 K_3	参与凝血酶原的合成	0.2mg/kg	肌注,2次/日
	安络血	降低毛细血管通透性,用于渗出性出血	0.2mg/kg 0.5mg/kg	口服,3次/日 肌注,2次/日
	明胶海绵	可促进血凝过程,用于局部止血		填塞、压迫止血
抗贫血药	硫酸亚铁	用于缺铁性贫血	30～60mg/kg	口服,3次/日
	叶酸	促进红细胞生成	0.5～1mg/kg	口服、肌注,1次/日
	维生素 B_{12}	促进造血功能	0.1～0.2mg/次	肌注,1次/日
	肌苷	用于白细胞减少症	40mg/kg	口服,1次/日
维生素类药	维生素 A	用于维生素 A 缺乏症	2000U/kg	口服,2次/日
	维生素 D	用于佝偻病、骨软病	1000～2000U/kg	口服,2次/日
	维生素 E	增强生殖系统功能,用于肌营养不良,流产及不育症	5～10mg/kg	口服,2次/日 肌注,1次/日
	维生素 C	加速血凝,刺激造血功能,提高抗病能力	10mg/kg	口服,3次/日,静滴
	维生素 B_1	维持心脏、神经及消化系统的正常能力	0.5mg/kg	口服,2次/日 肌注,1次/日
	维生素 B_6	用于呕吐,皮肤病,白细胞减少症,脂溢性皮炎	1～2mg/kg	口服,2次/日
	烟酰胺	用于皮肤病、口炎	5～10mg/kg	口服,2次/日

药物类别	常用药物	主要作用	用量	用法
促进代谢药	三磷酸腺苷	参与脂肪、蛋白质、糖、核酸的代谢,用于心力衰竭、心肌炎、肌肉萎缩	1~2mg/kg	肌注、静滴,1 次/日
	辅酶 A	对糖、蛋白质、脂肪的代谢起重要作用,用于白细胞减少症及肝、肾疾病	5mg/kg	肌注、静滴,1 次/日
	细胞色素 C	细胞呼吸激活剂,用于因组织缺氧所引起的疾患	15~30mg/kg	肌注、静滴,1 次/日
	辅酶 Q_{10}	增强免疫系统功能,改善心肌代谢	1mg/kg	口服、肌注,2 次/日
	复合酶	用于肝炎、再生障碍性贫血,白细胞减少症及皮肤病的治疗	10mg/kg	口服,2 次/日
调节水、电解质及酸碱平衡药	葡萄糖	用于补充水分、能量,还可利尿	25%浓度 4ml/kg	静滴,1~2 次/日
	碳酸氢钠	用于酸中毒	5%浓度 0.5ml/kg	静滴,1 次/日
	乳酸钠林格液	用于脱水及酸中毒	25ml/kg	静滴,1 次/日
	生理盐水	用于脱水	25ml/kg	静滴,1 次/日
	氯化钾	用于低血钾	10%~15%浓度 0.5ml/kg	静滴,1 次/日
	葡萄糖酸钙	用于低血钙及过敏症	10%浓度 5~40ml/次	静滴,1 次/日
	17 种氨基酸	用于营养不良及蛋白缺乏症	2ml/kg	静滴,1 次/日

参 考 文 献

[1] 刘万平．小动物疾病诊治．北京：化学工业出版社，2009．
[2] 郑继昌．动物外产科技术．北京：化学工业出版社，2009．
[3] 石冬梅．动物内科病．北京：化学工业出版社，2010．
[4] 曾元根．兽医临床诊治技术．北京：化学工业出版社，2009．
[5] 朱兴全．小动物寄生虫病学．北京：中国农业科学技术出版社，2005．
[6] 周庆国．犬猫疾病诊治彩色图谱．北京：中国农业出版社，2005．
[7] 周庆国．犬病对症诊断与防治．广州：广东科学技术出版社，2002．
[8] 王洪斌．家畜外科学．北京：中国农业出版社，2002．
[9] 祝俊杰．犬猫疾病诊疗大全．北京：中国农业出版社，2005．
[10] 张红超．宠物常见病病例分析．北京：金盾出版社，2009．
[11] 谢富强．兽医影像．北京：中国农业大学出版社，2004．
[12] 夏咸柱．养犬大全．长春：吉林人民出版社，1993．
[13] 蔡宝祥．家畜传染病学．第 4 版．北京：中国农业出版社，2003．
[14] 胡三元．腹腔镜临床诊治技术．济南：山东科学技术出版社，2002．
[15] 宋大鲁，宋旭东．宠物急诊手册．北京：中国农业出版社，2007．
[16] 黄利权．宠物医生实用新技术．北京：中国农业科学技术出版社，2006．
[17] 夏兆飞．犬猫疾病诊疗技术．北京：中国农业科学技术出版社，2006．
[18] 侯加法．小动物疾病学．北京：中国农业出版社，2002．
[19] 黄利权．宠物医生实用新技术．北京：中国农业科学技术出版社，2006．
[20] 何英，叶俊华．宠物医生手册．沈阳：辽宁科技出版社，2003．
[21] 董军，金艺鹏．宠物疾病诊疗与处方手册．北京：化学工业出版社，2007．
[22] 高得仪．犬猫疾病学．第 2 版．北京：中国农业大学出版社，2001．
[23] 胥洪烂，郑小波等．犬猫疾病诊断学．重庆：西南师范大学出版社，2006．
[24] 张泉鑫，朱印生．犬猫疾病．北京：中国农业出版社，2007．
[25] 王祥生．犬猫疾病防治方药手册．北京：中国农业出版社，2004．
[26] 齐长明主译．小动物皮肤学彩色图谱与治疗指南．北京：中国农业大学出版社，2006．
[27] 李志．宠物疾病诊治．北京：中国农业出版社，2008．
[28] 侯加法，小动物外科学．北京：中国农业出版社，1996．
[29] 谢慧胜，张立波．实用宠物百科．北京：农村读物出版社，2000．
[30] ［美］佛萨姆．小动物外科学．第 2 版．张海彬主译．北京：中国农业大学出版社，2008．
[31] 李玉冰．兽医临床诊疗技术．北京：中国农业出版社，2006．
[32] 林德贵．兽医外科手术学．第 4 版．北京：中国农业出版社，2004．
[33] 宋大鲁．宠物养护与疾病诊疗手册．南京：江苏科学技术出版社，2004．
[34] 刘振湘．动物传染病防治技术．北京：化学工业出版社，2009．
[35] 谢拥军．动物寄生虫病防治技术．北京：化学工业出版社，2009．
[36] 叶俊华．犬病诊疗技术．北京：中国农业出版社，2004．
[37] 孔繁瑶．家畜寄生虫学．北京：人民教育出版社，1981．
[38] 徐南，动物寄生虫学．北京：人民教育出版社，1978．
[39] 郭定宗．兽医临床检验技术．北京：化学工业出版社，2006．
[40] 安铁洙，潭建华，韦旭斌．犬解剖学．长春：吉林科学技术出版社，2003．
[41] 雷巴尔等编著．犬猫血液学手册．夏兆飞主译．北京：中国农业大学出版社，2007．
[42] 王力光，董群艳．犬病临床指南．长春：吉林科学技术出版社，2000．
[43] 安丽英．兽医实验诊断．北京：中国农业大学出版社，2000．
[44] 倪有煌，李敏仪．兽医内科学．北京：中国农业出版社，1996．
[45] 弗雷萨．默克兽医手册．第 7 版．韩谦，郑四军等译．北京：中国农业大学出版社，1991．
[46] 宋大鲁，孙宝琏，陈怀涛等．家畜常见病中医诊疗．上海：上海科学技术出版社，1987．
[47] 倪有煌，张德群．兽医手册．北京：中国农业出版社，1997．
[48] 贺生中．宠物内科病．北京：中国农业出版社，2007．
[49] 丁岚峰．宠物临床诊断及治疗学．北京：中国农业科学技术出版社，2008．

［50］高得仪等．宠物疾病实验室检验与诊断彩色图谱附病例分析．北京：中国农业出版社，2004．

［51］何英，叶俊华主编．宠物医生手册．沈阳：辽宁科学技术出版社，2008．

［52］李宏全．门诊兽医手册．北京：中国农业出版社，2004．

［53］邓干臻．宠物诊疗技术大全．北京：中国农业出版社，2005．

［54］琳达·麦德勒等．小动物皮肤病彩色图谱与治疗指南．齐长明译．北京：中国农业大学出版社，2006．

［55］王建华．动物中毒病及毒理学．西安：天则出版社，1993．

［56］李祚煌．家畜中毒与毒物检验．北京：中国农业出版社，1994．

［57］黄有德，刘宗平主编．动物中毒与营养代谢病学．兰州：甘肃科技出版社，2001．

［58］李宏全．门诊兽医手册．北京：中国农业出版社，2004．

［59］王祥生，胡仲明．犬猫疾病防治方药手册．北京：中国农业出版社，2004．

［60］赵玉军．实用犬病诊疗图册．沈阳：辽宁科学技术出版社，2001．

［61］张泉鑫．犬病中西医综合防治和保健手册．北京：中国农业出版社，2002．

［62］沈永恕．兽医临床诊疗技术．北京：中国农业出版社，2006．

［63］黄利权．宠物医生实用新技术．北京：中国农业科学技术出版社，2006．

［64］赵玉军．宠物临床急救技术．北京：金盾出版社，2009．

［65］东北农业大学主编．兽医临床诊断学．第3版．北京：中国农业大学出版社，2008．

［66］李国江．动物普通病．第2版．北京：中国农业出版社，2008．

［67］唐兆新．兽医临床治疗学．北京：中国农业出版社，2002．

［68］臧广州．宠物疾病现代诊断与治疗操作技术实用手册．天津：天津电子出版社，2004．

［69］夏春．水生动物疾病学．北京：中国农业大学出版社，2005．

［70］周建强．宠物传染病．北京：中国农业大学出版社，2008．

［71］王增年．观赏鸟病诊疗原色图谱．北京：中国农业大学出版社，2008．

［72］汪开毓等．鱼类疾病诊疗原色图谱．北京：中国农业大学出版社，2008．

［73］Alleice Summers（美国）．伴侣动物疾病速查．刘钟杰主译．北京：中国农业大学出版社，2004．

［74］Rhea V. Morgan．小动物临床手册．施振声译．北京：中国农业出版社，2005．

［75］迈克尔·沙尔主编．犬猫临床疾病图谱．林德贵主译．沈阳：辽宁科学技术出版社，2004．